教育部人文社会科学研究规划基金项目
《中国智慧美学的世界视域会通研究》(项目编号12YJA751018) 最终成果

中国智慧美学论要

ZHONGGUO
ZHIHUI MEIXUE LUNYAO

郭昭第 著

人民出版社

目　录

绪　论

　　当以西方美学为主体的世界美学面临诸多困惑,不再能成功解决人类面临的自身精神焦虑乃至人格分裂、人与人之间关系隔膜乃至尔虞我诈,人与自然关系紧张乃至遭到自然无情报复等棘手问题的时候,历史的任务也许就是重新反思世界美学格局的构成,重新反思以二元论思维模式为基础、以概念范畴和知识谱系建构为学术宗旨的西方美学的特征及其缺憾,重新发现中国乃至东方美学以不二论为思维基础、以发明人类原始本心为学术宗旨的美学精神,重新确立东西方美学平等不二的新的世界美学格局。虽然长期以来在美学界似乎存在着这样一条约定俗成的观念,认为学美学原理的不及学美学史的,学中国美学史的不及学西方美学史的,这其实只是偏执西方美学知识学倾向的片面认识,事实上真正周遍无碍、无所偏失の世界美学格局应该充分尊重中国乃至东方美学智慧,赋予其与西方美学平等不二的地位,甚至因为中国乃至东方美学在解决人类面临的棘手问题方面的独特优势,应该赋予其更高历史地位。所以,发现和阐发中国智慧美学精神有着十分重要的理论和现实意义。

一、中国智慧美学的学术宗旨和基本思想

随着历史的发展,人们逐渐认识到知识乃至技术的重要性,认为科学技术是第一生产力、知识就是力量。其实与技术和知识相比,智慧似乎更重要,但至今仍未受到人们的高度重视,至少其重视程度没有达到重视知识和技术的高度。这主要因为中国自鸦片战争以来一直处于落后挨打的地位,许多有识之士往往将技术、文化乃至政治制度的落后看成问题的根本症结。事实上,虽然知识乃至科学技术的落后在很大程度上导致了中国综合国力的弱小,发展科学技术有其合理性,但知识乃至科学技术之类充其量只能解决人类所面临的某些具体问题,并不能解决人类的精神焦虑以及其他棘手问题,并不能使人获得真正最彻底的自由解放。

与技术、知识相比,中国传统文化更重视智慧。虽然智慧可能没有诸多急功近利的专门功效,但其无用之用所彰显的可能是大用。因为知识乃至技术只能部分地不完全地解决人类面临的某些局部问题,智慧的开悟却可能涉及人类思维方式乃至生命的整体再造与境界的全面提升,涉及人类面临的诸多自我问题、社会问题和自然问题的整体解决。严格来说,中国文化的核心精神是智慧,中国美学的核心精神是智慧美学。儒家历来强调仁、义、礼、智、信,而智慧居其一。道家虽然反对智慧,有"绝智弃辩"①的说法,但他们所反对的与其说是智慧,不如说是巧智、是知识,事实上他们所提倡的"袭明"就是智慧,而且是大智

① 荆门市博物馆:《郭店楚墓竹简老子甲》,文物出版社2002年版,第40页。

2

慧。至于佛教明确强调至为透彻究竟的智慧,而且称之为"般若"。所以中国传统文化尤其美学之所谓智慧有着特定内涵和基本精神。古希腊人认为智慧有实用智慧即"审慎"和推测或哲学智慧两种。所谓实用智慧就是面对事物能作出正确判断,并选择最适于达成目标的方法;所谓哲学智慧,就是最重要的原则或事物成因,是知识的最高形式,是人类追求真理的顶峰。在西方人看来,智慧作为一种知识和德性,只有上帝才有,而且总是与善相联系,无论苏格拉底,还是《圣经》似乎都宣扬这一点。在中国人看来,所谓智慧并不是一种知识乃至德性,而是知识的中止和禁绝。虽然也可能是德性,但这种德性并不建立在善与恶有所分别的二元论思维基础之上,而是建立在诸如善与恶平等不二的不二论思维基础之上。如果说西方的智慧是一种爱智慧,那么这种爱智慧,其实就是一种执著甚至束缚。这不仅不是智慧,而且与智慧背道而驰。中国人所谓智慧不是苏格拉底和《圣经》所宣称的只有上帝才有的一种特权,而是人人与生俱来的原始本性,是老子复归于婴儿的童心,是孟子视为仁、义、礼、智之源的赤子之心,是慧能清静不二之本心。在中国人看来,知识乃至技术往往以二元论作为思维方式和认知基础,认为事物常常是矛盾对立的统一体,有着诸如善与恶、美与丑、是与非之类的分别,而智慧则以不二论作为思维方式和认知基础,认为诸如善与恶、美与丑、是与非之类看似矛盾对立的两极其实不是二,而是不二,或谓善即恶、美即丑、是即非,或谓无善无恶、无美无丑、无是无非,或谓大智若愚、至乐无乐、至美无美,或谓美丑非二非不二。知识乃至技术常常将间接经验和直接经验看成主要来源,依靠阅读识解获得间接经验,依靠实践训练获得直接经验,间接经验主要体现为识解所达到的书本知识积累,直接经验主要体现为训练所达到的技术熟能生巧,而智慧虽然也依赖阅读解悟、实践证悟,但更重视明心彻悟,往往不是将书本乃至实践,而是将人类原始本心作为智慧的源泉,如果能认知乃至发明人类原始本心,无须阅读解悟和实践证悟,就能更直接、便捷、透彻地把握智慧。

中国智慧美学,虽然有诸如儒家美学、道家美学、佛教美学之别,虽然儒家美学往往强调圣人、道家美学往往崇尚真人、佛教美学往往向往佛陀之类人格理想，虽然儒家美学往往强调尽心知性、道家美学主要强调养心存真、佛教美学更重明心见性之类认知方式，虽然儒家美学往往强调从心所欲不逾矩、道家美学往往强调游乎八荒之表、佛教美学往往强调来去自由和心体无滞的生命境界；但所有这些不过是阐述有所不同，其精神一致，都是发明人类原始本心。虽然儒家美学称之为赤子之心，道家美学称之为婴儿之心，佛教美学称之为清净之心，同样只是表述不同，其精神仍然一致，都强调回归本源之心、真纯之心、原始之心。从这个意义上讲，中国智慧美学虽然有儒家美学、道家美学、佛教美学之别，其实都不过是圣贤发明其原始本心罢了。这也就是天下殊途而同归，一致而百虑的真正道理。真正的智慧美学既不执著于诸如圣人、真人、佛陀之类不同称谓，也不执著于诸如尽心知性、养心存真、明心见性之类不同阐述，更不执著于从心所欲不逾矩、游乎无穷、心体无滞之类不同表述，只是将发明原始本心作为智慧美学的学术宗旨。其实圣人之所以成其为圣人，在于能识自人类原始本心；智慧美学之所以成其为智慧美学，在于能发明人类原始本心。许多人以为满足于文字识解甚或文字般若，就能获得圣人之学的根本精神，其实无论文字识解如何忠实于圣人言论，也只是貌合神离，也只是得道家美学如庄子所谓古人之糟粕，得禅宗美学如慧能所谓法华转而已，并不能得圣人成其为圣人、智慧美学成其为智慧美学的根本精神。圣人成其为圣人、智慧美学成其为智慧美学的根本，只是识自原始本心，并发明原始本心。

既然一切圣贤乃至圣人之学不过是圣贤识自原始本心并发明原始本心，那么建构圣人之学就不能满足于文字识解，而应该以识自原始本心并发明原始本心为宗旨。即使这种发明不符合圣人之学的文字识解乃至文字般若，也只是离形去知，实际上是深得其精神乃至实相般若的。慧能对此有深切体悟："一切万法，本自不有。故知万法，本自人兴；一切经书，因人说有。"①这实际上是告诉人们，一切万法乃至文字

---

① 《坛经》，《禅宗七经》，宗教文化出版社 1996 年版，第 330 页。

般若,皆由人所建立,都是圣贤识自原始本心并发明原始本心的产物。既然圣贤能够识自原始本心并发明原始本心而成其为圣贤,那么其他人也只能通过识自原始本心并发明原始本心才能成为圣贤,也只有通过识自原始本心并发明原始本心才能真正成为圣贤,并不是依靠对圣贤所创造圣人之学的文字识解就成为圣贤。中国智慧美学作为圣人之学的精神实质就在于识自原始本心并发明原始本心。孟子所谓"学问之道无他,求其放心而已矣"①,实际上是中国关于智慧美学根本精神的最早阐释,而朱熹的阐发使其精神更鲜明,他这样注释道:"学问之事,固非一端,然其道则在于求其放心而已。盖能如是则志气清明,义理昭著,而可以上达,不然则昏昧放逸,虽曰从事于学,而终不能有所发明矣。"②所以中国智慧美学历来并不执著于文字识解,也不以文字识解是否切合圣贤言论乃至文字般若作为衡量标准,而是以能否真正识自原始本心并发明原始本心作为衡量标准。慧能所谓"道由心悟"③,朱熹所谓"存道在心"④等所揭示的不仅是智慧源自人类原始本心的事实,应该也是圣人之学源自人类原始本心的根本精神。至于王阳明所谓"圣人之学,心学也"⑤及熊十力所谓"学在识本心"⑥等,将圣人之学源自人类原始本心的根本精神阐述得更明确。

其实识自原始本心并发明原始本心并不仅仅是圣人成其为圣人、智慧美学成其为智慧美学的根本精神,而且也是中国智慧美学乃至整个中华民族文化精神的思想基础。如孟子有谓:"自天子达于庶人,非直为观美也,然后尽于人心。"⑦可见中国人审美的终极目的实际上并不仅仅是审美,更是发明原始本心,这才是中国美学尤其智慧美学的根本精神,同时也是中国美学区别于西方乃至其他美学的根本精神,所以

① 《孟子集注》,朱熹:《四书章句集注》,中华书局 1983 年版,第 334 页。
② 《孟子集注》,朱熹:《四书章句集注》,中华书局 1983 年版,第 334 页。
③ 《坛经》,《禅宗七经》,宗教文化出版社 1996 年版,第 359 页。
④ 《论语集注》,朱熹:《四书章句集注》,中华书局 1983 年版,第 94 页。
⑤ 《象山文集序》,《王阳明全集》上,上海古籍出版社 1992 年版,第 245 页。
⑥ 熊十力:《答刘树鹏》,《十力语要》,上海书店出版社 2007 年版,第 150 页。
⑦ 《孟子集注》,朱熹:《四书章句集注》,中华书局 1983 年版,第 245 页。

中国美学根本上就是智慧美学。这自然不是说整个中华民族都能致力于审美活动,并不为其所限,上升到识自原始本心乃至发明原始本心的智慧美学高度,但作为一种文化理想乃至民族精神确实如此。如果说中华民族也有一种集体无意识,这种集体无意识之最核心情结,也许就是圣人情结,就是所有人都崇尚圣人,并以圣人作为终身追求的人格理想。虽然并不是所有人都能真正体悟到圣人成为圣人的根本原因,都能将识自原始本心乃至发明原始本心作为臻达智慧乃至圣人境界的根本途径,而且总是有人因为执著于对圣人之学的文字识解只能获得文字般若甚或古人糟粕,以致沦为庸人。但事实上诸如儒家美学人人皆可为尧舜、佛教美学一切众生悉有佛性,及王阳明所谓满街都是圣人之类阐述,不仅从人类原始本心的角度充分肯定了人们成为圣人的可能性,还体现了中华民族对圣人的崇尚与向往。也许正是因为这一传统,使得中国智慧美学在中华民族文化中有着特别重要的价值和意义,同时也使得中国美学有着不同于西方美学的独特生命精神。如果说熊十力所谓"美学是由情感的鉴赏而融入小己于大自然,此兴趣所至,毕不自识本来面目"①的观点,大体上只是揭示了美学作为知识美学和技术美学的缺憾,那么美学要真正走出知识美学和技术美学的缺憾和困境,就必须充分彰显智慧美学作为圣人之学旨在识自原始本心并发明原始本心的根本精神。美学也只有不是建立在对圣贤及其圣人之学的文字识解的基础上,而是以识自原始本心乃至发明原始本心作为其学术宗旨的时候,才能真正弥补知识美学和技术美学往往只是满足于文字识解和实践修证的缺憾,才能真正体现中华民族文化的根本精神,才能以独特的智慧美学精神在世界美学格局中彰显出永久生命力。

智慧之所以成为智慧,圣人之所以成为圣人,其根本原因无非是人类生来就有平等不二之原始本心。西方美学认为人类原始本性有着人性与动物性乃至善与恶的分别,是人性与动物性、善与恶二元并存的;中国美学尤其禅宗则认为人类原始本心是善恶、美丑、是非不二的,认为只

---

① 熊十力:《答沈生》,《十力语要》,上海书店出版社 2007 年版,第 53 页。

要人类能够识自原始本心,体悟善恶、美丑、是非不二的原始本心,就能发明原始本心乃至智慧。西方美学认为世界上的一切事物存在善与恶、美与丑、是与非之类的分别,这是事物的本真状态;中国美学尤其道家则认为世界上的任何事物本来无善无恶、无美无丑、无是无非,是善恶、美丑、是非不二的,所谓善与恶、美与丑、是与非的分别,并不能反映事物的本真状态,而是人类将自己主观认识和评价强加于事物的必然结果。既然西方美学认为人类原始本性和事物真实存在都是善恶、美丑、是非二元的,那么人类的使命就是致力于二者的分别及概念范畴和知识谱系的建构,以致形成特定知识学体系,而不是寻求智慧。在西方美学看来,真正的智慧是神和上帝所特有的,人类充其量只能爱智慧,不可能有真正的智慧,只有认识到与神乃至上帝相比自己的无知,才可能成为人类中最有智慧的;中国美学尤其道家和禅宗则认为,既然世界上的一切事物本来没有诸如善恶、美丑、是非之类分别,人类原始本心也是善恶、美丑、是非不二的,那么只要认识善恶、美丑、是非不二的原始本心,实际上就认识了世界上一切事物无善无恶、无美无丑、无是无非的真实存在,就获得了善恶、美丑、是非不二的智慧。既然这个原始本心是每个人与生俱来的,是无须后天学习乃至训练就可以获得的,那么每个人生来都有智慧,只是由于后天家庭熏陶、学校教育和社会影响反倒蒙蔽了其智慧,所以人们无须后天学习乃至训练,只需要排除干扰和障碍,达到虚静乃至清净的心理状态,就能回归人类原始本心,回归老子所谓婴儿之心、孟子所谓赤子之心、慧能所谓清净之心,就能获得智慧。

中国智慧美学认为人类原始本心实际上就是无所执著之心,就是无所用心。因为原始本心本身没有分别、没有执著,无善无恶、无美无丑、无是无非。如果执著于原始本心,反倒受其束缚,无法体悟真正善恶、美丑、是非不二的智慧。所以中国智慧美学发明人类原始本心,实际上就是发明无所执著、无所用心。所谓无所用心,自然包括对圣人、真人、佛陀等人格理想,尽心知性、养心存真、明心见性等认知方式,从心所欲不逾矩、游心无穷、心体无滞等生命境界的无所用心,对诸如知识、技术乃至智慧的无所用心,对二元论与不二论的无所用心,对知识美学、技术美学与智慧美学的无所用心。无所执著,乃至无所用心、心体无滞、明白四达,不仅是智慧之所以成为智慧的根本原因,而且也是圣人之所以成为圣人的根本原因。圣人之所以成为圣人,没有其他原因,只是由于他能够识自无所执著、无所用心的原始本心,乃至有心而无心,无心而有心。说有心是指有平等不二之心,说无心是指无执著之心。二者看似不同,其实一致。

儒家美学十分崇尚圣人,虽然没有否定圣人的相应观点,但其对圣人无所执著乃至无所用心的人格特征还是有清楚认识的。孔子虽然有所谓"笃信好学,死守善道"①的说法,但这也许仅仅是对修己立命的士人人格的一种阐述,对自强凝命的君子乃至乐天知命的圣人则可能并非如此。如孔子对君子也有"无适也,无莫也"的阐述,朱熹作了这样的阐释:"圣人之学""于无可无不可之间,有义存焉"②。至于孔子对自己诸如"用之则行,舍之则藏"③"无可无不可"④之类描述则更是彰显了其无所执著的特征。至于别人对孔子"博学而无所成名"⑤的看法,其实也在一定程度上揭示了其博学而并不执著于一艺之名及影响力的事实。实际上孔子的无所执著是至为全面的,所以才有"子绝四:毋意,毋必,毋固,毋我"⑥之类的评价。孔子常常将尧舜作为圣人人格理想的楷模,其原因恰恰在于无为而成,无德而名,以致使"民无能名焉"⑦,所以孔子并不反对无所用心,只是感慨"饱食终日,无所用心,难矣哉"⑧。孟子视圣人为"人伦之至"⑨,也往往以尧舜作为楷模,而且对尧舜无所用心的赞扬更明确,有云:"尧舜之治天下,岂无所用其心

① 《论语集注》,朱熹:《四书章句集注》,中华书局1983年版,第106页。
② 《论语集注》,朱熹:《四书章句集注》,中华书局1983年版,第71页。
③ 《论语集注》,朱熹:《四书章句集注》,中华书局1983年版,第95页。
④ 《论语集注》,朱熹:《四书章句集注》,中华书局1983年版,第186页。
⑤ 《论语集注》,朱熹:《四书章句集注》,中华书局1983年版,第186页。
⑥ 《论语集注》,朱熹:《四书章句集注》,中华书局1983年版,第109页。
⑦ 《论语集注》,朱熹:《四书章句集注》,中华书局1983年版,第109页。
⑧ 《论语集注》,朱熹:《四书章句集注》,中华书局1983年版,第181页。
⑨ 《孟子集注》,朱熹:《四书章句集注》,中华书局1983年版,第277页。

哉？亦不用于耕。"①可见，儒家美学对圣人无所施为也无所用心的人格特征还是有明确阐释的，只是这种阐释往往被其他阐释所冲淡甚或遮蔽。

　　道家美学更明确阐述了圣人无所执著乃至无所用心的思想，如老子有谓："圣人无常心，以百姓之心为心。"②这其实是对圣人无所用心的最明确阐述，同时也是道家美学强调取法自然、顺任自然的根本精神的体现。至于杜光庭的阐释更清楚地揭示了这一点，他这样强调道："广无不覆，微无不通，大道也；化无不周，感无不应，圣人也。圣人化既周普，心亦无常，从善者故以感通，不善者亦令开悟。惟德是辅，人无弃人，周布慈心，不遗毫末，而圣人无心，未始有滞也。"③庄子虽然没有明确阐述圣人无心的思想，但其所谓"至人无己，神人无功，圣人无名"④，所表达的实际上仍然是并不执著于己，并不执著于功，并不执著于名，乃至无所用心，无所执著，顺任自然的思想。倒是郭象和成玄英对《庄子·知北游》"安化安不化"的注疏明确阐发了这一思想，郭象有谓："化与不化，皆任彼耳，斯无心也。"成玄英疏云："圣人无心，随物流转，故化与不化，斯安任之。既无分别，曾不概意也。"⑤所以道家美学崇尚顺任自然，无为而无不为，实际上就是崇尚无所执著乃至无所用心。至于如庄子崇尚逍遥游，将游心无穷作为生命自由解放的理想境界，其实也是将无所执著乃至无所用心作为生命自由解放的根本特征。

　　中国禅宗美学如慧能强调万法不离自性，万法尽在自心，主张道由心悟，但这种心悟并不是一种执著，所以也往往反对着空着净，认为"能除执心，通达无碍"⑥。这说明禅宗美学所谓道由心悟，其实并不是执著于心，恰恰是无所用心，是无心。因为慧能所谓"立无念为宗，无

①　《孟子集注》，朱熹：《四书章句集注》，中华书局1983年版，第186页。
②　《老子奚侗集解》，上海古籍出版社2007年版，第125页。
③　《老子奚侗集解》，上海古籍出版社2007年版，第125页。
④　《逍遥游》，《南华真经注疏》，中华书局1998年版，第9页。
⑤　《知北游》，《南华真经注疏》，中华书局1998年版，第436页。
⑥　《坛经》，《禅宗七经》，宗教文化出版社1996年版，第332页。

相为体,无住为本"①,并不是念念相续不断,也不是百物不思,除尽一切心念,实际上只是于念无念、于相无相、于住无住,对诸如有念与无念、有相与无相、有住与无住等一切有与无之类无所执著、无所用心。他所谓无念无相无住其实就是无所用心,就是无心。慧能所谓无心也就是人类生来具有的无所执著、无所分别、无所用心的清净不二的原始本心,这个原始本心本来就是善恶、美丑、是非不二的。所以慧能及其禅宗美学的根本智慧就是佛圣无所用心。其后大珠慧海禅师有明确发挥,他所谓"知一切处无心,即是无念也"②,"心不住一切处,即名了了见本心也"③等,实际上是对慧能无所用心的进一步阐述。事实上人类如果执著于有心,执著于善恶、美丑、是非之类的分别之心,反而为识自平等不二的原始本心设置了障碍。但这并不意味着可以执著于平等不二的原始本心,既然这个原始本心本来无所执著、无所分别,所以也就无须执著。于是又有所谓:"离心求佛者外道,执心是佛者为魔。"④所以禅宗美学之无所用心至为彻底,包括对道由心悟乃至即心即佛之类也无所用心。在大慧普觉禅师看来,人类要臻达佛圣境界,只需无所用心,有所谓"无心可用即得成佛",这不是要人们执著于无所用心,而是因为人类原始本心本来就无所用心,如其所云"心尚自无"⑤。可见如果执著于无所用心的原始本心,反倒受其束缚。同时也不能执著于去除有所执著和分别之心,如果执著于去除,同样为识自原始本心设置了障碍。因为既然原始本心本来没有执著和分别,自然无须去除。所以慧能有云:"若着心着净,即障道也。"⑥可见禅宗美学所谓无心并不是意识层面的无所执著之心,而是生来具有的无意识层面的无所执著之心。其实无所用心也并不仅仅是禅宗美学所崇尚的根本智慧,同时也

---

① 《坛经》,《禅宗七经》,宗教文化出版社 1996 年版,第 339 页。
② 大珠慧海禅师:《顿悟入道要门论》卷上,第 14 页。
③ 大珠慧海禅师:《顿悟入道要门论》卷上,第 23 页。
④ 《大珠慧海禅师》,普济:《五灯会元》上,中华书局 1984 年版,第 157 页。
⑤ 《大慧普觉禅师语录》,《禅宗语录辑要》上,上海古籍出版社 2011 年版,第 380 页。
⑥ 《坛经》,《禅宗七经》,宗教文化出版社 1996 年版,第 340 页。

是中国佛教美学的共同智慧,如僧肇也有所谓"圣人无心"①的观点。

可见无所用心实际上是中国智慧美学的思想基础,同时也是中国智慧美学区别于其他美学的根本精神的体现。中国智慧美学不仅将人类生来具有的无所执著之心也就是无心作为一切智慧的源泉,而且将发明这种无所用心乃至圣人无心作为学术宗旨和核心内容。既然人类生来具有的平等不二的原始本心本来就无所执著,无所分别和取舍,自然也包括对诸如有心与无心的无所执著、无所分别、无所用心,实际上也就是有所执著与无所执著之心的平等不二,就是无所执著即是有所执著,有所执著即是无所执著,也就是有心即是无心,无心即是有心。中国智慧美学作为圣人之学,其学术宗旨就是发明平等不二的原始本心,发明无所执著、无所用心的原始本心,发明有心而无心、无心而有心,发明有心即是无心,无心即是有心。可见无论将中国智慧美学之根本精神阐述为发明原始本心,还是阐述为发明无所用心,表面虽有不同,其根本精神是一致的。因为原始本心其实就是平等不二之心,就是无所执著之心,就是无所用心,就是无心。所以有心而无心,无心而有心,乃至心体无滞、明白四达才是中国智慧美学作为圣人之学的灵魂。中国智慧美学正是因为以发明平等不二的原始本心为宗旨,所以往往能够穷尽世界上一切事物的事理乃至规律。因为原始本心本来平等不二,无真无假、无善无恶、无美无丑,世界上的任何事物在没有被人们进行真与假、善与恶、美与丑之类分别和判断之前,其本真状态仍然无真无假、无善无恶、无美无丑。既然人类原始本心与事物本真状态都无真无假、无善无恶、无美无丑,所以识自人类原始本心,实际上就是了悟事物本真状态。可见中国智慧美学常常认为心外无物,心外无事,心外无智慧,本心就是一切事物的本真存在,就是智慧的源泉。这并不是一般所谓唯心主义的观点,实际上也是唯物主义的观点,因为在中国智慧美学看来人类原始本心与事物本真存在平等不二,唯物主义与唯心主义同样平等不二,心即是物,物即是心,心与物名称虽别而精神一致,并不

---

① 僧肇:《般若无知论》,载张春波:《肇论校释》,中华书局 2010 年版,第 100 页。

能全然分割的,是平等不二。许多人之所以不能成为圣人,并不是圣人境界难以企及,而是因为有所执著,有所分别和取舍,乃至不能心体无滞、明白四达。如果识自原始本心,无所执著、无所用心,乃至心体无滞、明白四达,实际上就是达到了圣人境界。

如果说一般的美学可能往往满足于建构概念范畴与知识谱系,充其量只能是一种士人,乃至学者或理论家的美学,或者满足于经世致用及实践功用,充其量也只能是一种君子,乃至政治家或实践家的美学,中国智慧美学则并不执著于孰美孰丑之类的概念范畴和知识谱系,也并不执著于急功近利的经世致用乃至实践价值,而是将回归人类原始本心,顺任自然、无所用心,对有知与无知、圣人与凡人、佛与众生无所分别,以致获得心体无滞、明白四达的智慧,以及生命的自由解放作为目的。中国智慧美学虽然也认识到人类的无知,但这个无知并不是与神乃至上帝相比所形成的无知,而是相对于有所分别和取舍的知识,以及建立在分别和取舍基础上的所谓宇宙普遍规律所形成的无知。中国智慧美学认为知识只能是只知其一不知其二的有漏智慧,技术也只能是有所知而有所不知的有漏智慧,只有智慧才是无知而无所不知的无漏智慧。这是因为只有真正的智慧才源自人类平等不二的原始本心。这个原始本心虽然对有所分别和取舍的所谓知识可能一无所知,尤其对所谓阐述宇宙普遍规律的知识一无所知,但由于对人类原始本心和一切事物本真存在善恶、美丑、是非不二的特点有所认识,所以又无所不知。中国智慧美学看到人类原始本心与事物本真存在平等不二的特点,以至于将诸如无知与有知、无智慧与有智慧、圣人与凡人、佛与众生也看得平等不二,所以才有了真正周遍无碍的生命智慧,所以真正的圣人常常觉得自己无知,甚至形同凡夫,以致与凡夫平等不二,这恰恰体现了真正的智慧乃至圣人的根本精神。正是由于对知与无知、圣与凡的无所执著和分别,才真正彰显了智慧之所以成为智慧,圣人之所以成为圣人的根本精神。也许只有真正认识到无知即知,知即无知,知与无知平等不二,才是具有真正智慧的体现,因为这种智慧无所执著乃至无知,才能周遍无碍乃至无所不知。如僧肇有所谓:"以圣心无知,故无所不知。"①所以智慧的根本特征是因为知道僧肇所谓"知即无知,无知即知"②,对知与无知都无所执著,乃至如《心经》之所谓"无智亦无得"③,郭象之所云"知与不知,能与不能,制不出我也,当付之自然耳"④,才转无知而无所不知。"圣智无知而无所不知"⑤,实际上才是圣人真正成为圣人的原因,这不是因为圣人有着某种特别悟性或其他特异功能,而是因为人类原始本心即是如此,如王阳明有谓"无知无不知,本体原是如此"⑥。惟其如此,中国智慧美学如慧能所谓"凡圣情忘"⑦等也常常将凡圣无别作为人类原始本心的一个基本特质。所以中国智慧美学对知与无知、凡与圣的无所执著,才是其之所以成为智慧美学乃至具有通达无碍、明白四达的智慧的根本原因。

中国智慧美学并不是一般意义的理论美学,也不是一般意义的实践美学,而是无所用心乃至了无所得的圣人美学。如果说人类一切生命活动的终极目的都是生命的自由解放,那么中国智慧美学提供给人们的则是最方便快捷,也是最圆满透彻的自由解放。因为其他所谓自由解放,如科学技术试图通过发展所谓生产力,借助征服和利用自然的胜利中赢得人类自尊自信的方式来寻求人类的自由解放,但科学技术永远是一把双刃剑,人们虽然可以在征服和利用自然的胜利中赢得自尊和自信,但同时可能导致自然的残酷报复,使人类因为无力承受自然惩罚而感到自身的微不足道;文学艺术试图通过想象,借助人类按照理想图景塑造艺术形象以弥补现实缺憾的方式使人获得自尊自信,但文学艺术所提供的自尊和自信,总是建立在幻念的基础之上,并不能实际上改变人们的生活状况,也不能真正满足人们的现实需要;哲学总是试图通过阐释世界,揭示人类可能面临的一切所谓现象及其本质的方式证

---

① 僧肇:《般若无知论》,载张春波:《肇论校释》,中华书局 2010 年版,第 68 页。
② 僧肇:《般若无知论》,载张春波:《肇论校释》,中华书局 2010 年版,第 84 页。
③ 《心经》,《禅宗七经》,宗教文化出版社 1996 年版,第 1 页。
④ 《知北游》,《南华真经注疏》下,中华书局 1998 年版,第 437 页。
⑤ 僧肇:《般若无知论》,载张春波:《肇论校释》,中华书局 2010 年版,第 152 页。
⑥ 王阳明:《语录》三,《王阳明全集》上,上海古籍出版社 1992 年版,第 109 页。
⑦ 《坛经》,《禅宗七经》,宗教文化出版社 1996 年版,第 353 页。

明人类理性认识和感性领悟的力量,使人们在阐释世界的过程中获得一种统治世界的力量,但这种力量同时也往往使人们因为陷入自设的概念范畴和知识谱系的束缚而无法自拔,实际上所有现象并没有因为这种阐释而有任何改变;所谓宗教总是以人类所自造的神通广大、法力无边的神灵形象抚慰人类在实际生活中的无能,给人们以欺骗性自尊和满足,使人们总是相信在最困难、最危险的时候总会赢得神灵的帮助,甚至在人类无法超越的死亡面前也往往能够赢得进入天堂的希望,但实际上所有这些期望只能是一种永远无法被证明或兑现的空头支票,人类甚至可能为此付出更大代价,以致将自身毫无保留地寄存于神灵的保险柜,因此承受更加无形无边的枷锁束缚。

包括儒家美学、道家美学和佛教美学在内的中国智慧美学并不反对科学技术,但不执著于通过征服和利用自然的胜利赢得自尊和自信,仅仅是为了开物成务、利而不害,是为了人类与自然最大限度地两不相伤和共同创化。中国智慧美学认为人与自然一荣俱荣,一损俱损,人类发展科学技术的原则不是征服和利用自然赢得自尊自信,而是尽最大努力实现利而不害的理想,所以即使发展科学技术,也常常崇尚万物并育而不相害的准则。中国智慧美学虽然并不执著于通过文学艺术在幻念和假想中实现现实中未获满足的欲望,也不是为了讴歌人类作为宇宙精华、万物精灵的唯我独尊地位,而仅仅是参赞天地化育,讴歌至美无美、大美无言的天地大美,抒写人与自然各依其性,共同创化的宇宙法则;中国智慧美学也不执著于通过哲学的概念范畴和知识谱系来阐释乃至占有世界,而仅仅是发明人类原始本心,彰显人类原始本心与事物本真存在平等不二的事实,表彰人类原始本心才是一切智慧的源泉,而不是将最高智慧如古希腊人那样归之于神灵;中国智慧美学也不执著于通过诸如基督教之类作为弱者叹息的宗教形式来抚慰人力不足所导致的精神创伤,也不像基督教一样将自己的未来幸福寄托于上帝在天堂的召唤,虽然也有诸如禅宗等佛教,但并不主张迷信佛祖,并不认为佛祖能真正度化众生使其获得彻底解脱,而是认为真正能够使众生获得自由解脱的只能是众生自己,众生一旦识自原始本心,便与佛祖无别。中国智慧美学将人类获得自由解放的希望不是寄托于外部世界，也不是寄托于未来乃至彼岸世界，而是寄托于人类自身的原始本心，寄托于当下的现实世界。中国智慧美学是一种极其现实又极其冷静的智慧哲学，它绝对不以虚无缥缈乃至自欺欺人的方式给人们以幸福美满的承诺，也不像一般的科学技术、文学艺术、哲学、宗教那样夸大自身的价值与意义，借以拥金自重、待价而沽，它所能够给予人的只能是通过人类自识平等不二的原始本心获得心体无滞、明白四达的智慧。但要真正实现这一目标，实际上并不能完全依靠智慧美学，智慧美学充其量只能引导人们发明原始本心，实际上并不能代替人们识自原始本心。

人们要真正体悟智慧，达到圣人境界，只能靠自己识自原始本心并发明原始本心，此外别无他法。所以也不是人们无法获得智慧，无法达到圣人境界，而是人们没有识自原始本心，没有发明原始本心。其实每一个人生来都有智慧，都有成为圣人的潜在条件，只是由于人们总是将智慧看成外在于人而存在的事物，看成建立在分别和取舍基础上的所谓本质和规律，及知识和技术甚或所谓真理。其实真正的智慧并不存在于外在事物之中，也不是所谓本质和规律，及知识和技术甚或所谓真理，只是存在于人类的原始本心之中，只是人类的原始本心。这个原始本心具有的平等不二性质与一切事物本真存在的平等不二性质完全一致，认知原始本心，其实就是认知一切事物。真正的智慧无内外之别，认知事物平等不二的本真存在，其实也就是认知了人类原始本心；认知了人类平等不二的原始本心，其实就是认知了事物的本真存在。一般所谓本质和规律乃至真理并不是智慧，因为常常执著于有所分别和取舍，往往有所知而有所不知。真正的智慧无所执著，也无所分别和取舍，正因为无所执著，才能如儒家美学所谓范围天地之化而不过，曲成万物而不遗，才能如道家美学所谓无执无失，人无弃人，物无弃物，才能如佛教美学所谓能除执心，内外不住，通达无碍，这才是智慧乃至圣人之所以无知而无所不知的根本原因。所以真正的圣人境界必然是无所执著乃至自由解放的境界，不仅是儒家美学所谓从心所欲不逾矩的境界，道家美学所谓游乎八荒之表的境界，佛教美学所谓心体无滞的境界,而且是儒家美学所谓无可无不可的境界,道家美学所谓无用贤圣乃至绝圣弃智的境界,佛教美学所谓凡圣无别乃至廓然无圣的境界。中国智慧美学将人类获得生命自由解放的希望不是寄托于科学技术的征服和利用自然,也不是寄托于文学艺术的幻念满足,也不是寄托于哲学的阐释乃至统治世界,更不是寄托于宗教的天堂和极乐世界,而是寄托于本心的无所执著,无所用心。所以儒家美学之尽心知性,道家美学之养心存真,佛教美学之明心见性等其实都是获得智慧、达到圣人境界的根本方法和途径,而回归儒家美学之赤子之心、道家美学的婴儿之心、佛教美学的清净之心等,都是识自原始本心获得智慧和达到圣人境界的标志。

二、中国智慧美学的基本论题和主要观点

中国智慧美学以识自人类原始本心,发明原始本心,表彰圣人无所执著,无所用心的原始本心即圣人无心作为学术宗旨。无所执著乃至无所用心,并不仅仅是圣人才具有的智慧,事实上也是一切人生来具有的原始本心的共同特征。只是其他人没有识自这种原始本心,而圣人不仅识自原始本心,且发明了原始本心,并产生了广泛影响。真正的圣人无心,其精神实质是既不执著于一切思想观念、一切现象及规律,也不执著于否定乃至反对一切思想观念及现象和规律,是于念无念、于相无相、于住无住。换句话说,所谓圣人无心,就是既不执著于有,也不执著于无,乃至无善无恶、无美无丑、无是无非,亦善亦恶、亦美亦丑、亦是亦非;就是既不执著于二元论,也不执著于不二论,也就是有二而无二,无二而有二;就是既不执著于知识、技术,也不执著于智慧,也就是知识、技术与智慧平等不二。其基本论题和主要观点包括:

其一,中国智慧美学并不满足于美的概念范畴甚或知识谱系乃至所谓智慧之学的构建及知识识解层面的小乘智慧美学,也不热衷于张扬美的经世致用、实用价值及实践修证的中乘智慧美学,而是将发明人

类的原始本心,促成人格理想向修己立命的士人、自强凝命的君子乃至乐天知命的圣人的内在超越,张扬源自内心的明心彻悟的大乘智慧美学,乃至圣人之学作为学术宗旨。中国智慧美学作为圣人之学的学术宗旨,不是建构概念范畴和知识谱系,也不是经世致用及实用价值,而是引导人们发明无所执著、无所用心的原始本心,表彰圣人无心的基本精神。中国智慧美学往往从人类原始本心的角度充分肯定人们成为圣人的可能性。在中国智慧美学看来,人类生来具有无所执著、无所用心的原始本心,这个原始本心是所有人都具有的,平等不二的,凡圣无别的,只是由于受后天教育和影响的蒙蔽使许多人沉溺于蒙昧与偏执,乃至沦为凡人,圣人之所以成其为圣人正是因为保持并发明了这种原始本心。无论儒家美学之人皆可以为尧舜和佛教美学之一切众生悉有佛性等都充分阐述了这一点。也正是这一点显示了中国智慧美学不同于西方美学的根本特征。古希腊美学、基督教美学和伊斯兰教美学,实际上都不可能做到这一点。在它们看来,人无论如何也不可能达到诸如神灵境界,不可能成为上帝或真主;中国智慧美学则认为人能够成为佛圣,只是识自平等不二原始本心的人往往能顿然成为佛圣,有些人则不可能顿然成为佛圣,只能通过渐次修证臻达佛圣境界。中国智慧美学往往将渐次修证臻达佛圣境界大体划分为三个阶段:儒家美学 15 岁至 30 岁修己立命的士人阶段,实际上相当于禅宗美学之见闻知解阶段,儒家美学 40 岁至 50 岁自强凝命的君子阶段,实际上也就是禅宗美学依法修行的阶段,儒家美学 60 岁至 70 岁乐天知命的圣人阶段,也就是禅宗美学无所执著、万法尽通的明心彻悟阶段。臻达圣人阶段,实际上也就是达到了圣人无心的阶段。所谓圣人无心至少应该包括三个层次的内涵:一是并不执著于自我的一切思想观念,更不以自我是非得失之类利己观念作为衡量一切事物的价值标准,不是以自我思想观念为本,而是以自我原始本心为本,以自我无所执著、无所用心乃至平等不二的原始本心为本;二是不执著于事物孰善孰恶、孰是孰非之类所谓客观规律,更不将人类长期以来形成的关于事物善恶、美丑、是非之类的价值判断强加于事物,不是以人为本,而是以万物为本,以平等不二的百姓之心、万物之心为心;三是不执著于反对自我的一切观念思想及事物的所谓客观规律,更不以反对一切自我思想观念及关于现象和规律的思想观念作为衡量自我乃至一切事物的价值标准,而是对自我乃至人类原始本心和事物本真状态都无所执著,既不执著于反对,也不执著于反反对,乃至万法尽通、了无所得。所以圣人作为人格理想的最高境界,其根本特征是无所执著,是对一切之一、一之一切的无所执著,是真正彻底的、透彻的无所执著。

其二,中国智慧美学既不执著于一元论,也不执著于二元论;既不执著于善恶、美丑、是非之类的二元分别,也不执著于善恶、美丑、是非不二,将不作二、不作不二乃至非二非不二作为思维基础。认为执著于诸如美与丑、善与恶、是与非之类的分别,是未能臻达究竟的智慧境界的表现,真正的究竟智慧是美丑、善恶、是非不二的,是无美无丑、无善无恶、无是无非乃至平等不二的,更是二元论与不二论平等不二的。所以执著于二元论与不二论的分别,同样是障道,只有既不执著于二元论,也不执著于不二论,二元论与不二论有分而无分,无分而有分,乃至平等不二,才是真正的究竟智慧。吉藏《大乘玄论》明确指出:"空有为二,非空有为不二。二与不二,皆是世谛。非二非不二,名为真谛。"[1]吉藏的这一观点可以说是中国智慧美学的最透彻阐述。这种阐述后来得到了诸如方东美、熊十力等人的发挥,如方东美在总结吉藏大乘玄论时这样阐述道:"执二与不二,是障理矣,焉得谓真? 般若之真实妙用,乃并二与不二之匹对性亦尽超之。"[2]可见既不执著于二元论,也不执著于不二论,二元论与不二论平等不二,才是中国智慧美学不二论思维方式和认知基础的核心内涵。

人们也许认为真正的不二论只是存在于佛教美学之中,其实道家美学同样主张平等不二,如庄子所谓天地一指、万物一马的齐物论就是对这一理论的具体阐述。事实上即使儒家美学之所谓中庸之道乃至中

---

① 吉藏:《大乘玄论》,载石峻等:《中国佛教思想资料选编》第 2 卷第 1 册,中华书局 1983 年版,第 305 页。

② 方东美:《中国哲学精神及其发展》上,中华书局 2012 年版,第 204 页。

和之美,也是一种不二论思维方式的体现。孔子十分强调中庸的德性特征:"中庸之为德也,其至矣乎!"①还说:"不得中行而与之,必也狂狷乎!狂者进取,狷者有所不为也。"②人们也许只是关注了所谓中庸之道乃至中和之美其恰到好处甚或适度的特点,其实并不执著于对立两极而守持中道才是根本。《中庸》作了进一步发挥:"诚者,天之道也;诚之者,人之道也。诚者不勉而中,不思而得,从容中道,圣人也。"③守持中道似乎也是道家美学所提倡的,如老子有所谓"守中"④,庄子有所谓"养中"⑤的观点。虽然道家美学所谓"中"与儒家美学所谓"中"可能有不大相同的内涵,但关涉内在精神尤其原始本心,则有一定相似性。也许成玄英的注疏更为透彻明了,有所谓:"寄必然之事,养中和之心,斯真理之造极,应物之至妙乎!"⑥其实中庸之道乃至中和之美的根本精神,可能并不仅仅是守持中道,如朱熹所谓:"中庸者,不偏不倚、无过不及,而平常之理,乃天命所当然,精微之极致也,惟君子为能体之,小人反是。"⑦甚至有非二非不二的内涵,因为二与不二同样是对立两极,并不执著于二与不二,同样具有中庸之道乃至中和之美的性质,如吉藏有云:"非二非不二是中道。"⑧中国智慧美学认为美丑、善恶、是非平等不二的人类原始本心是一切智慧的源泉,实际上也就肯定了中庸之道乃至中和之美作为人类原始本心的基本特质。这是因为执著于善恶、美丑、是非二分,显然失于偏执,不能臻达究竟不二,所谓不二,只能是无善无恶、无美无丑、无是无非,乃至二与不二平等不二。真正的不二论,可能有不同层次:在最基本层次,往往体现为诸如

---

① 《论语集注》,朱熹:《四书章句集注》,中华书局 1983 年版,第 91 页。
② 《论语集注》,朱熹:《四书章句集注》,中华书局 1983 年版,第 147 页。
③ 《中庸章句》,朱熹:《四书章句集注》,中华书局 1983 年版,第 31 页。
④ 《老子奚侗集解》,上海古籍出版社 2007 年版,第 13 页。
⑤ 《人间世》,《南华真经注疏》上,中华书局 1998 年版,第 89 页。
⑥ 《人间世》,《南华真经注疏》上,中华书局 1998 年版,第 89 页。
⑦ 《中庸章句》,朱熹:《四书章句集注》,中华书局 1983 年版,第 18—19 页。
⑧ 吉藏:《大乘玄论》,载石峻等:《中国佛教思想资料选编》第 2 卷第 1 册,中华书局 1983 年版,第 318 页。

美丑、善恶、是非平等不二,较高层次体现为二元论与不二论平等不二,更高层次体现为非二非不二,也就是非二元论非不二论,也就是既不执著于二元论,也不执著于不二论,最高层次可能体现为非亦二亦不二,非非二非不二,也就是既不执著于亦二亦不二,也不执著于非二非不二。第一层次的不二论常常体现为对事物一般情况的把握和认知;第二层次因为涉及对二元论与不二论的平等对待,仍然只是一种权益变通;第三层尤其第四层次因为彰显出至为周遍、圆满、透彻的无所执著,才属最高层次。

真正的智慧美学以不二论为思维基础,并不意味着智慧美学必然执著于不二论,执著于反对二元论。执著于不二论并不是真正意义的不二论,仍然是一种二元论,因为同样执著于二元论与不二论的分别和取舍。中国智慧美学正因为既不执著于二元论,也不执著于不二论,才拥有了周遍含容乃至平等不二的通达智慧和学术品质,这不仅是中国智慧美学的思维基础,同时也是中国智慧美学真正获得无分别智、平等智,乃至周遍圆融智慧的根本保证。吉藏有云:"不一不二,一道平等。"①真正的智慧美学以不二论作为思维基础,常常二元论与不二论平等不二,且无所执著。因为如果执著于二元论与不二论平等不二,同样可能陷入一定程度的束缚,只有既不执著于二元论,也不执著于不二论,甚或不执著于二元论与不二论平等不二,才可能真正周遍圆融。中国智慧美学认为自然界一切事物本真状态,及人类原始本心都是善恶、美丑、是非不二的,发明善恶、美丑、是非不二的原始本心其实就是发现事物的本真状态,就是发明智慧的源泉,常常对自然界一切事物并不厚此薄彼,更不顾此失彼,也不以自我乃至人类的善恶、美丑、是非之类标准衡量一切事物,甚或无善无恶、无美无丑、无是无非,因此常常比执著于美丑二分的西方美学更具有立体化思维特征,更具有周遍万物、心量广大、明白四达的智慧。

---

① 吉藏:《大乘玄论》,载石峻等:《中国佛教思想资料选编》第 2 卷第 1 册,中华书局 1983 年版,第 340 页。

其三,中国智慧美学并不仅仅认为阅读解悟和实践证悟是获得智慧的主要认知方式,且更看重明心彻悟的认知方式。所以并不满足于以阅读解悟获得智慧的小乘智慧美学,也不满足于以实践证悟获得智慧的中乘智慧美学,更看重以明心彻悟获得智慧的大乘智慧美学。因为阅读解悟往往依赖于知识识解,而知识往往以一定文化典籍作为载体。作为知识载体且流传千百年仍然经久不衰的文化经典,虽然是圣贤识自原始本心并发明原始本心的产物,但本身并不直接就是智慧,其价值主要是引导人们识自原始本心,充其量也只能是佛教美学所谓标月之指,道家美学所谓古人之糟粕,且往往由于言不尽意的缘故,总是存在言语道断的现象,所以执著于阅读,还可能存在并不能使所有人直接获得智慧彻悟的缺憾。人们执著于文化典籍阅读与知识识解,即使阅读得天昏地暗,背诵得滚瓜烂熟,实际上仍然可能无法真正领悟,甚至可能因为阅读的迷误导致禅宗美学所谓被法华转的情形。虽然文化经典是圣贤原始本心的体现,但并不能因此代替识自原始本心。这些经典对发明原始本心的圣贤来说,可能是其智慧的结晶,但对执著于知识识解的人来说,仍然属于知识范畴,并不直接呈现为智慧,甚至可能因为遮蔽原始本心的直接裸露而具有魔障性质。可见执著于通过阅读文化经典获得智慧往往存在迷误,所以即使儒家美学也提醒人们尽信书不如无书。

相对于阅读解悟,实践证悟似乎更直接一些。人们总是习惯上将阅读解悟获得的知识经验称之为间接经验,将实践证悟获得的知识经验称之为直接经验。严格来说,依赖于实践修证的经验仍然不是最直接的,因为必定存在向外求取知识经验的情形。如果向外所求取的经验真正体现了与原始本心相同的特征,达到既不执著于二,也不执著于不二,才可能由于暗合原始本心获得智慧,否则可能陷入摸着石头过河的探索乃至危险之中。虽然这种实践证悟所获得的知识经验可能比阅读解悟所获得的知识经验更直接更透彻,但并不一定更通达无碍。因为依赖并执著于实践证悟本身可能对识自原始本心有所阻隔。极端情况下甚至可能对识自原始本心构成障碍。相对于实践证悟而言,真正无所依靠、至为直接快捷的认知方式只能是明心彻悟,这是真正无须向外求助于文化经典,也不求助于社会实践的认知方式。这种认知方式往往最理想最通达,是中国智慧美学最为崇尚的儒家美学称之为尽心知天,道家美学称之为以身观身乃至观天下,佛教美学尤其禅宗美学称之为识心见性。

正由于所采取的认知方式不同,最终所获得的智慧也不尽相同:满足于阅读解悟的认知方式,充其量只能获得见闻知解的小乘智慧,满足于实践证悟的认知方式,也许只能获得依法修行的中乘智慧,而明心彻悟往往能够获得万法尽通、了无所得的大乘智慧。禅宗美学也可能将依法修行看成大乘智慧,将万法尽通看成最上乘智慧。虽然说法有所不同,但其层次差别显而易见。明心彻悟认知方式之所以能够获得大乘智慧或曰最上乘智慧,就是因为无所依托直接识见原始本心。中国智慧美学的一个基本观点是:阅读解悟和实践证悟虽然是获得智慧的主要认知方式,但满足于阅读解悟的小乘智慧美学和满足于实践证悟的中乘智慧美学并不是智慧美学的最高层次,明心彻悟以及由此而形成的大乘智慧美学才是最高境界。因为阅读解悟和实践证悟得依赖于经典或其他外在机缘,唯独明心彻悟才是无所依靠而直见本心的最为方便、快捷、透彻的认知方式。

也许在这一点上,中国智慧美学与西方美学有一定相似之处。这种原始本心至少在最终呈现方面可能与黑格尔所谓"绝对理念"、海德格尔所谓"真理"有一定相似性,原始本心的发明,与绝对理念的显现、真理的敞开之间确实可能存在一定相似性,黑格尔所谓"美是理念的感性显现"①,海德格尔所谓"美是作为无蔽的真理的一种现身方式"②,与中国智慧美学似乎有着相似的发明原始本心的特征,但黑格尔绝对理念和海德格尔真理仍然可能建立在二元论基础上,如黑格尔对内容与形式的强调,海德格尔对澄明与遮蔽的强调等均暴露出这一缺憾。如果人们不再将所谓"理念"看成某种人为界定的神秘的或理

---

① 黑格尔:《美学》第 1 卷,商务印书馆 1979 年版,第 142 页。
② 海德格尔:《艺术作品的本源》,《海德格尔选集》上,上海三联书店 1996 年版,第 276 页。

性的东西,而是阐释为人类原始本心与事物本真存在,那么这种显现便理所当然具有识自原始本心的性质。不过借助感性的物态化方式的显现,又可能使之受到感性显现方式的蒙蔽。如果海德格尔所谓真理真的如其所阐释的确实是人进入大澈明境界,在与物对待,格物致知的基础上所形成的知识论或科学的真理,而且这种自行遮蔽的真理是以澄明无蔽的形式显现在艺术之中,那么这种澄明无蔽真理的闪烁光辉就是美,当然很大程度上具有发明原始本心的性质,尤其如果这种真理不是执著于二元论分别与取舍,而是建立在无所执著与取舍的基础之上的时候,其所具有的中国智慧美学所谓原始本心的特点将更加澄明。

其四,中国智慧美学并不仅仅热衷于依赖阅读识解乃至知识积累的知识美学,以及实践训练乃至熟能生巧的技术美学,更看重依赖源自内心悟解乃能明心彻悟的智慧美学。虽然认为知识和技术如果能够触类旁通也可以达到智慧的最高境界,但知识、技术毕竟因为有所取舍而有所知有所不知,只有智慧才可能因为无所取舍乃至无知而无所不知。具体来说,至于知识美学因为其关注的对象是知识,而知识本身往往建立在二元论思维方式的基础之上,往往因为执著于二元判断和取舍可能陷入偏执,并不能真正体现周遍无碍、平等不二的智慧及其特点。似乎所有的知识都自命不凡地认为是对诸如本质和规律的阐释,并因为对本质规律的正确阐释而具有无可辩驳的真理的力量。但这一认识正是建立在诸如本质与现象、内容与形式、真实与虚妄之类二元分别和取舍的基础之上,其所有的研究活动也只能是对本质、内容乃至真实性的执著,及对现象、形式和虚妄的置若罔闻。真实情况也许是所谓现象本身就是本质的载体,所谓形式也常常就是内容的显现,所谓虚妄恰恰是真实的存在。所以作为关注知识的知识美学往往并不可能真正周遍无碍、平等不二。即使后来出现的不热衷于研究所谓本质及其规律,甚至也不相信本质及其规律,而将主要精力用来描述现象,记载事实本身的实证主义、现象主义也不能从根本上改变这一点。因为无论多么具体的描述,都可能因为这种描述而将本来处于变化不拘的事物置于死板甚或丧失活力的境地。至于锁定在某一特定学科不敢越雷池一步的知识可能更是井蛙之见。人们总是耻笑那个盲人摸象者,其实一切执著于分别和取舍的知识都可能在绝对的意义上具有盲人摸象的性质。偏执一点却不及其余,既是盲人的缺陷,同样也是每一个执著于特定学科和专业的知识人尤其所谓专家不可改变的宿命。荀子将知有所合看成智慧,知识也正因为周遍无碍、平等不二的襟怀才可能避免自身缺憾而具有中乘智慧的性质。也许人们只有真正放弃所有学科偏见乃至职业偏见,拥有至为周遍无碍乃至平等不二的襟怀,才可能使这种知识超越分别和取舍的缺憾而具有智慧的性质。中国智慧美学并不轻视甚至排斥知识,只是并不满足于知识的分别取舍可能造成的偏失,而且每每对知识的无知有清醒认识,甚至将对知识的无知本身看成智慧。这也正是中国智慧美学并不排斥知识且寄予知识与智慧基本相同地位的原因。因为认识到知识的无知,也就是认识到知识的并非万能,实际上就肯定了智慧的价值。僧肇所谓"知即无知,无知即知"①,其实就是既不执著于知,也不执著于无知,以致放弃了对知与无知的分别与执著之后所达到的知与无知平等不二的智慧境界的体现。如果说知识的缺憾在于分别和取舍,其实技术同样有着这种缺憾,但技术显然比知识更重要。知识仅仅是一种间接经验,并不能直接加以应用,有些不能直接加以应用的知识可能永远只是一种百无一用的死知识,知识只有加以应用,才可能成为活知识,也才可能因为长期应用以致熟能生巧,才具有技能甚或技术的性质。技术常常是知识加以应用并且熟能生巧的结果,是知识的具体化、实践化、现实化、效果化、灵活化。所以,知识乃至建立在知识基础上的知识美学充其量只是具有阅读解悟乃至小乘智慧美学的性质,技术乃至建立在技术基础上的技术美学却常常因为关涉经世致用方面的功能而具有实践证悟甚或中乘智慧美学的性质。由于技术美学所关注的研究对象即技术本身建立在对某一特定技术熟能生巧的基础之上,而特定技术越是达到绝无仅有的程度又往往越能彰显出技术的优势,所以技术美学也常常因为过于执著特定的甚至单一的技术而更容易

① 僧肇:《般若无知论》,载张春波:《肇论校释》,中华书局 2010 年版,第 84 页。

暴露出有所知有所不知的缺憾。如果这种技术不能触类旁通,甚至可能存在只知其一不知其二的缺憾。导致这种缺憾的根源在于过分执著于某一特定技术以致一叶障目,只见树木不见森林。但如果在对这一技术熟能生巧的基础上,触类旁通,便可能达到参透宇宙普遍规律乃至智慧的境界。这种进乎道的技术乃至技术美学其实可能因为很大程度上超越单一技术的局限而具有周遍无碍的智慧乃至智慧美学的性质。这也正是中国智慧美学虽然如儒家美学在某种程度上至少在人们的印象中存在重道轻术的倾向,但并不因此排斥甚或否定技术,如道家美学尤其庄子甚至十分敬重那些身怀绝技乃至通达天地大道的人。

智慧的根本特征是无所执著。对知识、技术和智慧无所执著,对知识美学、技术美学和智慧美学无所执著乃至无所偏失,是智慧美学之所以成其为智慧美学的根本原因。知识美学的缺憾在于有所知而有所不知,甚或只知其一不知其二,但是如果能够举一反三,同样可能在很大程度上避免偏执偏失的缺憾,如果这种知识美学能够充分发挥其实践性功能,便完全有可能成其为技术美学。遗憾的是技术美学仍然无法超越有所知有所不知甚或只知其一不知其二的缺憾,但是如果能够在实际应用中熟能生巧、触类旁通,同样可以在很大程度上超越这种偏执偏失的缺憾。智慧美学的优势在于对知识、技术乃至智慧无所分别和取舍。如果执著于三者之间的分别,甚至对知识美学、技术美学和智慧美学有所分别和取舍,便可能因为陷入有所知有所不知,便可能难以达到真正的无知而无所不知。正因为对知识、技术和智慧无所分别和取舍,才可能因为无执无失而成其为智慧。智慧无所执著、无所偏失,无知而无所不知,终日知而未尝知、终日不知而未尝不知。对知识、技术和智慧,乃至知识美学、技术美学、智慧美学有所分别,也无所分别,或有分别即是无分别,无分别便是有分别,以致分别与无分别平等不二才是智慧美学至为通达无碍的观点和认识,才是智慧美学之所以成其为智慧美学的根本精神。也就是说,真正通达无碍的智慧美学实际上将知识、技术、智慧,乃至知识美学、技术美学乃至智慧美学一视同仁甚或平等不二。因为无论知识、技术和智慧,还是知识美学、技术美学和智慧美学,都应该是人类平等不二原始本心的显露,都应该是对原始本心的发明。所有美学包括知识美学、技术美学和智慧美学,虽然由于原始本心的体悟不同而有所差异,以致有小乘智慧美学、中乘智慧美学、大乘智慧美学的层次差异,但就其原始本心乃至事物真如状态则是一致的,没有分别的。这也许便是《金刚经》所谓"一切圣贤,皆以无为法而有差别"①的实际内涵。一切圣贤其原始本心是非空非有,无为无作,无所差别的,只是由于对原始本心的体悟不同而有差别,知识、技术和智慧,乃至知识美学、技术美学和智慧美学的差别即是如此。

其五,中国智慧美学并不仅仅热衷于以培养具有专门知识和技术的专家,及全面发展的和谐的人为目标的专家教育与和谐人格教育,而是将无所执著乃至明白四达的圣人作为教育的终极目的。人们也许将知识传授或技术训练作为教育的核心内容,以致将培养具有专门知识和技能甚或技术的专家作为教育的终极目的,其实知识和技术只是借以使人获得幸福生活的手段和方式,并不是生活甚或生命的终极目的,生命的终极目的是自由解放。知识和技术只能提供某些自由解放的条件,并不是自由解放的本身,自由解放的本身只能是无所执著、无所用心乃至心体无滞,一切无碍。所以教育的终极目的只能是智慧,只能是无所执著、无所用心乃至心体无滞、一切无碍的生命自由解放。如果说执著于知识和技术,以及专家与和谐人格的教育充其量只能是小成智慧教育,那么真正的大成智慧教育实际上是无所执著,乃至心无挂碍的圣人教育。大成智慧教育是中国教育的一个传统,同时也是中国文化的一个传统。中国智慧美学既不执著于知识积累,也不执著于技术训练,而是将发明平等不二原始本心的明心悟解作为基本方式,理所当然也不仅仅热衷于诸如阐释乃至本质主义,更不热衷于反对阐释乃至反本质主义,而是将诸如阐释与反阐释、本质主义与反本质主义平等不二作为教育理念。中国智慧美学对当代教育的最大启示是,教育的最终目的不是传授知识,也不是训练技术,而是启发智慧,不是培养孤陋寡

---

① 《金刚经》,《禅宗七经》,宗教文化出版社1997年版,第5页。

闻的专家甚或所谓全面发展的和谐的人,而是培养心体无滞、明白四达的圣人。也许只有真正意义的大成智慧教育才能克服当代社会的自我焦虑、人与人关系的隔膜、人与自然关系的紧张等问题。

如果说中国智慧美学之诸如学术宗旨、思维基础、理论基点、学科视角、核心命题、认知方式、学科层次、教育策略等基本论题还有一个将其完全贯穿起来的核心精神的话,那么这个核心精神就是发明原始本心。这不仅是智慧美学的学术宗旨,也是不二论思维基础、心物不二理论基点、体用不二学科视角、明心彻悟认知方式的根本内涵,而且也是形成学科层次乃至教育策略的基础。无论哪一基本论题,其根本精神都是无所执著、明白四达、通达无碍的智慧。而无所执著的思维基础就是不二论,真正通达的不二论常常既不执著于二元论,也不执著于不二论,是对一切事物乃至一切问题都不加执著与分别,也没有严格是非标准与好恶差别,并因此而无所偏失。正如庄子所说:"是非之彰也,道之所以亏也。道之所以亏,爱之所以成。"郭象如是注曰:"道亏则情有所偏而爱有所成,未能忘爱释私,玄同彼我也。"①可见真正形成中国智慧美学独特性的就是"一不可得,二亦不可得,亦一亦二,非一非二,非不一不二,皆不可得也"②。所以一般美学可能因为执著于所谓本质或反本质而陷入偏执乃至偏失之中,中国智慧美学因为并不偏执也不偏失而有通达无碍的智慧。这是智慧美学作为圣人之学的根本精神,而且也是形成中国智慧美学基本论题的思想基础。

三、中国智慧美学的理论范畴和学科优势

中国智慧美学的无所执著、无所分别和取舍是至为广泛的,是无处不在、无时不有的。既不执著于二元论与不二论思维方式的分别和取

---

① 《齐物论》,《南华真经注疏》上,中华书局1998年版,第39页。
② 吉藏:《大乘玄论》,载石峻等编:《中国佛教思想资料选编》第二卷第一册,中华书局1983年版,第340页。

舍,也不执著于概念范畴与知识谱系的建构,以致具有二元论与不二论、知识与智慧平等不二的思维基础和学术精神。正是基于这一思维基础和学术精神,使中国智慧美学在对待一切命题方面总是显示出不同于其他美学的学科特征:并不执著于理论视域的西方中心主义与东方中心主义、研究对象的艺术美与自然美、思想基础的本质主义与反本质主义、理论基点的客体实体论与主体认识论、学科视角的哲学视角与心理学视角、核心命题的人与自我、社会、自然的和谐与对立等分别,而是将无分别是分别,分别是无分别作为建构其理论范畴的基础。惟其如此,中国智慧美学有着周遍含容、明白四达和平等不二的学术精神。也正因为这个原因,中国智慧美学往往具有西方美学所没有的诸多学科优势和学术品质。

一是在理论视域方面具有西方美学与东方美学融合统一的学科优势。

人们习惯上总是将文化划分为西方文化和东方文化两大部分,常常由于执著东西方之类分别,乃至形成了诸如西方中心主义与东方中心主义,事实上无论执著于西方美学,还是执著于东方美学,都可能因为有所执著而有所偏失。中国智慧美学常常并不直接研究美,而是将最高境界的智慧作为研究对象。这个最高境界的智慧一般称之为"道"或"法"之类。中国智慧美学崇尚整体性研究,所以对美学也决不分成东西方美学两个部分来独立研究,更不以东方美学或西方美学之一种作为正统。这是因为中国智慧美学如道家美学常常崇尚"大制不割"①和"天道无亲"②,既然认为大道无所割裂,自然也就不将东西方美学分割开来加以研究,既然认为天道没有亲疏之别,那么对东西方美学的研究也便应该没有孰高孰低、孰是孰非之类亲疏之别。儒家美学虽然不像道家美学那么明确反对分别与取舍,但还是相信《中庸》所谓"道并行而不相悖"③的道理,理应对东方美学与西方美学并行不悖有

---

① 《老子奚侗集解》,上海古籍出版社 2007 年版,第 74 页。
② 《老子奚侗集解》,上海古籍出版社 2007 年版,第 195 页。
③ 《中庸章句》,朱熹:《四书章句集注》,中华书局 1983 年版,第 37 页。

清楚的认识。至于佛教美学向来崇尚"一切法皆是佛法"①,自然也包括对一切美学成果包容和继承。至于慧能"于一切法,不取不舍"②的观点,更是张扬了对一切美学不应有所分别和取舍的态度。正是基于诸如此类的认识,使得中国智慧美学在其历史发展全过程中历来有海纳百川、有容乃大的襟怀。

其中典型的体现是汉代及以后广泛吸收了印度佛教美学,至唐朝甚至成功实现了印度佛教美学的中国化,很大程度上不是将西方极乐世界作为向往的目标,而是将识自本心,自悟成佛道作为获取自由解放的重要途径。正是佛教美学的成功中国化,使得中国美学在儒家崇尚中和乃至温柔敦厚之美、道家美学崇尚虚静乃至淡然无极之美之外,有了空灵乃至妙悟空寂之美。所以印度美学的成功中国化实际上极大丰富了中国美学精神。20世纪初及以后更是极其热烈地吸收了西方马克思主义美学并成功实现了中国化。马克思主义美学的中国化同样极大丰富了中国美学,使得向来热衷于内在超越的美学,也有了改造世界的外向力量,显示出推动社会发展的强劲生命力。这两次外来文化的中国化典型地体现了中国智慧美学东西方美学兼容并蓄、不取不舍的理论襟怀。中国美学之所以在其历史发展过程中总是并不排斥外来美学,主要因为对老子所说"执者失之"③、《庄子》所谓"选则不遍,教则不至,道则无遗矣"④等道理有深切体悟。事实也证明了这一点:执著于西方美学至上,虽然可能获得诸如形而上学、知识学、逻辑学之类严密的学科体系,以及严密的概念范畴和知识谱系,但可能缺失周遍无碍、明白四达的智慧美学精神;执著于东方美学至上,虽然可以获得智慧源自人类原始本心的根本智慧,但可能缺失严密概念范畴和知识谱系。所以真正的智慧美学必须有着世界襟怀,不以东西方之类分别而治美学。虽然东西方美学可能在诸多方面存在差别,但所有这些差异

---

① 《金刚经》,《禅宗七经》,宗教文化出版社1996年版,第11页。
② 《坛经》,《禅宗七经》,宗教文化出版社1997年版,第331页。
③ 《老子奚侗集解》,上海古籍出版社2007年版,第75页。
④ 《天下》,《南华真经注疏》下,中华书局1998年版,第612页。

只是由于对美乃至审美规律的认识角度和文化传统不同而造成的,其发明原始本心的精神则基本一致。只是人们对原始本心的认知并不完全相同,中国乃至东方美学倾向于无善无恶、无美无丑、无是无非,乃至善恶、美丑、是非不二,西方美学则更多倾向于善恶、美丑、是非二分。真正有世界襟怀的智慧美学既不应该执著于不二论,也不应该执著于二元论,而是将不作二,不作不二作为基本准则,对包括东西方在内的世界美学进行兼容并蓄。事实证明,谁有无所执著、无所分别与取舍的襟怀,谁就可能拥有整合乃至统一世界美学智慧的能力。具有狭隘民族观念和地域思想的人,必然因为执著于东西方美学孰是孰非的分别与取舍而丧失建构世界美学的能力,只有没有孰是孰非之类狭隘民族乃至地域观念制约的人才可能成功实现东西方美学的融合。成玄英有云:"夫有是有非,流俗之鄙情;无是无非,达人之通鉴。"①虽然不能说世界美学智慧的整合和统一,必然由中国智慧美学来完成,但如果中国智慧美学能够真正采取"善者吾善之,不善者吾亦善之"②,甚至以德报德,"报怨以德"③,就必然拥有整合乃至统一世界美学智慧的能力。也许正是凭借这一点,使中国智慧美学有着非同寻常的智慧。荀子有云:"知之在人者谓之知,知有所合谓之智。"④中国智慧美学不仅对一切自然现象乃至天地大美有无所分割和取舍的统摄,而且也应该对人类一切美学智慧有无所分割乃至取舍的统摄。虽然也可能有类似西方美学智慧较低,中国美学智慧较高,印度美学最高之类的观点,但这并不能够成为张扬印度美学、贬低西方美学的理由。事实上提出这种主张的目的只是为了矫枉过正,纠正当前美学研究存在的重视西方美学、轻视中国美学,甚或忽视乃至无视印度美学的情形。所以真正的智慧美学应该对人类一切美学智慧无所执著、无所分别和取舍。这不仅是中国智慧美学过去能够成功吸收诸如印度美学、马克思主义美学智慧的思

---

① 《齐物论》,《南华真经注疏》上,中华书局 1998 年版,第 39 页。
② 《老子奚侗集解》,上海古籍出版社 2007 年版,第 125 页。
③ 《老子奚侗集解》,上海古籍出版社 2007 年版,第 159 页。
④ 《正名》,王先谦:《荀子集解》下,中华书局 1988 年版,第 413 页。

想基础,而且也可能是未来进一步吸收和整合包括西方、中国乃至印度在内一切美学智慧的思想基础。正是中国智慧美学有史以来有着成功整合印度佛教美学、西方马克思主义美学的经验,使得中国智慧美学不仅拥有成功融合东西方美学的学科优势,而且也为未来成功融合包括西方、中国和印度在内的一切美学智慧提供了成功范例。

　　二是在研究对象方面具有宇宙美学与生命美学融合统一的学科优势。

　　西方美学历来擅长于分析和阐释,总是致力于对世界的分门别类研究,也许正是由于这种传统的影响,使得西方美学常常十分自觉地致力于研究对象的界定,以致形成了不同时期的学科特点。西方美学在研究对象的界定方面主要经历了从柏拉图、鲍姆嘉通,到黑格尔的三次嬗变,而且每一次嬗变都导致了美学研究视域的缩小与研究层次的退化。可以毫不夸张地将这种嬗变称之为美学研究对象的三次大退缩。如果说柏拉图所谓美学是"以美本身为对象的那种学问"①,还可能包括诸如形体之美、体制之美、知识之美,有较为宏大的研究视域,至少涵盖了一切审美现象,涵盖了见诸一切实体的美的现实世界。虽然这一界定是西方美学至为广阔的研究对象界定,但还是排除了诸多并不符合美的特质,或超出了人们感知范围的实体,仍有研究视域不够开阔的缺憾。至鲍姆嘉通于1750年和1758年正式出版《美学》第一卷和第二卷,虽然充分彰显了美学学科的自觉,标志着美学学科的正式形成,但其所谓"研究感性知识的科学"②的学科定位,实际上将美学的研究对象缩小于人类主观心灵世界,这标志着美学已经从宏大现实世界视域完全退缩到以人类自身美感为核心的心灵世界视域。至黑格尔完成其《美学》这一宏大专著,将美学界定为所谓研究"美的艺术的哲学"③,实际上更进一步将美学退缩于专门研究作为人类美感的感性显现形

---

① 《会饮篇》,《柏拉图全集》第2卷,人民出版社2003年版,第254页。
② 鲍姆嘉通:《美学》,《西方美学史资料选编》上,上海人民出版社1987年版,第691页。
③ 黑格尔:《美学》第1卷,商务印书馆1979年版,第4页。

式乃至物态化所形成的艺术作品的视域之中。西方美学研究对象的三次重新界定,虽然使研究对象进一步确定,而且也与人类自身逐渐密切联系了起来,也使人类自身的特性逐渐受到充分张扬。但正是这种嬗变使得美学研究视域日益缩小,也使人类自尊日益盲目膨胀,更使人类对自然宇宙之美日益置若罔闻。虽然黑格尔关于美学研究对象的界定也曾经受到人们的质疑,也确实有美学家试图颠覆这一人类唯我独尊的格局,但至今没有能够真正形成与黑格尔美学分庭抗礼的成果,以致使得黑格尔美学至今仍然发挥着深刻的影响力,甚至在某种程度上见证着其理论的经久不衰力量。这种美学对艺术的系统研究往往使人望而却步,但所暴露的人类盲目自尊也同样不可饶恕。

由于中国智慧美学长期以来是在相对封闭的环境独立发展的,至少在五四新文化运动之前并没有真正接受多少西方美学的影响,以致保持了东方美学独特精神。这种独特精神虽然在后来受到西方美学的冲击和削弱,但无论以中西合璧甚或以西方美学为正统的现代美学都还是在一定程度上保留了某些独特精神。中国智慧美学从来并不仅仅将现实美、感觉美即美感、艺术美加以分别,以致孤立起来作为专门研究对象,至少不会因为研究这一对象,而明确排斥乃至否定其他对象。所以中国智慧美学的独特精神在于总是将包括人生美、艺术美、自然美在内的天地之美作为研究对象。虽然中国美学成为独立学科明显晚于西方,但即使在美学还只是一种潜学科的时候,就表现出与柏拉图并不相同的研究对象界定,彰显出比柏拉图更为宏大的研究视域。尽管柏拉图所界定的美学研究视域实际上已经是西方美学空前绝后的广大视域,但这个视域与庄子的界定相比还是显得不足。可以说庄子所谓"圣人者,原天地之美,而达万物之理"①的阐述,才是中国智慧美学关于研究对象的最早也最权威的阐述。西方美学虽然强调所谓崇高,但这种崇高在后来仅限于艺术的审美范畴,以致放弃了对孕育着万

———————

① 《知北游》,《南华真经注疏》下,中华书局1998年版,第422页。

物生生不息生命奥秘的天地大美的关注。庄子关于美学研究对象的界定，不仅涵盖了一切天地大美，而且由于推原这种天地大美，以及万物之理，同时兼备了人类美感乃至超越美感的更广阔更高超的生命体悟，既兼顾了人类，又兼备了天地大美。中国现代美学以王朝闻《美学概论》为代表，往往将研究对象界定为美的本质、美感乃至艺术美，并由此形成了中国现代美学将柏拉图、鲍姆嘉通、黑格尔美学融合统一的优势，而且也构成了以美论、美感论、艺术论三大板块为基础的理论构架。比较而言，庄子的阐述不仅囊括了中国现代美学研究的一切对象乃至视域，甚至还包括了现代美学未能涉及的研究对象乃至视域。

这种天地大美涵盖了宇宙万物，是真正周遍万物而无所遗漏的。既然西方美学或者执著于诸如对称、匀称、明快、适度等美的实体特征，这实际上意味着排除了并不具有以上特征的实体，或者执著于人类的审美感知，这实际上意味着排除了超出人类感知范围的事物，但中国智慧美学由于并不执著于美与丑之类的分别，所以常常能够超越狭隘的美的实体特征的局限，将无论美还是丑的事物一并纳入研究对象的范畴，既然认为道"无处不在"，甚至存在于诸如蝼蚁、稊稗、瓦甓、屎溺之中①，那么在《庄子》的审美视域中往往有鲲鹏、蝴蝶、游鱼，也不排斥燕雀、腐鼠，有西施，更不排斥驼背乃至其他畸形的人，有大海，也不排斥溪流，既然庄子认为"厉与西施、恢诡谲怪，道通为一"②，相信天地一指，万物一马，以及美丑不二的思想，所以以庄子为代表的中国智慧美学常常对天地万物一视同仁，赋予天地万物以同等地位和尊严，以致具有周遍含容、明白四达、平等不二的学术襟怀。如果说《周易》所谓"范围天地之化而不过，曲成万物而不遗"③，成玄英注疏"周悉普遍，咸皆有道"④等较为明确地彰显了中国智慧美学周遍含容的学术襟怀，那么

---

① 《知北游》，《南华真经注疏》下，中华书局 1998 年版，第 428—429 页。
② 《齐物论》，《南华真经注疏》上，中华书局 1998 年版，第 37 页。
③ 《系辞传上》，李道平：《周易集解纂释》，中华书局 1994 年版，第 557—558 页。
④ 《知北游》，《南华真经注疏》下，中华书局 1998 年版，第 429 页。

《周易》"广大配天地"①,老子"无弃人""无弃物"②,慧能"见一切人恶之与善,尽皆不取不舍"③等则更突出地彰显了明白四达的学术襟怀,至于诸如老子所谓"美之与恶,相去奚若?"④,及庄子齐物论,郭象所谓"无美无恶,则无不宜"⑤,道信所谓"境缘无好丑,好丑起于心"⑥,慧能所谓"无是无非,无善无恶"⑦,以及王弼所谓"大爱无私""至美无偏"⑧等明显地体现了对美丑无所分别和取舍的平等不二的学术襟怀。在周遍含容、明白四达和平等不二等学术襟怀之中,显然平等不二更为关键。正是由于平等不二,才并不像西方美学那样执著于美与丑的分别,执著于现实丑与艺术美的分别,才能对美丑无所分别与取舍,而且不以人类感知范围为界限,赋予超出人类感知范围的事物以美的特征,并与道相提并论,使其具有道的尊贵与广大,乃至有老子之所谓:"大音希声、大象无形、道隐无名。"⑨

正由于这一点,使中国智慧美学表现出并不以人类自身设定的美丑标准来圈定美学研究对象的特点,也正因为这一点,使中国智慧美学在囊括天地大美的同时,也具有了赋予天地万物以同样生命价值的智慧。能够通过天地大美体悟宇宙生命精神,是中国智慧美学不同于西方美学的主要特点。宗白华对此有深刻认识,在他看来,所谓美就是"在实践生活中体味万物的形象,天机活泼,深入'生命节奏的核心',以自由协和的形式,表达出人生最深的意趣",就是宇宙万物所蕴含和表现的"生命的内核""生命内部最深的动",以及"至动而有条理的生命情调"⑩。也正

---

① 《系辞传上》,李道平:《周易集解纂释》,中华书局 1994 年版,第 564 页。
② 《老子奚侗集解》,上海古籍出版社 2007 年版,第 70 页。
③ 《坛经》,《禅宗七经》,宗教文化出版社 1996 年版,第 330 页。
④ 《老子奚侗集解》,上海古籍出版社 2007 年版,第 48 页。
⑤ 《德充符》,《南华真经注疏》,中华书局 1998 年版,第 112 页。
⑥ 《牛头山法融禅师》,《五灯会元》上,中华书局 1984 年版,第 60 页。
⑦ 《坛经》,《禅宗七经》,宗教文化出版社 1997 年版,第 330 页。
⑧ 《泰伯》,程树德:《论语集释》第 2 册,中华书局 1983 年版,第 550 页。
⑨ 《老子奚侗集解》,上海古籍出版社 2007 年版,第 108 页。
⑩ 《论中西画法的渊源与基础》,《宗白华全集》第 2 卷,安徽教育出版社 1994 年版,第 98 页。

是基于这一认识,才使中国智慧美学对研究对象作了这样的界定:"美学之范围为自然美、人生美、艺术美、工艺美等。"①按照这一界定,所谓美并不只是艺术美,而且是囊括宇宙万物的天地大美,即使艺术美也必定是彰显着天地大美及其生命内核的艺术美。可见中国智慧美学虽然也崇尚艺术美,但并不执著于艺术美高于或低于自然美,而是将与自然相协和乃至最大限度彰显天地大美的艺术美作为最高境界,至于能够真正囊括天地大美,能够覆载万物、养育天下的天地之心乃至圣人之心,更是其所崇尚的审美理想。《庄子》有云:"言以虚静推于天地,通于万物,此之谓天乐。夫天乐者,圣人之心,以畜天下也。"②可见,囊括宇宙万物乃至天地大美的研究对象,所彰显的不仅是中国智慧美学周遍含容、明白四达、平等不二的学术精神,而且是中国艺术与自然美相协和的至高无上的生命精神,是圣人之所以成其为圣人的根本智慧。所以中国智慧美学不仅体现了将现实美学、感觉美学与艺术美学融合统一的学科特点,而且充分彰显了将宇宙美学与生命美学有机统一的学科优势。

三是在思想基础方面具有本质主义美学与反本质主义美学融合统一的学科优势。

一般美学或如亚里士多德、黑格尔执著于本质主义,认为世界上一切事物存在着本质和规律,人们能够发现并成功阐述这种本质和规律;或如尼采、维特根斯坦等执著于反本质主义,认为世界上一切事物本来并不存在所谓本质和规律,人们当然也无从发现和阐述这种本质和规律,充其量只能是发明这种所谓本质和规律,最终强加于一切事物。这使得西方美学总是在美本质的可界定与不可界定之间摇摆不定。其实无论本质主义还是反本质主义都不可能真正周遍无碍:执著于本质主义美学,致力于美本质的研究,确实成就了亚里士多德以来辉煌的美学成就,但必定使众多美学家自柏拉图开始便陷入无果而终的伪命题之

---

① 宗白华:《艺术学》,《宗白华全集》第 1 卷,安徽教育出版社 1994 年版,第 542 页。

② 《天道》,《南华真经注疏》上,中华书局 1998 年版,第 268 页。

中无法自拔;执著于反本质主义美学,虽然揭示了美本质的某些不可界定性特点,但对美本质界定的反对实际上也否定了关于美学问题谈论的必要性,使其陷入无法自圆其说甚或自掘坟墓的处境。无论偏执本质主义美学,还是反本质主义美学,都不可能真正成功走出美学自身存在的困惑与尴尬处境。执著于本质主义的美学往往纠结于美的主客观性无法自拔,执著于反本质主义的美学又往往致力于词语的琐碎阐释之中,似乎都没有能够真正揭示出美的根本特点乃至智慧。

中国智慧美学如儒家美学虽然也产生了诸如美即无害、即充实,以及不全不粹之不足以为美之类看似确定的美本质论,但事实是中国美学更多对美本质避而不谈,以致有所谓大美无言之说。儒家美学相信"书不尽言,言不尽意"①,对美乃至最高境界的道只能以孔子所谓"四时行也,百物生焉,天何言哉"②而慨叹,禅宗美学往往以不立文字又不离文字,乃至诸如所谓"诸佛妙理,非关文字"③等来表明态度。而西方美学自进入反本质主义美学阶段才出现了避而不谈,甚或讳莫如深,改用审美代之的趋势。如果这种现象的确体现了西方美学对美本质认识的提高,那么方东美对中国美学对美避而不谈则有这样的评价,他说:"中国哲学家之所以不常谈美,正是因为他们对美的这种性质了解最为透彻,所以反而默然不说。"④对美的本质或反本质一概避而不谈,不是中国智慧美学丧失了对美本质乃至反本质的概括能力,恰恰是因为太了解美本质与反本质的不可执著和界定的特点。这可能在某种意义上有了默认本质主义美学与反本质主义美学并存的性质,实际上这种默认还不能全面体现中国智慧美学对本质主义美学与反本质主义美学无所分别和执著乃至平等不二的智慧。真正能够集中体现中国智慧美学对本质主义美学与反本质主义美学无所分别与取舍乃至平等不二的

---

①　《系辞传上》,李道平:《周易集解纂释》,中华书局1994年版,第609页。

②　《论语集注》,朱熹:《四书章句集注》,中华书局1983年版,第180页。

③　《坛经》,《禅宗七经》,宗教文化出版社1996年版,第345页。

④　方东美:《中国艺术的理想》,《生生之美》,北京大学出版社2009年版,第288页。

智慧的是道家美学。从老子所谓"道可道,非常道"①之类阐述,便可以看出中国智慧美学本质主义与反本质主义平等不二的倾向。如果说"道可道"是承认本质主义的存在,说"非常道"则是强调反本质主义的存在。这还只是本质主义美学与反本质主义美学平等不二的思想基础,真正能够体现本质主义美学与反本质主义美学平等不二基本精神的是老子所谓"天下皆知美之为美,斯恶已"②。如果说"皆知美之为美"倾向于肯定本质主义美学,"斯恶已"则肯定了反本质主义美学,这实际上就是对本质主义美学与反本质主义美学无所分别与取舍的集中体现。也正是因为这个原因,使得中国智慧美学无论道家美学、儒家美学,还是禅宗美学几乎毫无例外地采取了对语言文字表达并不执著的态度。道家美学如老子主张"知者不言,言者不知"③,对借助语言揭示本质基本上采取了极谨慎的态度,至庄子更是通过"得意而忘言"④成功实现了对本质主义与反本质主义的无所分别与取舍。因为任何语言只能界定可用概念界定的部分,对无法用语言界定的部分则无能为力,而且任何语言界定一旦形成便僵死于概念的阐释之中,便不可能呈现事物的千变万化。所以既涉及美的本质主义,又不执著于美的本质主义,乃至具有反本质主义的性质,才最为明智。也许最能体现这种智慧的是《庄子》所谓"言无言,终身言,未尝言;终身不言,未尝不言",⑤如果说"终身言,未尝言",是在肯定反本质主义的基础上达到了本质主义与反本质主义的平等不二,那么"终身不言,未尝不言",则是在肯定本质主义的基础上达到了本质主义与反本质主义的平等不二。那么崇尚"言无言",才最能体现中国智慧美学并不执著于美的本质主义与反本质主义,乃至本质主义美学与反本质主义美学平等不二的智慧精神。能够与庄子这种智慧相提并论的,也许只有《金刚经》所谓"所言一切

① 《老子奚侗集解》,上海古籍出版社 2007 年版,第 1 页。
② 《老子奚侗集解》,上海古籍出版社 2007 年版,第 4 页。
③ 《老子奚侗集解》,上海古籍出版社 2007 年版,第 141 页。
④ 《外物》,《南华真经注疏》下,中华书局 1998 年版,第 534 页。
⑤ 《寓言》,《南华真经注疏》下,中华书局 1998 年版,第 540 页。

法者,即非一切法,是故名一切法"①之类阐释。如果无论偏执本质主义美学,还是反本质主义美学,都可能具有单一层面阐释的缺憾,《金刚经》的这种阐释则同时彰显了三个层面。如果说"所言一切法者"体现了本质主义美学执著于美本质的特点,那么"即非一切法"则体现了反本质主义美学执著于反美本质的特点,而"是故名一切法"则在第三个层面彰显了本质主义美学与反本质主义美学平等不二的特点,是既不执著于本质主义美学,也不执著于反本质主义美学的精神的体现。如果说庄子"言无言"的第三个层面还在其语言之外,需要人们自己去补充,那么《金刚经》的这一阐述则将第三层面一并和盘托出。

虽然诸如本质主义与反本质主义、本质主义美学与反本质主义美学之类的概念是现代才提出的,但事实上的本质主义乃至本质主义美学则伴随着美学的发展一直存在,反本质主义乃至反本质主义美学则在现代才变成一种明确思想。对本质主义与反本质主义、本质主义美学与反本质主义美学的任何一种执著无法成功帮助人们走出美学困境。如同本质主义乃至本质主义美学几乎葬送了古往今来诸如亚里士多德、黑格尔等世界一流的美学家,那么反本质主义乃至反本质主义美学同样会葬送诸如尼采、维特根斯坦等美学家,使他们都可能在自命不凡的探索和阐释中落入盲人摸象的片面和狭隘。有所不同的是盲人摸象的片面和狭隘是人所共知的,但亚里士多德、维特根斯坦等人堂而皇之骗取了哲学家的头衔。看似简单的本质主义与反本质主义之类,其实关涉人类的一切文明成果,甚至包括人文科学、社会科学和自然科学基本上都无法幸免于难。如果对这一问题没有清醒认识,便可能因此陷入自设的陷阱无力自拔,甚至徒劳无功却乐不思蜀。这方面中国智慧美学显然有独特优势。儒家美学尤其《周易》通过立象以尽意的方式成功解决了语言在阐释本质方面无能为力的缺憾,道家美学尤其庄子通过寓言方式成功彰显了其"言无言"所蕴含的本质主义与反本质主义平等不二的智慧,佛教美学则通过不立文字而不离文字的方式,及

---

① 《金刚经》,《禅宗七经》,宗教文化出版社1997年版,第11页。

《金刚经》既肯定又否定的方式成功实现了对本质主义与反本质主义美学的无所执著和取舍。也正因为这个原因,使中国智慧美学拥有了成功融合本质主义美学与反本质主义美学的学科优势。

四是在理论基点方面有主客二元论美学与主客不二论美学融合统一的学科优势。

关于客体与主体的问题,往往涉及中国美学与西方美学的美本质论以及研究对象等一系列主要问题。虽然西方美学同时存在着主客二元论和主客一元论,但相对来说,主要还是以主客二元论占据主体地位。主客二元论的根本特征是强调主体与客体的二元对立,乃至认为二者是相互对立的独立存在,主客一元论则认为主体与客体合而为一,并不彼此独立存在。西方美学总体来说以主客二元论为主体,这实际上影响了西方美学在其历史发展中的美本质论、研究对象、学科内容及基本理论构成等。

西方美学由于在主体与客体之间强调的侧重点不同,以致形成了决然不同的美学理论,并在很大程度上影响了西方美学的整体发展轨迹,甚或从根本上决定了西方美学发展的路径。执著于客体所产生的古希腊以来的客体实体论美学,往往执著于美是诸如对称、匀称、明快等事物客观属性,而且将客观存在的美的实体作为研究对象,以致具有较为宏大的世界视域,且形成了具有很高哲学思辨色彩的美学理论及其知识谱系,但忽略了同样有理由存在主观性特征。因为在人类审美实践中的确存在着某些美感并不取决于事物的客观属性,而主要是人们主观感受的情形,这种主观感受也的确不是诸如对称、匀称乃至明快之类的可直接度量的客体性所能概括的,很大程度上忽视了对审美心理等主体性活动复杂性的研究,也忽视了事实上确实存在的某些审美现象并不都能用语言来准确阐述的现象。正是由于这种美学理论的偏颇,使西方美学自浪漫主义兴盛以来又转而执著于主体认识论美学。主体认识论的主要特征是认为美本质上是人的一种主观感受与体验,而且因此也执著于人类审美心理的研究,虽然也强调了审美心理活动的复杂性,但事实上又忽视了对审美现象的某些并不取决于心理而主要取决于美的实体特征的现象,以致由此而形成的建立在心理学基础上的美学往往丧失了宏大研究视域,严重退缩于人类审美心理的描述之中,使得本来带有一定主观性的审美现象更显得莫衷一是,甚至难以准确阐释。这种主体认识论美学虽然肯定了主观属性但同时因为否定客观属性而同样陷入片面之中。所以所谓客体实体论美学与主体认识论美学,其实没有一个是真正周遍无碍的,都只能是偏执一隅的美学体系。也许正是由于这两种美学共同存在的极其偏执的缺憾,使得西方美学进入第三阶段,也就是 20 世纪以来兴起且逐渐受到人们认可的主体间性论美学。主体间性论美学,虽然因为并不过分执著于客体与主体的分别,并不执著于客体实体论美学与主体认识论美学之中的任何一个,由于充分强调了同一事物本身既是主体又是客体的情形而似乎显得更为周全,但实际上这种理论只是很大程度上强调主体的重要性,以致由于过分执著于主体,往往将原来所谓主体与客体之间的关系也看成了主体与主体之间的关系,充其量也只是尊重了二者之间互为主客体的关系。也就是发生关系的两个事物之间,常常互为主体,也互为客体,也就是某一事物在观照另一事物的时候,常常是主体,又同时是另一事物的观照对象以致具有客体的性质,从而认为某一审美活动的最终完成常常是二者相互以主体性特征作用于对方的结果。这种主体间性论美学的最大缺憾是强调了互为主体性却忽视了互为客体性,事实上由于同样执著于主客二元论而显得并不真正周遍无碍,因为强调了主体性事实上就否定了客体性,强调了客体性就否定了主体性。所以执著于二元论思维方式和认知基础的片面性问题并不没有得到根本解决。

中国智慧美学,没有绝对的西方美学意义的主客二元论,也没有真正意义的主客一元论美学。虽然许多学者总是倾向于将类似天人合一的思想说成主客一元论,这实际上是一种误解,是一种用西方主客二元论来阐释中国天人合一思想所导致的错误。因为将天人合一与主客一元论相提并论,意味着将天看成了客体,将人看成了主体。严格意义的天人合一其实没有主体与客体的分别,天与人同时既是客体又是主体。

真正的天人合一,冥合天人,混同物我,乃至没有诸如天人、物我之类的分别。中国智慧美学实际上没有严格的主客二元论美学,也没有严格意义的主客一元论美学,因为无论主客二元论美学,还是主客一元论美学,实际上还是建立在执著于二元论思维方式与一元论思维方式的基础之上,而真正的中国智慧美学实际上既不执著于主客二元论美学,也不执著于主客不二论美学。主客二元论美学往往分化为客体实体论美学、主体认识论美学和主体间性论美学,以致在古代、近代和现代基本上构成了西方美学发展的三个阶段,同时也体现了严密发展逻辑以及理论基础。主客不二论美学则主张主客平等不二,也就是既没有主体,也没有客体,或主体就是客体,客体就是主体。中国智慧美学之类似于西方互为主客体关系的只能是心物不二论。中国智慧美学严格来说只能是心物不二论美学,这种心物不二论美学的根本特征是既不执著于心物二分,也不执著于心物不二,就是《华严经》所谓"不作二,不作不二"①,就是吉藏所谓"入非二非不二中道"②,就是熊十力所谓"不二而有分,虽分而实不二"③。也许《齐物论》之庄周与蝴蝶有分而无分,无分而有分,最能体现这一点。如果说文学创作真如弗洛伊德所说是白日梦,那么文学创作其实就是庄周之梦为蝴蝶,而庄周之梦醒其实也就是文学创作之结束。不知庄周之梦为蝴蝶,还是蝴蝶之梦为庄周,其实就是心物不分,心物不二,而觉庄周之与蝴蝶则必有分,则是心物二分。可见庄子所谓"物化"④,其实就是中国智慧美学关于心物不二论的最早同时也是最有影响的阐述。这个阐述所揭示的基本特点就是既不执著于心物二分,也不执著于心物不二,是心物有分而无分,无分而有分。这也就是说,中国智慧美学实际上既不执著于心物二分论,也不执著于心物不二论。倒是因为这种心物不二论美学成功解决了西方美学数千

---

① 《华严经》,上海古籍出版社 1991 年版,第 217 页。
② 吉藏:《大乘玄论》,载石峻等编:《中国佛教思想资料选编》第二卷第一册,中华书局 1983 年版,第 347 页。
③ 熊十力:《甲午存稿》,《体用论》,中华书局 1994 年版,第 28 页。
④ 《齐物论》,《南华真经注疏》上,中华书局 1998 年版,第 58 页。

年来无法解决的根本问题,至少不再因为执著于客体与主体,乃至客体实体论与主体认识论之类分别而陷入客体实体论美学与主体认识论美学乃至主体间性论美学的游移不定之中。

　　中国智慧美学之心与物,不能用西方所谓主体与客体来简单对应,其精神实质是主客二分与主客不二平等不二,也就是心与物有分别而无分别。这是因为在中国智慧美学看来,人类的原始本心与宇宙万物有所分别又无所分别,人们如果认知了原始本心,就是认知了宇宙万物。在孟子看来,穷尽人类原始本心必然能够知晓宇宙万物,有所谓:"尽其心者,知其性也。知其性,则知天矣。"①慧能认为一切自然规律乃至法则都存在于人类的原始本心之中,有所谓"一切万法不离自性"②的观点,陆象山认为宇宙与人类的原始本心是合而为一的,有所谓"宇宙便是吾心,吾心即是宇宙"③,王阳明主张宇宙万物都存在于人类的原始本心,有所谓"天下无心外之物"④。所有这些都充分肯定了宇宙万物与原始本心有所分别又无所分别,乃至平等不二的特点。中国智慧美学既不执著于客体实体论,也不执著于主体认识论,同样也不执著于主体间性论,理所当然也就不会在诸如客体与主体,甚至客体实体论与主体认识论、主体间性论之间游移不定,以致首鼠两端,也不在心物二分论美学与心物不二论美学之间游移不定。其实除了儒家美学尽心知天,禅宗美学万法尽在自心,以及宋明理学心外无物之类的阐述,道家美学对此也有突出贡献,如《庄子》"趣物不两"⑤实际上既肯定了心物二分,也肯定了心物不二,至于成玄英所疏"循彼我而无彼我"⑥则更清楚地阐述了这一思想。也许中国智慧美学的真正特征,就是因为主张万物尽在自心,以致有了既不执著于心物二元,也不执著于

---

① 《孟子集注》,朱熹:《四书章句集注》,中华书局1983年版,第349页。
② 《坛经》,《禅宗七经》,宗教文化出版社1996年版,第327页。
③ 《杂说》,《陆九渊集》,中华书局1980年版,第273页。
④ 王阳明:《语录》三,《王阳明全集》上,上海古籍出版社1992年版,第107页。
⑤ 《天下》,《南华真经注疏》下,中华书局1998年版,第612页。
⑥ 《齐物论》,《南华真经注疏》上,中华书局1998年版,第38页。

心物不二的特点,这实际上既因为主张万物尽在自心而否定了心物二元,又因为承认心与物有所分别,而否定了心物不二。这其实便体现了有分别是无分别,无分别是有分别的特点。熊十力有谓:"了境唯心,斯不逐于境;会物为己,斯不累于物。"①这正揭示了中国智慧美学既不执著于心物二分,也不执著于心物不二的特点。如果说"了境唯心""会物为己"是否定了心物二元论,那么说"斯不逐于境""斯不累于物"则似乎又否定了心物不二论。这同成玄英之"循彼我而无彼我"相同。如果说"循彼我"是肯定了心物二元论美学而否定了心物不二论美学,那么,"无彼我"则肯定了心物不二论美学而否定了心物二元论美学。这就是中国智慧美学不仅因为主张客体实体论与主体认识论有所分别又无所分别,具有成功融合客体实体论美学与主体认识论美学的学科优势,同时还因为主张心物不二论美学乃至有心物不二与心物二分有所分别又无所分别,以致具有成功融合心物二元论美学与心物不二论美学的学科优势。

五是在学科视角方面中国智慧美学具有哲学视角与心理学视角融合统一的学科优势。

作为知识的美学总是要归属于一定学科,理所当然得采取所属学科的特定视角,如西方美学自古希腊以来实际上执著于哲学视角,因为将整个人类社会和自然宇宙作为研究对象,以致拥有了宏大宇宙视域,但由于对人类审美心理本身缺乏必要关注而陷入神秘主义,最终如基督教美学那样将最高境界的美归之于上帝之类的神灵;自浪漫主义兴盛以来的美学又转而执著于心理学视角,以致因为关注人类审美心理拥有了形而上哲学视角所没有的优势,较为系统地揭示了人们的审美心理规律,但由于退回到心理学视角,而心理学自身也存在诸多核心概念并不能准确阐释的学科缺憾,所以最终使其美学不仅丧失了涵盖人类社会乃至自然宇宙的能力,而且陷入自身无法阐述乃至莫衷一是的随意与混乱之中。这是因为西方美学总是以二元论作为思维方式和认

① 熊十力:《新唯识论》,中华书局 1985 年版,第 116 页。

知基础,总是将事物分别为诸如精神与肉体、意识与物质,乃至形而上与形而下之类,所以对待任何问题都可能从形而上与形而下之类分别之中选择自己所采用的学科视角,如果选择了形而上,就必然舍弃形而下,如果选择了形而上,就必然舍弃形而下。在西方美学看来,形而上的哲学学科视角与形而下的心理学学科视角水火不容,二者不可兼得。如果选择了形而上的哲学视角,就不能选择形而下的心理学视角,如果选择了形而下的心理学视角,就不能选择形而上的哲学视角。所以西方美学或从哲学视角研究美学,或从心理学视角研究美学,并不存在将二者有机统一起来的情形。也正是由于有这种明确的学科界域,使得西方美学不仅不可能将审美的哲学视角与心理学视角有机统一起来,甚至更不可能将审美的哲学问题与心理问题有机统一起来。造成这一问题的根源除了二元论思维方式的问题,主要还是由此而形成的类似森严堡垒式的学科界域问题。这种必定隶属于一定学科视角的研究传统,并不仅仅体现在美学领域,甚至可能在其他所有学科领域都普遍存在。近年来出现的所谓跨学科研究,似乎反映了人们对这种类似森严堡垒式学科界域的不满,似乎体现了人们对分门别类甚或条块分割式学科视角的不满,但这种跨学科视角研究充其量只是选择了另一学科视角,并不同时采用两个或两个以上学科视角,所以固守某一特定学科视角的问题实际上并没有得到解决。要真正打破单一学科视角,必须提倡超学科视角研究,也就是并不执著任何一种学科视角,却同时属于所有学科视角。这种超学科视角虽然已被有识之士所认识;而是在某些后现代主义美学家那里得到了一定程度自觉应用,但毕竟没有从根本上解决美学的哲学视角与心理学视角融合统一的问题,或者还没有明确找到融合两个学科视角的切合点。

中国智慧美学向来没有类似于西方的严密学科分类与界域,没有明确的学科归属与学科视角。也正因为这一点,使得人们对中国智慧美学并不十分认可,甚至直到今天仍有人持否定和批判态度,但也正因为这一点,使中国智慧美学从来没有受到诸如学科视角乃至界域的束缚,以致拥有不属于任何学科同时又属于所有学科的真正意义的超学科性质,也正因为这一点,使中国智慧美学从一开始便成功解决了西方美学至今仍然未能将哲学视角与心理学视角融合统一的问题。中国智慧美学最具哲学命题性质的是儒家美学和道家美学之所谓"道"或佛教美学之所谓"法"。这些形而上性质的"道"和"法",并不像西方美学所标榜的"理念",或属于哲学视角的客观现象界,是事物本质乃至规律,或属于心理学视角的主观精神界,是人们的思想认识;而是超越了心与物乃至主观与客观,既不单纯属于哲学视角的客观现象界,也不单纯属于心理学视角的主观精神界,又同时属于哲学视角的客观现象界和心理学视角的主观精神界的命题。在中国道家美学看来,所谓道虽然也可能存在于现象界一切事物之中,但常常更集中地存在于人们虚静的心灵世界,如庄子有所谓"唯道集虚"①"虚室生白"②的观点。在庄子看来,道不仅存在于人们虚静的心灵世界,而且似乎只有心灵世界达到虚静状态才可能真正体悟到道的存在。佛教美学向来主张"三界唯心",认为一切所谓现象界,都是由人心所构造的,至慧能所谓"万法尽在自心"③,更明确提出了一切现象界不离人的原始本心,乃至存在于人类的原始本心之中的观点。在慧能乃至中国禅宗美学看来,一切现象乃至智慧不是存在于西方所谓客观现象界,而是存在于人们的清净不二本心之中,认为识自清净不二的本心,便是体悟类似西方哲学之"理念"的"法"。这不是说中国道家美学与禅宗美学片面强调了属于心理学视角的主观精神界,而是因为在中国道家美学和禅宗美学看来,无论主观精神界还是客观现象界其实都是平等不二的,认识了平等不二的主观精神界,便是认识了平等不二的客观现象界。但西方美学则常常将主观精神界与客观现象界对立起来,或者强调客观现象界,或者强调主观精神界,前者被称之为唯物主义,后者被称之为唯心主义。

人们也许将倾向于所谓客观现象界的观点看成唯物主义,将倾向于主观精神界乃至原始本心的观点视为唯心主义。事实上这种执著于

---

① 《人间世》,《南华真经注疏》上,中华书局 1998 年版,第 82 页。
② 《人间世》,《南华真经注疏》上,中华书局 1998 年版,第 83 页。
③ 《坛经》,《禅宗七经》,宗教文化出版社 1996 年版,第 333 页。

唯物主义或唯心主义之分别和取舍的观点,仍然是西方二元论思维方式产生作用的结果。在中国智慧美学看来,人类的原始本心与事物本真存在之间无所分别,也无须取舍,既然人类的原始本心,在未接受后天教育和影响的时候没有善恶之类的分别,那么这个原始本心事实上就是平等不二,无善无恶的,这可能就是老子所谓婴儿之心,孟子所谓赤子之心,慧能所谓清净之心。事物的本真存在在没有被人类用其分别和取舍之心加以分析和判断之前,也没有诸如善与恶之类的分别,也同样平等不二。既然人类的原始本心与事物本真存在都平等不二,无善无恶,那么识自原始本心,实际上就认识了事物本真存在,认识了事物本真存在其实也就认识了人类原始本心。这二者没有分别,也无须取舍。至于西方美学倾向于认为人类本性善恶二分,其实善恶二分并不是人类本性的原始状态,同样是人类根据利己的分别与取舍之心加以分析和判断的产物,至于事物的现象与本质、内容与形式之类的分别,也不是事物的本真存在,而是人类用分别和取舍之心加以分析和判断的产物。所以西方美学无论执著于客观现象界乃至事物的现象与本质、内容与形式之类,还是执著于人类本性的善恶二分之类,其实都是人类主观分析和判断的结果,并不揭示人类原始本性与事物本真状态的真实存在,实际上仍然是主观唯心主义的体现。正是基于这一点,使中国智慧美学从一开始便具有了将哲学视角与心理学视角相统一的特点。

最能体现中国智慧美学哲学视角与心理学视角相统一的最具世界意义的美学成果是境界理论。这种理论在更为广阔的领域常常体现为生命境界理论,如王国维、宗白华、冯友兰、唐君毅、叶朗等美学家的不同境界理论都是将形而上的哲学视角与形而下的心理学视角融合统一的成功范例。其中王国维人生三境界说事实上将心理学视角的焦虑、迷狂、虚静,与哲学视角的士人境界、君子境界、圣人境界有机统一,使得人类的人格理想与生命境界由低到高依次呈现为焦虑的士人境界、迷狂的君子境界和虚静的圣人境界,这不仅代表了中国智慧美学将心理学视角与哲学视角融合统一的最高成就,而且也是中国智慧美学对世界美学的最有价值的贡献。这是因为中国智慧美学之道与虚静、法与清净体用不二,集中体现了对哲学与心理学视角无所分别和取舍,既立足哲学视角关注人类的精神境界,乃至有诸如士人、君子和圣人等不同层次的生命境界,而且也不排斥诸如焦虑、迷狂尤其虚静等心理学视角的心理状态,有哲学视角与心理学视角平等不二,乃至融合统一的根本精神。中国智慧美学将心理学视角与哲学视角有机统一所形成的境界理论在最狭义的领域常常被阐释为意境理论。这个理论的集大成者仍然是王国维,但宗白华的发挥,明显使其更具有丰富的哲学意味与心理学意味。宗白华这样表述道:"中国人对'道'的体验,是于'空寂处见流行,于流行处见空寂',唯道集虚,体用不二,这构成了中国人的生命情调和艺术意境的实相。"①宗白华显然对意境作了更深入且更广泛的阐释,同时也彰显了中国智慧美学将哲学视角与心理学视角有机统一的学科优势。正是由于中国智慧美学认为哲学视角的普遍规律与心理学视角的虚静乃至清净心理合而为一,甚至宇宙普遍规律就存在于人类自身的原始本心,人们只要保持虚静乃至清净的心理状态,就能认识和发明这种平等不二的原始本心,就能体悟宇宙普遍规律,臻达生命的最高境界。不仅如此,中国智慧美学还常常将人类原始本心直接看成生命的最高境界,认为平等不二,不仅是人类原始本心的真如状态,而且也是生命最高境界的根本特征。这使其不仅拥有了诸如艺术之类使生命获得自由解放的阶段性成绩,而且拥有了类似哲学乃至宗教的生命自由解放本身的价值和意义。

六是在核心命题方面具有和谐论美学与对立论美学融合统一的学科优势。

完整的美学体系必然涉及对诸如人与自我、人与社会、人与自然三大核心关系的论述,而且论述所涉及的范围越全面,越能彰显出美学体系的周遍含容。也正是围绕这三大核心关系,使中国智慧美学表现出

---

① 宗白华:《中国艺术意境之诞生(增订稿)》,《宗白华全集》第 2 卷,安徽教育出版社 1994 年版,第 370 页。

与西方美学不尽相同的特点。人们习惯上倾向于认为西方美学执著于人与自我、人与社会、人与自然关系的对立。具体来说，西方美学也确实由于执著于人性的善恶对立，倾向于认为人性有诸如兽性与神性、动物性与人性二元特征；由于执著于人与人关系的对立关系，倾向于认为人与人之间充满矛盾冲突，甚至可能发展为尖锐的阶级斗争乃至武装冲突；由于执著于人与自然的对立关系，以致认为人与自然之间同样存在优胜劣汰、适者生存的竞争关系，甚至往往将人类征服自然和利用自然的能力即所谓生产力作为人类发展的标志。这确实使西方美学不可避免地具有了对立美学的特征。人们也因此倾向于认为中国智慧美学并不执著于这种二元对立以致具有和谐论美学的性质。如方东美有这样的阐述："西方人，尤其是欧洲人，向具这种'二分法'的本能，所有事物都一分为二，彼此敌对。所以整全的人格被划出'身'与'心'之分，便很难再贯通，像近代知识论的理论即然。另外，完整的国家也被分化为'统治者'与'被统治者'，仿佛两者永远在对立与互斗，试看西方近代史即知。全体宇宙又被割裂成表象与实体、现象与本体，或者自然与超自然，不论名目如何，都是先一分为二，然后便很难再和谐沟通；这种思想，一旦执而不化，便会使西方人与自然格格不入。然而，在中国哲学家看来，人与宇宙的观念，却是充满圆融和谐的。人的小我生命一旦融入宇宙的大我生命，两者同情交感一体俱化，便浑然同体浩然同流，绝无敌对与矛盾，这种广大的同情很难言传。"①也许东方美的观点的确揭示了中国智慧美学与西方美学的根本精神的差异。中国智慧美学也确实并不执著于人与自我、人与社会、人与自然关系的矛盾对立，常常将或善或恶乃至无善无恶作为人类的原始本心，将柔弱胜刚强乃至无所争执作为社会法则，将两不相伤乃至万物并育作为自然规律。如《中庸》所谓"万物并育而不相害"②等似乎极其明确地体现了中国智慧美学之和谐论美学的性质。

---

① 方东美：《广大和谐的生命精神》，《生生之美》，北京大学出版社 2009 年版，第 172—173 页。

② 《中庸章句》，朱熹：《四书章句集注》，中华书局 1983 年版，第 37 页。

实际上无论执著于对立论美学，还是执著于和谐论美学，都可能因为执著于对诸如对立与和谐的分别与取舍，而陷入二元论思维基础的偏执偏失之中，以致并不真正具有智慧美学无所执著、无所分别、平等不二的精神。真正的智慧美学应该对诸如对立与和谐关系同样无所分别和取舍。中国智慧美学并不否认对立的存在，只是更看重不战而屈人之兵，如孙子有云："善用兵者，屈人之兵而非战也。"①更看重对立表象背后所潜藏的深层依存关系，如柳宗元有所谓："皆知敌之仇，而不知为益之尤；皆知敌之害，而不知为利之大。""敌存灭祸，敌去招过。有能知此，道大名播。"②更看重对立之最终以和解而结束，如张载《正蒙·太和篇》所谓："有象斯有对，对必反其为；有反斯有仇，仇必和而解。"③中国智慧美学实际上并不否认对立的存在，以致夸大和谐的价值，而是既看到了对立，也看到了对立之必然结果只能是和谐。所以真正的智慧美学既不执著于对立，也不执著于和谐。老子所谓"夫两不相伤，故德交归焉"④，以及《庄子·知北游》所谓"圣人处物不伤物。不伤物者，物亦不能伤也"⑤等，也在一定程度上表彰了既不执著于对立，也不执著于和谐的智慧美学精神。真正的智慧美学并不执著于对立与和谐的二分，认为对立与和谐独立存在，也不执著于对立与和谐的不二，认为非对立非和谐。事实上执著于对立与和谐二分，与执著于对立与和谐不二，都不是真正意义的无所分别和无所取舍。真正的无所分别和无所取舍应该既不执著于对立与和谐的二分，也不执著于对立与和谐的不二，这才是智慧美学的真正精神。智慧美学崇尚不二论思维方式，自然对对立与和谐的二元论、对立与和谐的不二论都无所执著和分别。比较而言，似乎老子所谓"不争而善胜"⑥更能体现这一点。

①　孙武：《谋攻》，曹操等：《十一家注孙子兵法校理》，中华书局 1999 年版，第45 页。
②　柳宗元《敌戒》，《柳宗元集》第 2 册，中华书局 1979 年版，第 532—533 页。
③　《正蒙·太和篇》，《张载集》，中华书局 1978 年版，第 10 页。
④　《老子奚侗集解》，上海古籍出版社 2007 年版，第 152 页。
⑤　《知北游》，《南华真经注疏》下，中华书局 1998 年版，第 436 页。
⑥　《老子奚侗集解》，上海古籍出版社 2007 年版，第 182 页。

所谓"不争"就是不执著于对立,所谓"善胜"就是不执著于和谐,这实际上就是并不执著于对立与和谐的二分。老子也不执著于对立与和谐的不二,执著于非对立非和谐,他同时看到了和谐与对立的存在,而且将和谐看成对立的最高理想。至于庄子所谓"圣人者和之以是非而休乎天均"①,及成玄英所疏"夫达道圣人,虚怀不执,故能和是于无是,同非于无非。所以息智乎均平之乡,休心乎自然之境也",②实际上也是告诉人们圣人之所以成其为圣人,是因为能够不离是非而和于是,也就是能够和是于无是,和非于无非,也就是不离是非而得无是非,也就是不离对立与和谐的分别,而和于对立与和谐,也就是和对立于无对立,和和谐于无和谐。正是由于中国智慧美学并不执著于对立与和谐的二分,也不执著于对立与和谐的不二,所以才有了既不执著于对立论美学,也不执著于和谐论美学,能够将二者有机融合统一的学科优势。

总之,中国美学的核心精神是智慧美学,智慧美学的核心精神是无所执著,也就是圣人无心。中国智慧美学正是由于在理论视域的西方中心主义与东方中心主义、研究对象的艺术美与自然美、思想基础的本质主义与反本质主义、理论视角的哲学视角与心理学视角、理论基点的客体实体论与主体认识论、核心命题的人与自我、社会、自然的和谐与对立等方面无所执著,以致彰显出不同于西方爱智慧的美学,而成为真正意义的智慧美学。由于并不执著于任何一种美学观念乃至范畴,不执著于任何一种美学流派乃至体系,更不执著于二元论思维方式和认知基础以及知识识解和实践修证,也不执著于以建构概念范畴和知识谱系为终极目的的知识美学和以经世致用的实践效果作为终极目的的技术美学,直接将回归和发明人类美丑、善恶、真假、是非不二的原始本心,参透宇宙间一切事物本来无美无丑、无善无恶、无真无假、无是无非,亦美亦丑、亦善亦恶、亦真亦假、亦是亦非的本真状态,作为获得美丑、善恶、真假、是非不二的智慧的唯一源泉,将无所执著、无所用心、无

---

① 《齐物论》,《南华真经注疏》上,中华书局 1998 年版,第 38 页。
② 《齐物论》,《南华真经注疏》上,中华书局 1998 年版,第 38—39 页。

所分别与取舍,乃至周遍含容、明白四达、平等不二作为圣人的根本智慧,以及智慧美学的学术精神尤其大乘智慧美学的学术精神。

四、中国智慧美学的研究现状和基本思路

智慧美学是以儒释道美学为基础的中国美学的核心精神的体现。这个精神事实上并没有因为汉代末年佛教美学的传入和五四新文化运动马克思主义美学的传入而中断,而是很大程度上丰富了中国智慧美学精神的内涵。其中佛教美学的传入更是从发明平等不二的原始本心乃至张扬平等不二的不二论思维方式方面给予中国智慧美学以更鲜明的智慧美学精神。虽然马克思主义美学的西方美学特点决定了许多方面并不一定完全符合东方美学之发明原始本心乃至张扬不二论思维方式的美学传统,但这并没有影响中国智慧美学发明原始本心乃至张扬不二论思维方式的传统,至少以新儒学为代表的中国美学实际上很大程度上传承并发扬了这一传统,而且随着中国人对中国传统文化的重新考虑,以及以东西方文化中国美学精神给予东西方文化的重新观照,使得探讨中国美学发明平等不二原始本心、张扬中国美学不二论思维方式、彰显中国美学周遍含容、明白四达、平等不二智慧精神,成为21世纪以来美学发展的一种基本趋势。这不仅标志着中国智慧美学的自觉与自信,而且也标志着致力于东西美学平等对话沟通的平台和机制已趋于成熟。虽然不能因此判断东西方美学的融合统一已经成为现实,最起码结束对峙走向融合的趋势已经开始凸显。而所有这些又是人们进一步发现和发明中国智慧美学精神的基础。应该说,关于中国智慧美学的研究在20世纪虽然也出现过一定程度的波折,但还是取得了显著成绩。所有这些是人们进一步研究智慧美学的重要思想基础,同时也是世界美学真正走向融合的重要精神财富。具体来说20世纪以来人们对中国智慧美学的研究主要体现出以下几个层面的特点:

第一是哲学乃至历史文化层面,诸如马一浮、熊十力、冯友兰、梁漱

溟、唐君毅、牟宗三、冯契、汤一介、张世英、郭齐勇、韦政通等国内学者研究取得了突破性进展,马一浮融通儒释道,提出治学之目的在明义理,而义理的本体是人心所同具的性,揭示了智慧源于人心所同具的性,熊十力融通柏格森与《周易》等中国哲学,提出体用不二、反求自识,揭示了心物不二的思维基础和返求本心的认知方式,为人们认识中国智慧美学不二论思维方式和认知基础奠定了基础,冯友兰、唐君毅中国哲学尤其生命境界观点为哲学视角与心理学视角的融合研究奠定了基础,汤一介、张世英、余英时等对中国智慧天人合一思维方式的研究,彰显了主客合一思维特点,冯契对中国哲学内在逻辑梳理尤其对知识与智慧关系的探讨彰显出智慧的价值,韦政通关于中国智慧无所执著特点的研究,揭示了中国智慧美学根本智慧的精神内核。国外学者如雅斯贝尔斯对中国哲学与世界其他哲学一视同仁,罗素、汤因比等对中国不崇尚执著和占有,以及善于接受并融合外来文化精神的研究,基本触及中国智慧美学周遍含容的学术精神,尤其弗朗索瓦·于连《圣人无意》对按照诸如是即非、非即是之类的平等接受模式思考的中国智慧哲学精神的发掘和张扬,更是触及中国智慧美学不二论思维方式和认知基础,另外如铃木大拙对禅宗无所用心的阐述,也彰显了中国智慧美学无所执著的根本智慧。应该说以上学者的哲学层面研究所取得的成就非常突出。这些成就的最重要方面已经明确集中于中国智慧美学学科性质的根本特点不是知识之学,也不是技术之学,而是智慧之学,不是知识分子的士人之学,不是实践家乃至改革家的君子之学,而是圣人之学。圣人之学的根本不是建构概念范畴和知识谱系,而是发明原始本心,是发明无所执著乃至无所用心的原始本心,是赢得生命的现实自由解放,而且这个自由解放不是建立在科学技术的物质需要的满足、文学艺术的精神幻念的满足、哲学的爱知识和德性需要的满足,以及宗教的神灵崇拜乃至救赎的基础之上,而是建立在自识原始本心的基础之上。这实际上为中国智慧美学的研究奠定了极其重要的思想基础。

第二是美学层面,如王国维、朱光潜、宗白华、方东美、叶朗、朱良志等国内学者取得了丰硕成果。其中王国维、宗白华、叶朗等融合西方美学对中国美学特别是境界理论的研究成功实现了哲学与心理学视角的融合,宗白华、方东美、朱光潜、叶朗、朱良志等对主客合一论等艺术精神的研究触及中国智慧美学的思维基础,尤其宗白华融通印度佛教和中国儒释道美学对中国美学智慧的开掘更深得要旨。近年来,许多学者对诸如《周易》《庄子》美学智慧的个案研究也成绩斐然;国外学者如舒斯特曼对身体与精神二分哲学框架行将崩溃的预言与批评,以及对中国儒家美学关注身体及其审美修养精神的发掘,已经无意识地宣告了二元论思维方式和认知基础的缺憾。泰戈尔对《奥义书》和佛陀无差别、无憎恨、无敌对精神的张扬,以及对中国人本能找到了事物秘密的艳羡,触及了中国智慧美学周遍含容、明白四达、平等不二的学术精神。应该说,与哲学层面的研究相比,这一层面的研究还是有些肤浅,至少有模糊朦胧的缺憾,至少没有从根本上明确阐发发明无所执著乃至平等不二的原始本心,以及不二论思维方式的根本精神。但许多美学家事实上已经有意识还是无意识地实践了这一根本精神,其中宗白华、方东美的阐述实际上就是建立在发明原始本心的基础之上,而且也基本触及不二论思维方式,至少是深入反思并且批判了西方美学二元论思维方式的片面和偏执。无论宗白华、方东美、泰戈尔基本上都做到了这一点。只是如方东美自己又陷于东西方对立的二元论思维方式的局限之中。虽然他对吉藏非二非不二观点的阐述事实上已经触及不二论的精神实质,但他对中国与西方美学乃至艺术精神的阐述事实上又陷入另外一种层面的二元论思维模式的束缚之中。比较而言,较为炉火纯青地把握了中国智慧美学发明原始本心乃至不二论思维方式的根本精神并熟练运用于中国艺术精神的研究之中,且取得了明显成绩的应该是宗白华。如果说国内外学者哲学层面的研究从思想的高度提高了人们研究中国智慧美学的自信心的话,那么诸如宗白华等国内外学者美学层面的研究,则从实践的层次为人们研究中国智慧美学提供了榜样示范,至少证明中国智慧美学的研究是很有价值的,而且也是能够取得丰硕成果的。

第三是文艺学层面,如徐复观等国内学者对以庄子、《文心雕龙》

为代表的中国文学艺术精神的梳理尤其心与物主客合一精神的深入阐述,触及中国智慧美学思维方式和认知基础,近年来许多学者如乐黛云、曹顺庆、张隆溪等对中国文学艺术的中西比较研究更是彰显了中国智慧美学的基本精神,另外如海外学者叶维廉对"言无言"的道家知识论及禅宗禅悟论等问题的阐述,宇文所安对中国文论观点的中西双向阐发,刘若愚对中国文论框架的中西共构互见,高友工对作为文学研究之理论基础的"知"与"言"尤其技能、经验和现实的知识分类,及中国抒情美学尤其小说、诗歌、戏曲传统的专题梳理等,都基本上触及中国智慧美学的思维方式、认知基础、理论视域及学科层次,有着重要的启发意义。应该说对中国智慧美学的文艺学层面研究也取得了一定成绩,至少海外学者的成就有目共睹。他们往往在与西方文学艺术的比较中很大程度上凸显了中国文学艺术精神及其特点。比较而言中国大陆学者的研究总体而言有些相形见绌,主要原因也许还在于视野的狭隘乃至理论的缺憾最终限制了他们可能取得的成就。视野的狭隘常常决定研究中国古代文学的不大关注甚至排斥现代文学,研究现代文学的又不大关注乃至通晓古代文学,对外国文学更是知之甚少,这使他们因为缺失开阔研究视域而难以概括出中国文学艺术精神的真正内涵;而且由于缺乏较高的理论视界以致只能就事论事,自然不能在一定理论高度把握中国文学艺术精神的真正内涵。可见正是视域的狭窄与视界的低俗最终制约了对中国文学艺术智慧美学精神的研究。

正是基于以上学者不懈的努力与丰硕的成果,使得中国智慧美学研究在宏观和微观等方面有了坚实的理论基础,相对来说也为以后的中国智慧美学研究提供了可以扩展和延伸的领域。比较而言,研究视域和理论高度在很大程度上决定了研究成就的大小。越是具有宏大研究视域和较高理论高度的研究所取得的成就越大,越是具有狭隘研究视域和低俗理论高度的研究所取得的成就便可能越小。比较而言哲学层面的研究成就最大,美学层面的研究成就次之,文艺学层面的研究成就更次之。概括而言主要表现为:一是在理论视域方面对中国乃至西方美学的研究比较到位,但对印度美学的借鉴仍显不够;二是在学科视角方面对中国智慧美学的哲学乃至美学研究显得较为深入,文学研究仍需要延伸,尤其对经、子、史所包含的美学智慧的研究仍显薄弱;三是研究方法方面过分注重中西美学异质性比较,同样可能陷入或真或假、或是或非的二元论思维排除模式的束缚之中;四是对中国美学智慧之二元论与不二论、知识与智慧平等不二的学术精神仍缺乏全面把握和系统阐述。

　　虽然关于东西方美学的分别与取舍的倾向依然存在,虽然对中国智慧美学的研究还存在许多薄弱环节,甚至对根本智慧的认知还相当肤浅,但由于经济全球化的影响和文化交流的日益加深,世界美学的融合毕竟成为一种趋势,而且中国智慧美学也的确有着其他美学所没有的独特精神:正是由于中国文化向来关注人类生命境界的自我超越,中国智慧美学并不执著于审美规律的探讨和知识谱系的建构,也不执著于二元论思维模式和认知基础,更不满足于阅读解悟和实践证悟认知方式及知识美学和技术美学,而将发明善恶、美丑、真假、是非不二的人类原始本心,表彰无所执著、无所用心乃至了无所得、平等不二、明白四达的圣人理想,提升人们的生命境界作为学术宗旨和根本精神。所以国内外自觉或不自觉地呈现出对中国智慧美学研究的一定程度的重视趋势。这些趋势大体上可以概括为:其一,在当前人们普遍面临较为突出的精神空虚和焦虑的社会状况下,寻求心灵的自我安顿逐渐成为人们的热切期望,回归中国智慧美学实际上是张扬中国美学发明原始本心的学术宗旨,成功安顿心灵世界的明智选择。其二,在艺术乃至美学研究陷入西方中心主义与东方中心主义、本质主义与反本质主义之类非此即彼二元论思维模式所导致二难抉择困境的形势下,寻求以二元论与非二非不二的不二论思维方式为基础的会通研究成为艺术乃至美学研究摆脱偏执偏失思维模式困境的主要突破口,回归中国智慧美学实际上是会通西方美学、中国美学乃至印度美学走向世界美学协同发展、共同创化的必然出路。其三,在世界教育陷入知识与技术,以及专家与通才教育摇摆不定甚或无所适从的情况下,寻求富于个性而又均衡发展的教育模式便成为时代课题,回归中国智慧美学实际上是回归中国圣人教育传统,以及以阅读解悟的知识教育、实践证悟的技术教育和明心彻悟的智慧教育并行不悖为特征的教育模式,使教育走出偏执偏失的困境。所有这些意味着中国智慧美学研究必将有着光明的学术前景与现实意义。

为了进一步凝练和凸显中国智慧美学的基本精神,除了采取中西比较法、文献归纳法、历史梳理法和逻辑分析法等知识学研究方法之外,更崇尚对经、史、子、集等国学资源,对西方乃至中国、印度等东方美学,对人文科学、社会科学、自然科学及其方法不取不舍的会通研究方法。对一切研究方法不取不舍,乃至至法无法、无法即法,才是凝练和凸显中国智慧美学方法论基础的体现。惟其如此,中国智慧美学研究应该立足以下三个基本点:

一是立足发明原始本心的学术宗旨和非二非不二的不二论思维方式,打破近代以来不断得到强化的二元论思维模式,立足国学经、史、子、集文化资源,尊重中国智慧美学主要集中于经、子,其次集中于史,再次集中于集的事实,打破中国美学研究向来偏执艺术乃至集却忽视经、子、史,偏执于西方美学却忽视中国尤其印度美学精神,以致无法有机融合的缺憾,广泛整合中国、西方和印度美学智慧,尤其以中国智慧美学精神为核心概念,系统发掘理论视域、研究对象、思维基础、理论基点、学科视角、核心命题等方面所蕴含的周遍含容、明白四达、平等不二的智慧美学学术精神,打破近代以来西方知识美学和技术美学一统天下的局面。

二是立足自我、社会、自然三大核心命题,尊重人文科学、社会科学、自然科学分别重视关注人与自我、人与社会、人与自然关系的事实,尊重西方科学主要热衷对自我、社会和自然进行分门别类研究的知识学事实,及追求概念范畴与知识谱系建构的有所知有所不知的知识美学甚或技术美学性质,尊重中国文化追求修己立命的士人气节、自强凝命的君子风范、乐天安命的圣人气象的智慧学精神,系统发掘中国智慧美学自我心灵哲学智慧、社会政治哲学智慧、自然宇宙哲学智慧,彰显达到自我和谐境界的士人、社会和谐境界的君子、自然和谐境界的圣人人格理想,突破西方美学向来专注于美的客观或主观规律,甚或哲学或心理学视角研究以致无法有机统一的模式。

三是立足阅读解悟、实践证悟和明心彻悟三种认知方式,尊重满足于知识识解和阅读解悟的知识美学及小乘智慧美学、满足于经世致用和实践证悟的技术美学及中乘智慧美学,倡导识自本心和明心彻悟的智慧美学尤其大乘智慧美学,尊重宇宙万物尤其人类原始本心善恶、美丑、真假、是非不二的真如状态及智慧源于人类原始本心的事实,尊重向书本学习获得间接经验的知识教育模式,向实践学习获得直接经验的技术教育模式,提倡向本心学习获得本体经验的智慧教育模式,系统发明和彰显中国智慧美学尤其圣人理想源自人类原始本心的根本智慧,彰显知识、技术与智慧平等不二的中国智慧美学精神和大成智慧教育理念,从根本上解决现代教育偏执知识和技术却忽视智慧的局限。

也许只有真正通过彰显发明原始本心的学术宗旨、非二非不二的不二论思维方式,围绕人与自我、人与社会、人与自然三大核心命题,把握阅读解悟、实践证悟和明心彻悟三种认知方式,才能凝练和彰显中国智慧美学精神,打破中国美学研究的单一学科界域,实现对国学经、史、子、集美学智慧的会通研究,建构中国美学将艺术美、人生美、宇宙美融为一体的世界视域研究新格局;打破中国美学研究的西方中心主义或中国本体主义模式,实现对西方美学、中国美学乃至印度美学智慧的会通研究,建构中国美学的世界视域研究新格局;打破中国美学研究单一层面,实现对知识、技术、智慧的会通研究,建构知识美学、技术美学和智慧美学平等不二的世界视域研究新格局,最终为建设中华民族共有家园提供学理支持与理论基础。

五、中国智慧美学的理论价值和现实意义

将西方知识美学与中国智慧美学对立起来加以比较的目的,只是为了帮助人们更进一步认识传统美学近代以来不断对东方美学乃至不

二论美学、智慧美学加以否定以致边缘化的恶劣影响,不是为了从根本上否定知识美学,更不是为了建构仅仅以东方美学乃至不二论美学和智慧美学为主体的美学格局;只是为了有意识地区别二元论与不二论、知识美学与智慧美学,从根本上扭转二元论与知识美学一统天下的局面,消除二元论乃至知识美学所导致的缺失与遗憾,给予不二论乃至智慧美学以一定的合法地位和存在空间,从而真正弘扬二元论与不二论、知识美学与智慧美学平等不二的智慧美学学术精神。

(一) 理论价值

智慧美学是中国文化智慧的集中体现形式,研究中国智慧美学尤其智慧源自人类原始本心的基本精神,彰显中国智慧美学作为圣人之学之无所执著、心量广大、平等不二的核心智慧,不仅可以为美学研究确立发明人类原始本心的学术宗旨,彰显善恶、美丑、真假、是非不二的思维方式和认知基础,梳理知识美学及小乘智慧美学、技术美学及中乘智慧美学、智慧美学尤其大乘智慧美学的学科层次,建构理论视域、思想基础、学科视角、理论基点、研究对象、核心命题诸方面的理论范畴与体系框架,揭示审美教育尤其智慧教育的新思路、新方式和新程序,根治当代教育在教育目标、教育方式和教育过程方面存在的诸多缺憾,而且能够彰显周遍含容、明白四达、平等不二的智慧美学精神。

研究中国智慧美学无疑有着重要的学术理论价值,对美学研究走出以西方美学为主体的知识美学、技术美学因为执著概念范畴和知识谱系建构,以致从柏拉图开始就对诸如美等核心概念的阐释一筹莫展的学术困境,走出以西方美学为主体的知识美学、技术美学执著于诸如主体与客体、本质与反本质二分之类二元论思维模式,以致从苏格拉底开始就陷入无法协调解决诸如客体实体论美学与主体认识论美学、本质主义美学与反本质主义美学之类矛盾对立问题而陷入的学术困境。虽然不能说导致美学研究包括研究对象、核心命题诸方面摇摆不定乃至首鼠两端、无所适从的根本原因是执著于知识谱系以及二元论思维模式,但所有这些问题的根本症结确实在于此。所以研究中国智慧美学,张扬中国智慧美学发明平等不二原始本心以及不二论思维方式等基本精神,有着极其重要的学术理论价值。至少可以彰显中国美学智慧之圣人人格理想与学术宗旨,为美学研究向智慧美学转型阐明研究任务;可以揭示中国美学智慧之不二论思维基础与学术精神,为美学研究向智慧美学转型理清思维基础;可以发掘中国美学智慧之自见本心认知方式与研究方法,为美学研究向智慧美学转型阐明研究方法;可以梳理中国美学智慧之知识、技术和智慧等学科层次与学术品质,为美学研究向智慧美学转型提升学术品位;可以凝练中国美学智慧之西方中心主义与东方中心主义等理论范畴与基本命题,为美学研究向智慧美学转型提供理论构架;可以凸显中国美学智慧在加强自我道德、社会和谐、生态文明建设方面的学科优势,为建设中华民族的共有精神家园奠定思想基础。具体来说,主要有:

其一,将发明人类原始本心作为中国智慧美学的学术宗旨和根本精神,更新了笛卡尔、斯宾诺莎等将理性,洛克、休谟等将经验作为源泉的传统知识论,阐述了依赖阅读解悟的知识美学及小乘智慧美学、依靠实践证悟的技术美学及中乘智慧美学缺憾,揭示了当代教育偏重知识识解和实践训练的专家教育乃至和谐人格教育的缺憾,表彰了主要依靠明心彻悟的智慧美学尤其大乘智慧美学精神,及明心见性的圣人教育传统。

其二,将不二论作为中国智慧美学的思维方式和认知基础,突破了西方文化以二元论作为思维方式和认知基础的片面性,强调了平等不二是人类原始本心乃至事物真如状态的基本事实,构建了中国智慧美学理论视域、研究对象、思想基础、理论基点、学科视角、核心命题诸方面的理论范畴,彰显了周遍含容、明白四达、平等不二的中国智慧美学学术精神和理论品质。

其三,将圣人无心作为中国智慧美学无所执著、无所用心核心精神的根本特征和根本智慧,避免了西方哲学以爱智慧即对智慧的真诚热爱、忘我追求和批判性反省作为宗旨的智慧之学的执著,揭示了片面依靠科学、艺术、哲学乃至宗教使人获得自由解放的局限性,张扬了中国哲学尤其智慧美学以无所用心、无所执著作为原始本心的根本智慧,彰显了中国智慧美学作为圣人之学的智慧美学精神实质。

(二)现实意义

虽然中国人曾经因为落后挨打而对中国文化可能有过误判,认为中国文化是导致中华民族处于被动挨打局面的根本原因,但随着工业文明的发展和人类社会的进步,人们似乎越来越发现单纯依赖曾经认为的作为先进文化代表的西方文化事实上同样无法成功解决当前社会存在的根本问题,如西方人性善恶二元论及后来兴起的精神分析学之类无法解决人类所面临的精神焦虑问题,阶级斗争乃至他人即地狱的观念也无法解决人与人之间关系的隔膜与冷漠问题,进化论乃至生产力理论也无法解决人与自然之间紧张关系问题,自然生态环境遭到破坏以及对人类残酷惩罚等问题。经过冷静思考,人们不难发现倒是诸如人性无善无恶、人与人之间和而不同、人与天地合德之类的中国文化精神在解决以上问题方面有着得天独厚的优势。而且在四大文明古国之中,其他三大文明古国都不同程度丢失了自己民族的文化传统,丢失了自己民族赖以存在的文化根基和精神支柱,唯独中华民族虽然在漫长历史发展过程中也历经劫难,但从来没有丢失自己民族的文化传统,而且正是这种民族文化为中华民族生生不息提供了强大的精神支柱和内在动力。中国文化传统不仅是中华民族生生不息的不竭动力,还是中华民族凝聚力和创造力的重要源泉,同时也是当今世界综合国力竞争的重要因素的基本认识,使得中国智慧美学的研究,在发掘中华民族文化的智慧美学精神,加强中华优秀文化传统教育,建设中华民族共有精神家园,增强民族的文化软实力等方面,越来越彰显出极其重要的现实意义。具体来说,主要表现在以下几个方面:

其一,弘扬中国文化崇尚圣人的人格理想,崇尚明心彻悟的认知方式,崇尚知识、技术尤其智慧等方面的智慧美学精神,有利于强化以人为本的思想观念,有利于提高人民的思想道德素质和科学文化素质,激发全民族的文化创造力和整体生命境界。虽然科学技术的发展,以及人们生活水平的提高,很大程度上满足了人们的物质生活需要,但人们精神方面存在的越来越普遍化、庸俗化甚至鄙俗化趋势却无疑制约着人们生命境界的提升,甚至也因为诸如焦虑、迷茫乃至精神分裂等心理状态严重困扰着人们的精神生活,同时也制约着人们生命境界的整体提升,所以充分彰显中国智慧美学作为圣人之学旨在发明无所执著、周遍含容、平等不二的根本智慧的学术宗旨,显然有利于重新彰显圣人人格理想,帮助人们提升自身的生命境界。因为在中国智慧美学看来,任何人都有着成圣成佛的先天条件,都有着与生俱来的平等不二的原始本心,只要识自原始本心,就能成圣成佛,不一定得依赖诸如知识、物质资料等外在条件。所以弘扬中国智慧美学精神,最有利于引导人们回归原始本心,臻达智慧圆融的圣人境界。

其二,弘扬中国文化崇尚理论视域、学科视角、理论基点、核心命题诸方面无所执著的智慧美学精神,有利于增强民族文化自信心,有利于加强各民族文化的挖掘、保护和融合,有利于建设和谐文化、培育文明风尚,促进和谐社会建设。中国智慧美学崇尚人人皆可为尧舜,一切众生悉有佛性,认为所有人在原始本心方面无所差别,如果说有所差别也只是由于人们对原始本心的认知有所不同而已。所以张扬所有人原始本心无所差别的智慧美学精神,显然有利于最大限度地平等对待各民族,广泛吸收各民族智慧美学精神,促进民族团结与和谐社会建设。

其三,弘扬中国文化崇尚以天地为心,二元论与不二论、知识与智慧平等不二的智慧美学精神,有利于彰显中国智慧美学周遍含容、明白四达、平等不二的学术精神,提高中华文化国际影响力,形成与当代社会相适应、与现代文明相协调,保持民族性,体现时代性,与我国国际地位相对称的文化软实力,有利于促进生态文明建设,促进世界文化的融合,创造和谐兼容的世界文化新格局。既然中国智慧美学崇尚周遍含容、明白四达、平等不二的学术精神,那么这个学术精神自然也应该包括对世界上一切国家和民族智慧的一视同仁和兼容并蓄,包括对西方和东方在内一切美学智慧的一视同仁和兼容并蓄,理所当然有着最为广大平等的构建和谐世界文化、促进生态文明发展的现实功能。如果说中国智慧美学有着世界上无与伦比的融合世界美学的能力,那么这个能力无疑得益于中国智慧美学周遍含容、明白四达、平等不二的学术精神。也正是因为这种精神,中华文化必然因此彰显出绝无仅有的国际影响力。

第一章 中国智慧美学的研究对象和发展轨迹

虽然就对人类文化产生影响的深度与广度而言,人类的思想范式应该主要包括以苏格拉底为代表的古希腊文化、以佛陀为代表的佛教文化、以孔子为代表的中国古代文化和以耶稣为代表的基督教文化。但由于基督教文化与古希腊文化珠联璧合共同形成了西方文化,中国古代文化虽然也与佛教文化相互融合乃至构成了东方文化,但由于印度文化并没有融合中国文化,而且古印度教实际上也并未深刻影响中国文化,所以如同世界文化可以粗略地概括为西方文化、中国文化和印度文化三大体系一样,世界美学其实也是由以古希腊为代表的西方美学、以先秦诸子为代表的中国美学、以《奥义书》和佛经为代表的印度美学所构成的。

一、中国智慧美学的研究对象

美学的研究对象看似寻常,却决定着美学的性质,同时也折射出人们对美的基本认识和态度。西方美学由于执著艺术与自然,及人与自然二元的观点,不是强调诉诸人力的美感甚或艺术美,就是强调非人力的自然美,自近代以来很少将包含自然美、艺术美、人类美感的天地之美甚至或宇宙之美作为研究对象,中国智慧美学则避免了西方美学二元论思维方式和认知基础的片面性,总是将同时包含着自然美、艺术美乃至人生美的天地之美甚或宇宙之美作为研究对象。这样两种不同的选择决定了美学发展的不同轨迹甚或精神,同时也使中国智慧美学拥有了西方美学所没有的融合统一自然美学、艺术美学和人生美学的优势。

西方美学或如黑格尔强调艺术美而贬低自然美,或如肯定美学强调自然美而贬低艺术美的根本原因是强调了人与自然的分别和对立;中国智慧美学则从来不强调人与自然的分别和对立,也不会出现自然美高于艺术美或艺术美高于自然美之类的观点,更不会执著于类似观点,甚至也没有自然美与艺术美的绝对分别。众所周知,儒家美学强调礼乐文化,按礼乐文化属于人工创造范畴的性质,应该归属艺术美范畴,但事实上儒家礼乐文化从来都建立在生活基础之上,是生活的艺术化与艺术的生活化的集中体现。儒家学习艺术的目的是为了装点生活,提高生活的艺术品位与美学品位,所以有"不学诗,无以言"[1]的说法,儒家所提倡的艺术创作其根本目的也不是专门的艺术创作,更不是职业化的艺术创作,许多情况下仅仅是"诗言志"[2]而已。不仅如此,儒家之所以重视礼乐文化在于实用性,在于经世致用,在于教化人心,而

---

① 《论语集注》,朱熹:《四书章句集注》,中华书局1983年版,第173页。
② 《尧典》,孙星衍:《尚书今古文注疏》,中华书局1986年版,第70页。

非康德所谓无关功利性,如《乐记》有谓:"君子反情以和其志,广乐以成其教。乐行而民乡方,可以观德矣。"甚至还有"情见而义立,乐终而德尊","生民之道,乐为大焉"①之类的观点。诸如王羲之《兰亭序》等在今天看来可能是艺术品,但在当时实际上只是一篇文章的手写稿而已。朱光潜虽然也强调生活的艺术化,但受西方美学观念的影响,认为只有与生活保持一定审美心理距离,甚或无关功利性的时候,才能真正实现生活的艺术化。这实际上并未彻底消除艺术与生活的对立,而且也没有从根本上超越人类自身的局限。在中国儒家美学看来,看似艺术的礼乐文化实际上直接关乎功利性,也正因为关乎功利性,才拥有了使艺术生活化、生活艺术化的双重效果。在中国儒家美学看来,没有以艺术作为装饰的生活是庸俗的,没有品位的,艺术只有立足于现实需要成为抒发情感、表达志趣的工具时才有价值和意义。

中国道家美学虽然诸如《道德经》所谓"五色令人目盲,五音令人耳聋,五味令人口爽,驰骋畋猎令人心发狂"②的说法,似乎表达了反对感官刺激与享乐的观点,但这并不意味着完全贬斥艺术感受甚至美感,这实际上与柏拉图试图驱逐诗人的观点相似,主要还是担心执著于物质欲望乃至放纵非理性的感官享受,可能使人类因为不能守持虚静的原始本心而导致迷失。圣人区别于一般人的一个根本特征就是,一般人往往执著于追逐物质欲望乃至感官刺激,圣人则无所执著,如《道德经》所谓"圣人无常心,以百姓之心为心"③。圣人既然没有执著之心,理所当然也就不应该有贬低艺术感受乃至美感的执著之心。这实际上还是体现了顺任自然本性的思想,可见老子也许并不执著于排斥艺术美。至于《庄子》所谓"圣人者,原天地之美,而达万物之理"④,更明确地阐述了中国美学研究对象同时涵盖自然美、人生美和艺术美,乃至宇宙万物的天地大美的观点。这使中国智慧美学一开始便有了西方美学

① 《乐记》,孙希旦:《礼记集解》下,中华书局 1989 年版,第 1006—1007 页。
② 《老子奚侗集解》,上海古籍出版社 2007 年版,第 28 页。
③ 《老子奚侗集解》,上海古籍出版社 2007 年版,第 125 页。
④ 《知北游》,《南华真经注疏》下,中华书局 1998 年版,第 422 页。

所没有的广博研究视域,最起码不将美本身、美感、艺术美对立起来,认为美学或是研究美本身的,或是研究美感的,或是研究艺术美的,而且越是后来越对人类自身甚或人类自身创造物感兴趣,最终仅仅沉醉于诸如艺术美这样的人工制品。

中国智慧美学显然将宇宙乃至天地大美作为研究对象。研究天地大美的最突出特点是整体性研究整个宇宙,不是宇宙中的诸如自然美乃至艺术美之类等特定事物,是以研究天地大美为根本目的,通过天地大美,通达万物之理,而不是如西方美学那样仅限于大美本身甚或本质或形态之类。其实这个万物之理就是道,而道"无处不在",存在于诸如蝼蚁、稀稗、瓦甓、屎溺之中。甚至认为至道、大言、周遍三种名称不同而实理相同,都于物无所逃弃,周遍无遗。如《庄子》有谓:"至道若是,大言亦然。周遍咸三者,异名同实,其指一也。"①成玄英疏云:"周悉普遍,咸皆有道。"②这也就是老子人"无弃人"、物"无弃物"③的意思。与此类似,禅宗也有所谓:"青青翠竹,尽是真如;郁郁黄花,无非般若。"也就是所谓真如、般若往往应物而形,对缘而照,通过青青翠竹、郁郁黄花乃至现象界一切事物呈现出来,同样无处不在。既然中国智慧美学常常将最高境界的美视为道乃至般若之类,认为存在于一切事物之中,无处不在,那么中国智慧美学的研究对象也必然包罗万象、周遍无遗。惟其如此,中国智慧美学反对一切形式的人为分割,老子有谓"大制不割"④。所谓割就是分别以致有所割裂和取舍的意思。最高境界的制度、政治乃至智慧往往无所分别与取舍,最高境界的美学也同样应该无所分别和取舍,应该如释德清所释"范围天地而不过,曲成万物而不遗,化行于世而无弃人弃物,故曰'大制不割'"⑤。所以《庄子》极力反对这种人为分别与取舍,有所谓"判天地之美,析万物之理,察

---

① 《知北游》,《南华真经注疏》下,中华书局 1998 年版,第 428—429 页。
② 《知北游》,《南华真经注疏》下,中华书局 1998 年版,第 429 页。
③ 《老子奚侗集解》,上海古籍出版社 2007 年版,第 70 页。
④ 《老子奚侗集解》,上海古籍出版社 2007 年版,第 74 页。
⑤ 释德清:《道德经解》,华东师范大学出版社 2009 年版,第 76 页。

古人之全。寡能备于天地之美,称神明之容"①。《周易》也主张"范围天地之化而不过,曲成万物而不遗"②。对一切事物无所分别和取舍,是中国儒释道美学关于研究对象的一致看法。20世纪以来最能体现这一美学传统的似乎是宗白华。在宗白华看来,美学的研究对象包括人生和文化两个方面。认为"人于理智生活、实行生活之外,又必有美之生活,宇宙即有此事实,吾人即须加以研究也";认为"人生有美的生活,民族有美术品的文化,皆为美学研究之对象,并非全然空洞无物也"③。他继而进一步指出"美学之范围为自然美、人生美、艺术美、工艺美等"④,这实际上充分肯定了中国以囊括宇宙万物之美的天地大美作为研究对象的美学传统。按照这一传统,所谓美并不仅仅是美感甚或艺术美,而是囊括宇宙万物的"天地之美",同时又充分体现着人类乃至宇宙万物之生命内核、至动而有条理的生命情调即所谓"万物之理"的天地大美,如其所谓"在实践生活中体味万物的形象,天机活泼,深入'生命节奏的核心',以自由协和的形式,表达出人生最深的意趣,这就是'美'与'美术'"⑤,"美是从'人'流出来的,又是万物形象里节奏旋律的体现"⑥。虽然20世纪尤其新中国成立以来产生过较大影响的美学很大程度上受制于西方美学的影响,但关于美学研究对象的阐述仍然表现出某种程度的超越西方美学的现象,一般来说往往将研究对象锁定在美本体论、美感论和艺术论三大板块。这虽然仅仅是一个富有时代特征的阐述,明显受到了西方美学的影响,但同样否定了将美

---

① 《天下》,《南华真经注疏》下,中华书局1998年版,第606页。
② 《系辞传上》,李道平:《周易集解纂疏》,中华书局1994年版,第557—558页。
③ 宗白华:《美学》,《宗白华全集》第1卷,安徽教育出版社1994年版,第434—435页。
④ 宗白华:《艺术学》,《宗白华全集》第1卷,安徽教育出版社1994年版,第542页。
⑤ 宗白华:《论中西画法的渊源与基础》,《宗白华全集》第2卷,安徽教育出版社1994年版,第98页。
⑥ 《中国书法里的美学思想》,《宗白华全集》第3卷,安徽教育出版社1994年版,第409页。

学的研究对象孤立归结为美的本体,甚或美感乃至艺术美的做法,这实际上已在一定程度上体现了超越西方美学,而且也在有限的程度保留了中国美学对研究对象的定位。

中国智慧美学这种囊括宇宙万物的天地之美,体察包含宇宙万物生命内核和至动而有条理生命情调的万物之理的研究对象界定,所体现的是圣人周遍万物、顺任自然的广大生命精神。如成玄英所疏:"夫大圣至人,无为无作,观天地之覆载,法至道之生成。无为无言。"①所以真正"寡能备于天地之美,称神明之容"的也只能是分判天地大美的西方美学。因为西方美学总是津津乐道于诸如美本身或美感甚或艺术美之类的研究对象,总是将其人为孤立起来,以致有所分别与取舍,不是满足于孰是孰非、孰美孰丑之类美本质阐释,就是满足于美感及其心理现象描述,就是满足于所谓艺术美及其规律探讨,从来不想囊括一切宇宙万物之美。中国智慧美学则从来不以此限制自己的视野,也不徒劳无益地致力于本质或反本质主义的阐述,而是通过对美的阐释的无所作为最大限度地彰显"天地有大美而不言,四时有明法而不议,万物有成理而不说"②的天地自然大道;也不津津乐道于诸如审美心理规律甚或艺术基本规律的探讨,如果不恰当地将满足于美的本质,及审美心理规律和艺术基本规律的探讨和概念阐释的美学看成士人乃至学者美学,把满足于经世致用乃至实用价值的美学作为君子美学,那么真正的圣人美学应该包罗万象,覆载万物而不为主,顺乎自然,无为无言,这就是中国智慧美学之作为圣人之学根本精神的体现。这种美学虽然也同样关注艺术美,但其艺术美决不仅仅是所谓"艺术即绝对理念的表现"③,因为这种艺术美显然以人作为本质,首先是作为人的活动产品,其次是作为诉之于人的感官从感性世界吸取源泉的作品,最后是显现和表现自己作为目的的作品。所有这些无不体现着人自身的独立性和主体性。中国智慧美学所崇尚的艺术美往往是所谓"覆载天地刻雕众

---

① 《知北游》,《南华真经注疏》下,中华书局 1998 年版,第 423 页。
② 《知北游》,《南华真经注疏》下,中华书局 1998 年版,第 422 页。
③ 黑格尔:《美学》第 1 卷,商务印书馆 1979 年版,第 87 页。

形而不为巧"之类的"天乐"①,这种"天乐"作为最高境界的艺术美其显著特点不是彰显人类自身的主体性,而恰恰在于表彰与天地自然的协调创化。

最起码也应该对艺术美、人生美、自然美都有所涵盖,至少没有对艺术、生活乃至自然进行严格分别与取舍。诸如庄子击缶而歌之类寓言常常难以严格区分艺术与生活甚或自然的界限,往往是艺术美与人生美乃至自然美的有机统一。众所周知,中国有击缶而歌的文化传统,这确实体现了作为艺术形式与日常生活之间的密切关系,如《周易·离》九三爻辞载:"日昃之离,不鼓缶而歌,则大耋之嗟凶。"②显然将击缶而歌作为一种祭祀手段,且与生活的凶吉祸福密切相关,至于《诗经·陈风·宛丘》所谓"坎其击缶,宛丘之道,无冬无夏,值其鹭翿",似乎也体现了同样的价值和意义。击缶而歌作为劳动之余的一种休息和娱乐手段,主要还是为了缓解疲劳,其功利性乃至实用性目的十分明显,如《淮南子·精神训》也有类似记载:"今夫穷鄙之社也,叩盆拊瓴,相和而歌,自以为乐矣。"③"击缶"作为民间娱乐形式,虽然艺术含量乃至品位并不一定十分高雅,但源于生活劳动作为休闲娱乐的性质还十分明显。至于《庄子》所谓"庄子妻死,惠子吊之,庄子则方箕踞鼓盆而歌"④,所彰显的至少不是艺术与生活乃至自然的决然分裂,充其量也只是借以抒发情感,表达志趣的一种手段,并不一定具有讽刺甚或贬低的意思。成玄英有疏:"庄子知生死之不二,达哀乐之为一,是以妻亡不哭,鼓盆而歌。"⑤既然庄子视生死、哀乐不二,理所当然也应该视艺术美与生活甚或自然美同样平等不二,而不应该有所判断和分析。惟其如此,《淮南子·原道训》亦云:"所谓乐者,岂必处京台、章华,游云梦、沙丘,耳听《九韶》《六莹》,口味煎熬芬芳,驰骋夷道,钩射鹔鷞之

---

① 《天道》,《南华真经注疏》上,中华书局1998年版,第267页。
② 李道平:《周易集解纂疏》,中华书局1994年版,第308页。
③ 《精神训》,何宁:《淮南子集释》中,中华书局1998年版,第541页。
④ 《至乐》,《南华真经注疏》下,中华书局1998年版,第359页。
⑤ 《至乐》,《南华真经注疏》下,中华书局1998年版,第359页。

谓乐乎？吾所谓乐者，人得其得者也。夫得其得者，不以奢为荣，不以廉为悲，与阴俱闭，与阳俱开。"①这更证明了中国音乐艺术之美并不在于单纯的艺术感受，而在于建立在生活经验基础之上的自得其乐，在于艺术美与人生美乃至自然美的难以分别与取舍。将艺术美与自然美有机统一体现于日常行为，这是中国智慧美学不同于西方美学的一个基本精神。

可见中国智慧美学并不执著于艺术与自然、艺术美与自然美的分别，理所当然也不片面强调自然美高于或低于艺术美之类，认为艺术美之极致应该是自然美，自然美的极致是艺术美。如欧阳修有所谓"文章与造化争巧可也"②，《乐记》所谓"大乐与天地同和"③，"圣人作乐以应天"④，都明确阐述了艺术美的最高境界其实就是自然美，另外如计成《园说》所谓"虽由人作，宛自天开"⑤，虽然只是提出了中国园林美学的一个纲领性思想，也可以看成中国艺术美学的纲领。惟其如此，人们往往将艺术的最高境界描述为宛自天开，乃至巧夺天工，也常常将最高境界的音乐称之为天籁之音，所谓天籁之音，其实就是最自然的声音，是不依赖于任何外力作用而形成的声音。庄子在《齐物论》中将现实世界的声音分为天籁、地籁和人籁。地籁受制于风，是风吹各种孔窍所发出的声音，人籁依仗于人，通过人吹丝竹管弦等乐器奏出的声音。其实人籁也因人秉性各有不同，率性而动，其声音也必然千变万化。而天籁则是不依赖外力，由各物即地籁（众窍）和人籁（比竹）因其自然而发出的声音。众窍和比竹等万物，其发为声音，虽然大小不同，而各称其所受，外不待乎物，内不资乎我，率性而动，自己而然。⑥ 用所谓天籁

① 《原道训》，何宁：《淮南子集释》上，中华书局 1998 年版，第 66—68 页。
② 北京大学哲学系美学教研室：《中国美学史资料选编》下，中华书局 1981 年版，第 6 页。
③ 《乐记》，孙希旦：《礼记集解》下，中华书局 1989 年版，第 988 页。
④ 《乐记》，孙希旦：《礼记集解》下，中华书局 1989 年版，第 992 页。
⑤ 计成：《园冶》，载叶朗：《中国历代美学文库》明代卷下，高等教育出版社 2003 年版，第 253 页。
⑥ 参见《齐物论》，《南华真经注疏》上，中华书局 1998 年版，第 26 页。

之音来评价音乐,其实肯定了最高境界的音乐往往是最自然的声音的特征。人们也常常用"清水出芙蓉、天然去雕饰"来评价李白等人诗歌的自然风格,用本色当行来评价诸如关汉卿等的戏剧创作,在《红楼梦》中曹雪芹也借贾宝玉之口阐述了崇尚自然的风格,虽然贾宝玉与贾政对大观园茅屋评价不一,但他们都以自然美作为衡量标准,这也从一个侧面显示了中国智慧美学将艺术的最高境界视为自然美的传统。

中国智慧美学将自然美视为艺术美的最高境界,但不强调自然美却贬低艺术美,而且也主张自然美的最高境界是艺术美。如《庄子·养生主》所述:"庖丁为文惠君解牛,手之所触,肩之所倚,足之所履,膝之所踦,砉然向然,奏刀騞然,莫不中音。合于《桑林》之舞,乃中《经首》之会。"①虽然也表达了技术的最高境界常常是艺术美,但由于这种技术有着明显的实用性乃至生活性特征,也可以看成生活美,由于这种生活以顺任自然为特征,同时也典型体现了自然美的特征,也可以看成自然美。这样一来庄子所要表达的似乎也包括生活乃至自然的最高境界往往是艺术美的思想。似乎最能体现这一思想的还是《乐记》所谓"乐者,天地之和也","乐由天作","明于天地,然后能兴礼乐也"②,及程颐所谓"天下无一物无礼乐"③等。天下任何事物都体现着礼乐,任何事物在最高境界必然体现为艺术美。不但自然存在物的最高境界往往是艺术美,而且人生的最高境界也必然是艺术美,因为人生的自由解放与艺术的自由解放息息相通,如果以平等清净不二原始本心作为基础,对诸如美与丑、善与恶、是与非之类无所分别与取舍,不会因为有所追求而徒劳人力,也不会因为无所事事而自寻烦恼,无执无失、无增无减、无美无丑,则必然因为自由解放而具有艺术美自由解放性质。如庖丁解牛其实也体现了这一点。虽然所有这些奇石,主要还是因为审美者的移情与形象再造具有了鲜活生命,但也从一个方面体现了中国智慧美学并不将自然美与艺术美对立起来的特点。西方美学常常将实用

---

① 《养生主》,《南华真经注疏》上,中华书局 1998 年版,第 67 页。
② 《乐记》,孙希旦:《礼记集解》下,中华书局 1989 年版,第 990 页。
③ 《遗书》,《二程集》上,中华书局 1981 年版,第 225 页。

性乃至功利性看成非审美的,认为非关功利性才是审美乃至艺术美的特点,在中国智慧美学看来二者并没有根本区别。皇帝曾经生活乃至办公的故宫本来是实用性的,但无论在今天还是过去看来也还有着鲜明艺术性乃至审美特质,可见生活的最高境界仍然是艺术,西方美学将其称为人诗意地栖居,在中国智慧美学看来似乎极其寻常,所以阅读明清小品不难发现过去文人日常生活的富有诗情画意,反倒发现今天许多人的日常生活变得兴味索然。中国向来有所谓古来名山僧占多的说法。这并不是说佛教有异乎寻常的审美能力,而是说中国常常将超凡脱俗的自我超越需要与赏心悦目的审美需要有机统一起来。这并不是说,审美活动是人类的最高生命活动,而是说在生命的最高境界,人类所获得的自由解放与审美所获得的自由解放平等不二。这样一来,黑格尔所谓"美的艺术只是一个解放的过程,而不是最高的解放本身"①的观点又似乎走到了重视艺术美的其反面。因为真正最高境界的生活乃至自然往往没有关于艺术美与人生美乃至自然美的分别。或者也可以说,真正美的人生乃至自然与美的艺术之间无所分别。

这并不意味着完全抹杀了二者的区别,中国智慧美学也看到了艺术之难以达到自然美的缺憾,如李贽有云:"今夫天之所生,地之所长,百卉具在,人见而爱之矣,至觅其工,了不可得,岂其智固不能得之欤!"②惟其如此,中国智慧美学更强调艺术美应该以自然美为师,如袁宏道有云:"善画者,师物不师人,善学者,师心不师道,善为诗者,师森罗万象,不师先辈。"③但也并不意味着中国智慧美学有了类似西方肯定美学之极端观点,认为自然美至高无上,任何艺术美无法比拟,相反对自然美的缺憾也还有清醒认识,如袁中道有云:"虎丘池水不流,天竺石桥无水,灵鹫拥前山,不可远视,峡山少平地,泉出山无所潭。天地间之美,其缺憾大都如此。"④所以中国智慧美学虽然强调艺术美的最

---

① 黑格尔:《精神哲学》,人民出版社 2006 年版,第 377 页。
② 《中国美学史资料选编》下,中华书局 1981 年版,第 127 页。
③ 《中国美学史资料选编》下,中华书局 1981 年版,第 155 页。
④ 《中国美学史资料选编》下,中华书局 1981 年版,第 169 页。

高境界应该是自然美,但并不意味着一味夸大自然美,认为自然无所不美,甚至超过艺术美,虽然强调自然美的最高境界是艺术美,但也不意味着无节制夸大艺术美,以致艺术美高于自然美。中国智慧美学对此有深刻认识,无论自然美还是艺术美归根结底都依赖于人们的感知和认识,是由人们的感知和认识才真正获得彰显的,如柳宗元有所谓:"美不自美,因人而彰。"①比较而言,也许叶燮的阐述更透彻。如其所云:"凡物之美者,盈天地间皆是也,然必待人之神明才慧而见。而神明才慧本天地间之所共有,非一人别有所独受而能自异也。故分之则美散,集之则美合,事物无不然者。"②这也就是说,美普遍存在,甚至遍布整个世界,关键在于人类能否发现乃至彰显这种美,而发现乃至彰显美的能力并不是某些人所特有的,而是人人所具有的。这实际是说任何事物都是美的,无论自然、人生还是艺术都是这样,而且人人都具有这种发现乃至彰显美的能力。圣人之所以能"淡然无极而众美从之"③,就是因为圣人大爱无私、大爱无偏,至仁不仁,能"言以虚静推于天地,通于万物,此之谓天乐。夫天乐者,圣人之心,以畜天下也"④。正由于圣人能淡然虚旷,无所执著、无所分别乃至取舍,所以常常能范围天地而不过,曲成万物而不遗,能无所弃人,也无所弃物,更无所弃美,于是必然众美从之,如所谓"于物无择,与之俱往"⑤。中国智慧美学由于并不执著诸如美与丑的分别乃至取舍,理所当然也就有这种周遍万物之美而无所遗失的优势。中国智慧美学作为圣人之学不仅不看重美与丑的分别,常常还能认识到臭腐与神奇、美与丑"通天下一气"⑥。中国智慧美学不同于西方美学的一个主要特征就是认识到了美与丑的相对性乃至人为设定性,美与丑没有绝对分别,惟其如此,认

---

① 柳宗元:《邕州柳中丞作马退山茅亭记》,《柳宗元集》第 3 册,中华书局 1979 年版,第 730 页。
② 《中国美学史资料选编》下,中华书局 1981 年版,第 324 页。
③ 《刻意》,《南华真经注疏》下,中华书局 1998 年版,第 314 页。
④ 《天道》,《南华真经注疏》上,中华书局 1998 年版,第 268 页。
⑤ 《天下》,《南华真经注疏》下,中华书局 1998 年版,第 612 页。
⑥ 《知北游》,《南华真经注疏》下,中华书局 1998 年版,第 422 页。

为所有自然存在物与人工制品平等不二,既然平等不二,那么自然美与艺术美理所当然平等不二。

中国智慧美学之所以既不像西方肯定美学那样认为艺术美低于自然美,也不像亚里士多德以来美学那样认为艺术美高于自然美;既不执著于艺术美高于自然美,也不执著于自然美高于艺术美。主要因为并不执著于自然与艺术的分别,往往认为自然与艺术平等不二。如袁宏道有云:"文心与水机,一种而异形者也。"①李渔有谓:"才情者,人心之山水;山水者,天地之才情。"②中国智慧美学之所以能够将自然美与艺术美看得平等不二,是因为并不执著于自然与艺术的分别,将这一切看成人心之感知与评价,认为艺术美高于自然美或自然美高于艺术美,并不是自然与艺术高低有所不同,而是人心之感知与评价有所不同,如《庄子》有云:"以道观之,物无贵贱;以物观之,自贵而相贱;以俗观之,贵贱不在己。以差观之,因其所大而大之,则万物莫不大;因其所小而小之,则万物莫不小。知天地之为稊米也,知毫末之为丘山也,则差数睹矣。"③马祖道一禅师有谓:"凡所见色,皆是见心。心不自心,因色故有。"④叶燮也认为"境一而触境之人之心不一"⑤。以艺术的眼光看待自然,自然就是一种艺术品;以自然的眼光看待艺术品,艺术品就是一种自然。中国人品评艺术品也总是用诸如"行云流水""宛自天开"之类语言来描述,这同时也表明了中国艺术以自然为最高境界的特点。如苏轼《答谢民师书》所谓:"所示书教及诗赋杂文,观之熟矣;大略如行云流水,初无定质,但常行于所当行,止于不可不止,文理自然,姿态横生。"⑥

如果说西方美学关于自然美与艺术美有所分别,或艺术美高于自

① 《中国美学史资料选编》下,中华书局 1981 年版,第 159 页。
② 《中国美学史资料选编》下,中华书局 1981 年版,第 244 页。
③ 《秋水》,《南华真经注疏》下,中华书局 1998 年版,第 335 页。
④ 《江西马祖道一禅师》,普济:《五灯会元》上,中华书局 1984 年版,第 128 页。
⑤ 《中国美学史资料选编》下,中华书局 1981 年版,第 326 页。
⑥ 《中国美学史资料选编》下,中华书局 1981 年版,第 35 页。

然美或自然美高于艺术美的认识主要基于对人与自然矛盾关系的认识，那么中国智慧美学自然美与艺术美平等不二的观点主要得益于对人与自然和谐关系的认识和评价。正由于不将艺术与自然对立起来，所以总是将艺术美与自然美平等看待，《世说新语》等文化典籍往往将人物当作自然存在物来做比，将自然存在物当作人来作比。其实《世说新语》的这种作比仅仅是表面现象，实际文化精神是人与自然的和谐关系，如所谓："简文入华林园，顾谓左右曰：'会心处不必在远，翳然林水，便自有濠濮间想也，觉鸟兽禽鱼自来亲人。'"①这才是中国智慧美学并不片面强调自然美高于艺术美或艺术美高于自然美之类的根本原因。对艺术美与自然美甚或人与自然关系的阐释最典型的是董仲舒所谓天人感应思想，董仲舒这样写道："天地之道，而美于和。"②刘熙载甚至这样阐述道："《诗纬·含神雾》曰'诗者，天地之心。'文中子曰：'诗者，民之性情也。'此可见诗为天人之合。"③。正因为中国人相信天人感应乃至艺术为天人之合的观点，所以才有自然美与艺术美平等不二的认识。既然艺术美的最高境界必然与自然美相和谐，与自然美相和谐又往往是最高境界的自然美，自然界又普遍存在艺术美，所以最高境界的艺术美与最高境界的自然美往往没有高低之别，且都有周遍含容、明白四达、平等不二的圣人精神。

中国智慧美学既不执著艺术美高于自然美，也不执著自然美高于艺术美，将艺术与自然平等看待，认为自然和艺术都可能达到美的极致，自然与艺术相辅相成，才是美的最高境界。自然和艺术无往而不美，艺术与自然创造的结局同是艺术品，如宗白华说："'自然'是大艺术家，艺术也是个'小自然'。艺术创造的过程，是物质的精神化；自然创造的过程，是精神的物质化；首尾不同，而其结局同为一极真、极美、

---

① 刘义庆：《言语》，载杨勇：《世说新语校笺》第 1 册，中华书局 2006 年版，第 106 页。

② 董仲舒：《循天之道》，载苏舆：《春秋繁露义证》，中华书局 1992 年版，第 447 页。

③ 刘熙载：《诗概》，《中国美学史资料选编》下，中华书局 1981 年版，第 396 页。

极善的灵魂和肉体的协调,心物一致的艺术品。"①正由于中国智慧美学对自然美与艺术美之类分别和取舍的执著,甚至主张无所执著、无所分别、无所取舍,反对一切执著之心,并不仅仅将人类的美感及作为人类美感物态化形式之艺术美作为研究对象,而是将包括宇宙美、人生美和艺术美在内的整个美的世界作为研究对象,所以常常彰显出周遍万物、无所执著、顺任自然的精神。

关于美学研究对象问题,从来不是一个简单问题,它甚至涉及美学的学科内容和性质。以美本身作为研究对象,虽然有宏大研究视域,但往往因为执著于本质主义而举步维艰,显得徒劳无力;以美感作为研究对象,虽然因为关注审美心理规律弥补了美本身研究的薄弱环节,但由于审美心理规律本身极其复杂,甚至难以用现有心理学概念乃至理论进行全面阐释,因而同样显得力不从心;以艺术美作为研究对象,虽然形成了较完善和周延的学科概念,而且也形成了相对成熟的理论体系,但由于过分自我陶醉于人工制品而忽略了大自然本身存在的美,往往因孤陋寡闻限制了其自身的发展,同时也束缚了艺术美研究本身的长足发展。这些将宇宙万物之美割裂开来分别加以研究的做法最终可能导致完整世界之美最终破坏,导致美学自身研究领域的缩小,以及美学限于知识甚或技术美学范畴而影响其可能达到的广度和高度,导致周遍含容、明白四达、平等不二智慧美学精神的缺失,以致最终因为无法超越自身所设置的束缚乃至障碍陷入尴尬而无力自拔的处境。这似乎是从苏格拉底以来西方美学的共同宿命。

也许对诸如研究对象及自然美与艺术美孰高孰低问题的阐述确实标志着美学学科的自觉,甚至也可能如黑格尔所说,"不但标志着一般哲学的醒觉,也标志着艺术科学的再醒觉,正是由于这种再醒觉,美学才真正开始成为一门科学,而艺术也才得到更高的估价"②。值得庆幸

---

① 宗白华:《看了罗丹雕塑以后》,《宗白华全集》第 1 卷,安徽教育出版社 1994 年版,第 313 页。
② 黑格尔:《美学》第 1 卷,商务印书馆 1979 年版,第 69 页。

的是,中国智慧美学从庄子开始,到已成为明确学科时期的宗白华,都坚持以天地大美作为研究对象,从来不像西方美学那样将研究对象仅仅限定于美本身,乃至美感甚或艺术美等,也不因为厚此薄彼甚或非此即彼而陷入分别和取舍所导致的狭隘与片面之中。中国智慧美学以囊括自然美、人生美、艺术美等一切宇宙万物之美的天地大美作为研究对象,以真正"笼天地于形内,挫万物于笔端"①为研究视域,以表彰天地大美即至美无美、至乐无乐、至誉无誉,即美丑不二、善恶不二、是非不二,即无美无丑、无善无恶、无是无非的自然大道,及取法自然、顺任自然,无所执著、无所用心,乃至一视同仁、周遍万物、明白四达的圣人智慧作为宗旨。既不因为如西方美学那样执著于诸如美本身、美感甚或艺术美等研究对象而游移不定,也不会因为执著于本质主义或反本质主义而争论不休,更不斤斤计较于美及其相关概念的界定和阐释,必然显示出西方美学所没有的襟怀和抱负,必然在未来的美学发展中占有一定学科优势。

二、中国智慧美学的发展轨迹

中国智慧美学有着既不同于西方美学,又不同于印度美学的独特发展轨迹。一方面有着自身独立的逻辑基础与学理基础,但这个逻辑基础和学理基础不是如西方美学那样建立在单纯的学术发展逻辑和学理基础之上,而是以生命的内在超越与提升作为主线的,这使其有些类似于印度美学;另一方面印度美学又往往过分受制于外来美学影响,以致很大程度上存在改弦易辙的情形,中国智慧美学虽然也不断吸收外来美学来充实和革新自身美学智慧,但从来不简单改弦易辙,而是在融合基础上加以中国化,在中国化过程中充实和完善着中国智慧美学。

---

① 陆机:《文赋》,载郭绍虞:《中国历代文论选》第 1 册,上海古籍出版社 1979 年版,第 171 页。

　　西方美学存在重视西方美学而忽视甚至无视东方美学的倾向,以致至今仍然走着有严密逻辑和学理基础的相对独立发展道路,从古代参与论美学、近代体验论美学,发展到现代惯例论美学,呈现出特别严密的逻辑线索和学理基础。其中参与论美学是以客体实体论或实体本体论作为哲学基础的,认为美是实体的客观属性,诸如和谐与秩序、匀称与明确等,其核心理论术语是美,其终极审美目标是参与美的客体或与美的实体的融合,其最大影响表现在模仿论与理式论方面。这种美学虽然在研究大自然和具有宇宙意味的宏大艺术方面颇为成功,但由于对审美心理的实体性而非心理性形而上学假设,使其忽略个体心理性特征,以致失之偏颇。继而产生的体验论美学,虽然将主体认识论作为其哲学基础,认为美是某种审美感受或快感,美学的标志就是这种直接感受到的独特体验,也就是所谓审美态度、审美感知和审美直觉等,核心理论术语是表现,其最大影响存在于表现论中。这使其在研究与美的艺术相关的某种感受和个人趣味方面颇有成功之处,但由于心理学本身在描述诸如思维、意识和情感时力不从心,最终使这种美学理论因为缺乏审美体验的同一性准则面临更大挑战与批评。现代以来所产生的惯例论美学,虽然以主体间性论作为其哲学基础,以致避免了前两个阶段美学的偏颇,但由于并没有彻底摆脱客体与主体二元论思维模式的制约,只能提出诸如互为主体性或互为客体性之类的主张,至于真正存在的主客同体乃至无所谓主客体的认识并未真正形成,于是虽然致力于对艺术家与鉴赏者主体间性关系的关注,其实并未真正揭示审美现象的复杂性,而且惯例及其相关术语本身也存在模糊性。这就意味着西方美学的发展虽然有着看似严密的逻辑基础与学理基础,也的确体现了人类认知的不断发展的轨迹,但并不能从根本上揭示审美现象的复杂性,尤其没有形成真正具有周遍意义的美学理论。

　　印度美学似乎并不具有与西方美学发展那样严密的逻辑关系与学理基础,不是美学理论自身的逻辑发展最终推动了其发展,而是本土文化与外来文化的碰撞与融合最终促成美学的发展。具体来说,印度美学主要经历了古代美学和近现代美学两个阶段。其中古典美学阶段在某种意义上具有独立发展性质,大体上经历了古印度教美学—佛教美学—印度教美学—伊斯兰教美学—印度教、伊斯兰教与西方美学并行五个阶段。古印度教美学是印度美学发展的基础。古印度教美学以《吠陀经》为经典,而吠陀含义为"明"即知识的意思,所以《吠陀经》所包括的《梨俱吠陀》意译即为"诵赞明论",《娑摩吠陀》意译即为"歌咏明论",《夜柔吠陀》意译即为"祭祀明论",《阿达婆吠陀》意译即为"禳灾明论",后来衍生出《梵经》(或称《梵书》)、《森林书》、《奥义书》等。其中《吠陀经》大体属于公元前 1500 至前 900 年,《奥义书》等大体属于公元前 800 至前 300 年。这一时期的古印度教美学,实际上也分为吠陀本集与《奥义书》前后两个时期:这就是印度美学发展的第一阶段,也就是知识美学阶段;第二阶段佛教美学阶段,前期以《阿含经》等佛经,后期以《般若经》等佛经为经典。大体上体现了公元前 600 至公元 800 年印度美学的基本情况,由于佛经中《般若经》颇具代表性,而般若即是智慧的意思。这一时期便是印度美学的智慧美学时期。其实这一时期的佛教主要包括原始佛教、部派佛教、小乘佛教和大乘佛教四个时期,而且印度教同样存在,只是不及佛教影响大。此后佛教衰微,于公元 800 年印度教再次走向兴盛,为印度美学发展的第三个阶段。至公元 100 年受伊斯兰教影响又进入伊斯兰教美学时期,这是印度美学的第四阶段。近现代以来由于受英国侵略又很大程度上接受了诸如基督教等西方美学的影响,这是印度美学的第五阶段。印度美学发展的一个主要特征是受外来美学的影响至为深刻,甚至每次都有脱胎换骨的嬗变,不过就其本体而言,似乎可以作为本土美学的印度教美学和佛教美学,尤其印度教美学影响至为深远而悠久,虽然印度教美学与佛教美学之间存在某些细微差异,但总体来说都追求通过自我内省达到觉悟,在很大程度上具有东方美学所共有的追求生命内在超越的性质。

中国智慧美学,在现代一来也确实在一定程度上存在着张扬中国美学传统却贬斥西方美学的现象,但并没有构成中国美学发展的主流方向,事实是许多美学家倾向于借鉴和吸收西方美学,以致有某种程度的否定甚或取代中国传统美学的态势。这也许只是一种表象,真正的中国智慧美学其实并不执著于西方中心主义与东方中心主义的对立，往往提倡西方美学与东方美学平等不二，并以此超越对东方美学与西方美学有所分别与取舍的知识美学，得以上升到智慧美学高度。如果说中国智慧美学的发展有着一定逻辑基础和学理基础，这个基础也必定是生命的内在超越与提升，以及由此而形成的生命的自由解放。中国智慧美学既不像西方美学那样过于排外以致不大接受外来美学的影响，也不像印度美学那样过分依附于外来美学的影响，以致每次都有改弦易辙的倾向，而是既在一定程度上保持着诸如儒家美学和道家美学的相对主体地位，而且能够积极主动地接受诸如印度佛教美学和西方马克思主义美学的影响，而且每次都能将外来美学与本土美学进行恰到好处的融会贯通，并成功实现了诸如印度佛教美学的中国化和西方马克思主义美学的中国化。如果说强调明心见性的禅宗美学是印度佛教美学中国化最高成就的体现，那么主张为人民服务与建构和谐社会的毛泽东美学可能就是马克思主义美学中国化最高成就的体现。中国智慧美学既不像西方美学完全执著于自身的发展逻辑与学理基础，也不像印度美学那样过分依附于外来美学，有着相对独立却能兼容并蓄外来美学的特点和优势。如果说中国智慧美学是独立发展的，这个独立发展必然以不断吸收外来美学为特征，以致彰显出兼容并蓄的博大襟怀；如果说中国智慧美学的发展是不断吸收外来美学的结果，那么这种吸收也总是与外来美学的中国化改造为基础，且在很大程度上创新并且发展了外来美学。

中国智慧美学大体上可以划分为三个阶段：第一段是以道儒墨为代表的古典美学阶段。这一阶段，中国智慧美学以墨家美学作为最基本生活层面的美学受到下层百姓的认可，或来源于下层百姓，与其实际生活息息相关；儒家美学作为中等士阶层美学，以伦理乃至政治秩序和礼乐文化受到中等乃至上层社会阶层的欢迎；道教美学更以超凡脱俗的逍遥与洒脱受到上层欢迎，统治者或追求精神自由解放的士阶层是这一美学的受益者。第二阶段是汉代以后以儒释道为代表的近古美学阶段。这一阶段由于印度佛教美学的引入，使其进入中国本土文化与外来佛教文化的碰撞和融合时期。其中魏晋玄学是第一次交锋与融合的产物,隋唐佛学是第二次交锋与融合的产物,宋明理学是第三次交锋与融合的产物。如果说第一交锋本土之儒家和道教略保持强劲主体地位,到第二交锋实际上已让位于佛教美学,到第三交锋又显出佛教美学的某种程度衰微,回归到儒释道合而为一而略以儒家见长的阶段。如果说第一交锋以玄妙为特征,那么第二交锋以空灵见长,第三交锋则以理趣见著。虽然这三个交锋儒释道各家美学思想略有不同,但其追求生命内在超越的精神则是共同的,是儒家的温柔敦厚、道家的洒脱飘逸、佛教的空灵透彻,共同构成了中国智慧美学基本的理论范畴与理论风范。第三阶段则是鸦片战争与五四运动以后以马克思主义及西方美学为代表的近现代美学阶段。这一阶段中国智慧美学受到极大冲击以致逐渐退居其次,基本上也经历了三个冲击:第一次是鸦片战争与五四运动,虽然外来文化以强势军事力量作为后盾极力推销西方美学,中国智慧美学由于惯性和传统的力量仍然受到如梁漱溟、熊十力和马一浮等一些民间知识分子的坚守,虽然胡适等极力标榜过西方文化,但最终还是回归了传统;第二次是新中国尤其"文化大革命"时期对马克思主义美学无以复加的宣传,使其在很大程度上占据主体话语地位,使中国智慧美学作为封建文化受到极大排挤甚或打击;第三次是改革开放以后虽然国家乃至很多知识分子充分认识到了中国智慧美学的某些优势,但由于商品大潮的冲击,已经出现逐渐退出民间日常生活的趋势。如果说第一阶段的冲击主要在军事乃至宣传层面,有些知识分子实际上并未从根本上放弃中国智慧美学,中国智慧美学还深藏于民间日常生活之中,第二阶段的冲击主要在政治意识形态层面,个别知识分子仍然保留着某些中国智慧美学情结,普通百姓日常生活中所存留的中国智慧美学虽然受到压抑,但还没有从心灵深处被彻底清除,到了第三阶段,中国智慧美学虽然已经逐渐退出普通百姓日常生活,甚至其心灵深处所潜藏的某些情结也面临挑战甚或消解,但国家乃至有些知识分子的极力倡导却使中国智慧美学的学术精神呈现出重新走向自觉的倾向。

中国智慧美学虽然在 20 世纪以来面临越来越严峻的挑战和冲击,

但仍然彰显出豁达自如乃至兼容并蓄的襟怀。既不像西方美学那样表现出对包括中国美学在内东方美学的强烈排斥，也不像印度美学那样表现出对诸如西方美学乃至其他外来美学的盲目顺从，往往既保持着自身美学的独立发展，同时呈现出兼容并蓄的鲜明风范。中国美学之所以兼容并蓄却不丧失民族精神的根本点，以及自身发展逻辑与学理特征，主要取决于对本土美学与外来美学未加分别、一视同仁的智慧美学精神。老子所谓"善者吾善之，不善者吾亦善之，德善矣；信者吾信之，不信者吾亦信之，德信矣"①的观点，很大程度上体现了圣人乃至中国智慧美学无自矜自足之心，无善与不善、信与不信之分，乃至无所用心、无所执著的理论襟怀与胆识。更为关键的是中国智慧美学还有"化臭腐为神奇"的理论整合和改造能力。如庄子所云："是其所美者为神奇，其所恶者为臭腐；臭腐化为神奇，神奇化为臭腐。故曰：'通天下一气耳'。"郭象如是注曰："各以所美为神奇，所恶为臭腐耳。然彼之所美，我之所恶也；我之所美，彼或恶之。故通共神奇，通共臭腐耳。"②既然对诸如美与丑、神奇与臭腐的相对性乃至通共性有如此深刻的认识，既然美丑、神奇臭腐不二，中国智慧美学理所当然便能够兼容并蓄、协调发展，而不是因为你死我活、势不两立而改弦易辙或顽固不化。宗白华不仅认识到了"中西对流"的现象，认为以"静观"为特征的东方精神之后卷入欧美之"动"圈，以"进取"为特征的西方精神也渴慕东方"静观"的世界③，而且在实践上将儒释道文化与康德、歌德、柏格森、叔本华等西方哲学进行了炉火纯青的融会贯通，充分彰显了中国智慧美学之将中国美学之生命体系及其象之构成即"生生条理"和西方美学唯理体系及其数之构成即"概念之分析与肯定"④，及东方精神

---

① 《老子奚侗集解》，上海古籍出版社 2007 年版，第 125 页。
② 《知北游》，《南华真经注疏》下，中华书局 1998 年版，第 422 页。
③ 宗白华：《自德见寄书》，《宗白华全集》第 1 卷，安徽教育出版社 1994 年版，第 321 页。
④ 宗白华：《形上学》，《宗白华全集》第 1 卷，安徽教育出版社 1994 年版，第 629 页。

与西方精神有机融合的特点。这实际上集中体现了中国智慧美学对西方美学与印度等东方美学无所分别与取舍的融合态势,也在很大程度上彰显了中国智慧美学周遍含容、明白四达、平等不二的学术精神。

中国智慧美学一脉相承地保持了印度佛教美学中国化和马克思主义美学中国化的传统,不仅将印度佛教美学和西方尤其马克思主义美学融入中国美学,同时也促进了印度佛教美学和马克思主义美学本身的发展。印度佛教美学传入中国,使中国智慧美学接受了儒家和道家美学所没有的深刻思辨与超脱精神,以致形成了主要以儒家、道家、墨家、佛教为代表的智慧美学。这种理论既不在乎客体的审美属性,也不关注主体的审美感受,而是重视通过自我生命的内在体验与超越,与仁爱乃至兼爱同施,融自我、社会与自然乃至宇宙于一体,从而获得灵魂的适意与宇宙本体生命的整体超越的"大美"。其中修身为本的自我超越精神、和而不同的社会交往原则及天人合一的宇宙和谐观念,是中国古代美学的思想基础。主要涉及和谐、境界、妙悟、形神、养气等美学范畴,其核心概念主要是和谐与境界。这种理论的最大优势在于成功阐释了生命的内在体验与超越的方法、途径及真人、至人、圣人乃至神人的人格理想,确立了诸如无言之美、永恒之美、空灵之美等生命美学的诸多审美境界。这种理论虽然没有形成关于审美的专门知识,却能提供给人们生命的安顿之学,其中儒家美学使人善良、充实而合乎道德伦理规范,道家美学使人豁达、洒脱而符合自我自由解放的本性,佛教美学空灵、超越而具有广大和谐的平等意识。甚至如儒家美学具有非常鲜明的礼乐美学、伦理美学、教化美学的性质,道家美学更具有养生美学、生态美学的性质,佛教美学甚至发展成为生态伦理美学,且无一例外地贯穿于人们的行为实践中,因而具有非常明显的行为美学或实践美学的性质。可以说儒家美学能够教人涉世,道家美学能够使人忘世,佛教美学能够使人超世,彼此相得益彰地发生作用并形成一定的内倾性格。值得注意的是,这种内倾性格的美学,虽然在数千年的历史发展中表现出顽强的内在韧力,但也确实可能造成忍让妥协甚或某种程度的颓废厌世影响。马克思主义美学乃至其他西方美学的传入，在很大程度上弥补了过去儒释道美学消极退让、只求自我生命内在超越不大关注社会改造与发展的缺憾，彰显出关注社会政治问题，强化社会实践因素，积极进取，敢于破坏旧世界也敢于创造新世界等优势。如果说为人民服务，及由此形成的文艺为人民大众服务的思想，是马克思主义美学中国化进程中所形成的初步成果，那么这个中国化事实上是将《共产党宣言》"全世界无产者联合起来"①的主张，与中国儒家"人皆可以为尧舜"②、道家"以百姓心为心"③和佛教普度众生乃至"一切众生皆有佛性"④有机结合的产物。马克思主义美学的中国化提倡为人民服务，一方面因为人民受压迫最深，另一方面因为所有人都具有升华的潜质。解放人民，就是让人民获得当家做主的机会，如果这种当家做主不限于政治层面，还包括精神层面，那么这个当家做主其实就达到了佛圣无别的自由解放境界。所谓全心全意为人民服务其实就是以百姓心为心。近年来提倡建构和谐社会，及与自然协调发展的生态文明，更是与中国儒释道美学以天地为心的根本精神一脉相承。

中国智慧美学虽然经由印度佛教美学和马克思主义美学的中国化，呈现并不完全相同的表征，但实际上并未完全改变不以阐释美的本质及审美规律，不以建构概念范畴与知识谱系，乃至满足于知识识解的知识美学和经世致用的实践美学为学术宗旨，仍然以人格理想乃至生命境界提升，以及生命的自由解放为学术宗旨的智慧美学精神，仍然在某种程度上保持了从普通庶民到知书达理、自我生命和谐的士人，从士人到社会和谐的君子，尤其从君子到自然宇宙和谐的圣人的养成和提升传统，从人人皆可为尧舜、六亿神州尽舜尧等仍然保持了中国智慧美学的自信、包容、平等和自由的精神，仍然不失为一种人格美学，不失其

---

① 马克思、恩格斯：《共产党宣言》，《马克思恩格斯选集》第 1 卷，人民出版社 1972 年版，第 286 页。
② 《孟子集注》，朱熹：《四书章句集注》，中华书局 1983 年版，第 339 页。
③ 《老子奚侗集解》，上海古籍出版社 2007 年版，第 125 页。
④ 《涅槃经》，宗教文化出版社 2011 年版，第 147 页。

士人美学、君子美学尤其圣人美学的根本智慧。只是诸如士人、君子和圣人之类常常被赋予并不十分相同的内涵，但这并未从根本上改变关注生命自由解放的根本精神。

第二章 中国智慧美学的思维基础和学术精神

　　人类的思维方式可能多种多样,但主要的概括起来有两种:一种是二元论,一种是不二论。二元论总是用矛盾对立的眼光看问题,似乎任何事物都充满矛盾,都是由矛盾对立的两极构成,甚至认为事物的运动变化发展都是对立两极相互斗争的结果;不二论则认为世界上任何看似对立的两极其实都平等不二,相辅相成。事物的运动变化发展不是矛盾斗争的结果,即使有矛盾斗争也最终以和谐而告结束。正是这两种看似简单的思维方式却构成了两种不同的人类文化,也表现出不同的学术精神。

一、中国智慧美学的思维基础

　　包括美学在内的任何文化研究都无法离开

特定思维方式而存在。无论这种思维方式是有意识的,还是无意识的,都必然产生至关重要的作用,甚至可能超过其他的一切。因为其他一切的影响可能只是体现于特定领域特定问题方面,但思维方式的影响却无处不在,以致存在于所有领域有所问题的研究方面,甚至许多情况下还是无意识发生作用的。二元论思维方式与不二论思维方式往往涉及对所有问题的基本态度和方法,常常比其他思维方式发生着更普遍更持久的作用。

简单来说,所谓二元论思维方式,在某种意义上就是一分为二的思维方式,不二论思维方式就是合二为一的方式,但这种阐述并不十分准确。二元论与不二论思维方式的根本差别在于,二元论以分别乃至取舍之心看待世界,而不二论则用无所分别乃至取舍之心看待世界。只要人们看到差异尤其在同一中看到差异,就可能受到二元论思维方式的影响,如果看到同一,尤其在差异中看到同一,就可能受到不二论思维方式的影响。作为人类文化思维基础的二元论与不二论,并不仅仅是一个名词概念的差异,更是一种思维方法和认知基础的差异。虽然二元论与不二论思维方式对西方和东方文化都产生了极其深远的影响,但比较来说,似乎二元论思维方式对西方文化的影响更大,甚至可以说整个西方文化尤其占据主体地位的文化往往以二元论思维方式为基础;不二论思维方式对东方文化的影响更大,甚至也可以说是形成东方文化的思维基础。或可以这样说,西方文化主要以二元论作为思维方式和认知基础,东方文化主要以不二论作为思维方式和认知基础。

具体来说,二元论思维方式常常执著于诸如是与非、善与恶、美与丑,以及有限与无限、现象与本质、形式与内容等看似对立的两极,总是在对立两极中执著于一极。西方哲学尤其古希腊哲学显然受到二元论思维方式的深刻影响。罗素这样阐述道:"在各个时期,希腊哲学都受到了许多二元论的影响,它们一直以不同的形式成为哲学家们写作和争论的主题。最根本的问题就在于对真与假的区别。在希腊人的哲学思想中,和真与假密切相关的是善与恶、和谐与冲突二元论,其实还有至今仍属热门话题的现象与本质二元论,同时,还有精神与物质的问題、自由与宿命的问题,还有宇宙论的问题,如事物是'一'还是'多',是单纯还是复杂。最后,还有混乱与秩序、无限与有限二元论。"①其实二元论思维方式既是古希腊哲学的基本命题及其思维基础,同时也是西方哲学乃至西方文化的主流方向及其思维基础。虽然笛卡尔所谓物质与精神二元对立,都是彼此独立、互不相关的实体的观点典型地体现了二元论思维方式的特点,但诸如柏拉图理念与事物、康德本体与现象、马克思物质与意识,乃至唯物主义与唯心主义之类,仍属于二元论思维方式的范畴。所以所谓二元论思维方式不仅是古希腊哲学的思维方式和认知基础,而且也是整个西方哲学的思维方式和认知基础,至少是占据西方哲学主体地位的思维方式和认知基础。二元论思维方式的突出特点是,不仅强调两极的对立性,而且肯定对立双方的独立性,如黑格尔有这样的概括:按照"二元论的看法",诸如有限与无限都是"对立的双方之一方","在这种关系中,有限在这边,无限在那边,前者属于现界,后者属于他界,于是有限就与无限一样被赋予同等的永久性和独立性的尊严了"。② 既然二元论思维方式如此强调二者的对立性乃至独立性,所以对立两极便具有了特别重要的价值和意义,以致成为人们思考任何问题必须关注的焦点乃至重点,如此一来分析甚或分裂性地看待事物,采用分门别类的研究方法,就成为一种文化传统。

二元论思维方式看待和研究世界的最突出的特点,就是用分析甚或分裂的方式看待世界,并用分门别类的方式研究世界。卢卡奇对此有深刻批评。他指出:"认识现象的真正的对象性,认识它的历史性质和它在社会总体中的实际作用,就构成认识的统一不可分的行动。这种统一性为假的科学方法所破坏。"③他认为建立在二元论思维方式和认知基础上的有所分别与取舍的专门化既破坏了作为认识主体的人的整体性,使劳动力与个性相分离,被客体化为一种物和商品,以致导致了人类本性的破坏。他指出:"分工中片面的专门化越来越畸形发展,

---

① 罗素:《西方的智慧》,中央编译出版社 2010 年版,第 9 页。
② 黑格尔:《小逻辑》,贺麟译,商务印书馆 1980 年版,第 209 页。
③ 卢卡奇:《历史与阶级意识》,商务印书馆 1999 年版,第 63 页。

从而破坏了人的人类本性。"①"他越是占有文化和文明（即资本主义和物化），他就越不可能是人。"②又破坏了作为认识客体的世界的整体性。他说："由于工作的专门化，任何整体景象都消失了。"③可见建立在二元论思维方式基础上的有所分别与取舍的分门别类研究实际上既破坏了人自身的完整性，同时也破坏了研究对象即世界的完整性。这才是二元论思维方式及建立在二元论思维方式基础上的分门别类研究所付出的惨重代价。

应该说，虽然二元论思维方式在西方哲学史上有着非常突出的影响，但黑格尔、马克思和卢卡奇，还是在很大程度上强调了整体性、统一性、同一性，如卢卡奇认为马克思主义辩证法的本质是"具体的总体是真正的现实范畴"④。这似乎使其具有了其他西方人所没有的强调整体性、同一性的特点，但他的辩证法还是反对无差别的统一性、同一性，因此还不能说具有不二论思维方式的特点。他明确指出："总体的范畴决不是把它的各个环节归结为无差别的统一性、同一性。"⑤可见他强调总体性，但并不消除差异性乃至非同一性。至少在他看来是有诸如主体与客体的分别的，如所谓："总体的观点不仅规定对象，而且也规定认识的主体。"⑥这就要求"人应当意识到自己是社会的存在物，同时是社会历史过程的主体和客体"⑦。如此看来，他所谓总体性理论实际上仍然建立在主体与客体有所分别的二元论思维方式的基础之上，充其量也只是一种主客体辩证法。

即便如此也还受到了诸如阿多诺的强烈批评。阿多诺以其"否定的辩证法"作为哲学基础，强烈反对自黑格尔到卢卡奇以强调"总体性"和"同一性"为特征的辩证法，认为"总体""整体""同一性"都

---

① 卢卡奇：《历史与阶级意识》，商务印书馆 1999 年版，第 166 页。
② 卢卡奇：《历史与阶级意识》，商务印书馆 1999 年版，第 214 页。
③ 卢卡奇：《历史与阶级意识》，商务印书馆 1999 年版，第 171 页。
④ 卢卡奇：《历史与阶级意识》，商务印书馆 1999 年版，第 58 页。
⑤ 卢卡奇：《历史与阶级意识》，商务印书馆 1999 年版，第 61 页。
⑥ 卢卡奇：《历史与阶级意识》，商务印书馆 1999 年版，第 78 页。
⑦ 卢卡奇：《历史与阶级意识》，商务印书馆 1999 年版，第 70 页。

是虚假的,是对个体性、差异性、丰富性的粗暴干预与整合。对抽象、普遍、整体性、同一性的维护,实际上是对侵犯、消灭差异性、个体性的强制性社会结构的虚假辩护,以致提出了与黑格尔"整体是真实的"命题针锋相对的"整体是虚假的"的口号,认为辩证法的核心范畴应当是非同一性而不应是同一性。无论同一性意味着与自我的自在同一,还是还原于主观性,或是对立双方的和谐一致,都是应当被哲学思维拒斥的东西。同一性是不真实的,即概念不能穷尽被表达的事物。然而,同一性的外表是思想本身、思想的纯形式内在固有的。思维就意味着同一。概念秩序满足于掩盖思维试图理解的东西。思维的外表和思想的真实纠缠在一起,不能靠断定外表是思想规定性之外的自在存在来把外表裁决掉。他指出:"辩证法是始终如一的对非同一性的意识。……根据意识的内在性质,矛盾本身具有一种不可逃避的和命运的合法性特征,思想的同一性和矛盾性被焊接在一起,总体矛盾不过是总体同一化表现出来的不真实性。矛盾就是非同一性,二者服从同样的规律。"①虽然阿多诺否定的辩证法在某种意义上是异化理论和社会批判理论的最激进、最彻底、最极端的表现形式,是以摧毁社会强加于个体身上的总体性枷锁,反抗社会对人性的禁锢为宗旨的,所表达的批判精神的激进与彻底程度,足以使人们把它同后现代主义的解构哲学相联系,但这一思想同样受到了二元论思维思维方式和认知基础的深刻影响。

与西方文化主要以二元论作为思维方式和认知基础有所不同,东方文化则更多受到了不二论思维方式和认知基础的影响,或者说主要以不二论作为思维方式和认知基础。在不二论看来,诸如是与非、善与恶、美与丑,乃至常与无常、苦与乐、空与实、我与无我等看似二元对立,其实不是二,而是一,是平等不二的,于是人们不以矛盾对立的眼光,当然也不采取分析乃至分裂的方式,而是以整体性方式看待和研究一切

---

① 阿多诺:《否定的辩证法》,载俞吾金:《二十世纪哲学经典文本》西方马克思主义卷,复旦大学出版社 1979 年版,第 184—185 页。

事物,而且也不执著于所有这些看似对立的任何一极,也不赋予对立两极以特别的独立价值和意义。人们常常认为这种思维方式是商羯罗所创立的印度吠檀多哲学的基本观点,其主要依据是《梵经》《奥义书》和《薄伽梵歌》。其实《梵经》所谓不二论也只是所谓"梵我不二",事实上真正作为一种思维方式的不二论常常与佛教有很大关系,或者正是由于佛教对不二论的阐发和张扬才使其具有广泛而深刻的世界影响,尤其对东方文化产生了极为深刻的影响,以致成为东方文化的思维方式和认知基础。佛教认为看似对立的两极其实"无二无分别"①,甚至"不生不灭,不垢不净,不增不减"②。

对中国而言,真正能够体现中国智慧美学不二论思维方式和认知基础的,主要是道家和佛教。而庄子对中国智慧美学不二论思维方式和认知基础的阐述最为全面透彻。庄子齐物论其实就是中国不二论思维方式和认知基础的最具独创性也最具影响力的阐述。在庄子看来,一般所谓生与死、是与非、成与毁之类,其实不是有所差别,而是同一的,是无死无生、无是无非、无成无毁的,即所谓:"方生方死,方死方生;方可方不可,方不可方可;因是因非,因非因是","凡物无成与毁,复通为一。唯达者知通为一,为是不用而寓诸庸"。③ 庄子也并不完全抹杀事物之间的差异性,只是在他看来,所谓差异性是人们自设的,并不能体现事物的本真状态,事物的本真状态是没有差异性的,是同一的,以致有所谓"道通为一"④的观点。这即是用天地自然大道来观照,世界上一切事物并不具有差异性,甚至矛盾性,而是具有同一性的。既然事物本来没有生死、是非、美丑、成毁之二别,只有真正通达天地自然大道的人才能体悟到这一点,而其他自以为是的庸人只能看到差异性,无法看到同一性。这也就是成玄英所疏:"唯当达道之夫,凝神玄鉴,

---

① 《维摩诘所说经》,《禅宗七经》,宗教文化出版社 1997 年版,第 205 页。

② 《心经》,《禅宗七经》,宗教文化出版社 1997 年版,第 1 页。

③ 《齐物论》,《南华真经注疏》上,中华书局 1998 年版,第 34—37 页。

④ 《齐物论》,《南华真经注疏》上,中华书局 1998 年版,第 37 页。

故能去彼二偏，通而为一。"①可见不二论作为思维方式和认知基础不同于二元论的最根本特征，就是排除了人们所设定的诸多表面差别，看到了事物本真状态的同一性。于是以不二论作为思维方式和认知基础的中国智慧美学反对用分别的方法分析世界，反对用分门别类的方式研究世界，认为这样可能割裂世界的完整性，甚至可能影响到对事物本真状态的真实把握，这就是《庄子》所谓："不幸不见天地之纯，古人之大体。道术将为天下裂。"②

人们习惯上认为《道德经》所谓"天下皆知美之为美，斯恶已；皆知善之为善，斯不善已。故有无相生，难易相成，长短相形，高下相倾，音声相和，前后相随"③的观点，是阐述对立双方相互依存，一方的存在以另一方的存在为条件，以为人们如果知道了美与善，就必然能够从相反方面推断出丑与恶。这其实是用西方二元论思维方式乃至辩证法的观点来阐述道家的智慧，是一种误释。老子这段文字的真实意旨不是阐述美丑、善恶、有无等相互对立又相互依存，而是认为所有这些看似对立的双方其实无所分别、平等不二。也许未受西方二元论思维方式尤其辩证法影响的古代学者的知解可能更符合原旨，如王弼有这样的阐释："喜怒同根，是非同门，故不可得偏举也。"④苏辙也这样阐释道："天下以形名言美恶，其所谓美且善者，岂信美且善哉？彼不知有无、难易、长短、高下、声音、前后之相生相夺，皆非其正也。方且自以为长，而有长于我者临之，斯则短矣。方且自以为前，而有前于我者先之，斯则后矣。苟从其所美而信之，则失之远矣。"⑤释德清也有类似阐释："意谓事物之理，若以大道而观，本无美与不美，善与不善之迹。良由人不知道，而起分别取舍好尚之心，故有美恶之名耳。然天下之人，但知适己意者为美，殊不知在我以为美，自彼观之，则又为不美矣。譬如

① 《齐物论》，《南华真经注疏》上，中华书局 1998 年版，第 37 页。
② 《天下》，《南华真经注疏》下，中华书局 1998 年版，第 607 页。
③ 《老子奚侗集解》，上海古籍出版社 2007 年版，第 4 页。
④ 楼宇烈：《老子道德经注校释》，中华书局 2008 年版，第 6 页。
⑤ 苏辙：《道德真经注》，华东师范大学出版社 2010 年版，第 2—3 页。

西施颦美，东施爱而效之，其丑益甚。此所谓'知美之为美，斯恶已'。"①另外如慧能所谓"无是无非，无善无恶"②的观点也阐述了基本相同的认识。

中国乃至东方美学虽然强调不二论思维方式，但并不执著于不二论，而且将不二论看成世界上一切事物的原始状态乃至本真状态。既然自然界一切事物并不依赖人们的主观认识和判断独立存在，所谓美与丑之类的分别，也只是人们主观情感和认识介入乃至评断和设定的结果，事实上自然界一切事物本来就没有诸如美与丑、善与恶、是与非之类的分别，是平等不二的，这才是事物的本真状态。这即是《庄子》之所谓："以道观之，物无贵贱。"③既然一切事物都是无所分别乃至平等不二的，理所当然道通为一，这也就是成玄英所疏："生死既其不二，万物理当归一。"④所以中国智慧美学崇尚不二论，并不意味着重新发明和创造了一种思维方式和认知基础，充其量只是对自然界一切事物本原状态的回归，是老子所谓"道法自然"⑤。所谓"道法自然"，其实就是尊重自然，顺任自然，无所执著，无所违背，如王弼有这样的阐释："法自然者，在方而法方，在圆而法圆，于自然无所违也。"⑥既然自然界本来就没有美与丑、善与恶、是与非之类看似对立的两极，人们就不应该违背自然界本原状态而强行加以人为分别和取舍。所以道家美学以不二论作为思维方式和认知基础，实际上是尊重乃至顺任自然规律，是取法自然，是回归自然的原始本真状态。

相反西方美学尤其知识美学和技术美学执著于二元论思维方式和认知基础，实际上是违背自然规律，是对完整自然存在物的人为分析乃至割裂，也就是《庄子》所谓："判天地之美，析万物之理，察古人之全，

---

① 释德清：《道德经解》，华东师范大学出版社 2009 年版，第 35—36 页。

② 《坛经》，《禅宗七经》，宗教文化出版社 1997 年版，第 330 页。

③ 《秋水》，《南华真经注疏》下，中华书局 1998 年版，第 335 页。

④ 《知北游》，《南华真经注疏》下，中华书局 1998 年版，第 421 页。

⑤ 《老子奚侗集解》，上海古籍出版社 2007 年版，第 66 页。

⑥ 楼宇烈：《老子道德经注校释》，中华书局 2008 年版，第 64 页。

寡能备神明之容。"①马克思对此也有深刻认识,他指出:"现代社会内部分工的特点,在于它产生了特长和专业,同时也产生职业的痴呆。"他引述勒蒙泰的观点道:"我们十分惊异,在古代,一个人既是杰出的哲学家,同时又是杰出的诗人、演说家、历史学家、牧师、执政者和军事家。这样多方面的活动使我们吃惊。现在每一个人都在为自己筑起一道藩篱,把自己束缚在里面。我不知道这样分割之后活动领域是否会扩大,但是我却清楚地知道,这样一来,人是缩小了。"②所以与西方知识美学和技术美学所执著的二元论思维方式和认知基础比较起来,中国智慧美学崇尚不二论思维方式和认知基础,更符合事物的原始本真状态,更符合自然规律,所导致的片面性、狭隘性、偏执性可能更微弱。

与道家有所不同的是,佛教不仅认为自然界一切事物本来无所分别、平等不二,人类的原始本心同样无所分别、平等不二,而且将这种无所分别、平等不二的原始本心,看成清静不二之本心,看成智慧的源泉。《坛经》有"凡夫见二,智者了达,其性无二,无二之性,即是佛性"③,以及"菩提般若之智,世人本自有之","一切般若智,皆从自性而生,不从外入"④等观点。这似乎发明了这一佛教逻辑:无二之性即是佛性,自性即无二之性,所以自性即是佛性。即《坛经》所谓"本性是佛,离性无别佛"⑤的真正含义。这也就是,美与丑、善与恶、是与非无所分别、平等不二就是智慧,人类的原始本心本来美与丑、善与恶、是与非无所分别、平等不二,所以美与丑、善与恶、是与非无所分别、平等不二的清静不二之本心其实就是智慧。这才是中国佛教思维逻辑之根本精神。与佛教关于人的原始本心美与丑、善与恶、是与非无所分别、平等不二的观点不同,西方美学则认为人的原始本性善恶二元。于是西方文化的宗旨似乎是为了张扬人性中的善的成分而压抑乃至束缚恶的成分。所

---

① 《天下》,《南华真经注疏》下,中华书局 1998 年版,第 606 页。
② 《马克思恩格斯文集》第 1 卷,人民出版社 2009 年版,第 629—630 页。
③ 《坛经》,《禅宗七经》,宗教文化出版社 1997 年版,第 329 页。
④ 《坛经》,《禅宗七经》,宗教文化出版社 1997 年版,第 329—331 页。
⑤ 《坛经》,《禅宗七经》,宗教文化出版社 1997 年版,第 330 页。

以西方美学对美与丑有着十分严格的分别；中国智慧美学崇尚不二论思维方式和认知基础，只是关注对清静不二原始本心的发明与张扬。

人们也许以为二元论与不二论思维方式和认知基础分别作为西方与东方文化的主要思维方式和认知基础肯定有所分别，如在弗朗索瓦·于连看来，西方哲学按照诸如真与假、是与不是等排除模式也就是二元论思维方式来思考和研究问题，中国哲学则按照诸如是即非、非即是之类的平等接受模式即不二论思维方式来思考和研究世界，于是西方哲学至今没有出现智慧哲学，中国却很早就出现了他所期待的"智慧哲学"①。与弗朗索瓦·于连相似，在方东美看来，西方哲学之古希腊、中世纪哲学往往将完整的世界二分为形而上的精神领域与形而下的物质领域，至近代笛卡尔又二分为内在的心灵世界与外在的客观世界，由于"总是透过二分法把完整的世界割裂成为两部分"，以致存在"严重的联系问题"；而中国哲学则超越形而上学，"不是用二分法割裂开来"，"而是由许多相对真相集结起来"，"使之融会贯通，使上下层、内外层的隔阂消除"②。这些观点的可贵之处在于揭示了中西方美学思维方式与认知基础的根本差异，但共同的缺憾是在一定程度上否定了二元论却肯定了不二论思维方式。这同样陷入了将二元论与不二论思维方式对立起来的更高层面的二元论思维方式的束缚之中，以致陷入以二元论作为思维方式和认知基础的知识美学的局限之中。因为将中国哲学与西方哲学对立起来加以分别阐释的东西二分的二元论思维方式和认知基础，仍然没有能够彻底摆脱知识学范畴，仍然没有能够上升到智慧美学高度。真正的智慧美学并不执著于不二论思维方式而排斥二元论思维方式，也不将二元论与不二论思维方式对立起来。

真正的不二论思维方式应该既不执著于二元论，也不执著于不二论，甚至认为二元论与不二论思维方式平等不二。中国智慧美学既不

---

① 弗朗索瓦·于连：《圣人无意——或哲学的他者》，商务印书馆 2004 年版，第75 页。

② 方东美：《中西哲学的根本差异》，《生生之美》，北京大学出版社 2009 年版，第53—54 页。

第二章　中国智慧美学的思维基础和学术精神

95

执著于二元论,也不执著于不二论,更不因为执著于不二论而排斥二元论。如果说执著于诸如美与丑、善与恶、是与非之类的二元论是至为粗浅的知识识解,那么认为美丑、善恶、是非不二,也还不是至为透彻圆融的智慧。正是由于这种智慧在二元论与不二论之间有所分别和取舍,同样有着二元论思维方式的偏执和漏失。真正的不二论思维方式既不执著于二元论,也不执著于不二论,在二元论与不二论无所分别和取舍,如《华严经》所谓"不作二,不作不二"①。正是由于印度美学不二论思维方式的深刻影响,使得中国佛教美学很大程度上彰显出不二论思维方式的优势。比较而言,也许吉藏的阐述更透彻、更系统。他认为执著于不二论,乃至否定二元论,并不是至为透彻圆融的思维方式,因为这种思维方式事实上仍然落入二元论思维方式的分别与取舍之中,仍然因为选择不二论而舍弃二元论陷入片面;真正透彻圆融的不二论应该二元论与不二论平等不二。即所谓:"二不二是真谛,是复假。非二非不二是中道,此是复中。正言非二非不二,尽有无非有非无,所以正中也。"②方东美在总结吉藏的观点时也指出其不二论思维方式的真谛,有道是:"明二而不二,犹是权智;显非二非不二,乃为实智。"③不仅如此,吉藏进一步指出:"大乘正明正观,故诸大乘经,同以不二正观为宗。但约方便用异,故有诸部差别。""至论不二正道,更无别异。"④慧能更是将不二之性看成佛性,甚至通过凡夫与佛圣、烦恼与菩提、佛法与世间、真如与妄念、定与慧等较为系统地阐述了这一点。正是由于吉藏、慧能的阐发,使得后世新儒学如马一浮、熊十力等也在很大程度上张扬了这一思维方式。所以真正的智慧美学并不对二元论与不二论有所分别与取舍,而是对二元论与不二论无所分别与取舍,认为二元论与

---

① 《华严经》,上海古籍出版社 1991 年版,第 217 页。
② 吉藏:《大乘玄论》,载石峻等:《中国佛教思想资料选编》第 2 卷第 1 册,中华书局 1983 年版,第 347 页。
③ 方东美:《中国哲学精神及其发展》上,中华书局 2012 年版,第 204 页。
④ 韩廷杰:《三论玄义校释》,中华书局 1987 年版,第 198 页。

不二论平等不二。熊十力有这样的阐述:"不二而有分,虽分而实不二。"①真正的不二论思维方式和认知基础,实际上对分别与无分别,也无所分别与取舍,既不执著于分别,也不执著于无分别,如《华严经》所谓"无分别是分别,分别是无分别"②,吉藏所谓"假二不名二,假不二不名不二,如非二非不二中道"③。作为中国乃至东方智慧美学思维方式和认知基础的不二论思维方式,其实对二元论与不二论无所分别和取舍。

也许在西方美学看来,只有建立在二元论思维方式和认知基础的认识和评价才真实,但他们所谓客观世界及其规律,实际上只是相对于人来说的,如果排除了作为主体的人,事实上根本不存在真正的客观世界及其规律。看似极其客观真实的真理其实只是人们按照二元论思维方式和认知基础进行的一种发明,是人们将基于二元论思维方式和认知基础的主观认知强加于所谓客观世界的必然结果。倒是不二论思维方式才真正排除了作为主体的人,是对包括人类在内的整个世界原始本真状态的全面回归,是对绝对意义的原始本真状态的发明和认知。可见作为中国乃至东方智慧美学思维方式和认知基础的不二论才是真正回归事物本真状态和本心原始状态,最真实最原始地展示世界原始本真状态的思维方式和认知基础。也正是凭借这种思维方式和认知基础使中国乃至东方文化具有了西方美学所没有的周遍含容、明白四达、平等不二的智慧美学精神。也正是因为对自然界一切事物平等不二原始本真状态与人类清静不二原始本心的全面回归,才使中国乃至东方智慧美学有了周遍含容的研究视域,明白四达的研究心智,及平等不二的研究态度,才使中国乃至东方智慧美学最终区别于西方美学彰显出智慧圆融的大乘智慧美学精神。

---

① 《甲午存稿》,熊十力:《体用论》,中华书局 1994 年版,第 28 页。
② 《华严经》,上海古籍出版社 1991 年版,第 285 页。
③ 吉藏:《大乘玄论》,载石峻等:《中国佛教思想资料选编》第 2 卷第 1 册,中华书局 1983 年版,第 347 页。

二、中国智慧美学的学术精神

虽然西方和中国美学都可能有二元论与不二论思维方式和认知基础,但相对来说,西方主要以二元论作为思维方式和认知基础,中国乃至东方则主要以不二论作为思维方式和认知基础。也正是由于这种占据主体地位的思维方式和认知基础的不同,最终形成了西方与中国美学不尽相同的学术精神。西方美学常常以二元论思维方式和认知基础作为研究一切美学问题的出发点和根本点,以致在几乎所有美学问题的研究和阐述方面都受其影响,中国美学则主要以不二论思维方式和认知基础作为出发点和根本点,几乎最重要的美学命题都可能与其有关。

以二元论作为思维方式和认知基础的知识美学常常因为执著于二元对立,在自认为对立的两极总是有所分别与取舍,总是暴露出明显的片面性、极端性乃至狭隘性。这是因为二元论往往执著于世界上一切事物的对立,认为无论事物与事物之间,还是事物内部都相互对立,而且将其作为研究乃至阐述事物本质及其规律的理论基础甚或方法论基础。如黑格尔所言:"本质的差别即是'对立'。在对立中,有差别之物并不是一般的他物,而是与它正相反的他物;这就是说,每一方只有在它与另一方的联系中才能获得它自己的[本质]规定,此一方只有反映另一方,才能反映自己,另一方也是如此;所以每一方都是它自己对方的对方。"①黑格尔甚至还指出:"本质之所以是本质的,只是因为它具有它自己的否定物在自身内,换言之,它在自身内具有与他物的联系,具有自身的中介作用。"②黑格尔哲学的出发点已经有着十分明确的二元论思维方式与认知基础特点,已经存在不仅将世界上任何事物及其

① 黑格尔:《小逻辑》,商务印书馆 1980 年版,第 254—255 页。
② 黑格尔:《小逻辑》,商务印书馆 1980 年版,第 246 页。

构成要素之间的联系矛盾对立,而且通过这种对立分析来彰显且构成各自本质,也正是由于这种二元论思维方式和认知基础总是暴露出在矛盾对立两极之中选择和肯定一者却排除和否定另一者,以致有非此即彼乃至顾此失彼的片面性、狭隘性和武断性,以致遭到了诸如阿多诺的批评。中国智慧美学却因崇尚不二论思维方式和认知基础,明显具有周遍含容、明白四达、平等不二的学术精神。

其一,中国智慧美学具有周遍含容的学术精神。

西方美学由于执著于二元论思维方式和认知基础,总是在自认为矛盾对立的两极之中有所选择和取舍,以致失之片面。由于知识源于非此即彼、非彼即此的对立原则,永远是单边观念,命中注定只能不断从一种极端到另一种极端的转变中获得发展并构成其历史,而任何一种观念的提出,都意味着同时丧失了原想阐述事物的整体,无论这种观念的提出多么谨慎、多么有条理,都将注定只能有一种特别观点,只能因为选择了一种观念,势必排除其他更多观念,以致陷入片面和偏见之中。不管多么企图摆脱这个偏见,充其量也只能由一种偏见向另一种偏见转变。这就是建立在二元论思维基础上的知识乃至知识美学的缺憾。所以围绕美的客观与主观性,及客体实体论与主体认识论,便构成了西方美学的基本观点及理论基础,形成了西方美学发展的历史轨迹,先是执著于客体实体论,形成了美是客观的观点,以及客体实体论美学,后是执著于主体认识论,形成了美是主观的观点,以及主体认识论美学,后又执著于主体间性论,形成了美是惯例的观点,以及主体间性论美学。这就构成了西方美学由客体实体论美学向主体认识论美学,以及主体间性论美学发展的历史轨迹。具体来说,如果主张美是事物的客观属性,就必然排斥主观认识;如果认为美是主观认识,就必然排斥客观属性。即使诸如黑格尔所谓"美就是理念的感性显现"[1]以及海德格尔所谓"美就是作为无蔽的真理的一种现身方式"[2]等,也未必能

---

[1] 黑格尔:《美学》第 1 卷,商务印书馆 1979 年版,第 142 页。

[2] 海德格尔:《艺术作品的本源》,《海德格尔选集》上,上海三联书店 1996 年版,第 276 页。

从根本上摆脱客体实体论与主体认识论相互对立的二元论思维方式和认知基础的束缚，充其量只是一种对二者的折中，但问题并没有因为这种折中获得解决，使西方美学限于客体实体论美学、主体认识论美学甚或主体间性论美学之间轮回变化的宿命并没有得到根本改变。至于黑格尔将美学界定为"美的艺术的哲学"①，标志着西方美学因为执著于美却排除了丑，因为执著于人类自身的主体性以致排除了自然美的缺憾成为不争的事实。亚里士多德虽然没有完全排除丑的论述，但他关于美的界定已经将美本身的研究限定在一个只能以人类自身感知限度为限度的狭隘范围。如其所谓："一个美的事物——一个活东西或一个由某些部分组成之物——不但它的各部分应有一定的安排，而且它的体积也应有一定的大小；因为美要依靠体积与安排，一个非常小的东西不能美；因为我们的观察处于不可感知的时间内，以致模糊不清；一个非常大的活东西，例如一个一千里长的活东西，也不能美，因为不能一览而尽，看不出它的整一性。"②亚里士多德以人类自身感知限度来界定美，以致将匀称乃至符合人类感知限度的特质作为美，这便意味着西方美学因为排除所有超出感知限度的特质而陷入极其片面甚或狭隘的缺憾之中，同样是一个事实。因为超出人类感知限度的特质，无论多么小或多么大，其实仍有可能属于美的范畴，甚或肯定属于美的范畴。

与此不同，中国乃至东方智慧美学则由于崇尚不二论思维方式和认知基础，并不在一般所谓矛盾对立的两极有所选择和取舍，常常彰显出周遍含容的学术精神。这不仅因为真正的智慧常常是一种多边甚至无边观念，虽然也可能从一个观念转向另一观念，但从来不执著于任何一种观念，当然也不排除其他任何观念，而且在任何时候，都认为所有观念平等不二，以致无取无舍，通达无碍。这主要因为不二论思维方式排斥对立原则，从来不在对立两极之间有所选择与舍弃，于是建立在这一思维方式基础上的智慧乃至智慧美学往往因为既不执著于此，也不

① 黑格尔：《美学》第 1 卷，商务印书馆 1979 年版，第 4 页。
② 亚里士多德：《诗学》，《诗学·诗艺》，人民文学出版社 1962 年版，第 25—26 页。

执著于彼,以致能够在非此非彼、亦此亦彼之中排斥乃至超越对立原则,有周遍含容的学术精神。如僧肇有所谓"无取无舍,无知无不知"①的观点。而且因为中国智慧美学即使如儒家美学虽然也有诸如美是无害之类的界定,但这并没有使其陷入如西方美学那样的对客体与主体、人与自然之类的矛盾对立两极非此即彼的执著与排斥模式之中,并没有因为执著于诸如客体与主体、客体实体论与主体认识论之类的分别而使中国智慧美学发展呈现出从一个极端转变为另一个极端的历史轨迹,也没有将自然乃至自然美如黑格尔那样排除于美学研究范畴之外,更没有如亚里士多德那样以人类感知限度为标准界定美,甚至有以超出人类感知限度的特质为美的倾向。如老子所谓"大音希声,大象无形,道隐无名"②的阐述,虽然没有明确将超出人类感知限度的事物阐述为美,但其与道相提并论的做法本身便表明了其倾向性。至于《庄子》有所谓:"以差观之,因其所大而大之,则万物莫不大;因其所小而小之,则万物莫不小。知天地之为稊米也,知毫末之为丘山也,则差数睹矣。"③甚至故意消解诸如大小等形体差异,并以消除感知限度作为出发点。荀子所谓"不全不粹之不足以为美"④的界定,还将诸如周全、纯粹等作为美的基本特质。所有这些都不约而同地彰显了中国智慧美学并不以人的感知限度作为美的特质,而且故意超越甚或消解这一限度,以周遍含容作为美的特质的学术精神。正是由于中国智慧美学的这一周遍含容的学术精神,使其很大程度上摆脱了西方知识美学拘泥于人类感知范围以致丧失了诸多美的缺憾,而且很大程度上摆脱了西方知识美学总是以人的感知作为衡量标准以致暴露出人的自尊盲目膨胀的缺憾。不仅如此,中国智慧美学还将周遍含容作为美的最高境界,如对《坤文言》所谓"君子黄中通理,正位居体。美在其中,而畅于四

---

① 僧肇:《般若无知论》,载张春波:《肇论校释》,中华书局2010年版,第106页。
② 《老子奚侗集解》,上海古籍出版社2007年版,第108页。
③ 《秋水》,《南华真经注疏》下,中华书局1998年版,第335页。
④ 《劝学》,王先谦:《荀子集解》上,中华书局1988年版,第18页。

支,发于事业,美之至也"①的观点,侯果作了这样的阐释:"以中和通理之德,居体于正位,故能美充于中,而旁畅于万物,形于事业,无不得宜,是'美之至也'。"②比较而言,也许《周易》所谓"范围天地之化而不过,曲成万物而不遗"③的观点更能充分展现中国智慧美学周遍含容的学术精神。

中国智慧美学并不因为张扬人自身的主体性,以致置自然于敌对地位,所以其层次也常常通过与天地合德的程度表现出差异:最高境界的智慧美学常常遗忘天地万物与自我,外不察乎宇宙,内不觉其自身,旷然无累,自我与天地万物和谐统一,共同自由创化;中等层次的智慧美学虽然意识到天地万物与自我,但没有彼此分别;最低层次的智慧美学虽则对天地万物与自我有所分别,但没有厚此薄彼、孰是孰非的计较。中国智慧美学并不偏执于人类感知限度,也不执著于人类自设的二元论思维方式和认知基础,认为人类只有与社会、自然乃至宇宙生命融为一体,与天地合其德,与日月合其明,与四时合其序,才能尽自我之性、人类之本性、自然宇宙之本性,才能与自然交感俱化,参通宇宙创化之本性,才能消除人与自我、人与社会、人与自然之间可能存在的敌对与矛盾。也正是因为这个原因才避免了知识美学有所分别与取舍的片面性局限,具有了并不执著于人自身感知限度乃至主体性,而能充分体现人类本心的真如状态和事物存在的本真状态的周遍含容的智慧美学学术精神。

其二,中国智慧美学具有明白四达的学术精神。

正由于西方美学常常执著于二元论思维方式和认知基础,执著于美与丑、善与恶、是与非之类的分别,总是表现出美丑、善恶、是非分明的价值标准,以致使其最终丧失了囊括一切的周遍含容的智慧美学学术精神,并且由此限制了对人类原始本心和事物本真状态的全面把握。

---

① 《坤文言》,李道平:《周易集解纂释》,中华书局 1994 年版,第 92—93 页。
② 《坤文言》,李道平:《周易集解纂释》,中华书局 1994 年版,第 92—93 页。
③ 《系辞传上》,李道平:《周易集解纂释》,中华书局 1994 年版,第 557—558 页。

如柏拉图认为:"绘画中肯定有许多品质,其他各种相类似的技艺,比如纺织、刺绣、建筑、家具制作,也有许多品质,甚至动植物的身体也有许多品质。因为在这些事物中都有美好与丑恶。不美好的和邪恶的节奏、不和谐的音调,都与邪恶的言辞和邪恶的品格相关联;反之,美好的节奏与和谐的音调则与节制与美好的气质相关联,并且成为它们的象征。"①柏拉图的观点其实排除了丑恶在艺术作品中存在的合法性,使得艺术作品沦为仅仅张扬美的艺术。比较而言似乎罗丹更为达观,但他所谓"艺术所认为美的,只是有特性的事物","自然中被认为丑的事物,较之被认为美的事物,呈露着更多的特性"②的观点,只是表明他更看好艺术丑,而不是赋予生活丑与生活美以相同的尊严和地位,充其量只是认为生活丑作为有特性的事物可能比生活美更有可能成为艺术美。这也就是说,罗丹所谓自然总是美的,只是着眼于特性,着眼于可能转换为艺术美而言,并不意味着认为自然无所不美。所以罗丹的观点其实并不能体现对自然界一切事物无所不包乃至无所不知的智慧。与此有所不同的是,中国智慧美学尽可能排除人类主观因素对事物无美无丑、无善无恶本真状态的歪曲,以致如老子所谓"美之与恶,相去奚若"③,倾向于认为美丑相差不多,甚或庄子、郭象和慧能等还表达了混同诸如美丑、善恶、是非之别的观点,如郭象有谓:"无美无恶,则无不宜。无不宜,则忘其宜也。"④慧能有谓:"无是无非,无善无恶,无有头尾。"⑤中国智慧美学这种从原始状态直接消除乃至否定美丑、善恶、是非分别和取舍的做法,不仅可以消除二元论思维方式和认知基础对人类原始本心和事物本真状态可能造成的分割和肢解,甚或遮蔽和扭曲,而且可以在恢复二元论思维方式和认知基础所分割和遮蔽的事物原始本真状态,及人类本心原始真如状态的同时,彰显对事物原始本真

① 《国家篇》,《柏拉图全集》第2卷,人民出版社2003年版,第368页。
② 格赛尔:《罗丹艺术论》,中国社会科学出版社2001年版,第43—44页。
③ 《老子奚侗集解》,上海古籍出版社2007年版,第48页。
④ 《德充符》,《南华真经注疏》,中华书局1998年版,第112页。
⑤ 《坛经》,《禅宗七经》,宗教文化出版社1997年版,第330页。

状态,及人类本心原始真如状态无知而无所不知,乃至明白四达的学术精神。

西方美学由于执著于诸如美丑、善恶、是非之类的分别,试图将诸如丑、恶等从研究视域乃至理想世界中清除出去的做法,实际上不仅限制了美学研究的视界,而且限制了艺术作品对事物本真状态和人类本性真如状态的尽可能全面展示,实际上也便限制了人们对人类本心乃至事物本真状态的全面把握。如柏拉图基于对美丑、善恶之类的分别,提出了限制艺术作品表现丑的主张:"我们不仅必须对诗人进行监督,强迫他们在诗篇中培育具有良好品格的形象,否则我们宁可不要诗歌,而且必须监督其他艺人,禁止他们在绘画、雕塑、建筑,或其他艺术作品里描绘邪恶、放荡、卑鄙、龌龊的形象。如果不服从,那我们就要惩罚他们。"①甚至进而提出驱逐诗人的主张:"不让诗人进入治理良好的城邦是正确的,因为他会把灵魂的低劣成分激发、培育起来,而灵魂低劣成分的强化会导致理性部分的毁灭,就好比把一个城邦的权力交给坏人,就会颠覆城邦,危害城邦里的好人。"②如果说柏拉图限制艺术表现丑的主张只是限制了艺术作品对人类本心和事物本真状态的全面展示,那么他所谓驱逐诗人的主张事实上也排除了诗人乃至艺术存在的合法性,这实际上很大程度上限制了西方美学智慧可能关涉的范围。中国智慧美学则并不执著于二元论思维方式,更不执著于人类自身设定的诸如美与丑、善与恶之类的分别,也不执著于排除诸如丑、恶之类的事物,因此拥有西方美学所没有的更为心量广大乃至明白四达的学术精神。比较而言,儒家虽然对诸如美丑、善恶、是非之类有一定分别,但如所谓"君子尊贤而容众,嘉善而矜不能"③,仍然尽可能保持了一定的宽容精神。至于老子则明确提出了物无弃物,人无弃人的主张,甚至将"无弃人","无弃物"看成高出一般所谓智慧的"袭明"④。释德清有这

①　《国家篇》,《柏拉图全集》第 2 卷,人民出版社 2003 年版,第 368 页。
②　《国家篇》,《柏拉图全集》第 2 卷,人民出版社 2003 年版,第 628 页。
③　《论语集注》,朱熹:《四书章句集注》,中华书局 1983 年版,第 188 页。
④　《老子奭侗集解》,上海古籍出版社 2007 年版,第 70 页。

样的阐释:"圣人处世,无不可化之人,有教无类,故无弃人。无不可为之事,物各有理,故无弃物。"①另外如老子所谓"上德若谷"②的观点,更突出表彰了心量广大乃至明白四达的学术精神,释德清对此作了这样的阐述:"圣人心包天地,德无不容,如海纳百川,故上德若谷。"③至于中国禅宗所谓心量广大并不是空无一物,而是包容一切,无所不容。如所谓:"心量广大,犹如虚空,无有边畔,亦无方圆大小,亦非青黄赤白,亦无上下长短,亦无嗔无喜,无是无非,无善无恶,无有头尾。"④正是这种无善无恶、无是无非,实际上涵盖了对美与丑、艺术美与自然美无所不包的态度。

黑格尔因为执著于人类的主体性,认为只有心灵才是真实的,如所谓:"只有心灵才是真实的,只有心灵才涵盖一切事物,所以一切美只有在涉及这较高境界而且由这较高境界产生出来时,才真正是美的。"⑤这使其实际上最终将自然美从美学研究视域中排除了出来,这是因为黑格尔以人类自身的心灵世界作为美的衡量标准,认为经过心灵处理的便是美的,未经心灵处理的就是不美的,在他看来,自然美"所反映的只是一种不完全不完善的形态","概念既不确定,有没有什么标准"⑥,他所谓心灵实际上是受后天教育而有着诸如美丑、善恶分别的心灵。中国智慧美学虽然也有类似"万法尽在自心"⑦的观点,但并没有因此排除心灵之外的其他事物,相反还将一切事物都涵盖于其中。有所谓:"自性含万法是大,万法在诸人性中。若见一切人恶之与善,尽皆不取不舍,亦不染着,心如虚空,名之为大。"⑧这个自心实际上是未经后天教育的没有美丑、善恶之类二分观念的心灵,是至为原始本

① 释德清:《道德经解》,华东师范大学出版社 2009 年版,第 73 页。
② 《老子奚侗集解》,上海古籍出版社 2007 年版,第 106 页。
③ 释德清:《道德经解》,华东师范大学出版社 2009 年版,第 95 页。
④ 《坛经》,《禅宗七经》,宗教文化出版社 1997 年版,第 330 页。
⑤ 黑格尔:《美学》第 1 卷,商务印书馆 1979 年版,第 5 页。
⑥ 黑格尔:《美学》第 1 卷,商务印书馆 1979 年版,第 5 页。
⑦ 《坛经》,《禅宗七经》,宗教文化出版社 1997 年版,第 333 页。
⑧ 《坛经》,《禅宗七经》,宗教文化出版社 1997 年版,第 330 页。

真状态的心灵。其实美丑无滞无别也是东方美学的共同学术精神,如《奥义书》"美者不美者皆无所凝滞"①,《薄伽梵歌》"彼遍处无凝滞兮,美恶随其相应,无欣欣亦无戚戚兮"②等观点。可见西方美学对美与丑的分别和取舍最终所丧失的并不仅仅是对人类本心真如状态和事物本真状态的全面展示,更是对各自美学智慧可能涉及范围产生了决定性影响,使得西方美学不仅很大程度上如柏拉图排除了对生活丑的应有关注,甚至还如柏拉图排除了对诗人的关注,以及如黑格尔排除了对自然美的关注,以致最终限制了西方美学可能涉及的智慧范围。相形之下倒使中国智慧美学因为并不排斥生活丑、并不排斥自然美而拥有了明白四达的学术精神。

其三,中国智慧美学具有平等不二的学术精神。

西方美学正是因为执著于二元论思维方式和认知基础,总是看到事物之间的差异性,这种差异性的观念在基督教美学或受基督教美学影响的西方美学中常常被发挥为最高境界的美属于上帝,上帝才是真善美的统一体,而人类乃至自然界一切事物所拥有的美总是残缺不全的。如阿奎那有所谓"鲜明和比例组成美的或好看的事物",而"神是一切事物的协调和鲜明的原因"③。中国智慧美学虽然如佛教也有佛祖,但从来没有把佛祖说成最高境界的美的标志,也没有说成自然界一切事物美的根源,相反认为人类清静不二的原始本心才是智慧的源泉,才是佛,有所谓心外无佛、即心即佛之类的说法,如慧能有"佛向性中作,莫向身外求"的观点④。禅宗为了排除人们对原始本心的执著,及对即心即佛的执著,甚至有所谓"非心非佛"的阐述⑤。可见,基督教美

---

① 《波罗摩诃萨奥义书》,《五十奥义书》,中国社会科学出版社 1984 年版,第996 页。
② 《薄伽梵歌》,《徐梵澄文集》第 8 卷,上海三联书店、华东师范大学出版社 2006 年版,第 25 页。
③ 北京大学哲学系美学教研室:《西方美学家论美和美感》,商务印书馆 1980 年版,第 66 页。
④ 《坛经》,《禅宗七经》,宗教文化出版社 1996 年版,第 337 页。
⑤ 《大梅法常禅师》,普济:《五灯会元》上,中华书局 1984 年版,第 146 页。

学同样以二元论作为思维方式和认知基础，认为上帝与人有根本的分别，上帝永远是牧羊人，而人类充其量只是上帝放牧的羔羊，上帝永远是人的接引者，人即使如何虔诚也不可能与上帝平等不二，更不可能成其为上帝。佛教美学则尽可能排除众生与佛祖的分别，认为佛与众生平等不二，凡圣无二，如果识见清静不二的原始本心，人就是佛，如果没有见清静不二的原始本心，佛就是众生。虽然也有佛祖灭度一切众生的说法，但实际上所有众生得灭度的根本在于自见原始本心，而不是佛祖的接引和度化，因此也没有一个众生是因为佛祖接引和度化而得灭度的。在基督教美学看来，上帝才是智慧的根本原因，佛教尤其禅宗则将人类平等不二的原始本心作为智慧的根本原因。所以基督教将最高境界的美归于上帝，认为最高境界的美是人类乃至自然界其他事物无法奢求的，佛教尤其禅宗则将清静不二的原始本心作为最高境界的智慧，而且认为是一切众生本身所具有的。

中国智慧美学崇尚不二论，不仅认为世界是一个完整的整体，喜欢用整体眼光看待世界及世界上的一切事物，而且将在二元论看来对立的两极如善恶、是非、美丑等也看得相互通融、平等不二，认为美丑、善恶、是非等看似对立两极都是平等不二的。如庄子认为"厉与西施，恢恑憰怪，道通为一"。① 既然诸如美与丑之类看似对立的两极之间本来没有绝对的分别，所以一般所谓分别，不过是人为设定的结果，并不真正体现事物的真实情况，如庄子有所谓："毛嫱、丽姬，人之所美也；鱼见之深入，鸟见之高飞，麋鹿见之决骤。四者孰知天下之正色哉？"②西方美学执著于二元论思维方式和认知基础，以及美与丑、艺术美与自然美之类的分别，如黑格尔认为："艺术美高于自然。因为艺术美是由心灵产生和再生的美，心灵和它的产品比自然和它的现象高多少，艺术美也就比自然美高多少。"③在中国智慧美学看来，既然世界上一切事物无所谓美与丑，理所当然无须因为执著于美丑分别而进行人为设定与

① 《齐物论》，《南华真经注疏》上，中华书局1998年版，第37页。
② 《齐物论》，《南华真经注疏》上，中华书局1998年版，第49页。
③ 黑格尔：《美学》第1卷，商务印书馆1979年版，第4页。

取舍,更应该看到美与丑无所分别乃至平等不二的原始本真状态,如郭象受庄子启发,有这样的阐述:"虽所美不同,而同有所美。各美其所美,则万物一美也。"①理所当然也就有了自然美与艺术美平等不二的观点,如《乐记》所谓"大乐与天地同和,大礼与天地同节"②。也许宗白华的阐述最能体现这一精神。他这样阐述道:"'自然'本是个大艺术家,艺术也是个'小自然'。艺术创造的过程,是物质的精神化;自然创造的过程,是精神的物质化;首尾不同,而其结局同为一极真、极美、极善的灵魂和肉体的协调,心物一致的艺术品。"③如果说黑格尔对艺术美高于自然美的阐述所折射的是人类高于自然的思想,那么中国智慧美学所张扬的是人与自然平等不二的思想,如方东美有云:"人与自然在精神上是不可分的,因为他们两者同享生命无穷的喜悦与美妙。自然是人类不朽的经典,人类则是自然壮美的文字。两者的关系既浓郁又亲切,所以自然为人类展示其神奇奥秘,以生生不息的大化元气灌注人间,而人类则渐渍感应,继承不绝,报以绵绵不尽的生命劲气,据以开创雄浑瑰伟的气象。"④

既然认为世界上一切事物和人类本心的本原状态都没有诸如美与丑、善与恶、是与非之类的分别,甚至平等不二,只是由于人们对世界上一切事物的利己判断和评价,才使得呈现出诸如美与丑、善与恶、是与非之类的分别,才使世界上原本平等不二的事物本真状态受到歪曲;只是由于后天的家庭熏陶、社会影响乃至学校教育,才使人们的心灵出现诸如美与丑、善与恶、是与非之类的价值判断和是非标准,才使原本清净不二的原始本心受到蒙蔽。所以只要人们排除人为歪曲和蒙蔽,明心见性,就会使世界上一切事物无所分别乃至平等不二的本真状态获

① 《德充符》,《南华真经注疏》上,中华书局1998年版,第112页。
② 《乐记》,孙希旦:《礼记集解》下,中华书局1989年版,第988页。
③ 宗白华:《看了罗丹雕塑以后》,《宗白华全集》第1卷,安徽教育出版社1994年版,第313页。
④ 方东美:《中国艺术的理想》,《生生之美》,北京大学出版社2009年版,第308页。

得恢复,就会使人类清净不二的原始本心获得呈现,就会使美学从知识乃至知识美学的束缚中解放出来而达到智慧乃至智慧美学的高度。既然世界上一切事物无所分别乃至平等不二,人类的原始本心也无所分别乃至平等不二,那么明心见性,就是以无所分别乃至平等不二的不二论思维方式和认知基础来感知世界,回归无所分别乃至平等不二的事物本真状态和人类原始本心的基本方法和途径。所以中国智慧美学常常将平等不二作为看待世界上一切事物的基本标准,如老子所谓"善者吾善之,不善者吾亦善之,德善矣;信者吾信之,不信者吾亦信之,德信矣"①,所谓"天地不仁,以万物为刍狗;圣人不仁,以百姓为刍狗"②等,其实都是对平等不二学术精神的阐述。中国禅宗不仅将平等不二作为对待一切事物的基本态度,而且视其为人类的原始本心,视其为智慧的源泉。如《坛经》有谓:"明与无明,凡夫见二,智者了达,其性无二。无二之性,即是实性。实性者,处凡愚而不减,在贤圣而不增,住烦恼而不乱,居禅定而不寂。不断不常,不来不去,不在中间,及其内外,不生不灭,性相如如,常住不迁,名之曰道。"③这实际上是将发明平等不二原始本心,看成了智慧的源泉,也同样看成了智慧美学之所以成其为智慧美学的根本。其实中国禅宗的这种思想,是以印度美学作为基础的。如《维摩诘所说经》主张没有生与灭、垢与净、善与不善、有漏与无漏、有为与无为、我与无我、明与无明、色与色空、正道与邪道之类的二元论分别,乃至没有相应判断、识解、言说的所谓"入不二法门",甚至有所谓:"如我意者,于一切法无言无说,无示无识,离诸问答,是为入不二法门。"④另如《薄伽梵歌》也有所谓:"于同心之人,友与敌,漠然者,中立者,所恶与所亲,善人,不善人,——而一视同仁兮,彼为卓越无伦。"⑤可

---

① 《老子奚侗集解》,上海古籍出版社2007年版,第125页。
② 《老子奚侗集解》,上海古籍出版社2007年版,第12页。
③ 《坛经》,《禅宗七经》,宗教文化出版社1997年版,第359页。
④ 《维摩诘所说经》,鸠摩罗什译:《禅宗七经》,宗教文化出版社1996年版,第306页。
⑤ 《薄伽梵歌》,《徐梵澄文集》第8卷,上海三联书店、华东师范大学出版社2006年版,第54页。

见中国乃至东方智慧美学的根本精神就是回归世界上一切事物无所分别乃至平等不二的本真状态,以发明人类无所分别乃至平等不二的原始本心,其实也就是彰显无所分别乃至平等不二的学术精神作为宗旨。

二元论与不二论分别作为西方与中国乃至东方美学的思维方式和认知基础,并不仅仅形成了各自美学的学术精神,更在于使西方美学执著于认识论乃至知识论探讨而具有知识学的性质,使中国乃至东方美学具有无所执著的智慧学性质。这是因为知识与智慧的根本区别在于,知识执著于二元论,智慧并不执著于二元论。或者说执著于二元论属知识范畴,不执著于二元论而倾向于不二论,就是智慧。圣严法师这样阐述道:"从时空所得的经验之累积,称为知识,时空既有限,知识当然也是有限,知识限于执著空与有、善与恶、对与错的两边。凡为有限,便不能无敌,唯至无我无相,不取不舍,始称无边有限。"①可见,所谓二元论与不二论并不仅仅是西方美学与中国美学的思维方式和认知基础,而且是使西方美学最终成为知识美学,使中国美学最终成为智慧美学的根本原因。具体而言,知识乃至技术常常执著于二元论思维方式和认知基础,智慧则并不执著于二元论,而是以不二论作为思维方式和认知基础,既不执著于二元论,也不执著于不二论。执著于二元论思维方式和认知基础的知识乃至技术,总是在对立两极之中有所选择和舍弃,而且选择越少,舍弃便较多,所以知识和技术常常强调专门化和专业化,而专门化和专业化就是选择与舍弃的必然结果,而且是选择与舍弃普遍化的结果。所以有所漏失是不可避免的,而且比较而言,技术所舍弃的似乎比知识更多,因而专门化的程度更高。如果说知识有所知而有所不知,那么技术很可能只知其一不知其二。唯独智慧,才因为并不执著于二元论,也不执著于不二论,既无所选择也无所舍弃,于是更周遍无碍,所以智慧常常无知而无所不知。知识和技术虽然也可以上升到智慧高度,但大多数充其量只能是一种有漏智慧,而真正的智慧应该无所遗漏。这是因为人们只要执著于一种观念,就势必会排斥其他

---

① 圣严法师:《拈花微笑》,上海三联书店 2006 年版,第 12 页。

观念,势必会因为有所执著而有所漏失。由于不二论不执著二元判断与分析,也不执著于不二论,所以也从来不在看似对立的两极中因为执著于任何一种观念而舍弃另一种观念,于是才可能真正周遍含容、明白四达、平等不二。

虽然二元论与不二论分别是知识美学与智慧美学的思维方式与认知基础,但并不意味着二元论与不二论、知识美学与智慧美学完全对立,也不因为否定二元论执著于不二论,不因为否定知识乃至知识美学执著于智慧乃至智慧美学。真正的不二论以及以不二论作为思维方式和认知基础的智慧美学常常既不执著于二元论,也不执著于不二论,往往在诸如二元论与不二论、分别与无分别之间同样无所分别与取舍,至少最高境界的智慧美学尤其大乘智慧美学往往如此。作为中国智慧美学之最高境界的大乘智慧美学,就是因为既不执著于二元论,也不执著于不二论,将回归本来无所分别乃至平等不二的事物原始状态和人类原始本心作为学术宗旨,并因此彰显出周遍含容、明白四达、平等不二的学术精神。其中平等不二是至为核心的精神,因为平等不二,才可能明白四达,因为明白四达,才可能周遍含容。

第三章 中国智慧美学的理论基点和艺术实践

　　任何一种美学理论都可能建立在一定理论基点之上。在所有这些理论基点之中，也许关于主体与客体的认识对美学尤其西方美学的影响最深刻，甚至可以说西方美学建立在对主客二分有所执著的理论基点之上，总是纠缠于诸如客体实体论或主体认识论的分别和取舍而游移不定，并构成了西方美学史。中国智慧美学并不纠缠于客体实体论与主体认识论，也并不因为主客二分呈现出发展脉络。中国智慧美学主张心物不二，并不执著于客体与主体的二元对立，也不执著于客体实体论与主体认识论的二元对立，也不在客体与主体，乃至客体实体论与主体认识论之间有所分别和取舍，以致拥有了成功实现客体实体论美学与主体认识论美学融合统一的优势。

一、主客二分与主客不二：美学理论基点的两种形态

美学研究的主要课题是审美活动，审美活动势必涉及一般意义的审美主体与审美客体关系。这似乎是阐述审美活动的基本点，同时也是建构美学体系的理论基点。概括来说，关于主客体关系的阐述主要涉及主客二分和主客不二两种基本观点。主客二分强调主客体的独立性乃至差异性；主客不二强调主客体的相对性乃至同一性。主客二分的优势是便于形成关于主客体的系统认识乃至知识，主客不二的优势是利于形成关于一般所谓主客体关系的更深入认识。

虽然西方美学自古以来存在着主客二分和主客不二两种理论，但占据主导地位的仍然是主客二分。主客二分理论基点的主要特点是认为世界上存在主体与客体的分别。如果主体是人，那么客体就是独立于人而存在的客观世界。虽然作为主体的人与作为客体的世界之间可能存在相互影响和相互制约的关系，但二者的独立存在则毋庸置疑。按照这一理论基点，人类的心灵世界与物质世界是互不相干、各自独立、平行存在的独立实体，如笛卡尔将自我乃至心灵也看成可以脱离身体、脱离客观世界独立存在的精神实体，将身体乃至物质实体也看成可以独立于心灵存在的有形体而无思想的独立实体。他不仅认为"人的精神或灵魂是和肉体完全不同的"，"就人的自然［本性］，就人是由精神和肉体组合而成的来说，有时不能不是虚伪的、骗人的"①。这种主客二分理论基点最终导致了客体实体论、主体认识论，乃至主体间性论三种不同的理论基点。

虽然这种主客二分似乎从笛卡尔开始才有广泛影响力，但事实上自古希腊亚里士多德以来的美学很早就具有这种性质。虽然西方美学可能也存在主客不二的理论基点，但构成其理论体系的基点则是主客

---

① 笛卡尔：《第一哲学沉思集》，商务印书馆1986年版，第90—93页。

二分,所以贯穿西方美学发展史且占据主导地位的是主客二分及由此形成的诸如客体实体论、主体认识论,甚或主体间性论。自古希腊以来占据主体地位的参与论美学,其理论基点是客体实体论。所谓客体实体论的特点在于认定美的本质和特征取决于客体的实体特征,以致出现了诸如对称、和谐等客体的实体特征就是美的本质和特征的观点;18世纪浪漫主义出现以后逐渐占据主体地位的体验论美学,则以主体认识论作为理论基点,认为所谓美的本质和特征取决于人们的审美感觉和审美认识,人们的审美感觉和认识是美的本质和特征;20世纪以来出现的惯例论美学,虽然并不片面地强调客体或主体,而且将作为审美者的人与作为审美对象的物都看成能发挥主导作用的主体,认为美取决于惯例,而惯例是由艺术家和鉴赏者尤其批评家共同约定俗成的。这表明其理论基点实际上就是主体间性论。所谓主体间性论的特点在于强调审美者与审美对象互为主体和互为客体的特点。对此诸如胡塞尔等似乎更有见地。这种理论基点虽然表面看来似乎削弱了主客二分观点,实际上并没有从根本上消除主客体之间的分别,而是更注意到了主客体之间的角色互换性特征。也就是任何一个主体,相对于客体而言是主体,但相对于另一主体则可能又是客体。就是每一个主体相对于客体是主体,相对于另外主体则可能又是客体。由此可见,虽然西方美学很早就有天人合一式理论基点,只是由于亚里士多德乃至基督教美学对西方美学占统治地位的影响,使之不断趋于削弱。虽然诸如柏拉图、黑格尔之理念在很大程度上因为强调事物的普遍规律与人类的终极认识,具有主客合一性质,虽然后来海德格尔通过诸如"此在"与"世界"关系集中论述了主客合一理论基点,但就西方美学发展主流而言,仍然是主客二分占据主体地位。或者说,西方美学基本上主张主客二分,至少占主导地位的理论基点是主客二分。虽然有诸如斯宾诺莎等反对笛卡尔之类主客二元论,坚持主客一元论,认为绝对无限的实体是唯一的,实体就是自然,就是神,但他还是用心灵与身体、精神与物质互不作用、平行发展来说明认识和对象相符合、思想和身体协调一致,仍然不能从根本上解决主客二分割裂心物以及心身所造成的诸多问题,仍然未能从根本上改变主客二元论的深刻影响。

虽然中国美学和西方美学一样自古以来都存在着主客二分和主客不二两种理论,以荀子为代表也曾主张过主客二分理论基点,这种观念在近现代以来由于受笛卡尔主客二分思想的影响得到人们普遍认可,如梁启超、谭嗣同、孙中山乃至毛泽东基本上都以此作为理论基点,但比较而言占据中国美学主导地位的仍然是主客不二。与主客二分有所不同,主客不二论认为世界上不存在所谓主体与客体的分别,甚至也因此形成了主体与客体合二为一或主体与客体同一两种说法。第一种说法认为一般所谓作为主体与客体实际上并不矛盾对立,而是合二为一的,这也就是所谓主体其实就是客体,所谓客体其实就是主体。最具代表性的也许是佛教所谓"三界唯心"①,及陆象山"宇宙便是吾心,吾心即是宇宙"②等。这种主客不二思想在诸如孟子、庄子乃至禅宗的诸多阐述中都能找到相当充足的理论依据。孟子所谓:"尽其心者,知其性也。知其性,则知天矣。"③其实已阐述了心与天乃至宇宙万物的关系,认为穷尽人心就能知晓天地万物,实际就是人心与天地万物具有同一性。至于《庄子》所谓"人与天一也"④,《坛经》所谓"万法尽在自心"⑤等都从不同角度阐述了人与万物的同一性。

张世英将这种主客不二与中国美学之"天人合一"联系了起来。认为:"中西哲学史各自都兼有'天人合一'式与'主客二分'式的思想,不过西方哲学史上较长时期占主导地位的旧传统是'主体—客体'式,中国哲学史上长期占主导地位的思想是'天人合一'式。"⑥张世英显然将天人合一作为中国文化思维方式和认知基础。这种观点虽然揭示了中国乃至东方美学与西方美学分别以主客不二与主客二分作为理论

① 韩廷杰校释:《成唯识论校释》,中华书局 1998 年版,第 491—492 页。
② 《杂说》,《陆九渊集》,中华书局 1980 年版,第 273 页。
③ 《孟子集注》,朱熹:《四书章句集注》,中华书局 1983 年版,第 349 页。
④ 《山木》,《南华真经注疏》下,中华书局 1998 年版,第 396 页。
⑤ 《坛经》,《禅宗七经》,宗教文化出版社 1997 年版,第 333 页。
⑥ 张世英:《哲学导论》,北京大学出版社 2008 年版,第 7 页。

基点的特点,但事实上天人合一并不完全代表中国美学主客不二思维方式和认知基础的所有内涵,充其量只是体现了主客不二思维方式和认知基础的典型形式。在中国美学看来,人并不都是主体,天也并不纯然是客体。中国美学没有与西方主体和客体严格对应的概念,所以诸如庄子之所谓"天地与我并生,而万物与我为一"①,僧肇之所谓"天地与我同根,万物与我一体"②只是揭示了人与自然关系的基本特征,并不是人一定属于主体,天一定属于客体。其实诸如《世说新语》所谓"觉鸟兽禽鱼自来亲人",李白所谓"相看两不厌,惟有敬亭山",辛弃疾所谓"我见青山多妩媚,料青山见我应如是"等所描述的就是互为主客体甚或无所谓主客体分别的关系,叶维廉对卞之琳《断章》,在"你站在桥上看风景,看风景人在楼上看你"之后又添加了"风景从四面八方看你们"③,以强调互为主客体甚或主客不二的关系。比较而言似乎庄子所谓"不知周之梦为胡蝶欤,胡蝶梦为周欤"④,尤其成玄英所谓"人天不二,万物混同"⑤能更清楚彰显主客不二甚或心物混同的思想。

可见,如果说占西方美学主导地位的主客二分理论基点主要还是由笛卡尔所建构的,那么中国美学主客不二理论基点则主要源于原始儒家、道家美学,甚至中国佛教如禅宗也有广泛体现。中国智慧美学以主客不二作为理论基点的根本特征,还在于并不热衷于主客二分,也从来不直接谈论所谓主体、客体等概念,更不热衷于主客体之类分别。20世纪以来的相当一段时间,人们总是用唯心和唯物二元论思维模式来衡量美学,以致将客体实体论看成唯物的,将主体认识论看成唯心的。这其实还是一种极其简单甚或片面化二元论思维模式的体现,是一种极其平面化、浅表化的思维模式,因为客体实体论美学所认定的事物客观属性,其实并不是真正客观体现事物本真状态的客观属性,事物本真状态是无

① 《齐物论》,《南华真经注疏》上,中华书局1998年版,第43页。
② 僧肇:《涅槃无名论》,载张春波:《肇论校释》,中华书局2010年版,第209页。
③ 叶维廉:《道家知识论》,《中国诗学》,人民文学出版社2006年版,第50页。
④ 《齐物论》,《南华真经注疏》上,中华书局1998年版,第58页。
⑤ 《山木》,《南华真经注疏》下,中华书局1998年版,第398页。

所谓匀称乃至美之类判断的,实际上仍然是人所认定的客观属性,诸如匀称之类仍然是人所认定的匀称,所谓美也是人所认定的美。相反主体认识论也并不都是唯心的,如果这种主体认识正确揭示了事物的客观属性,就必然同时也是唯物的。中国智慧美学所谓心外无物、心外无法之类看似主观唯心主义的观点,其实所揭示的是人类原始本心与事物本真状态平等不二的事实,实际上也可看成唯物主义的。这是因为它更看好人类原始本心与事物本真状态平等不二。真正通达无碍的思维方式应该主客不二,而不是主客二元,应该是唯心主义与唯物主义有所分别又无所分别,是唯心主义与唯物主义非二非不二,是心与物非二非不二。

　　总体来说,中国美学基本上以主客不二作为占据主导地位的理论基点,不仅没有严格的主客体之类的概念范畴,而且也不津津乐道于主客体关系的理论阐述。既没有明确的客体实体论美学,也没有严格的主体认识论美学,即使有所谓美学,也只能是并不十分严格的主体间性论美学。但这种主体间性论美学仍然不能与西方美学之主体间性论美学相提并论。因为中国美学虽然强调审美活动有赖于审美者与审美对象的交互作用,以致无法清晰分别孰是主体,孰是客体,且特别强调二者的共同作用,严格来说既无法用客体,也无法用主体之类概念来阐述,充其量只能是没有确立主客二分的美学。因为所谓主体性是相对于客体性而言的,既然没有客体性,当然也就没有主体性,既然没有主体性,当然也就没有客体性。中国美学只是相对于强调审美者与审美对象交互作用甚或共同作用这一点而言的,没有主客体之类分别,理所当然也就没有所谓客体实体论美学或主体认识论美学,乃至主体间性论美学甚或客体间性论美学之类的分别和差异。不仅如此,中国美学还常常将一般所谓主体与客体混同为一作为美学的最高境界。庄子这样阐述道:"古之人,其知有所至矣。恶乎至? 有以为未始有物者,至矣,尽矣,不可以加矣。其次,以为有物矣,而未知有物矣,而未始有封也。其次,以为有封焉,而未始有是非矣。"①这就意味着,在中国人看

────────────

① 《齐物论》,《南华真经注疏》上,中华书局1998年版,第39页。

来,最高层次的美学并不执著于一般所谓作为主体的人与作为客体的万物的存在,也不执著于自我与万物的分别;次一级的美学虽然意识到作为主体的自我与作为客体的万物的存在,但并不执著于二者的分别;最低层次的美学虽然知道自我与万物的分别,但并不执著于厚此薄彼、孰是孰非之类计较与取舍。可见中国美学就其主体形态而言没有诸如主体与客体之类分别,即使最低层次的美学也不会由此形成诸多厚此薄彼甚或有所取舍的片面化美学。中国美学严格来说是没有主客体之类分别和取舍的美学。

二、心物不二:中国智慧美学的理论基点

中国智慧美学没有与西方美学相对应的主客体概念,因为西方美学之主客体概念建立在主体与客体二元论思维模式的基础之上,中国智慧美学往往并不执著于二元论思维模式,自然也不执著于主客体分别。与西方美学之主客体概念有所类似的只能是心与物的概念,而不是所谓天人合一。因为天人合一之天并不一定就是客体,而人也并不一定就是主体。当中国智慧美学阐述天人合一思想时,恰恰没有主客体之类的分别。中国智慧美学关于天人关系的阐述更多涉及人与自然关系,而不是主客体间关系;涉及主客体关系的一般应该是作为主体的人心与作为客体的万物关系的阐述,这就是心物关系的阐述,当然在具体阐述中也许并不完全确切使用这些概念,甚至可能使用其他概念。中国美学向来并不热衷也不执著于诸如主客体之类分别与取舍,也不存在严格意义的主客体之类概念范畴,所谓心与物的阐述也只是在某种意义上类似于主客体关系。庄子将诸如心与物无所分别和取舍作为衡量美学境界的标准,这彰显了中国智慧美学以并不执著于诸如心与物之类分别与取舍的心物不二为理论基点。

中国美学关于心与物关系阐述的主要观点是人心与天地万物合二为一,以致合为一体。王阳明有这样的阐述:"天地万物与人原是一

体,其发窍之最精处,是人心一点灵明。"①这实际上阐述了天地万物与人心不仅一体,而且同以人心为基础,他有所谓天下无心外之物的观点。比这种说法更彻底的似乎是陆象山"宇宙便是吾心,吾心即是宇宙"②。根据这一说法,心即物乃至宇宙,物乃至宇宙即心,二者不仅合二为一,而且完全一致。比较而言,马一浮、熊十力的阐述更明确,马一浮有言:"心外无物,事外无理。事虽万殊,不离一心。一心贯万事,即一心具众理。即事即理,即理即心。"③熊十力有云:"唯心物不二,故心是万理皆备之心,即物是万理皆备之物。"④中国美学关于类似主体的人心与类似客体的万物的阐述,似乎并不是一个简单的客体实体论或主体认识论所能概括的。这是因为它同时包含了客体实体论、主体认识论,也包含了主体间性论。因为人心对万物的感知本身就具有主体认识论性质,但也不否认客体实体的存在,当然也就具有客体实体论性质,而且因为同时尊重作为主体的人心和作为客体的万物的能动性,以致具有主体间性论性质。但同时又既不是客体实体论美学,也不是主体认识论美学,也不是主体间性论美学,因为无论客体实体论美学、主体认识论美学,还是主体间性论美学存在的前提条件都是承认主客体的分别,中国智慧美学的特点恰恰是并不承认更不执著主客体的分别与取舍。

这也就是说,中国美学之心物不二乃至主客不二既同时包含了客体实体论美学、主体认识论美学、主体间性论美学,又不同于客体实体论美学、主体认识论美学,及主体间性论美学,有着更丰富的内涵,包含了诸如主客不二与主客二分的平等不二。这也就是类似于主客体的心物其实既有所分别,也无所分别,甚至有分别即是无分别,无分别即是有分别。这才是中国智慧美学心物不二理论基点的根本精神。中国美

---

① 王阳明:《语录》三,《王阳明全集》上,上海古籍出版社 1992 年版,第 106 页。
② 《杂说》,《陆九渊集》,中华书局 1980 年版,第 273 页。
③ 马一浮:《复性书院讲录》,载马镜泉编校:《中国现代学术经典·马一浮卷》,河北教育出版社 1996 年版,第 98 页。
④ 熊十力:《答徐见心》,《十力语要初续》,上海书店出版社 2007 年版,第 26 页。

学关于诸如心物不二乃至主客不二理论基点的系统阐述,也许以庄子和王阳明为代表。在庄子看来,诸如心与物之类的主客体,有分别而无分别,也就是心与物既存在分别,也存在无分别,甚至无分别就是分别,分别就是无分别。如其所云:"昔者庄周梦为胡蝶,栩栩然胡蝶也,自喻适志欤!不知周也。俄然觉,则蘧蘧然周也。不知周之梦为胡蝶欤,胡蝶梦为周欤?周与胡蝶,则必有分矣。此之谓物化。"①在这里,一般所谓主体也许就是庄周,一般所谓客体也许就是蝴蝶,庄子既不执著于庄周与蝴蝶的无分别,也不执著于分别。在庄子看来,所谓心与物有分而无分,不仅混同为一,同时又有所分别。这也就是成玄英所疏:"夫达道之士,无作无心,故能因是非而无是非,循彼我而无彼我。"②"不离是非而得无是非。"③惟其如此,中国智慧美学并不执著于客体实体论,也不执著于主体认识论,也不执著于主体间性论,也不执著于主客体的无分别,也不执著于反对客体实体论、主体认识论乃至主体间性论,其理论基点的根本在于既认识到了类似主客体的心物混而为一,同时又有所分别。更有甚者,如成玄英所疏,是"内不资于我,外不资于物,无思无为,绝学绝待,适尔而得,盖无所由,与理相应"④。

也许王阳明更具体地阐述了审美活动中心与物等类似主客体有所分别又无所分别的情形。他这样阐述道:"你未看此花时,此花同汝心同归于寂,你来看此花时,则此花颜色,一时明白起来。便知此花不在你的心外。"⑤在王阳明的阐述中,人们没有进行审美感知之前,作为主体的人心与作为客体的花,似乎都独立存在,有所分别,但当人们真正感知到作为客体的花的存在的时候,是作为主体的人心与作为客体的花共同发生了作用。不仅花以自己的颜色感染了人心,而且人心也以自己的灵明照亮了花的颜色。这似乎具有主体间性论的特点。但主体

---

① 《齐物论》,《南华真经注疏》上,中华书局 2007 年版,第 58 页。
② 《齐物论》,《南华真经注疏》上,中华书局 1998 年版,第 38 页。
③ 《齐物论》,《南华真经注疏》上,中华书局 1998 年版,第 39 页。
④ 《齐物论》,《南华真经注疏》上,中华书局 1998 年版,第 38 页。
⑤ 王阳明:《语录》三,《王阳明全集》上,上海古籍出版社 1992 年版,第 108 页。

间性论仅仅看到互为主体性乃至互为客体性,主体与客体之间的分别仍然存在,仍然建立在主体与客体有所分别和执著的基础之上,王阳明却并不执著于这种分别,也不执著于无分别。所以人心与花又是一体化的。花不是存在于人心之外,而是存在于人心之中,甚至是人心照亮的结果。从这个意义说,人心即是花,花即是人心,但人心与花的分别同样存在。花与心显然有所分别,只是花的颜色依赖于心的感知,心的感知也有赖于花的感染。可见并不执著于心物二分,也不执著于心物不二,以致心与花有所分别也无所分别,才是中国智慧美学理论基点之心物不二的真正内涵。

其实诸如王阳明美学心物不二的观点并不是无源之水、无本之木,而是建立在中国美学心物不二传统基础之上。这种理论基点在中国美学史上有着悠久的历史渊源和继承关系,这种理论渊源不仅仅体现于原始道家美学,而且原始儒家美学对此也有精辟阐述。如孟子主张人性与天性相通,认为知其性即是知其天,有所谓:"尽其心者,知其性也。知其性,则知天矣。"①这实际是将人心与天性合二为一。受这种主客合而为一观点的影响,中国后世儒家美学如张载有极大发挥,有云:"大其心则能体天下之物,物有未体,则心为有外。世人之心,止于闻见之狭。圣人尽性,不以见闻梏其心,其视天下无一物非我,孟子谓尽心则知性知天以此。天大无外,故有外之心不足以合天心。见闻之知,乃物交而知,非德性所知;德性所知,不萌于见闻。"②张载的论述虽然针对圣人而言,更多情况下也许只是一种对圣人理想的阐述,但确实揭示了心与物合而为一,乃至心即物、物即心的心物不二基点的精神实质。比较而言,似乎邵雍所谓"不我物,则能物物"③,尤其"以我徇我,则我亦物也;以物徇我,则我亦物也。万物亦我也,我亦万物也"④等似乎能更集中体现中国智慧美学心与物乃至我与物有分而无分,无分而

---

① 《孟子集注》,朱熹:《四书章句集注》,中华书局 1983 年版,第 349 页。
② 《正蒙·大心篇》,《张载集》,中华书局 1978 年版,第 24 页。
③ 邵雍:《观物外篇》,《邵雍集》,中华书局 2010 年版,第 152 页。
④ 邵雍:《渔樵问对》,《邵雍集》,中华书局 2010 年版,第 555 页。

有分,乃至物我不二的精神实质。

除此之外,中国禅宗美学对此也有类似阐述。人们向来认为禅宗主张即心即佛,这实际上就是对心物不二理论基点的阐述。但如果执著于心物不二,也就排除了心物二分的存在,也同样陷入另一层面心物二分的束缚之中,真正的心物不二其实应该包括心物不二与心物二分的平等不二。所以中国禅宗美学心物不二理论基点的根本点其实就是并不执著于心物二分,也不执著于心物不二。如果说"即心即佛"体现的是心物不二,那么"非心非佛"所揭示的就是心物二分。真正的心物不二,往往既不执著于心物不二,也不执著于心物二分,乃至心物不二与心物二分平等不二。马祖道一对"即心即佛"与"非心非佛"的阐述,其实就是对心物二分与心物不二不加分别乃至执著的精神体现。据《五灯会元》载,大梅山法常禅师初参马祖,问:"如何是佛?"祖曰:"即心是佛。"师大悟。遂往四明梅子真旧隐缚茅住静。祖闻师住山,乃令僧问和尚见马大师得个什么便住此山。师曰:"大师向我道:即心是佛。我便向这里住。"僧曰:"大师近日佛法又别。"师曰:"作么生?"曰:"又道非心非佛。"师曰:"这老汉惑乱人未有了日。任他非心非佛,我只管即心是佛。"其僧回举似马祖。祖曰:"梅子熟也。"①在马祖道一乃至中国禅宗美学看来,无论"即心即佛"还是"非心非佛",也许仅仅是一种权益的表述,真正情况是无论心物不二,还是心物二分都无关紧要,重要的是"三界唯心",而心至少人类原始本心应该清净不二,这才是根本。如大明法常禅师所云:"各自回心达本,莫逐其末。但得其本,其末自至。若欲识本,唯了自心。此心元是一切世间法根本,故心生种种法生,心灭种种法灭。心且不附一切善恶而生,万法本自如如。"②中国禅宗美学所谓"即心即佛"与"非心非佛"只是表面存在肯定心物不二与否定心物二分的区别,其精神实质一致。既不执著于心物不二,也不执著于心物二分,心物不二与心物二分平等不二。不能因

---

① 《大梅法常禅师》,普济:《五灯会元》上,中华书局1984年版,第146页。
② 《大梅法常禅师》,普济:《五灯会元》上,中华书局1984年版,第146页。

为所谓"即心即佛"，就认为中国禅宗美学执著于心物不二，甚或否认心物二分，其实中国禅宗美学所谓"非心非佛"，就是并不执著于心物不二，甚或承认了心物二分的存在。中国智慧美学有时看似心物二分，有时看似心物不二，其实这并不重要，重要的是既不执著于心物二分，也不执著于心物不二，以致心与物非二非不二，这才是中国智慧美学精神的根本。如果说认识到心物二元与心物不二的分别只能是有所偏失的初等智慧，那么认知到心物二元与心物不二平等不二，才是至为通达无碍的智慧。人们习惯上执著于心物二元，这只是一种基于二元论思维模式的知识识解，相对来说执著于心物不二才具有基于不二论思维模式和智慧知解的性质，但这还不透彻圆融。因为执著于心物不二，可能因为排除了心物二分，同样陷入心物不二与心物二分的二元对立之中，同样因为有所偏执必定有所偏失。真正至为透彻圆融的心物不二理所当然应该同时包括心物二元与心物不二，乃至心物二元与心物不二平等不二。也就是既不执著于心物二元，也不执著于心物不二。

也正是凭借这一点，中国智慧美学才既不执著于客体本体论，也不执著于主体认识论，具有了并不执著于任何理论基点，又以所有理论基点为基点，既不属于任何学科，又属于所有学科，且以所有学科理论作为基点的特点。这是因为在中国智慧美学看来，执著于客体与主体，乃至客体实体论与主体认识论，实际上就是以分别之虚妄心变现虚妄世界，而真正的人类原始本心与事物真实状态其实都平等不二，没有差别、没有分别。如《大乘起信论》有云："以无分别，离分别相，是故无二。"①惟其如此，中国智慧美学对一切理论基点从来不有所分别与取舍，也不执著于某一特定理论基点，以致具有通达一切理论基点的优势。这就是《坛经》所谓："无一法可得，方能建立万法。"②中国智慧美学从来不执著于任何特定理论基点，也因此具有兼容一切理论基点的优势。如果说中国智慧美学也有特定理论基点，这个理论基点必然只

---

① 　高振农校释：《大乘起信论校释》，中华书局 1992 年版，第 103 页。

② 　《坛经》，《禅宗七经》，宗教文化出版社 1997 年版，第 356 页。

能是人类平等不二原始本心,如《大乘起信论》所谓"一切法本来唯心"①,《坛经》所谓"万法尽在自心"②。中国智慧美学并不执著于任何特定理论基点,只是将发明人类平等不二原始本心作为基点。西方美学与此不同,将主客二分作为理论基点,或强调客体实体论,或强调主体认识论,或强调主体间性论,但无论强调哪一理论基点都可能因为有所执著而不能对其他理论基点有所兼容。在埃德加·莫兰看来,主客二分甚至是包括美学在内的一切学科的理论基点,甚至一切学科都可能建立在这一基点上。他说:"主体/客体的分离是一个更加普遍的分割/化归的认识范式的一个基本方面,基于这个范式,科学思想或者把不可分割的现实加以分解而不能考察其间的联系,或者通过化归把复杂的现实归结为最不复杂的现实以实现统一。这样,物理学、生物学、人类—社会学变成一些全然分离的科学,而过去和现在当人们企图把它们联系起来时,就把生物学化归为物理—化学,把人类学化归为生物学。"③中国智慧美学正因为并不执著于主客体二分与不二,也无须这种分割或化归,才使其并不具有严格且明确的学科归属,同时又属于所有学科范畴。这是因为在中国智慧美学看来,世界本来是一个浑然一体的整体,无论分割还是化归其实并不重要,重要的是本心,而本心是清净不二的。清净不二的本心既不执著于心物二分,也不执著于心物不二。

这也是东方美学智慧的共同精神。如果姑且将所谓主客体分别看成印度美学尤其印度教的我与梵,那么印度教梵我不二观点其实也体现了这一特点。如《唱赞奥义书》"此与彼同一"④等,实际上肯定了主客不二。其实并不执著于主客二分,也不执著于主客不二,以致对主客体有所分别也无所分别,既不执著于客体实体论,也不执著于主体认识

---

① 高振农校释:《大乘起信论校释》,中华书局 1992 年版,第 103—104 页。
② 《坛经》,《禅宗七经》,宗教文化出版社 1997 年版,第 332—333 页。
③ 埃德加·莫兰:《复杂思想:自觉的科学》,北京大学出版社 2001 年版,第 104 页。
④ 《唱赞奥义书》,《五十奥义书》,中国社会科学出版社 1984 年版,第 77 页。

论,对客体实体论与主体认识论有所分别又无所分别,才是中国乃至东方智慧美学理论基点的共同精神。在佛教看来,人们所面对的欲、色、无色三界,其实都是因人们原始本心所变现。惟其如此,人们所感知的世间一切事物及其物象,实际上不能离开人们的原始本心,而这个原始本心就存在于所有这些被感知的事物及其物象之中,离开这些事物及其物象,实际上就没有人们的原始本心,同样离开人们的原始本心,也就没有世间一切事物及其物象。如《楞严经》有所谓:"汝今见物之时,汝既见物,物亦见汝,体性纷杂,则汝与我,并诸世间,不成安立。阿难,若汝见时,是汝非我,见性周遍,非汝而谁?"①这就是说,当人们看见世间一切物象的时候,既然看见了物象,那么物象也必然看见了人们。人们的自性必然与世间一切事物及其物象无法分别。世间一切事物及其物象,就并不仅仅是客观的物质世界,实际上也是人们的自性观照周遍世间一切事物及其物象的缘故。所谓主客体也就是印度佛教之所谓心与法、心与佛。佛教所谓"心生种种法生,心灭种种法灭"的说法对中国禅宗美学产生了深刻影响,如慧能有所谓:"外无一物而能建立,皆是本心生种种法。"②对主客有分而无分的认识,在《华严经》中有更透彻的阐述,如卷五十四"无分别是分别,分别是无分别"③等。包括中国和印度佛教美学在内的东方美学虽然强调心与物的关系,但这种关系往往建立在唯心所造的基础上。这并不意味着中国智慧美学执著于心,事实上正由于这个原始本心本来平等不二、无所执著、无所分别,所以强调人类原始本心,乃至将发明原始本心看成智慧源泉,并不意味着要执著于心,恰恰在于并不执著,乃至无所用心。西方美学则把由分别之心所变现的世界看成真实不虚,如所谓我思故我在之类实际上就是看重人心所造的世界,视其为真实存在。如笛卡尔所说:"'我想,所以我是'这个命题之所以使我确信自己说的是真理,无非是由于我十分清楚地见到:必须是,才能想。因此我认为可以一般地规定:凡是我十

① 《楞严经》,《禅宗七经》,宗教文化出版社1997年版,第157页。
② 《坛经》,《禅宗七经》,宗教文化出版社1997年版,第365页。
③ 《华严经》,上海古籍出版社1991年版,第285页。

分清楚、极其分明地理解的,都是真的。"①可见西方美学实际有所分别乃至取舍,也就是有所执著、有所用心。中国智慧美学不仅认识到了以分别之心看心与物,心与物则有分别,以无分别之心看心与物,心与物则无所分别,而且主张有分而无分,无分而有分,也就是分别与无分别平等不二。

其实中国智慧美学心物不二理论基点的根本特征就是既不执著于心物二分,也不执著于心物不二,既不执著于主体与客体的分别,也不执著于主体与客体的无分别,既不执著于主体认识论,也不执著于客体实体论,也不执著于两个主体的主体间性论;既不执著于反主体认识论,也不执著于反客体实体论,也不执著于反主体间性论,如《华严经》卷十九所谓"不自着,不他着,不两着"②,吉藏所谓"入非二非不二中道"③。中国智慧美学对心物二分与心物不二无所执著、无所分别与取舍的另一突出表现形式是老子所谓"以身观身,以家观家,以乡观乡,以邦观邦,以天下观天下"④,荀子所谓"以人度人,以情度情,以类度类,以说度功,以道观尽,古今一也"⑤,邵雍所谓"以道观道,以性观性,以心观心,以身观身,以物观物"⑥。不二论作为中国智慧美学理论基点之最大优势在于无所执著,乃至通达无碍。这不仅因为中国智慧美学本身常常将执著看成智慧的天敌,将无所执著看成智慧的根本精神,如老子所谓"执者失之"⑦,孟子所谓"所恶执一者,为其贼道也,举一而废百也"⑧,荀子所谓"凡人之患,蔽于一曲而暗于大理"⑨,禅宗初祖

① 笛卡尔:《谈谈方法》,商务印书馆 2000 年版,第 28 页。
② 《华严经》,上海古籍出版社 1991 年版,第 98 页。
③ 吉藏:《大乘玄论》,载石峻等:《中国佛教思想资料选编》第 2 卷第 1 册,中华书局 1983 年版,第 347 页。
④ 《老子奚侗集解》,上海古籍出版社 2007 年版,第 137 页。
⑤ 《非相》,王先谦:《荀子集解》上,中华书局 1988 年版,第 82 页。
⑥ 邵雍:《伊川击壤集》,《邵雍集》,中华书局 2010 年版,第 180 页。
⑦ 《老子奚侗集解》,上海古籍出版社 2007 年版,第 75 页。
⑧ 《孟子集注》,朱熹:《四书章句集注》,中华书局 1983 年版,第 357 页。
⑨ 《解蔽》,王先谦:《荀子集解》下,中华书局 1988 年版,第 386 页。

所谓"心有所是,必有所非。若贵一物则被一物惑;若重一物则被一物惑"①,及慧能所谓"能除执心,通达无碍"②等其实都表达了基本相同的观点,而且心物不二之根本精神在于既不执著于心物二分论美学,也不执著于心物不二论美学,以致具有至为通达无碍的美学智慧。中国智慧美学心物不二理论基点的根本精神就是无所执著,以无所执著的平等不二之原始本心研究美,所有事物无论美丑、善恶、是非,都可能平等不二。惟其如此,中国智慧美学常常并不在乎主客体之类分别与无所分别,既不执著于客体实体论美学,也不执著于主体认识论美学,更不执著于主体间性论美学,同时也不执著于反客体实体论美学、反主体认识论美学、反主体间性论美学,认为客体实体论、主体认识论、主体间性论与反客体实体论、反主体认识论、反主体间性论平等不二。也因为这一点,使中国智慧美学常常具有其他美学所没有的无执无失乃至通达无碍的智慧。

三、中国智慧美学心物不二的
理论基点与艺术实践

　　有人认为代表心物不二理论基点的艺术理论似乎是感兴论。其实无论感物论、感兴论,还是妙悟论都不能体现心物不二的全部内涵。要真正全面阐述心物不二在艺术理论中的体现,还需将三者有机联系起来。这是因为感物论主要强调物对心灵的感发,感兴论主要强调心灵感发对物的影响,妙悟论则更多强调消除外物与心灵,既不执著于外物,也不执著于空无达到的虚静乃至清净状态及对生命的顿然觉悟。如果说感物论所揭示的是艺术创作的最初状态,感兴论所体现的是艺

---

① 《百丈怀海大智禅师语录之余》,赜藏主:《古尊宿语录》上,中华书局1994年版,第24—25页。

② 《坛经》,《禅宗七经》,宗教文化出版社1997年版,第332页。

术创作的后续状态,妙悟论所体现的则是艺术创作的最后状态或最理想状态。这也就是说一般所谓艺术创作大体上经历从感物到感兴再到妙悟三个阶段。先是外物对心灵的感发,接着是心灵受外物感发通过对外物选择而对感兴加以感性显现,一般意义的艺术创作也许只是强调这样两个环节和阶段,但中国智慧美学似乎对后一阶段的妙悟更感兴趣。妙悟实际是消除了对诸如心物不二乃至心物二分的执著之后所达到的不生不灭、不垢不净、不增不减,乃至无智亦无得的境界。这才是中国艺术创作乃至生命智慧所达到的最高境界。如果说外物对心灵的感发主要体现了物对心的作用,在某种程度上具有模仿论的性质,以致有着强调客体的特点,那么感兴论则主要强调了心灵对外物的选择与投射作用,在某种程度上体现了主体的价值,具有表现论的特点,比较而言,妙悟论所体现的不仅是主体间性论的特点,更有消除主客二分之后所形成的无主体也无客体的特征。所以除了感物论、感兴论之外,妙悟论作为既不执著于心物二分,也不执著于心物不二;既不执著于有,也不执著于无的创作理论,其实最能代表中国艺术创作论的精义。因为妙悟所崇尚的是既不执著于主体,也不执著于客体,当然也不执著于感兴论乃至表现论,不执著于感物论乃至模仿论,而且因为既不执著于心物二分,也不执著于心物不二,所以也不执著于主体间性论的一种创作理论。

单就感物论、感兴论,还是妙悟论之任何一种理论而言,仍然不能用诸如西方艺术理论之模仿论、表现论乃至主体间性论概括。因为西方艺术理论之模仿论、表现论和主体间性论都建立在承认并执著于主客二分理论基点的基础之上,中国的感物论、感兴论乃至妙悟论实际上既不执著于主客二分,也不执著于主客不二;既不执著于心物二分,也不执著于心物不二。如感物论虽然强调外物对心灵的感发,但这种感发实际上建立在心灵对外物感知的基础之上。因为外物对心灵的感发,实际上建立在心灵对外物感发有所感知的基础之上,如果没有心灵对外物感发的感知,感物论所强调的外物感发便没有任何意义,至少不能产生实际效果。也许正是心灵对外物感发的接受才使艺术创作得以实现。感兴论虽然强调心灵的作用,但心灵感兴要最终获得感性显现,还得依赖对外物的感知乃至选择和变形,否则感兴的外在化就无法实现;至于妙悟论所强调的既不执著于心物二分,也不执著于心物不二,更能体现根本特征。因为如果执著于心物二分乃至心物不二之中的任何一个,都可能由于无法达到真正虚静乃至清净状态而难以形成妙悟。《乐记》有云:"凡音之起,由人心生也。人心之动,物使之然也。感于物而动,故形于声。声相应,故生变,变成方,谓之音。比音而乐之,及干戚羽旄,谓之乐。"①这即是说,音乐产生于心灵感兴,心灵感兴又来源于外物感发,也就是说,音乐产生于心感之于物而形成于心。可见中国艺术理论实际上主张艺术源于心灵感兴,心灵感兴源于外物感发,是外物感发与心灵感兴共同成就了艺术创作。艺术创作要真正达到对生命的顿然觉悟尚需消除心物二分,达到既不执著于心物不二,也不执著于心物二分,才可能真正既不着净也不着空,这才是达到虚静乃至清净的心理状态,才是形成对生命顿然觉悟的根本途径,人们往往将这种现象称之为心物感应。由此来说,诸如《文心雕龙》之"人禀七情,应物斯感,感物吟志,莫非自然"②,《诗品序》之"气之动物,物之感人,故摇荡性情,形诸舞咏"③及兴趣、性情、境界诸说,大体源于这种心物感应说或具有了心物感应特征。只是在诸如此类心物感应说中往往使人产生承认心物二分的错觉,其实真正的心物感应,应该是既不执著于心物二分,也不执著于心物不二,既不着净,也不着空的真正虚静乃至清净境界,是一种心物有分而无分、无分而有分的境界。

　　另外如张璪"外师造化,中得心源"④,似乎对心物二分有所认同,因为这种认同毕竟存在诸如外与内、造化即外物与心源的分别,但这并不意味着中国艺术理论就执著于这种心物二分,虽然所谓"造化"是一种外物,"心源"是一种内心感悟,二者似有一定区别,但中国艺术理论的根

①　《乐记》,孙希旦:《礼记集解》下,中华书局1989年版,第976页。
②　《文心雕龙·明诗》,范文澜:《文心雕龙注》,人民文学出版社1958年版,第65页。
③　钟嵘:《诗品》,载何文焕:《历代诗话》上,中华书局1981年版,第2页。
④　《中国美学史资料选编》上,中华书局1980年版,第281页。

本特征是西方模仿论与表现论的有机统一。所谓"外师造化"类似于西方模仿论,"中得心源"类似于西方表现论,"外师造化,中得心源"的真正内涵还可能是心与物的高度契合乃至合而为一:虽然是"外师造化",但这个"造化"必然暗合于"心源";所谓"心源",虽然源自内心,但如果真正源自平等不二清净本心,则必定与造化同归于平等不二。所以中国艺术理论之"外师造化,中得心源"不仅体现了将西方模仿论与表现论融合为一的特点,而且也体现了中国智慧美学心物不二的根本精神。虽然所谓"外师造化,中得心源"表面看来似乎承认了心物二分,但诸如慧能"万法从自性生"①,王阳明"天下无心外之物"②等所揭示的物存于心,以及人类原始本心与事物本真状态平等不二的事实决定了二者必定相互契合乃至合而为一。所以心与物常常互为条件、互为因果,也就是"外师造化"常常建立在"中得心源"的基础之上,"中得心源"又往往建立在"外师造化"的基础之上,二者相辅相成、相得益彰。

这也许并不是中国智慧美学的一种发明,只是事物本真状态与人类原始本心平等不二事实的揭示。西方美学虽然并不能在这一层次上形成艺术理论,但同样看到了作为主体的人与作为客体的对象之间并不从来全然对立,而且往往凭借二者的某种程度相似性乃至同一性最终实现审美活动。马克思有这样的阐述:"对象如何对他来说成为他的对象,这取决于对象的性质以及与之相适应的本质力量的性质。"③虽然物是一种审美对象,但这个对象之所以能够成为艺术家的审美对象关键取决于"对象的性质以及与之相适应的本质力量的性质"。如果说对象的性质属于客体范畴,那么"与之相适应的本质力量的性质"则显然属于主体范畴。西方美学乃至艺术创作理论也看到了这一点,如梅洛—庞蒂有云:"我们只看到我们所看的东西。"④惟其如此,西方

---

① 《坛经》,《禅宗七经》,宗教文化出版社 1997 年版,第 343 页。
② 王阳明:《语录》三,《王阳明全集》上,上海古籍出版社 1992 年版,第 107 页。
③ 《马克思恩格斯文集》第 1 卷,人民出版社 2009 年版,第 191 页。
④ 梅洛-庞蒂:《眼与心》,载朱立元:《二十世纪西方美学经典文本》2,复旦大学出版社 2000 年版,第 796 页。

艺术理论同样强调这种心物不二乃至主客体并不决然分离的实践特征,如贡布里希也指出:"绘画是一种活动,所以艺术家的倾向是看他要画的东西,而不是画他所看到的东西。"①只是这种认识在很大程度上仍然执著于心与物乃至主体与客体的分别,只是更看重二者的相互作用罢了。

中国智慧美学似乎更看重心与物二者高度契合乃至融合一致,如钱锺书所说:"目击道存,惟我有心,物如能印,内外胥融,心物两契;举物即写心,非罕譬而喻,乃妙合而凝也。吾心不竞,故随云水以流迟;而云水流迟,亦得吾心之不竞。"②至于苏轼所谓"其身与竹化,无穷出清新"③,更清楚揭示了这种心物不二艺术理论。这说明中国艺术理论并不执著于心物二分或心物不二之中的任何一种,虽然主张心物二分,但更看重二者的融合,虽然主张心物不二,但也能认识到二者的分别,常常是二者虽有所分别,但往往能达到心物两忘,且通过心物两忘获得创造灵感乃至智慧。也许董其昌所谓"形与心手相凑而相忘,神之所托也"④最能体现这一点。宗白华引述冠九《都转心庵词序》所谓"词之为境也,空潭印月,上下一澈,屏知识也。清馨出尘,妙香远闻,参净因也。鸟鸣珠箔,群花自落,超圆觉也"观点的时候指出,"澄观一心而腾踔万象,是意境创造的基始,鸟鸣珠箔,群花自落,是意境表现的圆成"⑤,事实上冠九的这一观点极其精妙地阐述了中国艺术创作心物不二乃至通达无碍的特征。所谓"屏知识",其实就是弃绝知识之分别乃至执著之心,当然也包括诸如模仿论乃至客体实体论美学、表现论乃至主体认识论美学、惯例论乃至主体间性论美学之类的分别和执著之心;所谓"参净因",就是体悟人类平等清净不二原始本心及事物平等不二

---

① 贡布里希:《艺术与幻觉》,浙江摄影出版社 1987 年版,第 101 页。
② 钱锺书:《谈艺录》,中华书局 1984 年版,第 232 页。
③ 《中国美学史资料选编》,中华书局 1981 年版,第 39 页。
④ 《中国美学史资料选编》下,中华书局 1980 年版,第 147 页。
⑤ 宗白华:《中国艺术意境之诞生(增订稿)》,《宗白华全集》第 2 卷,安徽教育出版社 1994 年版,第 363 页。

本真状态,当然也包括对心与物、模仿论与表现论乃至惯例论、客体实体论美学与主体认识论美学乃至主体间性论美学平等不二的认识;所谓"超圆觉",其实就是既不执著于心物不二,也不执著于心物二分,既不执著于主客体的分别与统一,也不执著于模仿论、表现论乃至惯例论的分别与统一,更不执著于客体实体论美学、主体认识论美学、主体间性论美学之类的分别与统一,以致有所分别又无所分别,分别与无所分别平等不二。诸如杜甫之"水流心不竞,云在意俱迟",即是成功实现心物不二、主客不二的创作范例。

所以以中国智慧美学心物不二作为理论基点的艺术创作,大体来说表现为三个阶段和层次,第一阶段和层次往往得屏除心物二分及由此形成的诸多执著乃至分别之心,对宇宙万物无所执著、无所舍弃,以致有着周遍万物的精神;第二阶段和层次往往回归乃至参透清净不二原始本心,对心与物,乃至宇宙万物有一视同仁、平等不二的精神;第三阶段和层次,对诸如心物不二与心物二分一视同仁、平等对待,以致具有分别是无分别、无分别是分别的通达无碍、明白四达的精神。这才是中国智慧美学心物不二理论基点给予艺术实践的最具价值的启迪。可见所谓心物不二与心物二分的平等不二,才是心物不二理论基点的最高境界。这一境界的根本特征就是无所执著,也正是因为无所执著,才使中国智慧美学乃至艺术实践拥有了将模仿论乃至客体实体论美学、表现论乃至主体认识论美学、惯例论乃至主体间性论美学融合一致的优势,才使中国艺术实践拥有了西方艺术所没有的无执无失乃至通达无碍的智慧。

第四章　中国智慧美学的学科视角与生命境界

西方美学向来十分讲究学科归属，甚至无论什么研究都得归属于某一特定学科，这一鲜明的学科意识至少到亚里士多德时代已经发展得相当成熟，中国美学则基本上一直没有明确的学科意识，常常附属于一定文化典籍，这些文化典籍事实上没有严格学科归属。这就使中国美学长期以来似乎不属于任何学科又属于所有学科。也可能出于这一原因，使许多人尤其西方人并不看好中国美学，也正因为这个原因，西方美学在其历史发展过程中总是游移于哲学和心理学两个学科之间，以致顾此失彼，难以两全其美，中国美学则没有这种游移不定，以致顾此失彼的缺憾，甚或在很大程度上拥有了将形而上哲学美学与形而下心理学美学融合统一的优势。因为中国智慧美学并不执著于哲学与心理学的二元对立，在哲学与心理学之间无所分别和取舍。

一、体用不二:中国智慧美学研究的方法论基础

几乎所有西方科学都执著于一定学科归属,这使其有着中国乃至东方国家所没有的学科意识。西方美学向来同样十分注重学科归属,虽然至少在 1735 年鲍姆嘉通在哲学意义上首先提出"美学"这一学科概念之前,似乎并不是一个独立学科,充其量只能是一种潜学科,但这种潜学科从一开始就存在着鲜明学科意识。柏拉图虽然没有明确提出美学的学科概念,但他所谓"研究美的学问"其实就是对美学学科的一种朦胧阐释。这样一来,无论美学处于显学科还是潜学科层次,其实都有着强烈学科意识。受这种学科意识影响,西方美学总是强调特定视角的学科研究方法,并以此作为学科基础至少方法论基础。但这种基于特定学科及其研究方法的美学事实上充满缺憾。基于一定学科意识的西方美学古希腊以来大体上采取了哲学学科归属和心理学学科归属,以致分别采取了哲学视角和心理学视角。哲学视角的美学,总是企图获得关于审美普遍规律的终极阐释,虽然在研究大自然和具有宇宙意味的宏大艺术方面可能成就突出,以致形成了诸多相信美的事物有普遍规律可循的形式美学和物质美学甚或艺术美学,但由于对普遍性的过分追求与依赖,使其只能建立在本身就疑点重重的形而上假设之上,这样一来所形成的诸多哲学美学实际上也必然疑点重重。近代以来的西方美学似乎又主要选择了心理学视角,总是寻求对审美心理现象的细致描述,虽然在研究与美的艺术相关的某些感受和个人趣味方面可能颇有成绩,以致形成了一定心理学美学,但由于心理学对自身经常使用的诸多核心概念也无法清楚阐释,对复杂心理现象的描述更显得幼稚滑稽,其结果只能使美学由于所推崇的审美趣味和纯粹感受本身莫衷一是,由于过分迷恋趣味与感受的个体差异性而陷入模棱两可的混乱境地。西方美学正由于执著于学科归属、学科视角及其研究方

法,总是自以为是地在诸如形而上的哲学视角与形而下的心理学视角之间进行分别和取舍,以致陷入游移不定、四处碰壁的尴尬处境。阿多诺对此有深刻认识:"美学最深层的二难抉择困境似乎如此:既不能从形而上(即借助概念)、也不能从形而下(即借助纯经验)的角度将其聚结为一体。"①阿多诺虽然有深刻认识,但不一定能促成美学学科意识乃至学科视角的根本改变。

这种缺憾在更普遍领域同样受到了人们的质疑和批评,但这一切努力并未从根本上动摇西方美学的学科意识乃至学科视角。一切基于特定学科视角的研究方法都不可能万无一失,且总是存在非此即彼或顾此失彼的缺憾,这甚至是一切立足特定学科及其视角的研究所面临的共同问题,同时也是所有学科视角研究自身无法解决的问题。立足特定学科视角的研究存在的最大问题是导致了片面性乃至狭隘性。埃德加·莫兰指出:"我们知道各个学科愈来愈闭关自守和互不沟通。被研究的现象愈来愈被分割成碎块,使人们难以认识它们的统一性。"②其实特定学科视角研究其最大的缺憾还在于不仅割裂了研究对象乃至世界的整体性图景,而且在长期研究中使研究者乃至接受者的知识结构显得残缺不全,甚至很大程度上扭曲和压扁了研究者乃至接受者的人格结构,使之成为现代文明社会的野蛮人。也正是基于这种认识,卢卡奇对看似科学的研究方法乃至科学提出了批判性观点。他指出:"经济形式的拜物教性质,人的一切关系的物化,不顾直接生产者的人的能力和可能性而对生产过程作抽象合理分解的分工不断扩大,这一切改变了社会的现象,同时也改变了理解这些现象的方式。于是出现了'孤立的'事实,'孤立的'事实群,单独的专门学科(经济学、法律等),它们的出现本身看来就为这样一种科学研究大大地开辟了道路。因此发现事实本身中所包含的倾向,并把这一活动提高到科学的地位,就显得特别'科学'。相反,辩证法不顾所有这些孤立的和导

① 阿多诺:《美学理论》,四川人民出版社 1998 年版,第 576—577 页。
② 《旧的和新的超学科性》,埃德加·莫兰:《复杂思想:自觉的科学》,北京大学出版社 2001 年版,第 102 页。

致孤立的事实以及局部的体系,坚持整体的具体统一性。"①他认为科学技术的专门化既破坏了作为认识主体的人的整体性,又破坏了作为认识客体的世界的整体性。与此相反,他倒对艺术寄予厚望。这是因为在他看来,艺术不再执著于诸如科学的分门别类的学科研究方法,而是通过整体性反映客观存在。所谓"艺术原则""就是创造一种具体的总体。它是这样一种形式观念的结果。这个观念恰恰是以关于其物质基础的具体内容为目标的,它因此能消除因素对整体的'偶然的'关系,能解决偶然和必然的纯粹表面的对立"②。鉴于此,许多学科研究于是采取了跨学科的研究方法,如美学往往立足于从诸如人类学等视角来进行所谓跨学科研究,以为这样可以最大限度超越原有学科范畴限制,且具有更广阔学科视野。其实这种努力不仅徒劳无益,而且某种程度上强化了单一学科属性,甚至使其在一定程度上偏离了原来学科领域。埃德加·莫兰对此也有深入认识,认为:"在这种跨学科性中,每个学科首先期望自己的领土主权得到承认,然后以作出某些微小的交换为代价,使得边界线不是被消除了而是变得更加牢固。"③

尽管西方美学的这种执著于单一学科乃至跨学科视角及其研究方法的缺憾十分明确,但不是所有西方人都能认识到这一缺憾。许多人甚至因为中国美学乃至文化没有明晰学科归属和研究方法而认为不能登大雅之堂。对这一认识,郝大维、安乐哲有这样的描述:"中国哲学就特别重视历史,而不强调某特殊方法论的应用。至少某些观点认为:中国式的'理性'无法用那种超越历史、文化的人类官能或诸如此类的一套概念范畴来解释。它必须借助于'合理性'的历史实例。"④虽然不十分明白这种观念的普遍性如何,但至少能够知道相当多西方人对

---

① 卢卡奇:《历史与阶级意识》,商务印书馆1999年版,第54页。
② 卢卡奇:《历史与阶级意识》,商务印书馆1999年版,第216页。
③ 埃德加·莫兰:《旧的和新的超学科性》,《复杂思想:自觉的科学》,北京大学出版社2001年版,第102页。
④ 郝大维、安乐哲:《通过孔子而思》,北京大学出版社2005年版,"中译本序"第4页。

中国美学研究方法的基本认识和评价。事实上中国美学对西方美学执著于某一特定学科及其研究方法的做法，同样颇有微词。在中国人看来，执著于某一特定研究方法的美学只能导致完整世界的人为分割乃至碎片化、残片化。这种看似科学的研究方法其实破坏了世界的完整性，充其量只能是伪科学。

当然西方美学家也不是对此毫无认识。在某种意义上说，许多美学家也在试图通过对传统美学的重新认识和思考来寻求整体性研究视角及其方法，在某种程度上甚至成为西方美学的一个明智选择。其实西方美学也确实有着强调整体性研究的传统，如在黑格尔看来，思维的最完善形式是高度系统的，不仅是内在连贯的，而且是完全具体的，这就是他后来在《精神现象学》中所凝练的"真理是全体"①。遗憾的是黑格尔并没有将这一哲学层面的认识应用于美学研究，却使之成为束之高阁的一种理性认识。倒是从卢卡奇开始才清楚认识并阐述了这种分门别类研究的致命缺憾。卢卡奇指出："辩证方法的本质在于——从这种立场看来——，全部的总体都包含在每一个被辩证地、正确地把握的环节之中，在于整个的方法可以从每一个环节发展而来。"②他认为马克思对黑格尔的概念进行了唯物改造，提出了所谓"不同要素之间存在着相互作用。每一个有机整体都是这样"这一"历史地了解社会关系的方法论的出发点和钥匙"③。这使之具有了这样的意思：要对人类的社会生活进行整体全面理解，不能以单纯自然因素来解释历史，而是要将主体与客体的全部社会运动作为历史的基础，来突出人类物质存在活动的实践性和社会性。他指出："只有在这种把社会生活的孤立事实作为历史发展的环节并把它们归结为一个总体的情况下，对事实的认识才能成为对现实的认识。"④与此相似，埃德加·莫兰甚至提出了超学科研究方法，如其所说："如果科学不是超学科的它就从未

① 黑格尔：《精神现象学》上，商务印书馆 1979 年版，第 12 页。
② 卢卡奇：《历史与阶级意识》，商务印书馆 1999 年版，第 258—259 页。
③ 卢卡奇：《历史与阶级意识》，商务印书馆 1999 年版，第 58 页。
④ 卢卡奇：《历史与阶级意识》，商务印书馆 1999 年版，第 56 页。

成为科学。"①但事实上西方美学至今也未出现真正意义的超学科研究。西方美学之所以执著于哲学视角及其研究方法或心理学视角及其研究方法及所谓跨学科研究方法,始终未能真正形成不属于任何学科又属于所有学科的超学科研究格局,主要因为西方美学过分执著于二元论思维方式和认知基础,总是自以为是地在看似对立的学科视角及其研究方法中试图选择其中一种而舍弃另一种,以致由于过分执著于某一明晰而单一学科视角及其研究方法,不能彼此融合并兼及其他而不可避免陷入片面和狭隘之中。虽然也有学者主张跨学科研究,其实这种跨学科研究也未能从根本上改变单一学科界限,甚至在某种意义上使这一单一学科界域显得更加森严壁垒。

虽然人们总是因为中国智慧美学不属于任何严格意义上的学科范畴,同时又似乎属于所有学科范畴而有所非议,但这恰恰是中国智慧美学有意无意采用了超学科视角及其研究方法的必然结果。这是因为中国美学并不执著于二元论思维方式和认知基础,也不执著于某一特定学科视角及其研究方法,所彰显的正是这种超学科视角及其研究方法。中国智慧美学从一开始事实上就并不执著于这种分门别类的学科视角研究,更不执著于特定学科视角及其研究方法,而将整体性研究作为基本思路。如老子所谓"大制不割"②,《庄子》所谓"判天地之美,析万物之理,察古人之全,寡能备于天地之美,称神明之容"③等都可以看成这一研究的思想基础。中国智慧美学很早就认识到执著于特定学科视角及其研究方法,存在极大片面性乃至狭隘性,其最大的缺憾在于整体性研究不能根据所谓学科视角而有所割裂,根据学科视角所进行的分割往往不能整体性把握完整的世界图像,也不能兼备天地之美。成玄英如是疏:"一曲之人,各执偏僻,虽着方术,不能会道。故分散两仪淳和

---

① 埃德加·莫兰:《复杂思想:自觉的科学》,北京大学出版社2001年版,第102页。
② 《老子奚侗集解》,上海古籍出版社2007年版,第74页。
③ 《天下》,《南华真经注疏》下,中华书局1998年版,第606页。

之美。"①中国美学并不执著于分门别类的单一学科研究方法,常常将并不执著于任何一个学科视角及其研究方法作为方法论基础,还因为在禅宗美学看来并不执著于一法,方能建立万法。即所谓:"若见一切法,心不染着,是为无念。用即遍一切处,亦不着一切处"②,"心不住法,道即通流;心若住法,名为束缚"③,"无一法可得,方能建立万法"④。虽然儒家美学对中国政治意识形态的影响无以复加,但对中国文学艺术尤其审美意识形态的影响似乎并不比道家美学和禅宗美学更突出。中国美学研究方法很大程度上以道家美学和禅宗美学作为方法论基础,惟其如此,中国文学艺术的创造也主张法无定法,无法即法。如虞世南所谓"字无常定"⑤、董彦远所谓"纵释法度,随机制宜,不守一定"⑥等都从不同角度阐述了并不执著于某一特定方法的事实。守活法而不守死法,是中国文学艺术创造的基本方法。也许吕本中所谓"学诗当识活法。所谓活法者,规矩备具,而能出于规矩之外;变化不测,而亦不背于规矩也。是道也,盖有定法而无定法,无定法而有定法"⑦的观点最能体现中国智慧美学乃至文学艺术创造的这一特点。

中国智慧美学崇尚这种超学科研究,既不执著于哲学视角及其研究方法,也不执著于心理学视角及其研究方法,而且认为哲学视角及其研究方法与心理学视角及其研究方法平等不二。这几乎是中国道家美学、禅宗美学乃至儒家美学的共同认识。道家美学如庄子所谓"唯道集虚"⑧和"虚室生白"⑨,所揭示的就是心理学视角与哲学视角的合而为一。在庄子看来,只有虚其心才能至道集于怀,只有虚其心室才能明

---

① 《天下》,《南华真经注疏》下,中华书局 1998 年版,第 606 页。
② 《坛经》,《禅宗七经》,宗教文化出版社 1997 年版,第 333 页。
③ 《坛经》,《禅宗七经》,宗教文化出版社 1997 年版,第 338 页。
④ 《坛经》,《禅宗七经》,宗教文化出版社 1997 年版,第 356 页。
⑤ 《中国美学史资料选编》上,中华书局 1980 年版,第 232 页。
⑥ 《中国美学史资料选编》下,中华书局 1981 年版,第 49 页。
⑦ 郭绍虞:《中国历代文论选》第 2 册,上海古籍出版社 1979 年版,第 367 页。
⑧ 《人间世》,《南华真经注疏》上,中华书局 1998 年版,第 82 页。
⑨ 《人间世》,《南华真经注疏》上,中华书局 1998 年版,第 83 页。

白四达。郭象所谓"虚其心,则至道集于怀"①,成玄英所谓"虚其心室,(乃)[返]照真源,而智(惠)[慧]明白,随用而生白道"②的注疏也较为明白地揭示了这一点。中国禅宗美学如慧能所谓"自见本心,自成佛道"③,也是将心理学视角的心性与哲学视角的佛道有机统一了起来,认为只要识自清净不二的原始本心,其实就是成就了佛道。所谓"无二之性即是佛性"④的说法,更将心理学视角的心性与哲学视角的佛道合而为一,并认为心理学视角的清净不二本性其实就是哲学视角的佛道。儒家美学如孟子所谓"尽其心者,知其性也。知其性,则知天矣"⑤,也是将心理学视角的心性与哲学视角的天道有机统一了起来。所有这些都是中国智慧美学哲学视角与心理学视角融合统一的思想基础。惟其如此,尽管在西方美学看来,似乎形而上的哲学视角及其研究方法与形而下的心理学视角及其研究方法不可调和乃至兼容,但中国智慧美学对形而上的概念乃至哲学视角与形而下的纯经验乃至心理学视角加以分别和取舍,往往能够轻而易举实现形而上哲学视角与形而下心理学视角的有机融合。也许《周易·系辞传上》所谓"形而上者谓之道,形而下者谓之器,化而裁之谓之变,推而行之谓之通"⑥的观点更集中地阐发了这一点。

中国智慧美学总是用平等不二态度看待形而上与形而下,在体用论高度阐述各自价值:如果说形而上的概念乃至哲学规律属于本体,那么形而下之经验乃至心理学规律就属于功用,本体无形,功用则有形;如果说这种本体泛指宇宙本体,功用就是宇宙本体的变相与显现;如果本体是对宇宙本体及其规律的哲学范畴的概念把握,功用就是对这种哲学范畴的概念把握的心理学视角的经验反映。《周易》将形而上之

---

① 《人间世》,《南华真经注疏》上,中华书局1998年版,第82页。
② 《人间世》,《南华真经注疏》上,中华书局1998年版,第84页。
③ 《坛经》,《禅宗七经》,宗教文化出版社1997年版,第365页。
④ 《坛经》,《禅宗七经》,宗教文化出版社1997年版,第329页。
⑤ 《孟子集注》,朱熹:《四书章句集注》,中华书局1983年版,第349页。
⑥ 《系辞传上》,李道平:《周易集解纂释》,中华书局1994年版,第611—612页。

道与形而下之器"化而裁之""推而行之"的变通之道,集中体现了智慧美学将形而上的概念乃至哲学视角与形而下的纯经验乃至心理学视角有机融合的学术精神,熊十力对此有这样的阐述:"体用不二,而亦有分;虽分,而体为用源,究不二。"①这种道器、体用二分而不二、不二而二分,才是中国智慧美学对形而上哲学视角与形而下心理学视角平等不二、有机融合的集中阐述。

二、审美心境与生命境界:中国智慧美学心理学视角与哲学视角的有机统一

西方美学不是从哲学视角得出诸如模仿论和理念论之类的审美哲学或艺术哲学,就是从心理学视角得出诸如移情说、距离说之类审美心理学或艺术心理学。如亚里士多德《诗学》严格来说就是建立在模仿论基础上的艺术哲学,黑格尔《美学》其实就是建立在理念论基础上的艺术哲学,所不同的是亚里士多德似乎更看重对客观存在之现象的模仿,柏拉图乃至黑格尔等则更看重对客观理式乃至抽象规律的模仿和显现,但都属于哲学视角研究观点;比较而言里普斯移情说与布洛距离说虽然在强调审美的心理距离消失或预设方面有所不同,如移情说强调审美心理距离的消融,主张将自我情感移至于审美对象,达到情感乃至生命意志的合而为一,距离说则强调保持审美心理距离,对审美对象进行至为客观理性的认识,但同属于心理学视角却是事实。

中国智慧美学从来不单纯对审美心理或艺术哲学感兴趣,也不将审美心理与艺术哲学对立起来,总是将审美心理与审美境界等艺术哲学,以及生命境界甚或生命哲学有机联系起来。如王国维不仅强调审美方式、审美心理,而且将审美方式与审美境界相提并论,将审美心理

---

① 《新唯识论壬辰删定本赘语和删定记》,熊十力:《体用论》,中华书局 1994 年版,第 3 页。

与生命境界相提并论。所谓"有我之境,以我观物,故物皆着我之色彩。无我之境,以物观物,故不知何者为我,何者为物"①,其实将审美方式与审美境界有机统一起来,认为以我观物,就能创造出有我之境,以物观物,就能创造出无我之境。所谓以我观物类似于西方美学所谓移情,属于审美心理范畴,有我之境则显然属于艺术境界范畴;以物观物,类似于所谓距离,同样属于审美心理范畴,所创造的无我之境,同样属于艺术境界范畴。所谓审美方式及其心理基础的心理学视角特点十分鲜明,诸如"有我之境""无我之境"则显然属于哲学视角,至少属于美学范畴。虽然王国维的境界说并不是无懈可击的,甚至存在诸多缺憾,如所谓无我之境,并非全然没有自我,并非真正无我,充其量可能是物我两忘或亦我亦物、我物融合,但他的境界说毕竟将移情和距离两种审美心理与审美境界乃至生命境界有机统一了起来,较为突出地体现了中国智慧美学并不将心理学与哲学相对立甚或能合而为一的特点。徐复观这样描述道:"诗人面对景物(境),概略言之有两种态度:一种是挟带自己的感情以面对景物,将自己的感情移出于景物之上,此时,不知不觉地将景物拟人化,此即王氏之所谓'有我之境,以我观物,故物皆着我之色彩'。诗人以虚静之心面对景物,将景物之神移入于自己的精神之内,此时不知不觉地将自己化为景物,即《庄子·齐物论》中的'此之谓物化'的'物化',此殆即王氏之所谓'无我之境,惟于静中得之'。"②徐复观的阐述似乎更明白地揭示了中国智慧美学将审美心理与审美境界,及审美心理学与艺术哲学甚或生命哲学有机统一的特点。西方美学之布洛所谓距离说与沃林格所谓抽象在保持虚静乃至心理距离达到对审美对象的更客观理性的认识方面虽然有一定相同之处,但基本上局限于审美心理范畴,未能与艺术乃至生命境界相联系,使之具有艺术哲学乃至生命哲学性质。

---

① 王国维:《人间词话》,唐圭璋:《词话丛编》第 5 册,中华书局 1986 年版,第 4239 页。

② 徐复观:《王国维〈人间词话〉境界说试评》,《中国文学精神》,上海书店出版社 2004 年版,第 55 页。

其实王国维境界说只是运用了邵雍的哲学观点。邵雍将人类观察和认识事物的方式概括为两种：一种是以物观物，另一种是以我观物。有所谓："以物观物，性也；以我观物，情也。性公而明，情偏而暗。"[1]作为理学家的邵雍显然更看好以物观物，因为以物观物，显然更理性，更能真实反映事物的属性，并不像以我观物那样容易受到自我情感的感染，以致使事物属性受到自我情感的扭曲乃至遮蔽。他有这样的观点："不我物，则能物物。任我则情，情则蔽，蔽则昏矣。因物则性，性则神，神则明矣。"[2]在邵雍看来，似乎以我观物就可能遮蔽事物的本性，并不能真实反映事物属性。其实如果不是以自我迷狂心境来观赏事物，而是以自我虚静心境来观赏事物，还是能够获得关于事物的最理性认识，至少如庄子所谓"物化"即如此，且在一定程度上具有以我观物性质。正如徐复观所说："挟带感情以观物，固然有挟带感情之我在物里面；以虚静之心观物，依然有虚静的我在物里面。没有'悠然'的陶渊明，如何有'悠然见南山'的'悠然'之'见'；没有'澹澹''悠悠'的元好问，如何会对'澹澹起'的寒波，'悠悠下'的白鸟感到兴趣，而收入为诗句。"[3]这实际上是说，对一切事物的观照都可能是一种以自我方式所进行的观照，只是如果采取了带有强烈情感的审美心理，就可能形成富有情感的审美感受，如果采取了较为虚静的审美心理，则可能形成自我情感较为含蓄甚或淡然的审美感受。强烈情感导致审美感受的个人化色彩较为鲜明，虚静心理导致审美感受可能表面上更具事物本身的特点。这其实并不单纯体现事物本身的特点，而是自我原始本心与事物本真状态，尤其自我清净不二原始本心与事物善恶不二本真状态达到高度协调一致的必然结果。二者虽然结果不尽相同，但实质一致，这就是心理学视角的审美心理与哲学视角的审美境界相辅相成。

中国智慧美学从来不将审美境界仅仅看成单纯的审美境界，而是

---

[1] 《观物外篇》，《邵雍集》，中华书局 2010 年版，第 152 页。

[2] 《观物外篇》，《邵雍集》，中华书局 2010 年版，第 152 页。

[3] 徐复观：《王国维〈人间词话〉境界说试评》，《中国文学精神》，上海书店出版社 2004 年版，第 56 页。

更多将其作为生命境界来看待,且往往将对生命的顿然觉悟,看成移情或虚静心理可能达到的最高境界。如宗白华在阐述移情的时候,举《伯牙水仙操·序》作为例子并特别指出:"伯牙由于在孤寂中受到大自然强烈的震撼,生活上的异常遭遇,整个心境受了洗涤和改造,才达到艺术的最深体会,把握到音乐的创造性的旋律,完成他的美的感受和创造。"①其实中国智慧美学的这种移情例证所揭示的道理似乎比里普斯移情说更深刻,因为伯牙的这种移情不仅是审美的开始,同时也是生命的开悟,更是对生命的顿然觉悟。至于庄子所谓"物化"虽然类似西方美学所谓距离或抽象说,但距离或抽象仅仅是一种审美方式,庄子所谓物化却是一种生命境界。如庄子与惠子关于鱼之乐的辩论,表面看来似乎只是一种情感范畴的辩论,其实更是一种生命智慧的美学辩论。《秋水》有云:"庄子与惠子游于濠梁之上。庄子曰:'儵鱼出游从容,是鱼之乐也!'惠子曰;'子非鱼,安知鱼之乐?'庄子曰:'子非我,安知我不知鱼之乐?'"②与其说庄子只是将其快乐情感移置于鱼,不如说是将逍遥快乐的生命移置于鱼。如果说惠子是逻辑上的胜利者,是因为他成功运用了逻辑学,采取了三段论,即只有鱼才知道自己快乐与否,庄子不是鱼,所以庄子不知道鱼之快乐与否。庄子也以逻辑上的三段论回敬惠子。即只有我才知道我知道或不知道鱼之快乐,惠子不是我,所以惠子不知道我知道或不知道鱼之快乐。与其说庄子是逻辑上的胜利者,还不如说是美学上的胜利者。因为惠子的观点符合生活的事实逻辑,庄子的认识则更合乎情感逻辑。所以中国智慧美学之所谓移情从来不是仅仅对情感的单纯移置,更是对整个生命的整体移置,因而表现出来的也并不是一种单纯心理学视角的心理现象,更是一种哲学视角的生命现象,甚至是对生命智慧的源自原始本心的彻悟。这种对生命智慧的源自本心的彻悟实际上是心理学视角的不二本心与哲学视角的不二智慧的高度统一。这其实是中国智慧美学心理学视角与哲学视角

---

① 宗白华:《美从何处寻?》,《宗白华全集》第3卷,安徽教育出版社1994年版,第269页。

② 《秋水》,《南华真经注疏》下,中华书局1998年版,第350页。

融合的最基本形态。

　　庄子所谓"物化"似乎更集中体现了真正消除物我间隔达到对生命本体最高觉悟的特点。这种物我间隔的消除所体现的似乎并不仅仅是移情,甚至有些"物化"的性质。只是物化常常并不能使人清楚意识到诸如喜怒哀乐爱恶欲等七情六欲的存在,而移情之七情六欲似乎较为明显。似乎移情和距离或抽象并不是截然分开的,也是相互联系的。如果以淡然虚静的审美心理观照审美对象所获得的就是无我之境,如果运用强烈乃至迷狂的审美心理观照审美对象,所获得的必然是有我之境。所谓有我之境与无我之境也不是截然分开的,而是相互联系的。论所创造的艺术境界是否具有自我的成分,则所有的艺术境界都是有我之境;论自我与审美对象的融合乃至物我两忘,则似乎所有艺术境界都应该是无我之境,至少那些具有高超艺术境界的审美创造应该如此。可见所有艺术境界其实都包括两个方面的特点:一是都有自我成分,因为没有自我成分就不可能有艺术创造;二是都达到了自我与审美对象交相融合,因为没有这个交相融合,就不可能真正形成艺术境界。这种艺术境界常常关涉对生命的觉悟,常常是生命境界的体现。

　　西方美学似乎更津津乐道于诸如天才的问题,而天才的根本在于其创造性。如果说庸才因为只会应用规则而成其为庸才,人才往往因为能够完善规则而成其为人才,那么天才则常常因为创造规则而成其为天才。所以西方美学所谓天才是人世间可能存在的人物,只是有着不同于普通人的创造性,甚至是并不刻意模仿他人却自己创造了为他人长期模仿的典范的人物,至少康德是这样认为的①。中国智慧美学则似乎并不热衷于天才问题的探讨。究其原因,可能因为中国过于神化了天才,以致成为普通人所难以企及甚或世界上根本不存在的人物。因为在孔子看来,所谓天才一般情况应生而知之,但他首先承认自己是学而知之。他说:"我非生而知之者,好古,敏以求之者也。"②这就意味

---

①　参见康德:《判断力批判》上,商务印书馆 1964 年版,第 153—154 页。
②　《论语集注》,朱熹:《四书章句集注》,中华书局 1983 年版,第 98 页。

着中国人所说的生而知之的天才事实上可望而不可即。于是中国智慧美学似乎对圣人更感兴趣。所谓圣人不止有着非常突出的创造规则的能力，而且有着丰富的生命智慧，许多情况下是一般西方美学之所谓天才难以企及的。或者说中国所谓圣人一般来说都是西方所谓天才，但西方所谓天才却并不都是中国所谓圣人，许多情况下根本不是圣人。因为圣人的根本特征是无所执著、无所用心、无所分别与取舍。西方所谓天才则恰恰热衷于分别和取舍，以致因为分别和取舍而成为在某一特定领域有突出贡献，且以其所创造的规则对其他人产生永久性影响的人。中国所谓圣人与其说是一种人格理想，不如说是一种生命境界。中国智慧美学关注审美境界，更关注生命境界，如慧能所谓"悟无念法者，见诸佛境界"①。所谓无念既不是念念相续，也不是百物不思，而是于念无念，是有念与无念平等不二，而有念与无念平等不二所体现的恰恰是清净不二原始本心。所谓清净不二原始本心与平等不二生命智慧同样平等不二，见不二本心就是见不二智慧，保持不二本心就是达到智慧境界。正因为中国智慧美学似乎更关注生命境界，所以常常将生命境界的提升看成一切审美活动的终极目的。叶朗也有类似阐述，他说："审美活动对人生的意义最终归结起来是提升人的人生境界。"②境界理论是中国智慧美学对世界美学的最富于成就的贡献之一。

王国维是对境界理论有着突出贡献的美学家，他的贡献不仅在于将古典意境理论发挥到了极致，而且在于将审美境界推广为生命境界，而且成功实现了对心理学视角的审美心理与哲学视角的生命境界的有机统一。王国维有这样的阐述："古今之成大事业、大学问者，必经过三种之境界：'昨夜西风凋碧树，独上高楼，望尽天涯路'，此第一境也。'衣带渐宽终不悔，为伊消得人憔悴'，此第二境也。'众里寻他千百度，蓦然回首，那人正在灯火阑珊处'，此第三境也。"③徐复观认为王国

---

① 《坛经》,《禅宗七经》,宗教文化出版社 1997 年版,第 333 页。
② 叶朗:《美学原理》,北京大学出版社 2009 年版,第 429 页。
③ 王国维:《人间词话》,唐圭璋:《词话丛编》第 5 册,中华书局 1986 年版,第 4245 页。

维是用来"象征人生向前追求而有所自得的精神状态":"所谓第一境是指望道未见,起步向前追求的精神状态,第二境是指在追求中发愤忘食、乐以忘忧的精神状态,第三境是一旦豁然贯通的自得精神状态"①。其实王国维这一理论的最大贡献不仅在于阐述了人们的精神状态,更在于将审美心理与生命境界有机统一了起来,且较系统地阐述了不同境界审美心理与生命境界的关系。如"第一境界"原出自晏殊的《蝶恋花》,王国维是用这句话来描述生命理想的确立,及由此导致的焦虑心理。处于这一境界的人常常可能因为无法协调各种生命理想之间的矛盾难免陷入痛苦而艰难的抉择之中,甚至难免夹杂着一定程度的孤独、彷徨,而且这个审美理想越高远,可能陷入的孤独、彷徨和矛盾越突出,甚至可能因为无法得到普通人理解而遭到误解甚至打击。大凡成就大事业的人必须为此舍弃其他一切利益。所以孤独寂寞,以致焦虑彷徨是这一境界最常见的心理。"第二境界"两句原出自柳永的《凤栖梧》,是说大凡成就大事业的人一旦确立了生命理想,就得为此付出艰苦努力,甚至可能因此甘愿献出自己毕生精力,如痴如醉的迷狂心理是其最基本特征。"第三境界"原出自辛弃疾的《青玉案》,王国维是用这句话描述达到生命理想的最高境界,尤其顿悟生命真谛的时候所出现的瞬间感受,这种瞬间顿悟的感受更多情况下源于虚静而获得的灵感启迪。这也就是说,王国维所谓第一境界可能就是生命理想的建构期,其典型心理特征是焦虑,第二境界则是生命理想的追求期,其典型心理特征是迷狂,第三境界更是生命理想的完成期,其典型心理特征是虚静。这也许是中国智慧美学将心理学视角与哲学视角,乃至审美心境与生命境界有机联系起来所取得的最具智慧的成果。具体来说,有这些层次和阶段:

一是"昨夜西风凋碧树,独上高楼,望尽天涯路"——焦虑与生命理想的建构阶段。

---

① 《王国维〈人间词话〉境界说试评》,徐复观:《中国文学精神》,上海书店出版社2004年版,第53页。

也许焦虑并不是一个规范的美学概念,但现代社会乃至古代社会的人们总是受到焦虑的影响,而且在很大程度上体现了从普通庶民到士人人格养成阶段的普遍心理特征,这是人们确立生命理想时期可能存在的普遍心理特征。焦虑严格来说并不是一种审美心理,最起码并不是一种理想的审美心理,许多情况下往往导致审美厌倦乃至疲劳,现代社会较为普遍地存在的审美疲倦很大程度上可能与焦虑心理有关,而且并不仅仅导致审美疲劳,甚至可能使审美感官钝化,审美能力下降,马克思明确指出:"忧心忡忡的穷人甚至对最美丽的景色都没有什么感觉"①。

中国智慧美学对此也有清醒认识,如荀子有谓:"心忧恐则口衔刍豢而不知其味,耳听钟鼓而不知其音,目视黼黻而不知其状,轻暖平簟而体不知其安。故向万物之美而不能嗛也。"②这可能是焦虑所造成的正常心理状态,如果由于欲望的膨胀以致陷入很大程度的焦虑是相当危险的。如荀子这样论述道:"故向万物之美而盛忧,兼万物之利而盛害。如此者,其求物也,养生也?粥寿也?故欲养其欲而纵其情,欲养其性而危其形,欲养其乐而攻其心,欲养其名而乱其行。如此者,虽封侯称君,其与夫盗无以异,乘轩戴绔,其与无足无以异。夫是之谓以己为物役矣。"③尽管为各种物质欲望所奴役可能是许多人陷入焦虑的根本原因,但并不是中国智慧美学所提倡的。在中国智慧美学看来,不得已而陷入的焦虑主要还是表现在精神层面,至少中国儒家美学如孔子就表达过这种焦虑,但他的焦虑显然与生命理想的确立有关,是对并不合乎其生命理想的现实世界的一种焦虑。他这样阐述道:"德之不修,学之不讲,闻义不能徙,不善不能改,是吾忧也。"④孔子所谓"志于学",以致有所"立",其实就是生命理想的确立,而不是一般意义的学习,是建立在学习基础上的生命理想之确立。中国智慧美学的焦虑也

---

① 《马克思恩格斯全集》第 42 卷,人民出版社 1979 年版,第 126 页。
② 《正名》,王先谦:《荀子集解》下,中华书局 1988 年版,第 431 页。
③ 《正名》,王先谦:《荀子集解》下,中华书局 1988 年版,第 431—432 页。
④ 《论语集注》,朱熹:《四书章句集注》,中华书局 1983 年版,第 93 页。

往往由生命理想无法实现而造成,且体现为并不怨天尤人,总是反躬自省,如孔子有云:"君子病无能焉,不病人之不己知。""君子疾没世而名不称焉。"①所以儒家美学常常将道德的自我完善与生命的自我超越作为士的理想人格最终完成阶段的基本特质。无论"志于学",还是"而立",其实都是与道,及道德的自我完善与生命的自我超越有关。孔子有所谓:"士志于道,而耻恶衣恶食者,未足与议也。"②在中国儒家美学看来,生命的第一个阶段应该是士的人格理想的完成期,伴随着这一时期的主要心理特征其实就是焦虑。人们之所以陷入焦虑,主要还是因为士的生命理想与现实世界存在强烈反差,这个反差主要是自我的现实处境与能力水平的问题,而不是社会现状的问题。所以西方美学总是将自我未能获自由解放的原因归咎于客观世界的压抑,总是试图通过对社会的批判来寻找心灵世界的自我安慰,通过改造社会的方式来赢得自我的自由解放,中国智慧美学则从来不怨天尤人,如孔子有所谓"不怨天,不尤人,下学而上达,知我其天乎"③的说法。在这一点上也许中国道家美学阐述了不同于儒家美学的思想,这就是《道德经》所谓:"五色令人目盲,五音令人耳聋,五味令人口爽,驰骋畋猎令人心发狂,难得之货令人行妨。是以圣人为腹不为目,故去彼取此。"④如果简单理解老子的阐述,就可能形成老子主张物质欲望反对精神欲望的看法,其实老子也主张追求"道",如其所云:"上士闻道,勤而行之;中士闻道,若存若亡;下士闻道,大笑之。不笑不足以为道。"⑤由此可见,老子并不是一般意义上反对精神欲望,可能主要针对物质欲望过于强烈导致更大程度精神焦虑才提出的。与其说他反对精神欲望,不如说他反对一切欲望,以至于寻求真正意义的虚静。中国道家美学同样将焦虑与生命理想的确立有机联系起来,只是更看好虚静。包括道家美学、

---

① 《论语集注》,朱熹:《四书章句集注》,中华书局1983年版,第93页。
② 《论语集注》,朱熹:《四书章句集注》,中华书局1983年版,第71页。
③ 《论语集注》,朱熹:《四书章句集注》,中华书局1983年版,第157页。
④ 《老子奚侗集解》,上海古籍出版社2007年版,第28—29页。
⑤ 《老子奚侗集解》,上海古籍出版社2007年版,第105页。

佛教美学在内的中国智慧美学常常将自我的道德完善和生命的超越作为自由解放的根本。比较而言,中国道家美学也不严格要求于外在世界,而将自我的精神自由解放作为根本,认为真正束缚自己的不是外在世界,而是自我本身。在这一点上,也许中国禅宗美学走得更远,甚至有所谓"法不缚人人自缚"之类的说法。如《金刚经》甚至担心佛祖自己的说法也可能束缚人,于是有所谓说如来有所说法即是谤佛的观点,甚至有佛说法四十九年,未曾说着一字之类的观点。中国乃至东方智慧美学的一个特征,是并不过分苛求外在世界,而是将反躬自省,以致严格要求自己提升自身生命境界作为主旨。孔子有所谓:"不患无位,患所以立;不患莫己知,求为可知也。"①中国智慧美学有着不过分苛求于人乃至社会的基本精神,正是这一精神使得中国智慧美学显得更加温和而宽容。

二是"衣带渐宽终不悔,为伊消得人憔悴"——迷狂与生命理想的追求阶段。

审美迷狂作为一种审美心境,并不像审美焦虑一样是一个勉强借用或最新命名的美学概念,也不仅仅是一种可以用来描述创作心境的美学概念,往往有着更宽泛的特征,甚至是较为普遍存在的审美心理。迷狂心理的主要特征是悲喜交加。这种悲喜交集的审美心理与焦虑相比有着极其突出的创造力,为此叔本华常常将其与天才的特征相提并论,尼采也看到了这种类似迷狂的陶醉是一切审美行为的心理前提,是一种最为基本的审美情绪,是一种由事物来反映自身的充盈和完美的内在需要,并能提高权力感的审美心境。

中国智慧美学所认知的迷狂同样有着悲喜交集的情形,只是这种悲喜交集的心理并不仅仅体现为审美心理,而且更多与生命境界联系了起来,以致所喜与所悲都可能与生命理想的实现与否有关。中国儒家美学所谓"君子谋道不谋食。耕也,馁在其中矣;学也,禄在其中矣。

---

① 《论语集注》,朱熹:《四书章句集注》,中华书局 1983 年版,第 72 页。

君子忧道不忧贫"的说法①,至少将其从一般意义的欲望中解放了出来,具有非常突出的审美理想意味。只是由于中国儒家美学常常热衷于道的追求不大在乎物质层面的享受,如孔子"饭疏食饮水,曲肱而枕之,乐亦在其中矣"②即是如此。正由于这个原因,君子生命理想的根本内涵也许就是全身心致力于道,以致愿意为此献出毕生精力甚或生命,如孔子所谓:"朝闻道,夕死可矣。"③这种致力于道乃至知其不可而为之,甚至献出生命的精神,其实就是迷狂于道的生命境界的体现。柏拉图所谓迷狂在庄子的阐释之中也许就是物化,但庄子物化的重点不是西方哲学家所谓爱情的迷狂尤其审美者生命力的超常发挥、充溢和迷惑,而是审美者与审美对象的融为一体。徐复观这样阐释庄子的物化思想,他说:"当一个人因忘己而随物而化时,物化之物,也即是存在的一切。"④中国智慧美学所强调的迷狂,主要如儒家美学所强调立志于弘道所表现出来的迷狂,但也不限于此,而且往往在一定程度上体现出君子对天下无可无不可,但不离乎义的特点,如孔子有所谓:"君子之于天下也,无适也,无莫也,义之与比。"⑤这表明儒家美学所倡导的迷狂,虽然不及道家美学那样显得无所执著乃至洒脱自由,但并不是一般所理解的那种执著,而且在很大程度上有着一定灵活性,以及无所执著的特点。人们也许将审美者与审美对象融为一体,作为迷狂的基本特征,中国智慧美学则将这种情形与人们处理一切外在事物的普遍关系联系了起来。这种关系被庄子描述为"物化",这实际上是人们因为彻底忘却自我而达到的随物而化的生命境界。虽然迷狂所形成的心理解放性质显而易见,虽然可能在最大限度上消除主体与客体之间的对立,达到不生不死、无此无彼、非我非物的境界,但其有所取舍的特征相当分明。这种心理离无是无非,无所取舍的境界还存在相当距离。因

① 《论语集注》,朱熹:《四书章句集注》,中华书局1983年版,第167页。
② 《论语集注》,朱熹:《四书章句集注》,中华书局1983年版,第97页。
③ 《论语集注》,朱熹:《四书章句集注》,中华书局1983年版,第71页。
④ 徐复观:《中国艺术精神》,华东师范大学出版社2001年版,第58页。
⑤ 《论语集注》,朱熹:《四书章句集注》,中华书局1983年版,第71页。

为有取舍,就必定有着片面甚或偏执的缺憾。这大体体现了从士人到君子的人格养成阶段的心理表征。

三是"众里寻他千百度,那人正在灯火阑珊处"——虚静与生命理想的完成阶段。

虚静作为一种审美心境,是中国智慧美学共同的命题,同时也是中国智慧美学最崇尚的审美心理,是臻达圣人境界的必要准备。人们只有具有了虚静的心理状态,才可能达到圣人这一生命的最高境界。因为只有具有这一心理状态,才可能真正无所执著乃至通达无碍、明白四达。

中国道家美学似乎对此拥有绝对发言权,如老子即有"致虚极,守静笃"①的观点。在他看来,欲参透世界上的道,应该虚静无为,不存任何私欲,只有达到无欲之极点和无为之顶点即所谓虚极静笃境界,才能察万物之变而不为其所扰乱。庄子亦有"唯道集虚"和"虚室生白"②的观点,认为只有虚其心室,悉皆空寂,才能参透万物,智慧随中而生。这是中国智慧美学对虚静心理的最典型阐述。人们知道儒家如孔子是有所追求、有所执著的,其实孔子亦有所谓"饱食终日,无所用心,难矣哉"③的感慨,这说明孔子并不反对无所用心,且对无所用心有所钟爱,只是慨叹难以达到而已。至荀子所谓"虚壹而静"④的观点才真正阐发了虚静的思想。在他看来,消除已有知识,对他物的感受,及头脑自生的各种思想杂念的影响,达到"大清明"的状态,才能"坐于室而见四海,处于今而论久远,疏观万物而知其情,参稽治乱而通其度,经纬天地而材官万物,制割大理,而宇宙裹矣"。⑤禅宗虽然没有直接阐释虚静,但如慧能所谓"性自清静"⑥最得要领,他甚至认为"起心着净,却生净

---

① 《老子奚侗集解》,上海古籍出版社 2007 年版,第 38 页。
② 《人间世》,《南华真经注疏》上,中华书局 1998 年版,第 82—83 页。
③ 《论语集注》,朱熹:《四书集注》,中华书局 1983 年版,第 181 页。
④ 《解蔽》,王先谦:《荀子集解》下,中华书局 1988 年版,第 395 页。
⑤ 《解蔽》王先谦:《荀子集解》下,中华书局 1988 年版,第 397 页。
⑥ 《坛经》,《禅宗七经》,宗教文化出版社 1997 年版,第 340 页。

妄"①。一般人所认定的坐禅和禅定其实只是一种形式上的入定或禅定,慧能所谓坐禅和禅定,才是真正回归清净不二原始本心,对一切外在事物及其现象不起分别之念,能够真正达到内外无所执著、无所分别的平等不二精神境界。虚静心理的一个主要特征是弃绝一切阻碍和束缚人们的心理障碍,回归人类原始本心,即所谓复归于婴儿的童心、赤子之心、直心等。真正的虚静乃至清净是人类原始本心本来所具有的,无须执著和追求,这就是复归于老子所谓"专气致柔"②、"恒德不离"③、"含德之厚"④的婴儿,就是不失孟子所谓"仁义礼智根于心"⑤的"赤子之心"⑥,就是发见慧能所谓"不思善、不思恶"的"本来面目"⑦,"但行直心,于一切法勿有执著"⑧。

人们通常借助发展科学,提高人们征服自然利用自然的能力,或借助宗教,通过宗教信仰的方式,或借助艺术,通过艺术想象乃至审美的方式等来寻求自我的自由与解放。其实科学方式对人们的自由与解放的作用有限,且不说毫无节制的发展科学技术乃至征服和利用自然的必然结果是导致自然的无情报复,甚或毁灭人类自身的生存环境,即使在提高人们的自信心方面作用也有限。艺术想象乃至审美所赢得的自由与解放仅仅存在于艺术的想象世界,对真正意义的现实世界问题仍然无能为力。宗教信仰充其量只能是一种自我安慰,事实上任何自我安慰都具有很大程度的自欺欺人性质,至少是一种无济于事的自我逃避,许多情况下所给予人们的束缚甚至超过给予人们的自由解放。这一点在宗教信仰的神灵崇拜方面尤为突出,当人们将诸如上帝之类看成造物主的时候,事实上便将一切幸福乃至希望寄托于诸如上帝之类

---

① 《坛经》,《禅宗七经》,宗教文化出版社 1997 年版,第 340 页。

② 《老子奚侗集解》,上海古籍出版社 2007 年版,第 22 页。

③ 《老子奚侗集解》,上海古籍出版社 2007 年版,第 72 页。

④ 《老子奚侗集解》,上海古籍出版社 2007 年版,第 138 页。

⑤ 《孟子集注》,朱熹:《四书章句集注》,中华书局 1983 年版,第 355 页。

⑥ 《孟子集注》,朱熹:《四书章句集注》,中华书局 1983 年版,第 292 页。

⑦ 《坛经》,《禅宗七经》,宗教文化出版社 1997 年版,第 328 页。

⑧ 《坛经》,《禅宗七经》,宗教文化出版社 1997 年版,第 338 页。

的神灵了。中国智慧美学实际上是无神论，其中原始儒家虽然并不完全否定神灵信仰，但也不十分提倡，至少没有发展到宗教信仰程度。至于老子更不主张神灵崇拜，他所崇拜的道，充其量只是类似于今天所谓自然规律，而不是至高无上的上帝。虽然道家美学发展到庄子似乎出现了诸如神灵之类故事，充其量也只是一种寓言，既没有相应的神灵体系，更没有发展到神灵崇拜程度。也许只有这种并不十分崇拜乃至迷信神灵的美学才可能赢得真正的自由解放。其实，老子、庄子、郭象、王弼、王夫之都是如此。一切伟大的思想家其实都是精神自由的人，这不仅是他们之所以伟大的先决条件，而且是他们获得极大精神创造力的主要原因，他们虽然容许自己拥有信念，也需要这种信念本身，但绝对不屈服于任何信念，他们可以怀疑一切，而且将抱残守缺地信仰某一特定信念，看成软弱和缺乏创造力的标志。所以一般人常常为日常生活消耗精力，或为某些学说和信念外劳耳目，内损五脏，以致堕落为某些具有孰是孰非狭隘信念和见地的人；唯独那些真正具有伟大创造力的思想家、哲学家才可能不为任何一种学说和信念所束缚，使精神遨游于依乎本性的无是无非的虚静极境。中国佛教美学似乎是一种建立在宗教信仰基础上的美学体系，但这种体系是不同于其他宗教美学，至少不同于诸如基督教、伊斯兰教美学。这主要因为其他宗教信仰往往建立在至高无上的神灵信仰的基础上，从来不会有人与神灵平等不二的观点，佛教美学则主张廓然无圣乃至佛与众生平等不二，这就使一切众生有了与佛祖平等不二的可能。其他宗教往往将能否进入天堂看成所信仰神灵的保佑与爱护，佛教美学却并不提倡佛祖灭度人的提法，甚至有所谓佛不度人人自度的观点，慧能有明确阐述："但心清净，即是自性西方。"①所以中国智慧美学所追求的其实就是这种虚静及由此而形成的生命自由解放。

中国儒家美学虽然有强烈生命理想，且往往能知其不可而为之，不惜一切代价来追求生命理想，但这并不意味着中国儒家美学就没有洒

---

① 《坛经》，《禅宗七经》，宗教文化出版社 1997 年版，第 337 页。

脱、超然，及以此为特征的虚静，如孔子所谓"不义而富且贵，于我如浮云"①，仍然是一种虚静，至少是超越物质世界和精神世界的某些束缚达到了极高精神境界的体现。孔子反对执著于某一学科专门技术，主张触类旁通。在他看来，君子的使命不是执著甚或擅长某一学科乃至技术，而是无所执著乃至触类旁通、周遍无碍，有所谓"君子不器"。对此朱熹有这样的注解："器者，各适其用而不能相通。成德之士，体无不具，故用无不周，非特为一才一艺而已。"②其实所谓"君子不器"，也只是指明了君子不满足于某一特定知识和技术，只是彰显了他们在知识乃至技术方面并不执著，但与真正的生命自由解放还存在很大距离，而且孔子也确实并不以此作为终极目的，所谓"子绝四：毋意，毋必，毋固，毋我"③，其实就是对孔子无所执著乃至周遍无碍生命境界的概括。真正达到这一境界的人，不仅不满足于某一特定知识和技术，甚至可能存在无知的感觉，这种无知并不是绝对意义的一无所知，如孔子自谓："吾有知乎哉？无知也。有鄙夫问于我，空空如也，我叩其两端而竭焉。"④这不是孔子的自谦，而是孔子放弃了对知的执著达到的生命大自由、大解放，也不是孔子真正一无所知，而是无所执著后所达到的周遍无碍的大清明、大透彻，这实际上是放弃自我一切执著达到的无知而无所不知的圣人境界。中国智慧美学似乎对无知而无所不知有着深刻体会，如成玄英疏庄子有所谓"不知之知"是"真知之至希"⑤，僧肇甚至更加明确地指出"以圣心无知，故无所不知。不知之知，乃曰一切知"⑥。保持虚静心理，达到对自我原始本心的认识，这是获得关于自我乃至宇宙的最周遍无碍整体认识的根本保障。老子所谓"致虚极，守静笃。万物并作，吾以观其复"⑦，慧能所谓"从自性中起，于一切时，

---

① 《论语集注》，朱熹：《四书章句集注》，中华书局 1983 年版，第 97 页。

② 《论语集注》，朱熹：《四书章句集注》，中华书局 1983 年版，第 75 页。

③ 《论语集注》，朱熹：《四书章句集注》，中华书局 1983 年版，第 109 页。

④ 《论语集注》，朱熹：《四书章句集注》，中华书局 1983 年版，第 110 页。

⑤ 《知北游》，《南华真经注疏》下，中华书局 1998 年版，第 431 页。

⑥ 僧肇：《般若无知论》，载张春波：《肇论校释》，中华书局 2010 年版，第 68 页。

⑦ 《老子奚侗集解》，上海古籍出版社 2007 年版，第 38 页。

念念自净其心,自修其行,见自己法身,见自心佛"①,都彰显了保持虚静心理,通过对自我的观察和把握,以致触类旁通了解整个宇宙的奥秘。

王国维境界理论的最大贡献也许在于成功实现了心理学视角的审美心理与哲学视角的生命境界的有机统一,解决了数千年西方美学所未能解决的根本问题。虽然焦虑只是一种心理状态,也许并不成其为审美心理,但作为一种普遍存在的心理,如果将其与生命理想的确立有机联系起来,作为人们面临诸多生命理想的选择而陷入困惑时候的一种心理乃至审美心理,还是容易被人理解的。将王国维三境界理论与孔子所谓"吾十有五而志于学,三十而立,四十而不惑,五十而知天命,六十而耳顺,七十而从心所欲,不踰矩"②的生命阶段论结合起来,可以认为修己立命的士人是生命境界的初级层次,常常以审美焦虑为基本特征;自强凝命的君子是生命境界的中级层次,经常以审美迷狂为基本特征;乐天安命的圣人是生命境界的高级层次,往往以审美虚静为基本特征,也不是完全没有道理。蒲菁《人间词话补笺》转引曾就读清华的吴芳吉所记述的王国维自释亦云:"先生谓第一境即所谓世无明主,栖栖皇皇者;第二境是'知其不可而为之';第三境非'归于归于'之叹与?"③可见王国维已有将其与孔子生命历程乃至境界联系起来加以阐释的思考。

第一境界是从 15 岁开始立志学习,最终突破众多诱惑乃至怀才不遇的苦闷而确立圣人生命理想的学习识解阶段。这一阶段因为面临诸多选择难免陷入困惑,而且也可能存在未能及时实现理想的某种程度怀才不遇甚或未遇明主的苦闷。经过诸多选择的困惑及怀才不遇的苦闷之类焦虑之后,最终确立了圣人的生命理想,但充其量只是达到了士人的人格境界,或仅仅是一种知识识解的层面,所确立的圣人生命理想

---

① 《坛经》,《禅宗七经》,宗教文化出版社 1997 年版,第 340 页。
② 《论语集注》,朱熹:《四书章句集注》,中华书局 1983 年版,第 54 页。
③ 蒲菁、靳德钧:《人间词话笺证·人间词话补笺》,四川人民出版社 1981 年版,第 32—33 页。

也还只是一种思想认识，至少还只存在于意识层面，并未付诸实践修证。第二境就是从 40 岁开始的实践修证阶段。这一阶段虽然不再有第一阶段因为多种生命理想选择及未能及时实现理想陷入困惑与苦闷，但如痴如醉的追求过程，同样得付出艰苦劳动，也可能因为暂时的成功而喜悦，也可能因偶然的失败而悲戚，所以如痴如醉乃至悲喜交集的迷狂心理必然应运而生，并始终伴随这一阶段。也许正由于这一阶段知其不可而为之的痛苦奋斗及失败的挫折，使其最终产生了知天命的想法，以致通过天命论寻求心理的自我安慰。这一阶段虽然将实现圣人生命理想的志向付诸实践，但仍然未能实现，充其量也只是由于艰苦奋斗而对实现圣人人格理想的艰难，及圣人理想的崇高有了更深切感受乃至实践证悟，虽然也只是达到了知命的君子人格境界，但这一阶段圣人生命理想经过长期的艰苦奋斗而从意识层面潜入潜意识层面，以致有了更深刻的影响力。随着这一阶段追求圣人生命理想及遭遇诸多困难挫折，最终使其不得不借助天命论之类聊以自慰的时候，倒可能因为屡遭失败和挫折而试图放弃这一生命理想，以致放松了因为追求圣人生命理想而一直高悬着的紧张心理的时候，倒可能因为暂时的松弛以及心理的虚静状态不经意达到圣人的生命境界。这就是从 60 岁开始的明心彻悟阶段。这一阶段由于放弃了在遭遇诸多挫折和失败试图放弃第二阶段的迷狂和执著追求的时候，却可能意外出现心理的虚静状态，这一状态恰恰由于回归有为与无为、成功与失败平等不二原始本心，以致参透了宇宙万物本来没有有为与无为、成功与失败之类分别，于是达到了空前的明心彻悟而使圣人生命理想得以实现。正由于这一阶段圣人生命理想已经完全潜入无意识层面，不再有诸多分别与取舍，有了顺任自然，无为与有为平等不二的智慧，即使随心所欲也必然不违背自然规律。这是圣人回归人类原始本心和宇宙万物真如状态，通过平等不二达到高度和谐的体现。所以王国维生命三境界理论的突出贡献在于通过士人焦虑乃至生命理想的确立期、君子迷狂乃至生命理想的追求期及圣人虚静乃至生命理想的完成期三个阶段，将心理学视角的审美心理与哲学视角的生命境界有机统一了起来，完成了西方美学至今未能完成的心理学与哲学学科视角的融合统一。

对西方美学而言,诸如焦虑可能只是一个心理学乃至精神分析学的概念,虽然如迷狂也可能有美学概念性质,但充其量只能是一种审美心理,并不可能与生命理想联系起来,至于虚静作为西方美学并不十分看重的美学概念,也只是极其有限地与生命静观联系了起来。中国智慧美学则往往将焦虑与士人人格理想及圣人人格理想的知识识解有机统一起来,将类似于移情的迷狂心理与圣人生命理想的追求实践修证有机统一起来,将类似于距离的虚静心理与生命理想的明心彻悟乃至成功实现联系起来。西方美学多强调焦虑、迷狂,但并不强调虚静,也不崇尚生命境界,更不崇尚圣人生命境界,虽然叔本华也强调虚静,但他将立言看得比立功更重要,并不重视立德,所以也不可能认识到圣人以及圣人的生命境界。西方美学虽然强调诸如移情或距离等审美心理和方法,但仅仅是一种审美心理乃至方法,并不与生命境界有机联系起来,而且本身并不关注生命境界,尤其不强调与天地合德的圣人境界。中国智慧美学视无所执著、无所用心为人类原始本心,而且将其看成生命的最高境界。中国智慧美学之所以实现心理学视角的心理状态与哲学视角的生命境界有机统一,关键在于人类的原始本心与生命的最高境界其实相辅相成、合二而一。这不仅体现在诸如道家美学之"唯道集虚"①和佛教美学之"三界唯心"②的论述之中,而且体现在人类原始本心与最高生命境界的高度契合方面。因为平等清净不二原始本心与生命最高境界的共同特征都是无所执著、无所用心,乃至心体无滞、明白四达,这也就是成玄英所谓"既遣二偏,又忘中一"③,《成唯识论》所谓"远离增、减二边,唯识义成,契会中道"④。可见中国智慧美学所谓生命境界不是通过所谓艰苦卓绝的奋斗才得以实现的,其实只需要回归平等清净不二原始本心就达到生命最高境界。中国智慧美学正是通

---

① 《人间世》,《南华真经注疏》上,中华书局 1998 年版,第 82 页。
② 韩廷杰校释:《成唯识论校释》,中华书局 1998 年版,第 491 页。
③ 《山木》,《南华真经注疏》下,中华书局 1998 年版,第 387 页。
④ 韩廷杰校释:《成唯识论校释》,中华书局 1998 年版,第 489 页。

过强调人类原始本心与最高生命境界的同一性,也就是人类原始本心其实就是最高生命境界的阐述,才使得其将西方美学无法有机统一的哲学视角与心理学视角有机统一了起来,并形成了中国智慧美学的一个基本精神。

中国智慧美学不仅将诸如焦虑、迷狂尤其虚静与艺术境界有机联系了起来,成功实现了心理学视角与哲学视角的有机融合,而且往往通过诸如焦虑、迷狂和虚静等将艺术境界与生命境界有机联系了起来,这不仅使中国智慧美学心理学视角的心理状态具有了一般意义的艺术哲学性质,而且有了更普泛的生命哲学性质。不仅是一种哲学视角的艺术境界,甚至是一种宗教视角的生命境界。如宗白华所说:"禅是动中的极静,也是静中的极动,寂而常照,照而常寂,动静不二,直探生命的本原。禅是中国人接触佛教大乘义后体认到自己心灵的深处而灿烂地发挥到哲学境界与艺术境界。静穆的观照和飞跃的生命,构成艺术的两元,也是构成'禅'的心灵状态。"①关于生命本原的虚静心理准备与生命的哲学乃至宗教感悟不仅是形成中国艺术意境乃至生命境界的根本保证,而且本身就是一种艺术境界、一种哲学境界、一种宗教境界。如果说艺术境界可能并不十分理想,仅仅是生命自由解放的一个阶段而不是自由解放本身,那么哲学境界则可能更接近于这个自由解放本身,如果这个哲学不仅仅是一种知识且是一种智慧,这种自由解放的性质可能更明显,至于真正无所执著、无所用心的宗教境界才是不可否认的自由解放本身。不过这个宗教境界并不是一般意义的宗教信仰,一般意义的宗教信仰是不可能真正获得生命的自由解放的,因为信仰本身就是一种束缚,信仰乃至于达到迷信的程度,那更是束缚中的束缚。

中国智慧美学由于强调艺术关于生命本原的哲学体悟,常常使中国艺术乃至智慧美学具有形而上的哲学意味,又由于强调虚静的心理准备而使其同时具有形而下的心理学基础。这就是中国智慧美学不同

---

① 宗白华:《中国艺术意境之诞生(增订稿)》,《宗白华全集》第2卷,安徽教育出版社1994年版,第364页。

于西方美学具有将心理学视角与哲学视角有机统一的基本特征的根本原因,而且由于中国智慧美学通常将虚静乃至清净的原始本心直接看成艺术乃至生命的最高境界,这使其形成了心理学视角与哲学视角甚或宗教视角的合而为一的特点,及生命的最大自由解放。中国智慧美学既不属于任何学科,又属于所有学科;既不是真正意义的哲学或心理学视角的美学,又同时既是哲学又是心理学视角的美学。这不仅揭示了中国智慧美学所具有的真正意义的超学科性质,而且通过对人类原始本心即生命最高境界的阐述,为人类赢得最彻底的自由解放提供了理论指导。

第五章

中国智慧美学的核心命题与哲学智慧

虽然人们在生命理想的确立期可能存在焦虑、在生命理想的追求期可能充满迷狂,在生命理想的完成期可能达到虚静,但这并不意味着只有圣人才是和谐的,其他如士人、君子便不和谐。其实焦虑仅仅体现于士人人格结构的养成过程中,这种人格结构一旦养成便无疑达到了人与自我关系的和谐。所谓迷狂也只存在于君子人格结构的养成过程中,这种人格结构一旦养成,便无疑达到了人与社会关系的和谐。至于虚静,不仅体现于圣人人格结构养成过程中,而且最终也体现为人与自然关系的和谐。或者说,士人主要体现人与自我关系的和谐,君子往往在人与自我关系和谐的基础上达到了人与社会关系的和谐,圣人则在人与自我、人与社会关系和谐的基础上,达到了人与自然关系的和谐。惟其如此,以人格理想由庶民向士人、君子和圣人逐级攀升和内在超越为学术宗旨的中国智慧美学,理所当然立足人与自我、人与社会、人与自然三大核心命题,以致围绕人与自我关系,集中阐述人类自我本性等问题形成自我心灵哲学智慧;围绕人与社会关系,主要阐述人类社会及人与人之间关系等问题形成社会政治哲学智慧;围绕人与自然关系,主要阐述自然界及人与自然关系等问题形成自然宇宙哲学智慧。也正是基于对以上三大核心命题无所分别与执著的阐述,往往彰显出中国智慧美学不同于西方美学的独特哲学智慧,并以此显示出将对立论美学与和谐论美学融合统一的学科优势。

一、自我心灵哲学智慧:人与自我的关系

西方美学强调人性三元论,主要以柏拉图和弗洛伊德最为著名。柏拉图认为:"灵魂也可以分成三个部分。"①分别是理智、激情和欲望。理智即所谓"爱学"或"爱智"部分,最不关心饮食、爱、钱财和荣誉,总是全力想要认识事物真理。欲望即所谓"爱钱"或"爱利"部分,其快乐与爱都集中于利益。激情亦称"爱性"或"爱敬",永远整个为了优越、胜利和名誉。与此相似,弗洛伊德主张将人性分解为三个部分即本我、自我和超我。本我代表人类的原始本能尤其性本能,遵守快乐原则,超我代表人类的文化理想,遵守良心和道德原则,自我处于本我与超我之间,代表人类现实处境,同时还得妥善处理和协调本我与超我,及外界关系,遵守现实原则。弗洛伊德认为:"可怜的自我,其所处的情境最苦,它须侍候三个残酷的主人,且须尽力调和此三人的主张和要求。这些要求常互相分歧,有时更互相冲突。无怪自我在工作中常常不能支持了。此三个暴君为谁呢?一即外界、一即超我,一即伊底。"②这就是

---

① 柏拉图:《国家篇》,《柏拉图全集》第 2 卷,人民出版社 2003 年版,第 594 页。
② 弗洛伊德:《精神分析引论新编》,商务印书馆 1987 年版,第 60—61 页。

西方美学人性三元论的最具代表性的两种观点。这种观点的根本特征在于强调人性构成因素的多元性乃至复杂性。其实这种表面看来属于三元论范畴的人性论，仍然是一种二元论。比如柏拉图所谓三元论，当理智、激情与欲望三部分各司其职、和谐协调的时候，灵魂便能主宰自己，秩序井然，个人的灵魂就是正义和健康的；如果理智、激情与欲望不守本分，相互斗争，都想争夺领导地位，就造成了灵魂的不正义。这实际上肯定了作为人性的最终形态仍然是正义与非正义、健康与不健康。弗洛伊德的三元论同样如此。当自我能妥善协调本我、超我和外界三个主人的时候，人性处于和谐的状态；当自我不能妥善处理和协调三者的关系的时候，就可能处于分裂状态。处于分裂状态的自我主要有两种极端的形式：一种是本我以绝对优势战胜超我乃至外界的时候，自我就可能是一个完全意义的动物性的人，在许多情况下可能显露出恶的特质，但如果当自我主要受到超我监督和制约的时候，就可能是一个道德完善的人，这种情况下的人性就可能是善的。这样一来，人性就可能是和谐的或分裂的，善的或恶的两种形态。这实际上同样是一种二元论，所以西方美学最具影响力的人性论是二元论。这种定位使西方美学关注人性的复杂性，崇尚的艺术形象的典型性。在他们看来现实世界任何事物作为一种存在永远不是只有一个因素和属性的存在，而是多种对立或并不对立因素和属性的有机统一体，而且各种不等同、不相干的时间、空间和成分，常常作为肯定与否定、必然与偶然、本质与现象、内容与形式、原因与结果、内容与形式、真实与虚妄、自由与束缚、善良与邪恶、美丽与丑陋等潜在的对立两极相互持存、相互激励、相互制衡，并使自身与自身的对立面共同存在于自身之中，以致形成一个由对立和并不对立的所有因素和属性构成的统一体。

　　与西方美学有所不同，中国智慧美学在人性论方面影响最大的是孟子性善论和荀子性恶论，以及告子性无善恶论。孟子主张性善论，认为人生来具有仁义礼智之心，如《孟子·告子上》所云："恻隐之心，人皆有之；羞恶之心，人皆有之；恭敬之心，人皆有之；是非之心，人皆有之。恻隐之心，仁也；羞恶之心，义也；恭敬之心，礼也；是非之心，智也。

仁义礼智非由外铄我也,我固有之也。"①这种仁、义、礼、智之心,也就是所谓良能、良知,如《孟子·尽心上》所谓:"人之所不学而能者,其良能也;所不虑而知者,其良知也。孩提之童无不知爱其亲者,及其长也,无不知敬其兄也。"②荀子主张性恶论,如《荀子·性恶》有云:"今人之性,生而有好利焉,顺是,故争生而辞让亡焉。生而有疾恶焉,顺是,故残贼生而忠信亡焉。生而有耳目之欲,有好声色焉,顺是,故淫乱生而礼义文理亡焉。然则从人之性,顺人之情,必出乎争夺,合于犯分乱理而归于暴。"③其实孟子性善论和荀子性恶论,虽然对性的善与恶有不同认识,但有一点相同,这就是都肯定了人性一元论,并不认为人性善恶并举。如荀子明确指出:"凡人之性者,尧舜之与桀跖,其性一也;君子之与小人,其性一也。"④另如告子所谓"性无善无不善"⑤的性无善恶论,及对人性并不十分在意,主张齐物论的道家美学看来,既然善恶平等不二、等齐划一,那意味着他们所主张的人性论可能超越善恶分别而等齐划一、平等不二,这种人性论也只能是性超善恶论甚或善恶不二论。无论性无善恶论,还是性超善恶论甚或善恶不二论,虽然表面上有一定分别,但由于都主张对善恶不加分别而具有人性一元论特点。同样的道理,中国佛教美学也由于对善恶不加分别而具有性超善恶论甚或善恶不二论特点,但具体内容可能更复杂,这就是如中国禅宗美学常常因为强调清净不二原始本性,事实上将清净不二之心看成了人性。这种人性论虽然具有性超善恶论特点,同时也有更明晰的人性一元论色彩,这种人性一元论核心其实就是清净不二本心。按理来说,最有可能成发展为人性二元论的是性有善有恶论和人性三品论。如战国时期世硕有所谓"人性有善有恶。举人之善性养而致之则善长,恶性养而

---

① 《孟子集注》,朱熹:《四书章句集注》,中华书局1983年版,第328页。
② 《孟子集注》,朱熹:《四书章句集注》,中华书局1983年版,第353页。
③ 《性恶》,王先谦:《荀子集解》上,中华书局1988年版,第434—435页。
④ 《性恶》,王先谦:《荀子集解》下,中华书局1988年版,第441页。
⑤ 《孟子集注》,朱熹:《四书章句集注》,中华书局1983年版,第328页。

致之则恶长"的观点①,后来甚至发展为扬雄所谓"人之性也,善恶混。修其善则为善人,修其恶则为恶人"②,也有所谓"性可以为善,可以为不善"③,后来还发展为王充等人性有中人以上性善、中人善恶混即不善不恶亦善亦恶,中人以下性恶三品④。无论人性有善有恶论,还是人性有上中下三品论,实际上都没有发展到西方美学人性二元论或三元论特别强调人性之间矛盾冲突而导致双重人格乃至多重人格的地步。这种人性论集中阐述了人性在后天发展中的种种可能,而且往往只是众多可能中的一种可能获得发展,不是多种可能同时或相继获得发展,也不会造成性格乃至人格的分裂。所以这种人性论虽然在很大程度上有可能发展成为二元论甚或三元论,但实际上并没有真正发展成为二元论甚或三元论,至少在其最终结果方面仍然是一种一元论。惟其如此,中国艺术形象一般并不着力展示人物二重性格,即使有一定二重性格甚或内心矛盾,这种二重性格甚或内心矛盾的展示仍不很充分,至少并不丰满,而且这种内心矛盾许多情况下是潜在的,含而不露的。人们只能通过其外在化的语言甚或行动来推测。

所以中国智慧美学虽然对人性有多种阐释,但不像西方美学那样强调人性的多元性甚或二元性,更不强调人性的分裂与冲突,而且在很大程度上张扬了人性一元论。张岱年对此有这样的论述:"无论性善论、性恶论、性无善恶论、性超善恶论、性有善有恶论,皆认为人人之性同一无二,一切人之本性实皆齐等,并无两样的性;善人与恶人之不同,非在于性,乃缘于习。唯独性有善有不善论,认为人与人之不同,本相歧异,善人与恶人生来即不相同。"⑤其实即使性有善有不善论,真正如张岱年所阐述的有善与不善的差异,但这种差异也只是一种本性差异,是为后天修养和发展提供条件,而不是强调本性中存在善与恶的矛盾

---

① 王充:《本性》,黄晖:《论衡校释》第 1 册,中华书局 1990 年版,第 132 页。
② 《扬子法言》,《二十二子》,上海古籍出版社 1986 年版,第 813 页。
③ 《孟子集注》,朱熹:《四书章句集注》,中华书局 1983 年版,第 328 页。
④ 王充:《本性》,黄晖:《论衡校释》第 1 册,中华书局 1990 年版,第 142—143 页。
⑤ 张岱年:《中国哲学大纲》,江苏教育出版社 2005 年版,第 201—202 页。

冲突,以及所导致的人格结构矛盾和分裂,在一定程度上仍然可归之于人性一元论范畴。这才是中国智慧美学关于人性乃至人与自我关系的最精确阐述。

中国智慧美学探讨人性论,并不仅仅着眼于理论,也不像柏拉图那样寄希望于法律制度的约束,而是主要强调道德的自我完善和超越,试图借此达到自我生命的和谐。无论性善论、性恶论,看似表面相互矛盾,其实都为了人自身道德修养和精神生命的自我完善和超越。只是性善论因为认为性善强调张扬人性,性恶论因为主张性恶强调遏制人性,往往与其他人性论一样殊途同归,都以达到道德生命的自我完善与超越为目的。正因为这些,使中国智慧美学有着不同于西方美学的传统。这就是无论儒家、道家,还是佛教都几乎无一例外地强调道德的自我完善和生命的内在超越。诸如儒家所谓"三省吾身"①与"独善其身"②,道家所谓"修之于身,其德乃真"③、"重积德则无不克"④,以及佛教所谓"思量善事,化为天堂"⑤等都强调了道德的自我完善与内在超越。

中国智慧美学还为此特别设计了道德完善与生命超越的阶梯与层次,如儒家美学设计了从庶民到士人,再到贤人君子,最终达到圣人的路线,道家美学也提供了庶民、贤人、圣人,乃至真人、神人、至人的阶梯,佛教美学也阐述了从庶民到罗汉、菩萨、佛的阶梯。关于这些阶梯层级的描述虽然各有差异,但都能设计人格化目标与层次,而且基本上都将圣人或类似圣人的境界作为最高层次,且作为最高层次的圣人显然达到了与天地宇宙和谐的境界,都因为无所执著而有着明白四达的智慧。也许余英时的看法有见地:"中国人由于深信价值之源内在于人心,对于自我的解剖曾形成了一个长远而深厚的传统:上起孔、孟、

---

① 《论语集注》,朱熹:《四书章句集注》,中华书局1983年版,第48页。
② 《孟子集注》,朱熹:《四书章句集注》,中华书局1983年版,第351页。
③ 《老子奚侗集解》,上海古籍出版社2007年版,第136页。
④ 《老子奚侗集解》,上海古籍出版社2007年版,第150页。
⑤ 《坛经》,《禅宗七经》,宗教文化出版社1997年版,第343页。

老、庄，中经禅宗，下迄宋明理学，都是以自我的认识和控制为努力的主要目的。"①虽然自我生命的和谐只是最基本的层次，但基于这一层次，逐级攀升往往可以包含人与社会乃至自然关系的和谐，所以真正的圣人常常并不仅仅是自我人格和谐的人，往往也是儒家美学所谓兼济天下的人，道家美学所谓善利万物的人，佛教美学所谓普度众生的人，也就是达到了与社会乃至自然和谐的人。虽然不能说所有中国人都道德完善，也不能说中国文化的圣人传统数千年得以延续是因为注重道德修养的自我完善和超越，也不能说源于接近一元论的人性论，但这种人性一元论以及注重道德修养自我完善的传统确实发挥了很大作用。

中国智慧美学还将道德的自我完善与因果报应联系起来，尤其佛教特别强调恶有恶报、善有善报，牟子所云："有道虽死，神归福堂；为恶既死，身当其殃。"②其实在佛教传入中国之前，儒家美学已有类似阐述，如《商书·汤诰》所谓"天道福善祸淫"③，《周书·蔡仲之命》所谓"皇天无亲，唯德是辅"④，及《周易》所谓"积善之家，必有余庆；积不善之家，必有余殃"⑤，"善不积不足以成名，恶不积不足以灭身"⑥等都表达了这一思想。道家美学虽然并不强调因果报应，但其所谓"天道无亲，常与善人"⑦，还是肯定了天道虽然没有亲疏之分，没有偏爱，但也常常赐予善人。这主要因为善人并不违背自然规律，当然也就不会遭自然规律的惩罚。所谓因果报应的思想虽然在一定程度上有宣扬封建迷信的色彩，但也不是完全没有道理的。作恶的人必然受到自然规律乃至法律的制裁，为善的人总是受到自然规律乃至法律的保护，而且因

---

① 余英时：《从价值系统看中国文化的现代意义》，何俊编：《余英时学术思想文选》，上海古籍出版社 2010 年版，第 222 页。

② 牟子：《理惑论》，《中国佛教思想资料选编》第 1 卷，中华书局 1981 年版，第 7 页。

③ 《尚书》，《四书五经》上，中国书店 1985 年版，第 46 页。

④ 《尚书》，《四书五经》上，中国书店 1985 年版，第 111 页。

⑤ 《坤文言》，李道平：《周易集解纂释》，中华书局 1994 年版，第 87 页。

⑥ 《系辞传下》，李道平：《周易集解纂释》，中华书局 1994 年版，第 645 页。

⑦ 《老子奚侗集解》，上海古籍出版社 2007 年版，第 195 页。

为良好教育传统会导致良性循环,作恶的人必然陷入恶性循环。《大学》所谓"自天子以至于庶人,壹是皆以修身为本"①几乎体现了中国智慧美学的共同宗旨与生命追求。虽然不能说有史以来的每一个中国人都有很高的道德修养,但重视道德修养及道德修养的自我完善,显然是中国智慧美学的一个基本精神。

正由于中国智慧美学十分重视道德修养乃至生命境界的自我完善和超越,所以中国美学往往发端于人物品藻,而且将君子比德于玉作为基本特征,如宗白华指出:"中国美学竟是出发于'人物品藻'之美学。美的概念、范畴、形容词,发源于人格美的评赏。'君子比德于玉',中国人对于人格美的爱赏渊源极早,而品藻人物的空气,已盛行于汉末。到'世说新语时代'则登峰造极了。"②尽管宗白华所谓"人格美"更多指容貌、气质和个性,理所当然也应该包括如玉之德,而玉显然以其特殊品质成为中国智慧美学关于道德品质的一种象征。《礼记·聘义》记载了孔子的这样一段论述:"夫昔者君子比德于玉焉——温润而泽,仁也;缜密以栗,知也;廉而不刿,义也;垂之如坠,礼也;叩之其声清越以长,其终诎然,乐也;瑕不掩瑜,瑜不掩瑕,忠也;孚尹旁达,信也;气如长虹,天也;精神见于山川,地也;圭璋特达;德也;天下莫不贵,道也。《诗》云:言念君子,温其如玉。故君子贵之也。"③《礼记》显然将玉作为道德品质的象征来描述,认为玉质温柔滋润而有恩德,象征仁;坚固致密而有威严,象征智;锋利、有气节而不伤人,象征义;雕琢成器的玉佩整齐地佩挂在身上,象征礼;叩击玉的声音清扬且服于礼,象征乐;玉上的斑点掩盖不了其美质,同样,美玉也不会去遮藏斑点,象征忠;光彩四射而不隐蔽,象征信;气势如彩虹贯天,象征天;精神犹如高山大河,象征地;执圭璋行礼仪,象征德;天地下没有不贵重玉的,因为它象征着道德品质,所以君子往往贵重玉。比较而言,亚里士多德虽然也曾在

① 《大学章句》,朱熹:《四书章句集注》,中华书局1983年版,第4页。
② 宗白华:《论〈世说新语〉和晋人的美》,《宗白华全集》第2卷,安徽教育出版社1994年版,第269页。
③ 《聘义》,孙希旦:《礼记集解》下,中华书局1989年版,第1466页。

《尼各马可伦理学》中论述过度与不足是恶德的标志,中庸或适度才是美德的标志,但他并没有将这种伦理学的和谐与美联系起来。直到后来,才由弗雷斯诺依接受亚里士多德这种伦理学观点,并运用于美学领域,提出所谓"美存在于两个极端中间"的观点。也正是因为这一观点,才赢得了塔塔尔凯维奇的高度评价:"它在审美意义之中的用法乃是 17 世纪的一种创举。"①中国智慧美学强调道德的自我完善与超越,且往往将其与玉相联系,而玉的最大特点也许是具有中和之美,这也是中国人往往以玉比德的根本原因,同时也是中国智慧美学不同于西方美学只追求概念范畴与知识谱系的阐述和建构的传统,将道德修养的自我完善和生命境界的自我超越作为学术宗旨的特点的主要体现。

中国智慧美学人性一元论的观点,并不是无视人性之善与恶矛盾对立的存在,只是并不像西方美学那样夸大这种矛盾对立,将矛盾对立作为人性的基本特质,而是主张这种善与恶的分别只是人们后天所形成的一种价值判断,并不能真正体现人类原始本性的实质。人类原始本性的实质上只能无善无恶甚或善恶不二。这是中国智慧美学关于人性乃至人与自我关系的基本观点,正是这些观点构成了自我心灵哲学的基本智慧。西方美学所谓善恶二元论的观点显然将人类后天形成的价值判断强加于人类的原始本性,且将其作为基本特质。如果人类真正抛开这种后天形成的价值判断,人类的原始本性确实就是无善无恶乃至善恶不二的。如果说焦虑可能体现了从庶民到士人人格理想养成阶段的心理表征,那么真正达到士人境界的人,其心理结构常常体现为人与自我关系的和谐。他们不但没有强烈乃至尖锐的人性冲突甚或人格分裂,而且每每能够达到人性的和谐,这是士人人格理想的基本心理特征。所以自我心灵哲学智慧不仅最为突出地体现为士人的心灵哲学智慧,而且也是中国智慧美学关于人性一元论乃至人与自我和谐关系的基本观点。也正是由于这一点,使得中国智慧美学有了西方美学所

① 塔塔尔凯维奇:《西方六大美学观念史》,上海译文出版社 2006 年版,第 142 页。

没有的将对立论美学与和谐论美学有机统一的优势。

二、社会政治哲学智慧：人与社会的关系

正由于人性论的差异在某种程度上最终导致了社会政治理论的差异。认为人性二元论即善恶并存的观点，往往导致用法律约束人性之恶因素，用制度来保障善因素的最大限度发挥。这就是西方民主政治的实质。中国人性论善恶一元论，往往导致专制政治，形成对特权者权利的全部保障与对普通百姓权利的高度约束。也许正由于这种人性论的差异最终导致了关于人与人之间关系的不同阐述。持有二元论的西方美学，由于充分估计了人性恶与人性善的冲突与斗争，常常用竞争乃至斗争眼光描述人与人之间关系，认为人与人之间关系是矛盾对立的。这种矛盾对立在马克思看来就是所谓阶级斗争。《共产党宣言》认为有文字以来的人类历史都是阶级斗争史。《共产党宣言》有云："至今一切社会的历史都是阶级斗争的历史。自由民和奴隶、贵族和平民、领主和农奴、行会师傅和帮工，一句话，压迫者和被压迫者，始终处于相互对立的地位，进行不断的、有时隐蔽有时公开的斗争，而每一次斗争的结局都是整个社会受到革命改造或者斗争的各阶级同归于尽。"[①]这实际宣告了有文字记载的历史都是阶级斗争史，且将阶级斗争的最终结果概括为整个社会受到改造或参与斗争各阶级的同归于尽。

西方美学对阶级乃至阶级斗争的充分肯定，使其最终在很大程度上夸大了人与人之间竞争乃至对立关系。萨特在《存在与虚无》中将冲突看成两个或两个以上自由人发生个体关系的本质，甚或人们存在的原始意义。在他看来，似乎每个人都力图奴役他人，他人也总是力图奴役每个人。每个人都企图摆脱他人的控制，他人也总是试图摆脱每个人的控制。他显然将人与人之间关系描述为控制与反控制、奴役与

---

① 《马克思恩格斯文集》第2卷，人民出版社2009年版，第31页。

反奴役的关系。每个人都将他人作为注视和评判的对象,自身又同时是他人审视乃至审判的对象。于是有所谓他人对于我是地狱,我对于他人也是地狱的观点,这就是所谓"地狱,就是他人"①。也许萨特的深意是倡导人们冲破他人价值判断所构成的精神地狱获取思想和精神的自由,但他将人类自我与他人对立起来的观点也十分明确,使人们最终不再把人与人之间关系描述为互助协作关系,而是描述为矛盾对立关系,甚至认为真正构成自己生存最大束缚的就是他人。这种观点基本上体现了西方美学关于人与人之间关系的基本认识。

　　与西方美学主张人性二元论,乃至崇尚斗争有所不同,中国智慧美学由于强调人性一元论,尤其很大程度上强调了性善论,既然人性是善的,所以更看重人与人之间的和谐关系。如儒家明确提出了"和为贵"的思想,《论语·学而》载有子曰:"礼之用,和为贵。"②孔子甚至将和作为君子与小人的分别,有所谓"君子和而不同,小人同而不和"③的观点,这实际上将尊重差异性反对同一性,乃至强调多元共存与反对排除异己作为君子人格的主要特质。道家、墨家,乃至佛教也是主张"和"。如《道德经》倡导"不争",以"慈""俭""不敢为天下先"为"三宝"④;墨子主张"兼爱",尤其反对战争;佛教反对杀生,主张与世无争。具体来说,道家美学虽然没有明确提出和为贵的思想,但其"万物作焉而不为始,生而不有,为而不恃,功成而不居"⑤,就表达了尊重差异性乃至多元化,看重多元共存协调发展的观点。不仅如此,《道德经》还将不争看成人类获得自由与幸福的先决条件,有所谓"夫唯不争,故无尤"⑥;墨子主张"兼相爱,交相利"⑦;禅宗也强调无诤三昧,视其为第一准则。

---

①　萨特:《隔离审讯》,《萨特文集》第5卷,人民文学出版社2005年版,第147页。
②　《论语集注》,朱熹:《四书章句集注》,中华书局1983年版,第51页。
③　《论语集注》,朱熹:《四书章句集注》,中华书局1983年版,第147页。
④　《老子奚侗集解》,上海古籍出版社2007年版,第169—170页。
⑤　《老子奚侗集解》,上海古籍出版社2007年版,第5页。
⑥　《老子奚侗集解》,上海古籍出版社2007年版,第19页。
⑦　孙诒让:《墨子闲诂》,《诸子集成》第4册,中华书局1954年版,第67页。

如《金刚经》一相无相分第九有云:"我得无诤三昧,人中最为第一。"①因为在佛教看来,有诤则有嗔,有嗔则因为有所执著,在物质和精神上受到束缚以致无法获得真正的自由解放。正是由于中国智慧美学看重和谐,如儒家美学提倡"和为贵",道家美学强调"不争",佛教美学主张"无诤",才使中国智慧美学对人与人之间关系有着不同于西方美学矛盾对立观点的阐述,但这也不是全然否定乃至无视人与人之间的矛盾对立,只是更希望通过斗争而以和解宣告结束,并不是将斗争进行到底。如张载《正蒙·太和篇》所谓:"有象斯有对,对必反其为;有反斯有仇,仇必和而解。"②不是将所谓竞争乃至争斗进行到底,而是以和解乃至和谐作为人类社会的最终理想。如柳宗元甚至看到了敌对关系的价值,有所谓"皆知敌之仇,而不知为益之尤;皆知敌之害,而不知为利之大","敌存灭祸,敌去招过。有能知此,道大名播"③的观点,这实际阐明人与人之间敌对关系也是协作关系,甚或表面的敌对关系可能是深层协作关系的表现,而且这种深层协作可能胜过任何形式的表面协作。这可能是中国智慧美学对人与人之间敌对关系的最富于美学智慧的阐述,同时也使中国智慧美学关于人与人之间关系"和为贵"思想有了更丰富深刻的内涵。

西方美学与中国美学之所以有着不同人性论乃至人与人之间关系的准则,在某种程度上可能与不同宗教的影响有关。众所周知,基督教很大程度上影响了西方美学乃至西方社会,佛教很大程度上影响了中国美学乃至中国社会。汤因比这样阐述道:"在西方世界和拜占庭世界,基督教赢得垄断地位达许多世纪之久,尽管现在它的这种地位正在逐步丧失。"但事实上却可能导致不同于基督教的其他文化的政治地位甚至存在地位的消失。他还指出:"西方社会和拜占庭社会尽管目前正在停止基督教化,但它们仍然无法摆脱基督教。它们的文化遗产

① 《金刚经》,《禅宗七经》,宗教文化出版社1997年版,第6页。
② 《正蒙·太和篇》,《张载集》,中华书局1978年版,第10页。
③ 柳宗元《敌戒》,《柳宗元集》第2册,中华书局1979年版,第532—533页。

已经浸满基督教的成分,以致它们要摆脱自己的基督教的历史是根本不可能的。在东亚,历史运行中的革命成分较少。大乘佛教即使在其权势鼎盛的时期,也未能将缔造中国哲学的道教和儒教成功地排挤出局。"①可见基督教对西方美学与佛教对中国美学的影响不尽相同:基督教对西方美学的持久统治使其具有排他性和取代性,佛教对中国美学的统治只能是兼容性的。基督教取代诸如古希腊文化对西方社会文化产生了持久而深刻的统治性作用,佛教对中国社会乃至文化的影响只是一种兼容共存。在西方现代美学基本构成中,虽然基督教美学在某种程度上受到了遏制,但就其结果而言,仍然产生着深远影响,甚至使诸如古希腊美学等其他美学只能容身其中;在中国美学的基本构成中,儒家美学和道家美学则一直拥有无与伦比的影响力。这种影响力虽然在特定历史时期也曾在一定程度上受到佛教挑战,但佛教并没有从根本上取缔儒家美学和道家美学独领风骚。对中国社会乃至文化而言,儒家美学和道家美学可能更多对人们发生着潜意识作用,佛教对人们的作用可能更多属于意识层面。就影响的深刻程度而言,儒家美学、道家美学可能更深刻,佛教美学则相对显得有些浅表化。这种情况在今天也许显得更突出。许多人虽然并不看重儒家美学和道家美学的影响,但这种影响常常潜意识地发挥着作用,虽然尽力用诸如清净不二的佛教美学冲淡具有强烈进取心的儒家美学,以及清静无为的道家美学的影响,但仍然更多受到儒家和道家美学潜移默化的影响甚或发生着至为深刻的作用。

人们也许只是停留于不同宗教所产生的这种影响的表象性认识,事实上真正造成西方与中国人性论及处理人与人之间关系准则差异的主要原因在于基督教与佛教各自不同的教义。基督教存在极强的排他性,不仅对异教徒充满仇视,而且对爱周围的人超过信仰上帝的基督徒也极度不满,如《圣经》虽然也提倡与人和睦相处,甚至"爱你们的仇敌"①,但也有这样的主张："我来并不是叫地上太平,乃是叫地上动刀兵。因为我来是叫人与父亲生疏,女儿与母亲生疏,媳妇与婆婆生疏。人的仇敌就是自己家里的人。"②可见西方基督教虽然强调人与人之间和睦相处,但这个和睦往往以信仰上帝为前提。一个人如果爱父母、儿女超过爱基督,甚至如果不因此憎恶他的父母、妻子、儿女、兄妹,就不是耶稣的门徒。有所谓:"爱父母过于爱我的,不配做我的门徒;爱儿女过于爱我的,不配做我的门徒;不背着他的十字架跟从我的,也不配做我的门徒。得着生命的,将要失丧生命;为我失丧生命的,将要得着生命。"③这是因为在基督教看来,所有的人都充满原罪,是生来就有罪的,所以它看重对人乃至人与人之间关系的仇视。佛教主张一切众生悉有佛性,对佛教徒与异教徒一视同仁,认为如果菩萨执著佛教徒与异教徒之类的区别,就是执著于四相,就不再是菩萨,如所谓:"若菩萨有我相、人相、众生相、寿者相,即非菩萨。"④佛教也不排斥其他一切宗教乃至文化,而且认为"一切法皆是佛法"⑤。正由于佛教美学的心量广大,才使其在很大程度上拥有了兼容并同情乃至平等看待一切事物、一切人的襟怀,慧能对此也有这样的阐述:"若见一切人恶之与善,尽皆不取不舍,亦不染着,心如虚空,名之为大。故曰摩诃。"⑥正由于佛教对一切事物乃至文化的心量广大,使佛教成为一切宗教中最温和、最平和的宗教,即使雅斯贝尔斯也承认佛教"是与人为善的宗教,从未发生过一次使用暴力的事件。在整个亚洲,佛教是人类灵魂的解放者"⑦。他甚至进一步论述道:"佛陀是人类存在的体现,这一人类的存在不承认对现世的任何义务,而是既存在于世界之中,又远离俗世,与世无争、无斗。它只是想要使这一由无明而产生的此在得到解脱,不过这一解

① 《圣经·马太福音》,5:44。
② 《圣经·马太福音》,10:34—36。
③ 《圣经·马太福音》,10:37—339。
④ 《金刚经》,《禅宗七经》,宗教文化出版社1997年版,第4页。
⑤ 《金刚经》,《禅宗七经》,宗教文化出版社1997年版,第11页。
⑥ 《坛经》,《禅宗七经》,宗教文化出版社1997年版,第330页。
⑦ 雅斯贝尔斯:《大哲学家》上,社会科学文献出版社2010年版,第115页。

脱是非常彻底的,它不是渴望一次性的死亡,因为它已经在超脱生死,并在永恒处找到了归宿。西方似乎也有类似的例子,在耶稣那里,泰然自若、神秘主义的超越世间以及对灾难的不抵抗,这一切在西方只是一个起点、一个契机而已,而在亚洲它已发展成为完整的体系,因此这是完全不同于西方的。"①

其实不仅佛教更看重人与人之间的和睦相处,而且诸如儒家和道家美学也不同程度有着心量广大的人与人之间关系处理准则。如《论语·子张》有所谓"君子尊贤而容众,嘉善而矜不能"②的观点,这虽然表明儒家美学认为贤与众、善与不能有一定区别,对不同的人采取了不同的态度,比较而言更尊重和褒嘉贤能和善的人,但并不像基督教那样仇视众人,而且在很大程度上宽容和同情了这些不能的众人。孟子所谓"君子之于物也,爱之而弗仁;于民也,仁之而弗爱亲","仁者无不爱"③,荀子所谓"材性知能,君子小人一也"④等甚至表明了一视同仁的态度。道家美学表面看来似乎对善与不善也有所分别,但其所谓"善者吾善之,不善者吾亦善之,德善矣。信者吾信之,不信者吾亦信之,德信矣"⑤的观点更清楚地阐述了一视同仁的态度,而且道家其实还强调善恶不二,至少如庄子齐物论等是如此。道家美学显然有着儒家所无法比拟的宽宏大量和一视同仁的平等态度。这也正是孔子不理解老子"报怨以德"⑥,而改提"以直报怨,以德报德"⑦的主要原因。在孔子看来,如果以德报怨,就无法区别报德了。其实老子既主张以德报怨,也主张以德报德。也许只有道家美学才能达到佛教美学善恶不二的境界。对一切人宽宏大量,甚或一视同仁,也是印度美学的精神。如《薄伽梵歌》有所谓:"于同心之人,友与敌,漠然者,中立者,所恶与所

① 雅斯贝尔斯:《大哲学家》上,社会科学文献出版社 2010 年版,第 124 页。
② 《论语集注》,朱熹:《四书章句集注》,中华书局 1983 年版,第 188 页。
③ 《孟子集注》,朱熹:《四书章句集注》,中华书局 1983 年版,第 363 页。
④ 《荣辱》,王先谦:《荀子集解》上,中华书局 1988 年版,第 61 页。
⑤ 《老子奚侗集解》,上海古籍出版社 2007 年版,第 125 页。
⑥ 《老子奚侗集解》,上海古籍出版社 2007 年版,第 159 页。
⑦ 《论语集注》,朱熹:《四书章句集注》,中华书局 1983 年版,第 157 页。

亲,善人,不善人,——而一视同仁兮,彼为卓越无伦。"①也正因为主张善恶不二,才使中国智慧美学有了周遍含容、心量广大、平等不二的学术精神。

虽然西方美学处理人与人之间关系的准则与中国美学处理人与人之间关系的准则并不完全相同,所构想的理想社会的具体内涵也不尽相同,但对没有竞争和争斗的和谐社会的向往则是相同的,这才是人类处理人与人之间关系的终极目的。道家美学将此理想社会描述为"小国寡民"社会,有所谓:"小国寡民。使有什百之器而不用,使民重死而远徙。虽有舟舆,无所乘之;虽有甲兵,无所陈之;使民复结绳而用之。甘其食,美其服,乐其俗,安其居。邻国相望,鸡犬之声相闻,民至老死不相往来。"②儒家美学将此描述为"大同世界",即:"大道之行也,天下为公。选贤与能,讲信修睦,故人不独亲其亲,不独子其子,使老有所终,壮有所用,少有所长,鳏寡孤独废疾者,皆有所养。男有分,女有归。货恶其弃于地也,不必藏于己;力恶其不出于身也,不必为己。是故谋闭而不兴,盗窃乱贼而不作,故外户而不闭,是谓大同。"③人们也许认为道家美学之"小国寡民"是一种历史的倒退,其实道家美学试图通过减少人际交往,免却争斗的方式来构建和谐社会,也不失为一种明智的构想。这种构想的优势在于简化人类因为热衷人际交往而日益加剧的负担;儒家美学"大同世界"的构想通过强化人际交往,营造和谐关系来实现大同,强调天下为公,废除私有制,主张所有人都能享受应有的平等待遇,且相安无事、和睦相处,也是有道理的。虽然西方美学强调竞争乃至争斗,但并不意味着其最终理想仍然是这种竞争和争斗,诸如共产主义社会的理想,同样是一个没有阶级制度、国家和政府,没有剥削、没有压迫,消灭了私有产权,人们各尽所能、按需分配、没有占有和消费的任何不平等特权的生产资料公有制社会。可见无论主张竞争乃

---

① 《薄伽梵歌》,《徐梵澄文集》第 8 卷,上海三联书店,华东师范大学出版社 2006 年版,第 54 页。

② 《老子奚侗集解》,上海古籍出版社 2007 年版,第 196—197 页。

③ 《礼运》,孙希旦:《礼记集解》中,中华书局 1989 年版,第 582 页。

至斗争,拒绝人际交往或注重人际交往,其最终目标都是人人平等的和谐社会。这是人类的共同社会理想,同时也是中国智慧美学关于人与人关系之理想形态的基本描述。

由于中国智慧美学与西方美学所崇尚的处理人与人之间关系的准则并不相同,于是所崇尚的治理社会政治秩序的基本理念也不尽相同。中国智慧美学往往通过礼乐文化而不是西方法律制度手段来协调各种社会关系,并以此作为社会政治哲学智慧的基本内容。如《左传·昭公二十年》所谓"济五味,和五声也,以平其心,成其政"①的主张,实际上是将类似于"济五味,和五声"之类方法作为平和人心、道德乃至成就和谐政治的基本策略。《国语》也在"和实生物,同则不继"的自然规律的基础上,提出了"和五味以调口,刚四支以卫体,和六律以聪耳,正七体以役心,平八索以成人,建九纪以立纯德,合数十以训百体"②的主张。所有这些显然不同于通过阶级斗争乃至一个阶级的灭亡和另一阶级的胜利而促进社会政治进步的政治策略。也许正是因为这个原因,使中国智慧美学有着极为发达的礼乐文化,虽然儒家对中国智慧美学的贡献似乎不及道家,但在推广礼乐文化方面,尤其在艺术乃至审美产生广泛社会影响方面似乎有道家美学所无法比拟的作用。儒家强调礼乐文化的根本宗旨不过是达到社会政治和谐的目的,如所谓:"乐在宗庙之中,君臣上下同听之则莫不和敬;在族长乡里之中,长幼同听之莫不和顺;在闺门之内,父子兄弟同听之则莫不和亲。故乐者,审一以定和,比物以饰节,节奏合以成文,所以合和父子君臣,附亲万民也。"③通过法律制度的方式来建构和谐社会政治秩序的手段固然可能更有效,但并不一定比礼乐文化方式更深刻更持久。在中国数千年历史发展中,真正和谐的社会政治秩序可能并不多见,而且往往依赖统治者的清明政治,但这种和谐所形成的文化传统的持久与稳定却是一般意义的法律和政治制度所无法比拟的。虽然在真正平和与调节社会各阶层利

---

① 《春秋三传》,《四书五经》下,中国书店 1985 年版,第 460 页。
② 《郑语》,《国语》,上海古籍出版社 2008 年版,第 240—241 页。
③ 《乐记》,孙希旦:《礼记集解》下,中华书局 1989 年版,第 1033 页。

益、构建和谐社会政治秩序方面并不一定更有效,但这种思想却在很大程度上成就了中国发达的礼乐文化,给中国智慧美学平添了丰富的社会政治哲学智慧的内涵,却是一个不可否认的事实。

中国智慧美学既不因为强调人与人之间关系的矛盾对立而主张将斗争进行到底,也不因为强调人与人之间关系的和谐而执意掩盖可能存在的矛盾对立,无论主张通过斗争,还是通过协作,无论通过简化人际关系,还是强化人际关系,最终都以构建和谐社会政治秩序为目的。构建这一和谐社会政治秩序的基本观念是和为贵,而不是生存斗争乃至阶级斗争思想,最起码也是无所争,即使发生战争,也往往崇尚不战而屈人之兵,而不是你死我活甚或同归于尽,为此中国智慧美学往往寄希望于礼乐文化而不是法律制度。这虽然并不能十分有效地形成自由民主的社会制度,但却成就了发达的礼乐文化。虽然主张和为贵,但不否定矛盾对立的存在;虽然承认矛盾对立的存在,但不主张将斗争进行到底,也不将矛盾对立看成一切人与人之间关系的实质所在,而是透过这种表面的矛盾对立,看到其中深藏的互助协作关系,对这种表面的敌对关系所涵盖的深层协作关系予以充分肯定,并通过诸如礼乐文化方式达到教化人心,维护和协调社会政治秩序的目的。如果说迷狂常常体现从士人到君子人格理想养成阶段的基本心理表征,那么真正达到君子境界的人则往往能够达到人与社会关系的和谐。这是君子人格理想的基本心理特征。所以中国美学的社会政治哲学智慧常常最为突出地体现为君子的哲学智慧。这不仅是君子哲学智慧的体现,同时也是中国智慧美学关于人与人之间关系的基本观点,也是中国智慧美学之所以能将对立论美学与和谐论美学高度融合统一的主要原因。

三、自然宇宙哲学智慧:人与自然的关系

西方美学对自然的认识,影响最大的也许要数达尔文的进化论。达尔文的进化论概括而言主要是生存斗争与物竞天择。对生存斗争,

达尔文有着这样的阐述:"每一种生物都按照几何比率努力增加;每一种生物都必须在它的生命的某一时期,一年中的某一季节,每一世代或间隔的时期,进行生存斗争,而大量毁灭。当我们想到此种斗争的时候,我们可以用如下的坚强信念引以自慰,即自然界的战争不是无间断的。恐惧是感觉不到的,死亡一般是迅速的,而强壮的、健康的和幸运的则可生存并繁殖下去。"①对物竞天择,适者生存,达尔文有这样的阐述:"在任何一个物种的后代的变异过程中,以及在一切物种增加个体数目的不断斗争中,后代如果变得愈分歧,它们在生活斗争中就愈有成功的好机会","自然选择能引起性状的分歧,并且能使改进较少的和中间类型的生物大量绝灭"②。这实际上意味着自然界充满血腥的生存斗争,这种斗争的规律无疑是强大必然战胜弱小。这样一来,斗争不仅是维持生命存在的基本条件,而且也是生命存在的基本形式,斗争的胜利意味着生命存在有了保障,失败意味着生命的毁灭成为必然。达尔文这样提醒道:观察"自然"的时候,"切勿忘记每一个生物可以说都在极度努力于增加数目;切勿忘记每一种生物在生命的某一时期,依靠斗争才能生活;切勿忘记在每一世代中或在间隔周期中,大的毁灭不可避免地要降临于幼者或老者。抑制作用只要减轻,毁灭作用只要少许缓和,这种物种的数目几乎立刻就会大大增加起来"③。达尔文的观点几乎代表了西方美学对自然界的最基本也最权威的认识。

也许达尔文的认识仅仅是古希腊哲学、基督教思想在科学研究领域的一种体现,真正奠定这一思想传统的主要还是古希腊哲学和基督教思想。正是古希腊哲学与基督教思想的珠联璧合才根深蒂固地影响了西方人的思维方式和生活态度。虽然在古希腊伊壁鸠鲁学派和卢克来修看来,人与宇宙万物是平等的,是和谐的,但几乎其他所有美学都似乎建立在打破这个平等与和谐关系的基础之上,而且将人类征服和利用自然界一切事物作为基本准则。甚至可以说亚里士多德是这种观

① 达尔文:《物种起源》,商务印书馆 1995 年版,第 92—93 页。
② 达尔文:《物种起源》,商务印书馆 1995 年版,第 146 页。
③ 达尔文:《物种起源》,商务印书馆 1995 年版,第 81—82 页。

念的最早阐发者之一,如其所云:"天生一切动物应该都可以供给人类的服用。"①正由于亚里士多德的巨大影响力,及与基督教的珠联璧合,使这种征服和利用自然的思想,在西方美学传统中最具强势影响力。这是因为基督教从一开始就赋予人类以自然管理者甚或统治者的角色,如有谓:"使他们管理海里的鱼、空中的鸟、地上的畜生和全地,并地上所爬的一切昆虫"②,"使万物,就是一切的羊牛、田野的兽、空中的鸟、海里的鱼,凡经过海道的,都服在他的脚下"③。所以基督教也往往缺乏普遍生命精神,在很大程度上存在关注宗教信仰超过关注人类,关注人类超过关注动物,关注动物超过关注其他事物的倾向。基督教从来不将动物作为同情对象。有云:"凡活着的动物,都可以做你们的食物,这一切我都赐给你们,如同菜蔬一样。"④基督教不忌杀生,对动物的同情极其有限,如果说忌食动物的血还有些怜悯乃至关注生命的意思,忌食"不洁净"的肉,则主要出于自身健康和洁净的考虑,如所谓:"无论什么活物的血,你们都不能吃,因为一切活物的血就是它的生命。凡吃了血的,必被剪除。凡吃了自死的,或是被野兽撕裂的,无论本地人,是寄居的,必不洁净。到晚上,都要洗衣服,用水洗身。"⑤与此类似,伊斯兰教也只是禁"吃自死物、血液、猪肉,以及诵非真主之名而宰的动物"⑥。值得注意的是,即使对上帝的存在有强烈否定精神的尼采,虽然在许多方面批判了基督教,但在对待自然界其他生物生命的态度方面并没有什么不同,他甚至这样阐述道:"不要同情动物!为杀死动物而痛苦是完全没必要的。考虑到动物的自然死亡,人杀死动物一般来说是减轻动物世界的命运,尤其是动物不能预见死亡。"⑦对基督教不同情动物生命,施韦泽作了这样的辩护:原始基督教期待世界末日

① 亚里士多德:《政治学》,商务印书馆 1965 年版,第 23 页。
② 《圣经·创世纪》,1:26。
③ 《圣经·诗篇》,8:6—8。
④ 《圣经·创世纪》,9:1—3。
⑤ 《圣经·利未记》,17:14—15。
⑥ 《古兰经》,中国社会科学出版社 1996 年版,第 20 页。
⑦ 《尼采遗稿选》,上海译文出版社 2005 年版,第 65 页。

早些到来,以便所有动物很快摆脱其困难,于是"没有像重视废除奴隶制一样对待保护动物的努力","这就解释了基督教爱的命令没有突出强调同情动物,尽管它实际上包含着这一点"①。其实施韦泽的辩解不免有些牵强,比较而言似乎只有所谓"我们知道一切受造之物一同叹息、劳苦,直到如今"②之类,才表现出对一切受造之物基本相同的怜悯之心。基于这种所谓科学认识,甚或哲学乃至基督教传统,使西方美学乃至科学、哲学、宗教几乎无一例外地对自然界一切生物采取了不十分友好的态度,将人与自然之间的关系描述为一种生存斗争而适者生存的关系,及人类对自然的征服和占有,甚至将征服和利用自然的能力作为人类生产力发展标志。黑格尔美学不仅执意蔑视甚或清除自然美,而且明确了对人与自然和谐关系主张的批评,如其所说:"人们常爱说:人应与自然契合成为一体。但是就它的抽象意义来说,这种契合一体只是粗野性和野蛮性,而艺术替人把这契合一体拆开,这样,它就用慈祥的手替人解去自然的束缚。"③黑格尔显然将自然看成人类的束缚,将艺术看成解除这一束缚的手段,认为人与自然的契合粗野甚或野蛮尤其如此。伊·普里戈金、伊·斯唐热《从混沌到有序——人与自然的新对话》对西方经典科学、哲学乃至宗教关于人与自然相对抗关系的认识作了这样的概括:"对于世界,对于黎明,对于天空,对于一切事物,人都是陌生者。他憎恶这一切,与这一切做斗争。他的环境是一个危险的敌人,需要与之战斗,需要把它征服……"④

虽然自然往往是人的无机身体,人往往是自然的一部分,如马克思所说:"自然界,就它自身不是人的身体而言,是人的无机的身体。人靠自然界生活。这就是说,自然界是人为了不致死亡而必须与之处于持续不断的交互作用过程的、人的身体。所谓人的肉体生活和精神生

① 施韦泽:《敬畏生命》,上海社会科学院出版社 2003 年版,第 74 页。
② 《圣经·罗马书》,8:22。
③ 黑格尔:《美学》第 1 卷,商务印书馆 1979 年版,第 61 页。
④ 伊·普里戈金、伊·斯唐热:《从混沌到有序——人与自然的新对话》,上海译文出版社 2005 年版,第 304 页。

活同自然界相联系,不外是说自然界同自身相联系,因为人是自然界的一部分。"①既然人与自然密切联系,自然是人的无机身体,人又是自然的一部分,那么人与自然之间的关系不应该仅仅是一种征服和利用的关系,更应该是一种相互协作、共生共存的关系。为此恩格斯在《劳动在从猿到人的转变中的作用》里明确指出:"我们不要过分陶醉于我们对自然界的胜利。对于每一次这样的胜利,自然界都对我们进行报复。每一次胜利,起初确实取得了我们预期的结果,但是往后和再往后却发生完全不同的、出乎预料的影响,常常把最初的结果又消除了。"②他还进一步提醒人们:"人类统治自然界,决不像征服者统治异民族一样,决不像站在自然界以外的人一样,——相反地,我们连同我们的肉、血和头脑都是属于自然界的,存在于自然界的。"惟其如此,他极力反对"那种关于精神和物质、人类和自然、灵魂和肉体之间的对立的荒谬的、反自然的观点"③。恩格斯虽然对人征服和利用自然的倾向予以高度关注,而且提出了极为冷静的思考,但他限于西方科学、哲学乃至基督教思想的影响,最终仍然将人类征服和利用自然的能力即所谓生产力作为社会进步的标志,并未能够像中国道家乃至佛教美学那样提出尊重自然界一切生物生命的思想,也没有将人与自然的和谐发展作为最终目的。至少许多信仰马克思主义美学的人们至今仍然对人类征服和利用自然的能力即所谓生产力深信不疑。

西方人真正认识且大力提倡自然界一切生物的协作关系,及人与自然的和谐关系,事实上开始于协同学即哈肯所谓"协调合作之学"④。在协同学看来,大自然之所以既存在某些物种淘汰而另外一些物种则繁荣昌盛,又存在各个物种残酷竞争又稳定共存的情形,就在于自然界的一切生物之间存在一种协同关系,也就是所谓:"许多个体,无论是原子、分子、细胞,或是运动、人类,都是由其集体行动,一方面通过竞

---

① 《马克思恩格斯文集》第1卷,人民出版社2009年版,第161页。
② 《马克思恩格斯文集》第9卷,人民出版社2009年版,第559—560页。
③ 《马克思恩格斯文集》第9卷,人民出版社2009年版,第560页。
④ 哈肯:《协同学——大自然构成的奥秘》,上海译文出版社2005年版,第1页。

争,另一方面通过协作而间接地决定着自身的命运。但它们往往是被推动而不是自行推动的。"①虽然协同学并不代表西方美学的主流话语,至少在长期美学发展中仍处于弱势,只是在晚近才逐渐受到人们推崇,但它毕竟体现了人类对自然界一切生物协同关系的认识。值得庆幸的是,伊·普里戈金、伊·斯唐热对建立在人类征服自然这一思想基础上的西方经典科学也进行了深刻反思,指出:"对于在变化着的现象背后所隐藏的某个永恒真理的探求,自然唤起了我们的热忱。但是用这样的方法描述的自然,事实上是被贬低了,这又使我们受到了打击,因为正是由于科学的成功,自然被证明只是一部自动机,一个机器人。"②应该说伊·普里戈金、伊·斯唐热的反思是深刻的,因为他俩既认识到西方科学贬低自然界的同时也打击了人类自身,使人类陷入被孤立的悲哀之中。有所谓:"与自然的对话把人从自然界中孤立出来,而不是使人与自然更加密切。人类推理的胜利转变成一个令人悲伤的真理,似乎科学把它所接触到的一切都贬低了。"③他俩还将人与自然新对话的希望寄托于"把西方的传统(带着它对实验和定量表述的强调)与中国的传统(带着它那自发的、自组织的世界观)结合起来"④。这实际上表明中国智慧美学关于人与自然关系的富于智慧的阐述已经引起西方科学家的高度关注。

中国智慧美学无论哲学还是宗教都表达了尊重自然界一切事物的观念。如《中庸》所谓"万物并育而不相害,道并行而不相悖。小德川流,大德敦化。此天地之所以为大也"⑤的观点充分表达了自然界并不总是充满矛盾斗争,而是广大和谐的思想。这种思想不仅反对将生存

---

① 哈肯:《协同学——大自然构成的奥秘》,上海译文出版社 2005 年版,第 8 页。
② 伊·普里戈金、伊·斯唐热:《从混沌到有序——人与自然的新对话》,上海译文出版社 2005 年版,第 3 页。
③ 伊·普里戈金、伊·斯唐热:《从混沌到有序——人与自然的新对话》,上海译文出版社 2005 年版,第 7 页。
④ 伊·普里戈金、伊·斯唐热:《从混沌到有序——人与自然的新对话》,上海译文出版社 2005 年版,第 24 页。
⑤ 《中庸章句》,朱熹:《四书章句集注》,中华书局 1983 年版,第 37 页。

斗争作为自然界一切生物的基本生命形态,而且将万物并相作育看成生命存在的基本形式。荀子更明确强调了这种和谐秩序,有谓:"列星随旋,日月递照,四时代御,阴阳大化,风雨博施,万物各得其和以生,各得其养以成。"①由于中国智慧美学并不认为自然界充满血腥的生存斗争,理所当然也没有所谓宇宙的主宰,一切生物不过是各依其性自生自灭。如《庄子》有云:"天其运乎!地其处乎!日月其争于所乎?孰主张是?孰维纲是?孰居无事推而行是?意者其有机缄而不得已邪?意者其运转而不能自止邪?云者为雨乎?雨者为云乎?孰隆孰施?孰居无事淫乐而劝是?风起北方,一西一东,(有)[在]上彷徨。孰嘘吸是?孰居无事而披拂是?"②郭象有这样的阐释:"夫物事之近,或知其故,然寻其原以至乎极,则无故而自尔也。"③在庄子看来,自然规律是不运而自行,无心运行而自动的,并没有作为主宰的力量,一切生物不过各依其性而自行运作。各依其性而自生自灭所体现出来的和谐其实就是天地大美,如董仲舒所谓"举天地之道而美于和"④。

这并不意味着中国智慧美学无视自然界存在的生存斗争,其实如老子所谓道本身就是一个混沌未分的统一体,是包含着有与无、动与静、阴与阳等相反相成的对立存在,而且正是在诸如此类对立的基础上形成了所谓"和",最终生成了自然界的一切事物,这意味着将阴阳相冲相和看成一切事物乃至生命形成的原因及存在的前提。老子有云:"道生一,一生二,二生三,三生万物。万物负阴而抱阳,冲气以为和。"⑤阴阳虽然相互对立,但作为生命存在的方式却并不相互对立,而是和谐统一的,正由于和谐统一才生成并成就了生命的存在。中国智慧美学承认对立的存在,但更崇尚和谐,也许中医理论最能体现这一点,如《黄帝内经素问》之所谓:"阴阳者,天地之道也,万物之纲纪,变

---

① 《劝学》,王先谦:《荀子集解》下,中华书局 1988 年版,第 308—309 页。
② 《天运》,《南华真经注疏》下,中华书局 1998 年版,第 286—287 页。
③ 《天运》,《南华真经注疏》下,中华书局 1998 年版,第 287 页。
④ 董仲舒:《循天之道》,苏舆:《春秋繁露义疏》,中华书局 1992 年版,第 447 页。
⑤ 《老子奚侗集解》,上海古籍出版社 2007 年版,第 109 页。

化之父母,生杀之本始,神明之府也,治病必求于本。"①不仅如此,还强调阴阳和谐是生命存在的根本,阴阳失调乃至离决则可能导致疾病甚或死亡,如所谓:"凡阴阳之要,阳密乃固,两者不和,若春无秋,若冬无夏,因而和之,是谓圣度。故阳强不能密,阴气乃绝,阴平阳秘,精神乃治,阴阳离决,精气乃绝。"②中国智慧美学并不以对立双方的相互斗争,乃至以一方战胜另一方为最终目的,只是以通过调节使之和谐共存作为基本原则。中国智慧美学并不主张所谓优胜劣汰乃至适者生存,而是崇尚顺任自然,无所争执,无所争斗。因为四时自行,万物自生,这一切都自然而然,无须执著乃至斗争,只要顺任自然,就能繁荣昌盛。天网恢恢,疏而不漏,顺之则昌,逆之则亡。老子有谓"天之道,不争而善胜"③,认为最善于取胜的,往往并不致力于生存斗争,因为任何生存斗争必然导致有所损伤甚或两败俱伤,自然规律利而不害,如所谓"天之道,利而不害"④,这是因为自然规律无所利无所不利,甚或有利与无利平等不二,所以无须斗争,只要顺任自然,就能赢得胜利。即使对作为生存斗争的最为极端化形式的战争,中国人也崇尚"不战而屈人之兵,善之善者也"⑤。即使不得已发生了斗争乃至战争,也不认为如达尔文所主张的刚强战胜柔弱,而认为柔弱战胜刚强。在老子看来,人活着的时候筋韧,整个身体是柔活的,但死亡之后却变得僵硬。所以认为柔弱是生命存在的标志,坚强则是生命死亡的征兆,有谓"坚强者死之徒,柔弱者生之徒"⑥。正因为这个原因,《道德经》主张柔弱胜刚强,遗憾的是"柔之胜刚,弱之胜强,天下莫不知,莫能行"⑦,但这并不影响中国智慧美学强调顺任自然,守持柔弱而避免刚强的自然宇宙哲学智慧。

---

① 《阴阳应象大论篇》,《黄帝内经素问》,中医古籍出版社 1997 年版,第 7 页。
② 《生气通天论篇》,《黄帝内经素问》,中医古籍出版社 1997 年版,第 5 页。
③ 《老子奚侗集解》,上海古籍出版社 2007 年版,第 182 页。
④ 《老子奚侗集解》,上海古籍出版社 2007 年版,第 199 页。
⑤ 《谋攻》,曹操等:《十一家注孙子兵法校理》,中华书局 1999 年版,第 45 页。
⑥ 《老子奚侗集解》,上海古籍出版社 2007 年版,第 188 页。
⑦ 《老子奚侗集解》,上海古籍出版社 2007 年版,第 192 页。

除此之外,佛教美学也以所谓"五戒"的方式确立了人类必须尊重自然界一切生物生命的原则,这一原则的根本点就是不杀生。所谓不杀生,并不仅限于不杀人,同时还包括不杀虫鱼鸟兽等一切动物,不乱折花草树木等一切植物。这一戒律还发展为放生、禁绝肉食,奉行素食。也许释道世的阐释更详尽、明确,其云:"夫禀形六趣,莫不恋恋而贪生;受质二仪,并皆区区而畏死。虽复升沈万品,愚智千端。至于避苦求安,此情何异。所以惊禽投案,犹请命于魏君;穷兽入庐,乃祈生于欧氏。汉王去饵,遂感明珠之酬;杨宝施华,便致白环之报。乃至沙弥救蚁,见寿长生;流水济鱼,天降珍宝。如此之类,宁可具陈。岂容纵此无厌,供斯有待;断他气命,绝彼阴身。遂令报苦救终,衔悲向尽。天地虽广,无处逃藏;昊天既高,靡从启诉。是以经云:'一切畏刀杖,无不爱寿命。恕己可为喻,勿杀勿行杖。'"①如果说佛教主要通过诸如不杀生等戒律强调了人与自然和谐关系的伦理原则,以致建构了最具现代意义的完整生态伦理学体系,那么道家美学则通过所谓"至德之世"描述了人与自然和谐关系的美好图景:"故至德之世,其行填填,其视颠颠。当是时也,山无蹊隧,泽无舟梁;万物群生,连属其乡;禽兽成群,草木遂长。是故禽兽可系羁而游,鸟鹊之巢可攀援而窥。夫至德之世同与禽兽居,族与万物并,恶乎知君子小人哉!"②而且也阐述了可供操作的具体原则:"天下有常然。常然者,曲者不以钩,直者不以绳,圆者不以规,方者不以矩,附离不以胶漆,约束不以缠索。故天下诱然皆生,而不知其所以生;同焉皆得,而不知其所以得。故古今不二,不可亏也。"③可见道家美学崇尚齐物论,同样包括对自然界一切事物采取平等不二态度:不仅宽容和尊重事物的个性差异性,而且将顺任乃至张扬个性差异性看成自然界一切事物依其本性自由发展的基本法则。其实基督教虽然不同情自然界其他生物的生命,但其所勾画的"豺狼必与羊羔同食,狮子必吃草与牛一样,尘土必作蛇的食物。在我圣山的遍

---

① 释道世:《法苑珠林》第5册,中华书局2003年版,第2165—2166页。
② 《马蹄》,《南华真经注疏》上,中华书局1998年版,第196页。
③ 《骈拇》,《南华真经注疏》上,中华书局1998年版,第186—187页。

处,这一切都不伤人,不害物"①的理想图景,还是有一定相通性。

虽然中国智慧美学也有类似西方美学人是宇宙精华、万物精灵的观点,如《礼记》所谓"人者,其天地之德,阴阳之交,五行之秀气也"。"人者,天地之心也,五行之端也,食味、别声、被色而生者也"②,只是没有像古希腊乃至基督教那样发展到以人为本甚或标榜人类自尊的程度,而是基于对自然界一切生物生命的尊重,将"以天地为本"而不是"以人为本"作为基本出发点和立足点。如有所谓:"故圣人作则,必以天地为本,以阴阳为端,以四时为柄,以日星为纪,月以为量,鬼神以为徒,五行以为质,礼仪以为器,人情以为田,四灵以为畜。以天地为本,故物可举也。以阴阳为端,故情可睹也。以四时为柄,故事可劝也。以日星为纪,故事可列也。月以为量,故功有艺也。鬼神以为徒,故事有守也。五行以为质,故事可复也。礼仪以为器,故事行有考也。人情以为田,故人以为奥也。四灵以为畜,故饮食有由也。"③不仅如此,无论儒家、道家还是佛教美学都将与天地合德作为圣人理想的标志,如《周易》所谓:"大人者,与天地合其德,与日月合其明,与四时合其序,与鬼神合其吉凶,先天而天弗违,后天而奉天时。"④及程颢"仁者浑然与物同体"⑤和王阳明"仁者以万物为体"⑥等都体现了儒家美学的这一宗旨。除此之外,道家美学也将此作为圣人理想的基本特征,有所谓:"古之人其备乎! 配神明,醇天地,育万物,和天下,泽及百姓,明于本数,系于末度,六通四辟,小大精粗,其运无乎不在。"⑦佛教美学还将不杀生乃至尊重一切生物的生命看成实践慈悲平等思想、实现成佛目的的基本途径之一。道宣指出:"于三千界内,万亿日月,上至非想,下及无间,所有生类,并起慈心,不行杀害。或尽形命,或至成佛,长时类通,

---

① 《圣经·以赛亚书》,65∶25。
② 《礼运》,孙希旦:《礼记集解》中,中华书局 1989 年版,第 612 页。
③ 《礼运》,孙希旦:《礼记集解》中,中华书局 1989 年版,第 612—613 页。
④ 《乾文言》,李道平:《周易集解纂释》,中华书局 1994 年版,第 64—65 页。
⑤ 《遗书》,《二程集》上,中华书局 1981 年版,第 16 页。
⑥ 王阳明:《语录》三,《王阳明全集》上,上海古籍出版社 1992 年版,第 110 页。
⑦ 《天下》,《南华真经注疏》下,中华书局 1998 年版,第 605 页。

统周法界。此一念善,功满虚空,其德难量,惟佛知际,不杀既尔,余业例然,由斯戒德,故能远大。"①尊重自然界一切生命是中国智慧美学的共同精神,而且也是中国智慧美学的一个精神传统。这种传统即使在后来的发展中也没有被从根本上取消,如康有为也有这样的论述:"圣人之于群生,如慈母之抚婴儿,无论笑啼,但有爱怜,全无愠怒,争席则喜,遇难而安,故无量出入,绝无窒碍也。"②

其实中国智慧美学以天地为本而不以人为本,主要的根源在于中国人强调人与自然界一切生物乃至非生物平等不二。这种思想在儒家虽然未得到更高程度的发挥,但其"尽物之性"的观点事实上成功弥补了这一缺憾,如《中庸》有所谓:"唯天下至诚,为能尽其性,则可以赞天地之化育;可以赞天地之化育,则可以与天地参矣。"③荀子明确反对区别看待万物的狭隘和缺憾,有所谓:"凡万物异则莫不相为蔽,此心术之公患也。"④至于道家则明确主张对天地万物采取一视同仁的态度,如老子所谓"天地不仁,以万物为刍狗"⑤,即强调了自然界一切事物平等不二的思想,这是因为他在自然规律的高度强调了万物的同一性,如有谓:"天得一以清,地得一以宁,神得一以灵,谷得一以盈,万物得一以生,侯王得一以为天下贞。"⑥主张齐物论的庄子更是通过诸如"天地一指也,万物一马也"⑦,及"天地与我并生,而万物与我为一"⑧等明确阐述了人与自然平等不二、混而为一的观点。主张一切众生悉有佛性的佛教如僧肇所谓"天地与我同根,万物与我一体"⑨,同样主张人与万物为一体乃至平等不二。正是基于人与自然关系的这一基本态度和看

① 道宣:《广弘明集分篇序》,《中国佛教思想资料选编》第2卷第3册,中华书局1983年版,第397页。
② 康有为:《论语注》,中华书局1984年版,第2页。
③ 《中庸章句》,朱熹:《四书章句集注》,中华书局1983年版,第32页。
④ 《解蔽》,王先谦:《荀子集解》下,中华书局1988年版,第388页。
⑤ 《老子奚侗集解》,上海古籍出版社2007年版,第12页。
⑥ 《老子奚侗集解》,上海古籍出版社2007年版,第101页。
⑦ 《齐物论》,《南华真经注疏》上,中华书局1998年版,第36页。
⑧ 《齐物论》,《南华真经注疏》上,中华书局1998年版,第43页。
⑨ 僧肇:《涅槃无名论》,载张春波:《肇论校释》,中华书局2010年版,第209页。

法,使中国智慧美学有了西方美学所没有的广大和谐生命精神,如《中庸》有所谓:"天地之道,可一言而尽也。其为物而不贰,则生物不测。天地之道,博也,厚也,高也,明也,悠也,久也。"①但这并不意味着中国智慧美学就不利用自然,只是中国人并不以征服自然为目的,而是以尽物之性,以致使万物各依其性自由发展为终极目的。如余英时所说:"从这一看法出发,中国人便发展出'尽物之性''万物并育而不相害'的精神。中国人当然也不能不开发自然资源以求生存,因而有'利用厚生''开物成务'等等观念。但'利用'仍是'尽物之性',顺物之性,是尽量和天地万物协调共存,而不是征服。这是与西方近代对自然的态度截然相异之处。"②中国人利用自然的目的,虽然可能有为人自身服务的性质,但其基本原则却是利而不害。

正是基于对自然界及人与自然关系之不同于西方的认识,使中国智慧美学将解决自然问题的希望,不是如西方科学那样寄托于人与自然的新对话,也不是如基督教那样寄托于上帝对世界的重新创造,事实上如道家通过确立尊重自然界一切事物依其本性自由发展的行为准则,佛教通过确立尊重自然界一切生命的诸多戒律的努力,已在很大程度上为人们提供了可以用来强化人与自然和谐关系的具有可操作性和实践性的手段和措施,使人与自然和谐关系从很早时代起就已经成为一种现实层面的行为准则,而不是仅仅限于理想层面的一种未来憧憬。所以说中国智慧美学是一种早熟的美学似乎不为过。在黑格尔看来,思想的自由是哲学和哲学史起始的条件,"精神必须与它的自然意欲,与它沉陷于外在材料的情况分离开。世界精神开始时所取的形式是在这种分离之先,是在精神与自然合一的阶段,这种合一是直接的,还不是真正的统一。这种直接合一的境界就是东方人的存在方式。故哲学实自希腊起始"③。他有所不知的是,精神从来都与它所赖以存在的物

---

① 《中庸章句》,朱熹:《四书章句集注》,中华书局 1983 年版,第 34 页。
② 余英时:《从价值系统看中国文化的现代意义》,何俊编:《余英时学术思想文选》,上海古籍出版社 2010 年版,第 210 页。
③ 黑格尔:《哲学史讲演录》第 1 卷,商务印书馆 1959 年版,第 95 页。

质存在不可分割,所谓与物质存在分割开来的精神,也许并不是对物质存在及其本质的真实反映,恰恰可能只是人们将已有的某些观念甚或精神以所谓本质乃至真理方式强加于物质存在而已。如达尔文关于自然规律之优胜劣汰、适者生存的阐述,与其说全面揭示了自然界的本真状态,不如说是将亚里士多德乃至基督教所发明出来的以人为本而不是以天地为本的思想以所谓科学的方式强加于自然界,或借助科学方式图解印证了亚里士多德乃至基督教思想而已。也许古希腊以来西方哲学的最大缺憾就在于总是用诸如东方与西方、精神与物质、人与自然之类分别之心来武断地分析和割裂世界,虽然后来的西方现代哲学致力于消除诸如现象与本质、物质与意识、客体与主体之类令哲学至为棘手的一切二元论,但所有这些努力最终只能是将一种二元论转化成为诸如所谓自在与自为、有限与无限,以及有与无之类的另一种表面看来似乎更新的二元论而已。这种仍然执著于二元论思维方式和认知基础的哲学改造,事实上并不能从根本上避免西方哲学因为执著和取舍而导致的狭隘、片面和偏颇,充其量只能以无可奈何的方式宣告其终结而已。如此看来,中国乃至东方哲学的这种精神与自然的直接合一,至少不是一无是处,无足可取的,甚至可能有着西方古典哲学所没有的早熟特征。海德格尔所谓"哲学只有通过本己的生存之独特的一跃而入此在整体之各种根本可能形态中才动得起来"①的阐述,似乎在一定程度上肯定了这种将精神与物质直接合一进行整体性观照的合理性。可见对诸如精神与物质之类不作二元论分析和判断,认为人类精神世界之原始本心和现实世界的物质存在就其真如状态而言都平等不二的认识,可能更切合人类原始本心与事物本真状态的真实存在,更能有效避免西方哲学二元论思维方式和认知基础的根本缺憾,也许只有无所分别乃至取舍才可能是真正周遍无遗的,如郭象所谓"无是非,乃全也"②。看到了西方哲学必然终结命运的海德格尔似乎比黑格尔更明

---

① 海德格尔:《形而上学是什么?》,孙周兴编:《海德格尔选集》上,上海三联书店1996年版,第153页。

② 《齐物论》,《南华真经注疏》上,中华书局1998年版,第39页。

智、更大度,他是这样阐述的:"我们简直只能承认,一种哲学就是它所是的方式。我们无权偏爱一种哲学而不要另一种哲学——有关不同的世界观可能有这种偏爱。"①从这种意义上讲中国智慧美学对人与自然、精神与物质、东方与西方之类无所分别和取舍,所彰显的恰恰不是幼稚和浅薄,而是西方美学所没有的周遍含容、明白四达、平等不二的根本智慧。

正是因为无论哲学、宗教都对自然界其他生命乃至事物采取了广大和谐、一视同仁的态度,所以在中国智慧美学看来,人类与自然从来都不是矛盾对立的,人与天地并生,与万物为一,绝不仅仅是一种美学层面的阐述,"自然是人类不朽的经典,人类则是自然壮美的文字"②,"人的小我生命一旦融入宇宙的大我生命,两者同情交感一体俱化,便浑然同体浩然同流,绝无敌对与矛盾"③,也正因为这个原因,使中国人不再如西方那样因为人类对自然的任何微不足道的所谓胜利沾沾自喜,而将人文主义与自然主义融合一致,推原天地大美,展示自然界一切事物各依其性自由创化,以致将协和宇宙,参赞化育作为永恒艺术理想。这使中华民族成为世界上所有民族中最富有智慧,也最能以广大同情心与和谐生命精神统摄自然界一切事物,在冥合宇宙万物协和创化中深悟心体无滞、明白四达的智慧的民族,同时也成为世界上所有民族中通过默而识之方式体悟和发现自然界一切事物生命旋律的民族。如宗白华所说:"东西古代哲人,都曾仰观俯察探求宇宙的秘密。但希腊及西洋近代哲人倾向于拿逻辑的推理、数学的演绎、物理学的考察去把握宇宙间质力推移的规律,一方面满足我们理知了解的需要,另一方面引导西洋人,去控制物力,发明机械,利用厚生。西洋思想最后所获

---

① 海德格尔:《哲学的终结和思的任务》下,孙周兴编:《海德格尔选集》,上海三联书店 1996 年版,第 1243 页。
② 方东美:《中国艺术的理想》,《生生之美》,北京大学出版社 2009 年版,第308 页。
③ 方东美:《广大和谐的生命精神》,《生生之美》,北京大学出版社 2009 年版,第308 页。

着的是科学权力的秘密。中国古代哲人却是拿'默而识之'的观照态度,去体验宇宙间生生不已的节奏,泰戈尔所谓旋律的秘密。""而把这获得的至宝,渗透进我们的现实生活,使我们生活表现礼与乐里,创造社会的秩序与和谐。我们又把这旋律装饰到我们日用器皿上,使形下之器启示着形上之道(即生命的旋律)。"①应该看到,方东美、宗白华对中国智慧美学人与自然和谐关系的阐述乃至称赞,并不仅仅是一种单纯的民族情结,更是对人与自然平等不二宇宙万物本真状态的一种深刻把握。

西方人总是寄希望于科学的进步和发展,认为既然自然界一切生物都通过弱肉强食的生存斗争获得发展,那么人类的发展最终也得依赖科学的进步和发展,依赖通过人类认识和征服自然的胜利赢得人类自身的最终发展,及生存所需要的自尊与信心。也正因为科学发展到今天并不能成功解释和征服自然界一切事物,所以往往通过求助于宗教救赎的方式,企图借助上帝之手解决科学至今无能为力的事情。中国人既然认为自然界一切事物本来都平等不二,也无须进行你死我活的斗争,所以也不把人类获得自由解放的希望完全地寄托于科学乃至宗教。中国人虽然也将人类自由解放的希望一定程度上寄托于科学的进步和发展,但总是能够清醒地认识到科学只能解决某些具体问题,并不能从根本上解决人类生命自由解放的整体问题,所以中国人从来不认为科学就是全知全能乃至能够包揽一切问题的灵丹妙药,也从来不将科学所无能为力的问题寄希望于宗教。这虽然不是说中国人从来没有宗教信仰,但中国的宗教信仰,从来不将诸如佛祖之类神灵视为至高无上的宇宙创造者,更不认为信仰佛祖就能获得真正自由解放。中国人认为要获得生命的自由解放归根结底得依靠自己,除此之外别无他法,中国人往往将发现自身本来存在的平等不二原始本心,作为自我生命获得自由解放的唯一途径和方法。中国人虽然也曾信仰过佛祖,但

①　宗白华:《中国文化的美丽精神往那里去》,《宗白华全集》第2卷,安徽教育出版社1994年版,第400—401页。

从来不相信佛祖能灭度众生,使众生获得解脱,而是认为真正能使自己获得灭度和解脱的只能是人类自己。中国人虽然也可能信仰佛祖,但这仅仅是信仰,而且这种信仰并不是迷信,更不是束缚,所以那些呵佛骂祖的人,不见得就是狂妄之徒,恰恰被视为深谙佛理的人。既然人类的自由解放并不是真正来自人类对自然界一切事物的征服和利用,而是来自对平等清净不二原始本心的彻悟,那么尊重自然界一切事物,对一切事物一视同仁,利而不害,能够尽人之性,尽物之性,毫无疑问就是中国智慧美学对待自然界一切事物的基本态度,同时也是中国人长期以来对平等不二原始本心乃至宇宙万物本真状态深切体悟的结果,所以中国智慧美学自然宇宙哲学智慧的根本点其实就是人类平等不二原始本心。

中国虽然没有取得类似西方自然科学那样具有影响力的自然哲学,但也没有像西方自然科学那样由于割裂甚或夸大人类与自然的对立关系而陷入可悲的孤立处境,更没有因为这种孤立研究陷入抹杀自然界一切存在物整体图景和生命特质的困惑之中。中国智慧美学虽然强调和谐,但并不否认敌对的存在,也不像西方科学、哲学和宗教那样宣扬人与自然的矛盾对立,也不以人与自然的矛盾对立,及人类征服和利用自然作为生产力发展的标志,更不以此作为人类赢得自尊乃至自信心的手段,即使承认存在着某种程度的矛盾斗争,也绝对不会像西方那样将其阐述为弱肉强食甚或你死我活的生存斗争,及优胜劣汰甚或刚强胜柔弱的斗争法则,更不会发展到宣扬强力甚或暴力的程度,而是主张和为贵,将利而不害、不争而善胜作为处理人与自然关系的基本准则。即使不得已发生斗争,也不是寄希望于刚强胜柔弱之类斗争法则,而是崇尚柔弱胜刚强。中国智慧美学虽然也宣称人类是天地之心,五行之秀气,但并不由此发展成所谓以人为本的思想,也不将自然作为人类征服和利用的对象,更不将战胜自然看成人类实现自尊乃至独立的标志,而是崇尚以天地为本,将与天地合德,顺任自然,尽物之性,参赞化育作为根本精神,即使利用厚生也往往坚持利而不害的基本准则。所以中国智慧美学从来不是以人为本,而是以天地为本。这就是中国智慧美学自然宇宙哲学智慧的核心内容,同时也是圣人人格理想养成阶段基本心理特征的体现,甚至可以说所谓自然宇宙哲学智慧也往往体现为圣人的哲学智慧。

中国智慧美学并不执著于自然界的对立,也不执著于自然界的和谐,既不执著于人与自我、社会、自然的对立,也不执著于人与自我、社会、自然的和谐,而是认为对立与和谐平等不二,往往具有西方美学所没有的周遍含容、明白四达和平等不二的智慧美学精神。西方近年来虽然出现了"协同学",而且很大程度上弥补了以亚里士多德、基督教、达尔文等为代表的哲学、宗教、科学思想的局限,强调了自然界一切生物之间的协同关系,但由于只限于生物范畴,不能拓展至非生物,也未能从根本上摆脱诸如人与自然竞争与协作之类有所分别和取舍的二元论思维方式和认知基础的束缚。比较来说还是中国智慧美学既通过所谓"尽物之性""以万物为刍狗",乃至"普度众生"实际上包括了所有生物和非生物,而且通过对人与自然竞争与协作之类平等不二的不二论思维方式和认知基础的张扬,很大程度上彰显出广大和谐的自然宇宙哲学智慧。

第六章 中国智慧美学的认知方式和学术品质

人们总是强调向书本学习获得间接经验，向实践学习获得直接经验，却忽略了向本心学习获得本体经验。中国智慧美学认知方式的一个重要特征，是看重借助书本的解悟及依赖实践的证悟，更倾向于自见本心的彻悟。重视间接经验、直接经验，更重视本体经验，因此使中国智慧美学的学术品质体现为小乘智慧、中乘智慧和大乘智慧三个层次。

一、中国智慧美学的认知方式

中国智慧美学历来强调觉悟，而且将觉悟看成获得智慧的基本途径和方式。具体来说，最初步、最基本的认知方式是通过阅读获得解悟，更高层次的认知方式是通过实践获得证悟，最理想同时也最透彻的认知方式是通过明心获得彻悟。这三种方式都能达到觉悟,但程度有所不同。阅读解悟是觉悟的最初阶段,也是最基本的阶段,实践证悟是觉悟更实际也更有效的阶段,至于明心彻悟,才是觉悟的最终阶段,也是最透彻的阶段。

王畿对入悟有较为系统的阐述,其观点是:"君子之学贵于得悟,悟门不开,无以证学。入悟有三:有从言而入者,有从静坐而入者,有从人情事变练习而入者。从言而入,谓之解悟,学之初机也;从静坐而入,得自本心,谓之心悟;从练习而入,无所择于境,谓之彻悟。"①王畿认为从言语乃至阅读获得的觉悟为解悟,同时也是觉悟的初级阶段或第一层次;但他将从静坐乃至明心见性获得觉悟即所谓心悟看成发展阶段或第二层次,将从练习乃至实践获得觉悟称之为彻悟,且作为终极阶段或第三层次,这事实上就颠倒了后二者的关系。在王畿看来,从言语和静坐悟入都是有条件的,唯独练习悟入无条件。其实恰恰阅读和实践有所依赖、有条件,而唯独心悟也就是明心见性的悟入才无条件,因为事实上饥来饮食,困来睡眠乃至行住坐卧都可以悟入,不一定必须静坐才能获得,而且往往最为直接透彻。所以禅宗尤其慧能更强调明心见性的彻悟。

一是"读书百遍,其义自见"的阅读解悟方式。阅读解悟虽然有些并不直接,且得付出较为艰巨劳动,但却是一般人必须经过的识解和认知阶段及方式。这主要因为它是识解和认知的基础甚或开始。古代许多人实际上都十分强调这一阶段,如孔子有云:"吾尝终日不食,终夜不寝,以思;无益,不如学也。"②不仅如此,他确实也以学习作为乐趣,有所谓:"学而时习之,不亦说乎?"③可见学习乃至阅读解悟确实是获得智慧的最基本也最常见的途径和方式。事实上许多人的觉悟都建立在阅读解悟的基础之上,或者都以阅读解悟作为基本途径。据资料记载,孔子本人也正是通过阅读《周易》等获得了天地自然规律,及人事

---

① 《龙溪会语》,《王畿集》,凤凰出版社2007年版,第740页。
② 《论语集注》,朱熹:《四书章句集注》,中华书局1983年版,第167页。
③ 《论语集注》,朱熹:《四书章句集注》,中华书局1983年版,第47页。

吉凶祸福变化规律。《史记·孔子世家》和《田敬仲完世家》均记载"孔子晚而喜《易》"，其中《史记·孔子世家》还说孔子"读《易》，韦编三绝"①。帛书《要》也载"夫子老而好《易》，居则在席，行则在橐"。且记述孔子有这一观点："夫《易》，刚者使知惧，柔者使知刚，愚人为而不忘，渐人为而去诈。"记载孔子阅读"至于'损''益'一卦，未尝不废书而叹，诫门弟子曰："二三子，夫'损''益'之道，不可不审察也，吉凶之门也。"又慨叹："'损''益'之道，足以观天地之变而君者之事已。是以察于'损''益'之变者，不可动以忧喜。故明君不时不宿，不日不月，不卜不筮，而知吉知凶，顺于天地之心，此谓《易》道。"②而且帛书《要》关于孔子基于《周易》"损""益"二卦阅读解悟的记载，恰与《淮南子·人间》《说苑·敬慎》《孔子家语·六本》等文化典籍相印证，只是具体内容略有不同，都无疑记载了孔子通过阅读《周易》获得解悟，并以此达到对自损者益、自益者损的天地自然规律的认知的事情。应该说孔子的阅读解悟有多种途径和渠道，但晚年似乎更热衷于《周易》，而且通过多次阅读才真正解悟，这意味着年轻时候的多次阅读并未真正解悟，所以才有"加我数年，五十以学易，可以无大过矣"③的追悔之词。这是孔子经历了大半生仕途乃至政治追求的曲折之后的悔悟。因为《周易》是阐述天地人三才的基本原则与规律的，既有对自然规律的阐述，也有对社会人事变化以及自我修养提升诸方面规律与原则的阐述。阅读《周易》显然能增长智慧，使人生少些曲折甚或挫折。孔子虽然可能阅读较早，但并未真正入悟，只是到大概六十岁之后，才对《周易》尤其《损》《益》等卦有所解悟。这也就是说一般阅读如果没有生活经验的积累，是不可能达到真正解悟的，假若孔子没有周游列国屡遭挫折，也不可能至晚年才解悟《周易》。所以阅读解悟虽然表现为对经典的阅读和识解，但一般的识解可能并不是真正的解悟，真正的解悟还得依

---

① 司马迁：《史记》，中华书局2009年版，第329页。
② 《帛书〈要〉释文》，廖名春：《帛书〈周易〉论集》，上海古籍出版社2008年版，第388—389页。
③ 《论语集注》，朱熹：《四书章句集注》，中华书局1983年版，第98页。

靠实践体验甚或证悟。所以孔子对《周易》的深切解悟，不仅与日积月累的"居则在席，行则在橐"的反复阅读密切相关，而且也与周游列国屡遭挫折有关，只是阅读乃至烂熟于心，也可能起了关键作用。所谓阅读解悟，并不是一般意义的阅读识解，而是存之于心，化入人们潜意识乃至无意识，使人们在不知不觉地受到潜移默化，如老子所谓"上德不德，是以有德；下德不失德，是以无德"①，也就是让阅读所获得的智慧甚或道德化入人们的无意识层面，虽然并不在意识层面有意执著，但在无意识之中仍不违背解悟甚或道德的基本内容和规范。这也就是：高层次的阅读解悟常常使解悟与身体合而为一，虽然在意识层面有所遗忘，但实际行动丝毫不违背其内容和原则；低层次的阅读解悟，虽然在意识层面唯恐丢失解悟的内容和原则，但真正遇到事情，需要决策和行动的时候，总是忘得一干二净。可见实践证悟是使阅读解悟化入人们的潜意识乃至无意识的有效途径和方法。

阅读解悟除了得益于实践证悟，也可能得益于博学多识。因为狭隘的阅读范围常常限制人们思维乃至识解的范围，甚至可能导致知识结构甚或人格结构的残缺不全。在学术研究方面也是如此，限于特定专业或学科的阅读往往导致孤陋寡闻，甚或偏见和愚见。W.I.B.贝弗里奇《科学研究的艺术》也有这样的观点："阅读不应该局限于正在研究的问题，也不应局限于自己的学科领域，实在说甚至不应拘于科学本身。"②有些阅读解悟表面看来看似与广博阅读无关，但这种广博的阅读事实上潜移默化地发挥着作用，而且在很大程度上帮助人们达到真正的解悟。如太虚法师虽然是因为阅读《大般若经》而觉悟，但他从幼年时候便受到了外婆清修的影响，而且还广泛阅读佛教乃至佛教以外的许多书籍。虽然并不系统，也未抓住经典的阅读没有使太虚直接获得解悟，但这一解悟一旦形成，以前杂乱无章的阅读便随之系统化、明了化，以致使其解悟达到触类旁通、豁然开朗的程度。如其所云："起

---

① 《老子奚侗集解》，上海古籍出版社2007年版，第97页。
② W.I.B.贝弗里奇：《科学研究的艺术》，科学出版社1979年版，第4页。

初一两个月,我专在《大藏》中,找《梦游集》《紫柏集》《云栖法汇》及各种经论等,没系统地抽来乱看。"后来得老法师"由经而律、而论、而杂部"的开导,"我耸然敬听之,从此乃规定就目力所能及,端身摄心看去。依次日尽一二函,积月余《大般若经》垂尽,身心渐渐凝定。一日,阅经次,忽然失却身心世界,泯然空寂中灵光湛湛,无数尘刹焕然炳现如凌空影像,明照无边。座经数小时如弹指顷,历好多日身心犹在轻清安悦中。数日间,阅尽所余般若部,旋取阅《华严经》,恍然皆自心中现量世界"。"从此,我以前禅录上的疑团一概冰释,心智透脱无滞,曾学过的台、贤、相宗以及世间文字,亦随心活用。悟解非凡"①。可见,阅读解悟虽然可能得益于特定经典,但这也可能仅仅是一个诱因,早先阅读的其他书籍也可能潜在地发生间接作用。可见,解悟虽然可能总是因为某一特定经典的阅读而完成,但这仅仅体现了瓜熟蒂落的成果,并不能体现瓜在成熟过程中所经过的栽种、施肥、浇灌等工作。广博阅读至少可以减少孤陋寡闻可能导致的视野乃至识解方面的缺憾,至少可以避免因为不能触类旁通而导致的井蛙之见。

要真正达到阅读解悟,至为重要的还是源自内心的解悟。甚至可以说,真正使阅读解悟得以实现的根本原因是源自内心的彻悟。没有这个彻悟,任何实践经验以及广博书本经验都毫无意义,至少对形成真正意义的阅读解悟没有价值。这是因为实践证悟只是强化了对阅读解悟的理解,化间接经验为直接经验,以致巩固了阅读解悟的成果,广博阅读也只是帮助完成了阅读解悟,使阅读解悟免于片面化、浅表化,而真正使阅读达到解悟的更重要的原因还是源自内心的彻悟,正是这种源自内心的明心彻悟才真正能够化识解为知解,化知识为智慧。《庄子》有云:"口彻为甘,心彻为知,知彻为德。"②如陆象山是阅读《孟子》获解悟的,其《年谱》有载:"一日,读《孟子·公孙丑章》,忽然心与相应,胸中豁然苏醒。"③也正是这次阅读解悟奠定了陆象山一生思想的

---

① 《太虚自传》,《太虚文选》下,上海古籍出版社 2007 年版,第 1838 页。
② 《外物》,《南华真经注疏》下,中华书局 1998 年版,第 531 页。
③ 《年谱》,《陆九渊集》,中华书局 1980 年版,第 489 页。

基本观点甚或核心内容。有谓:"先生之学,得诸孟子,我之本心,先明如此。未识本心,如云翳日,既得本心,元无一物。"①真正建立在内心知解基础上的阅读解悟常常不必过分执著于具体文字。如《庄子》所谓:"虽有大知,不能以言读其所自化,又不能以意气所将为。"②明智的办法只能是得意忘言,如《庄子》所云:"筌者所以在鱼,得鱼而忘筌;蹄者所以在兔,得兔而忘蹄;言者所以在意,得意而忘言。"③也许陶渊明所谓"好读书不求甚解;每有会意,辄欣然忘食"④的自述,并不是说陶渊明未达到识解,而是说他得力于源自内心的知解,便不再执著于文字。另如张载亦有所谓"心解则求义自明,不必字字相校"⑤的观点。比较而言,《坛经》所载慧能的经历及观点更典型:"志略有姑为尼,名无尽藏,常诵《大涅槃经》。师暂听,即知妙义,遂为解说。尼乃执卷问字,师曰:'字即不识,义即请问。'尼曰:'字尚不识,焉能会义?'师曰:'诸佛妙理,非关文字。'"⑥因为文字乃至书本只是记载了圣贤自己的智慧,并不能代替人们的自悟。阅读所得仅仅是一种识解,充其量只能增加人们的知识,并不能增加人们的智慧。知识依赖积累,但智慧依赖削减,只有将所学知识削减到无知乃至无所不知的程度,才能自然获得智慧。这也可能就是老子"为学日益,为道日损"⑦的真正内涵。只有将遮蔽原始本心的一切知识乃至识见障碍削减乃至清除尽,才能使原始本心自然呈现甚或澄明,以致获得智慧。这也就是所谓"吾人只求日减,不求日增,减得尽便是圣人"⑧。既然文字不一定记载真正的智慧,至少不能直接成为人们的智慧,所以执著于文字记载,只能增加自己的知解负担,甚至为体悟智慧设置障碍。只要能够自悟,并不一定依

① 《年谱》,《陆九渊集》,中华书局1980年版,第524页。
② 《则阳》,《南华真经注疏》下,中华书局1998年版,第516页。
③ 《外物》,《南华真经注疏》下,中华书局1998年版,第531页。
④ 陶渊明:《五柳先生传》,《陶渊明集》,中华书局1979年版,第175页。
⑤ 《经学理窟》,《张载集》,中华书局1978年版,第276页。
⑥ 《坛经》,《禅宗七经》,宗教文化出版社1997年版,第344—345页。
⑦ 《老子奚侗集解》,上海古籍出版社2007年版,第123页。
⑧ 《九龙纪诲》,《王畿集》,凤凰出版社2007年版,第57页。

靠甚或执著于阅读解悟,阅读充其量只是帮助人们获得自悟的线索和契机,并不一定能够促成人们真正解悟,所以慧能否定文字乃至书籍的目的正在于帮助人们达到悟解。

只是对大多数人来说,也许还是"书读百遍,其义自见"更符合实际。颜元对此有自己的体会,他说:"读书如炼丹,初时烈火煅煞,然后渐渐慢火养,又如煮物,初时烈火煮了,却须慢火养。读书初勤敏着力,子细穷究,后来却须缓缓温寻,反复玩味,道理自出。"①阅读解悟得反复阅读,还得反复体悟。许多书籍尤其经典,可能并不是阅读一两遍就能读懂的,有些甚至得一两个月,一两年,甚至大半生时间才能读懂,有些甚至终其一生也不一定读懂。越是蕴藏深刻而丰富智慧的经典越往往需要终其一生阅读体悟。所谓经典之所以常读常新,也就是每次阅读都可能有更透彻的解悟,但每次所获解悟都不可能达到终极解悟。也许《楞严经》的阐述更透彻,有所谓:"悟则无咎,非为圣证。若作圣解,则有一分好轻清魔入其心腑,自谓满足,更不求进,此等多作无闻比丘,疑误众生,堕阿鼻狱。"②每次解悟都没有咎害,但如果将其看成唯一正确的终极解悟,则势必存在谬误。西方美学对此也有深刻体会,如第·D.却尔有这样的阐述:"一部作品可能只有一个正确的解释,而它的意味则是无穷无尽的。"③既然作品的意义是无穷无尽的,那么这个唯一正确的解释只能是能够概括一切意义的阐释,正如 J.E.D.赫什所说:"最正确的阐释就是最能'涵盖一切'的批评"④。既然所有作品的意义都无法穷尽,那么绝对意义的能够穷尽一切可能涵盖的意义的阐释当然是不存在的。这也就是说所有阐释都可能是不完全的,都可能无法真正穷尽作品的所有意义。因此也就没有真正意义的唯一正确

① 《存学编》,颜元:《习斋四存编》,上海古籍出版社 2010 年版,第 137 页。
② 《楞严经》,《禅宗七经》,宗教文化出版社 1997 年版,第 249 页。
③ 第·D.却尔:《解释:文学批评的哲学》,胡经之、张首映:《西方二十世纪文论选》,第 3 卷,中国社会科学出版社 1989 年版,第 398 页。
④ J.E.D.赫什:《客观阐释》,胡经之、张首映:《西方二十世纪文论选》第 3 卷,中国社会科学出版社 1989 年版,第 428—429 页。

的终极阐释。既然没有唯一正确的终极阐释,如果将所有暂时性阐释看成终极阐释就势必导致谬误。因此所有阅读解悟都不可能是唯一正确的终极解悟,都可能只是一种暂时性认知,于是正确看待这种有所不知的阅读解悟才可能是明智的,也是富于智慧的。陆象山的观点似乎有借鉴意义。他说:"读书不必穷索,平易读之,识其可识者,久将自明,毋耻不知。"①可见存在不能阐释的意义,以及并非终极阅读解悟的情形都是正常的,无须隐瞒,而且也正因为敢于承认,才可能更具有智慧。

惟其如此,所谓阅读解悟就是这样一种认知方式,是有意识的觉悟目的与某些经典乃至圣人前贤特定阐述的不期然契合所达到的觉悟。这种觉悟虽然看似仅仅依赖于某些特定阐述,似乎是这些在他人看来极其寻常的阐释引发了人们的觉悟,而且有着偶然性,但此前长时间有意识乃至无意识地致力于觉悟的动机确实发生了潜在作用,是久旱逢霖甚或干柴碰上猛火而达成的顿然浸润或燃烧,是所谓十月怀胎而一朝分娩。只是这种偶然性往往来源于圣贤的某些阐述,是这些看似寻常的阐述产生了不寻常的作用。

二是"如人饮水,冷暖自知"的实践证悟方式。人们总是投机取巧,试图通过阅读解悟轻易举获得源自本心的彻悟,事实上即使许多圣贤也往往通过日积月累的琐碎生活乃至柴米油盐之类的辛劳操持才获得源自内心的体悟。马一浮这样阐述道:"尽己之分,即是自性功德也。世俗所目为卑贱劳苦之事,古之圣人皆躬为之。于此,能堪透日用间皆可得力,即便出苦矣。"②这是因为仅仅得到阅读解悟是不够的,充其量只是获得了一种间接的书本经验,并不能成为自身的切身经验,仍然有较为肤浅甚或模糊的缺憾。要使第一阶段所获得的阅读解悟得到实践印证,成为自身的实践经验,还得付诸行动,在日常生活实践中得到检验和印证。这是使间接的书本经验转换为直接实践经验的至为重

---

① 陆九渊:《语录》下,《陆九渊集》,中华书局 1980 年版,第 471 页。
② 马一浮:《尔雅台答问续编》,马镜泉校:《中国现代学术经典·马一浮卷》,河北教育出版社 1996 年版,第 504 页。

要的环节。这种源自实践检验和印证的觉悟，也就是实践证悟。实践证悟实际上往往表现为对阅读解悟的实践检验与印证。与阅读解悟有所不同的是，不是得益于圣贤的某些阐述，而是生活实践的某些机缘。这些机缘可以是一种自然现象，诸如鲜花盛开、长空雁叫，或者人为事件，诸如瓦砾与竹子的撞击声、茶杯坠地的撞击声等，或者其他人事变故等。总之这种生活实践中的外在机缘本身可能极其寻常，甚至司空见惯，也许对许多人来说，可能无动于衷，但对有准备的心灵而言，则可能是石破天惊的伟大事件。因为正是这种极其司空见惯的日常生活事件乃至现象触动了有准备的心灵，使其完成了人生脱胎换骨式的革命，使其从芸芸众生跃然成为有智慧的圣贤。

这种司空见惯的自然现象和生活事件之所以有着非同寻常的作用，关键在于有准备的心灵。这实际上是实践证悟的主要原因和条件。正是这种有准备的心灵适逢特定机缘促成了脱胎换骨式精神革命。表面看来，德山宣鉴禅师的觉悟得益于龙潭的点燃纸烛而又吹灭的举动，如《五灯会元》所载，德山宣鉴禅师离开龙潭时嫌外面黑，潭便"点纸烛度与师。师拟接，潭复吹灭"，"师于此大悟"①。实际上德山宣鉴禅师的觉悟还得力于他长时间的内心体悟，以及百思不得其解的困惑。因为此前已发生过一系列事件：一是德山宣鉴禅师因为精熟《金刚经》及其他经律而有"周金刚"之誉。这意味着他已经历过阅读解悟这一阶段，对诸如《金刚经》等有一定信解，只是由于不满南禅"直指人心，见性成佛"而发誓"搂其窟窿，灭其种类，以报佛恩"，于是担着书稿出蜀。这说明德山宣鉴禅师因为精熟《金刚经》等而有自得之心。二是路遇一婆子卖饼，便歇担而买点心，于是发生了这一事件：婆指担问这是甚么文字？德山宣鉴禅师答《青龙疏钞》。婆子问讲的是甚么经，德山宣鉴禅师答《金刚经》。婆又说："我有一问，你若答得，施与点心，若答不得，且别去。《金刚经》道：'过去心不可得，现在心不可得，未来心不可

---

① 《龙潭信禅师法嗣·德山宣鉴禅师》，普济：《五灯会元》中，中华书局 1984 年版，第 371 页。

得。'不知上座点那个心?"德山宣鉴禅师无言以对。这第二件事,使得原本自以为精熟《金刚经》达成阅读解悟的德山宣鉴禅师产生困惑:主要是《金刚经》不可得之经文与其自得之心发生抵触甚或冲突,使其无法应答而暴露出精神困惑。三是初到龙潭,怨不得在法堂直见龙潭,以致有"及乎到来,潭又不见,龙又不现"①的牢骚。这流露出德山宣鉴禅师因为精熟《金刚经》等产生的自得之心,仍未完全减灭。正是因为这三件事,使德山宣鉴禅师从执著《金刚经》的自信,到与经文发生抵触的困惑及龙潭不见的动摇,使其自得之心日益受到打击,其精神困惑日益得到加重,于是得遇点而复吹的事情便随即觉悟。也许龙潭的这一看似不经意的举动恰恰是为了暗示甚或启发德山宣鉴禅师破除自得之心,也许正是因为龙潭信禅师的点纸烛与复吹灭,使得德山宣鉴禅师得以体会到真正的觉悟只能依靠自己,不能寄希望于师傅的接引,更不能执著于诸如黑明之类的色相分别,执著于得与不得之心的分别,而在于自心的无所执著乃至无所分别。这就使得以前所有自得之心顿然释解,才发生了脱胎换骨式精神革命而达证悟。

实践证悟不同于书本解悟的特点,并不仅仅是书本解悟主要源自书本的启发,实践证悟主要源自实践的启发,还在于书本解悟仅仅是思想的接受和识解,实践证悟才是思想的检验与印证。因此实践证悟是一种较之书本解悟更深刻的精神革命。如果说书本解悟所引发的精神革命是浅表化的,那么实践证悟所产生的精神革命则至为深刻。一般来说,书本解悟仅仅是实践证悟的基础,实践证悟才是书本解悟的深化。这也许仅仅是一种理论上的阐述,真正发生的觉悟可能二者相辅相成。也就是说,一般的书本解悟虽然主要得益于书本,但源自生活实践的经验同样十分重要,正是这些生活经验帮助人们达到了对书本的真正解悟,如果没有得益于生活实践的经验,要实现真正的书本解悟事实上是不可能的,而且源自生活的实践经验越丰富,越有利于对书本达

---

① 《龙潭信禅师法嗣·德山宣鉴禅师》,普济:《五灯会元》中,中华书局1984年版,第371—372页。

到深刻解悟。实践证悟,虽然主要得益于生活实践,但没有一定的书本解悟作为基础,同样不可能实现。所以虽然诸如点燃纸烛复又熄灭的现象司空见惯,但如果没有德山宣鉴禅师对《金刚经》的书本解悟,及卖点心婆子引用《金刚经》的发问,也不会使德山宣鉴禅师意识到《金刚经》不可得之经义与自得之心的矛盾,也不会使其自得之心发生真正动摇,所以龙潭点而覆灭的举动也就不会使德山宣鉴禅师达到实践证悟。但如果没有婆子的发问及龙潭的举动,德山宣鉴禅师对《金刚经》的书本解悟不仅可能肤浅,甚至可能错误,至少是不得要领的。所以真正深刻的书本解悟常常建立在实践证悟的基础之上,很大程度上得益于实践证悟,诸如孔子和太虚的阅读解悟之所谓至为深刻透彻,关键还是得益于实践证悟。所以实践证悟在很大程度上比阅读解悟更重要,颜元对此有明确认识:"学不在颖悟诵读,而期如孔门博文、约理,身实学之,身实习之,终身不懈者。"①他进一步论述道:"读尽天下书而不习行六府、六艺,文人也,非儒也。尚不如行一节、精一艺者之为儒也。"②阅读解悟的目的在于身体力行,身体力行的目的在于经世致用,在于发挥社会作用,如周敦颐有云:"圣人之道,入乎耳,存乎心,蕴之为德行,行之为事业。"③否则充其量只能是一种知识积累或修养完善,不能说对社会有作用。所谓"主敬以立其本,穷理以致其知,反躬以践其实"④,将立本、致知、躬行相提并论,且以躬行为最终目的,也是这个道理。

实践证悟并不直接得益于经典阅读,而得益于生活实践的某种机缘。这种机缘可能是偶然的,也不是在任何情况下都能使人们得以证悟的。但这种机缘一旦与有准备的心灵相遇就可能发生心灵的碰撞,乃至觉悟的飞跃。虚云和尚是因为护七冲开水时不小心将水溅在他的手上,茶杯随之坠地粉碎而开悟的。但这仅仅是他开悟的一个偶然机

---

① 颜元:《存学编》,《习斋四存编》,上海古籍出版社2010年版,第86页。
② 颜元:《存学编》,《习斋四存编》,上海古籍出版社2010年版,第86页。
③ 周敦颐:《周子通书》,上海古籍出版社2010年版,第41页。
④ 颜元:《存学编》,《习斋四存编》,上海古籍出版社2010年版,第115页。

缘,真正使其觉悟的根源还是长期以来有所准备的心灵,但并不是有准备的心灵都能得到实践证悟。可能是接二连三发生的生活事件最终促成了某一偶然机缘的决定性作用的真正发生。虚云老和尚虽然得益于茶杯坠地这一偶然事件,但此前发生的诸如坠水事件使其奇迹般化险为夷,身患重病而最终痊愈,以及其他自然现象等,使他最终能通过极其寻常的生活事件得以达到证悟。他自述道:"至腊月八七第三晚六枝香开静时,护七例冲开水,溅予手上,茶杯堕地,一声破碎,顿断疑根,庆快平生,如从梦醒","此次若不坠水大病,若不遇顺摄逆摄、知识教化,几乎错过一生,哪有今朝!因述偈曰:杯子扑落地,响声明沥沥。虚空如粉碎也,狂心当下息。又偈:烫着手,打碎杯,家破人亡语难开。春到花香处处秀,山河大地如如来。"①从虚云和尚自述可以看出,他虽然得益于杯子坠地而粉碎的偶然事件达到实践证悟,但除此之外连续发生的诸如坠水事件等也是促成其最终达到实践证悟的原因。可见,偶然事件仅仅是达到实践证悟的表面机缘,事实上接二连三发生的生活事件连续发生作用,最终因为量变引起了质变。这个偶然的证悟机缘仅仅是量变引起质变的度和临界点,正是位于这一度和临界点的偶然事件乃至机缘往往有着异乎寻常的价值和意义。导致某一结果的原因总是多方面的,但在这些众多原因中,总有一种原因非常荣幸地被认为是这一神圣使命的最终促成者。虽然众多机缘最终共同促成实践证悟的发生,但在这些众多机缘之中必定有一种机缘最终直接促成了这一实践证悟的发生。这正如一台计算机是经过很多人的共同努力完成的,但最终由组装的人使其得以完整成型。所以虚云和尚对一切空虚乃至三界唯心的实践证悟,显然是凭借茶杯坠地而完成的,但其他事件同样直接或间接发生过作用。

尽管不经意的机缘可能促成有准备的心灵因为这一极其偶然的机缘无意识获得实践证悟,这种实践证悟看似一次性完成,实际上是多次

---

① 《虚云和尚自述年谱》,虚云:《禅修入门》,江苏文艺出版社 2009 年版,第211 页。

偶然事件和机缘间接发生作用的结果,只是这种间接作用一般并不为大多数人所认可。这种看似一次性的实践证悟,许多情况下甚至可能与所经历的多次证悟失败密切相关。王阳明对朱熹格物致知的觉悟,事实上经过多次证悟失败,如其年谱记载,年轻时"为宋儒格物之学。先生侍龙山公于京师,遍求考亭遗书读之。一日思先儒谓'众物必有表里精粗,一草一木,皆涵至理',官署中多竹,即取竹格之;沉思其理不得,遂遇疾。先生自委圣贤有分,乃随世就辞章之学"。后又"渐悟仙、释二氏之非",并经仕途坎坷,及生死变故,至贵州西北龙场,"自计得失荣辱皆能超脱,惟生死一念尚觉未化"。"日夜端居澄默,以求静一;久之,胸中洒洒。而从者皆病,自析薪取水作糜饲之;又恐其怀抑郁,则与歌诗;又不悦,复调越曲,杂以恢笑,始能忘其为疾病夷狄患难也。因念:'圣人处此,更有何道?'忽中夜大悟格物致知之旨,寤寐中若有人语之者,不觉呼跃,从者皆惊。始知圣人之道,吾性自足,向之求理于事物者误也。乃以默记五经之言证之,莫不吻合,因着《五经忆说》。"①从王阳明对格物致知的证悟来看,直接建立在阅读解悟基础上的证悟是失败的,正是这种屡遭失败的实践证悟及后来诸多人事变故,尤其仕途的坎坷,及生命的险难,才最终促成了他的实践证悟。生活的遭遇在许多情况下更能促成实践证悟的完成。对此王畿有记述:"先师自谓:'良知二字,自吾从万死一生中体悟出来。'多少积累在!但恐学者见太容易,不肯实置其良知,反把黄金作玩铁用耳。"②王阳明的证悟恰恰应了"众里寻他千百度,蓦然回首,那人正在灯火阑珊处"的诗句及境界。

早先对朱熹格物致知学说有过阅读解悟,但未经实践证悟,仍然不真切,至少因为不是源自内心的解悟,仍属于知识范畴,仍然肤浅。只有后来的人生变故与生活遭遇才最终促成了他源自内心的觉悟,使其超越来自知识范畴的认识最终成其为智慧。知识与智慧的区别在于,

① 王阳明:《年谱一》,《王阳明全集》下,上海古籍出版社1992年版,第1223—1228页。
② 《滁阳会语》,《王畿集》,凤凰出版社2007年版,第34页。

知识是对外在事物及其规律的知解,有着主体与客体、心与物之分别,智慧则打消了主体与客体、心与物的分别。王阳明起初之所以体悟格物致知有所不成,就是因为他将圣人之道乃至万物之理看成外在于人的客观存在,试图通过对某一外在事物的体悟达到对圣人之道乃至万物之理的体悟,所以只能以失败而告终。这实际上是试图在知识学层面达到智慧认识之失败。所以在历经诸多坎坷,乃至置之生死极限的情况下,才有可能真正斩断一般对主体与客体、心与物之分别的执著,达到心物不二的境界。也只有在这种境界,才能真正体悟天下无心外之物的智慧,于是知圣人之道乃至万物之理其实都存在于自性之中也就是所谓良知之中。王阳明证悟的成功完全得益于对心与物二分乃至对立的否定,以及对心物不二,及自性与圣人之道乃至万物之理不二的体认。

也许借助阅读所获得的只能是识解乃至知识,并不是真正的智慧,真正的智慧只能是源自内心的解悟。据《坛经》载,惠明得慧能"不思善、不思恶"的"本来面目"而言下大悟,又问"更有密意否",慧能当即回答:"与汝说者即非密意也。汝若返照,密在汝边。"惠明才真正识得"本来面目"而有"如人饮水,冷暖自知"的体悟①。其实慧能所谓"不思善不思恶"的"本来面目"就是清静不二之本心,惠明又问更有密意,其实是将智慧与本心有所分别与对立,于是慧能再次提醒:更有密意仍在于清静不二之本心。这是因为源自慧能清静不二之本心的体悟,对慧能来说是智慧,但当慧能说与惠明时,对惠明而言,仍属于知识范畴,只有经过惠明的心解,以致真正源自惠明清静不二本心的时候,才可能使惠明获得真正属于自己的智慧。由此可见,格物致知,对朱熹而言,的确是智慧,因为源自朱熹的内心体悟,但对王阳明来说,只能是一种知识,还得通过源自王阳明内心的体悟才能使其获得真正属于自己的智慧。因为执著于心物二分的证悟,只能以失败告终。只有王阳明有了源自本心的体悟,才能获得真正属于自己的智慧。理所当然,天下无

---

① 《坛经》,《禅宗七经》,宗教文化出版社 1997 年版,第 328 页。

心外之物,对王阳明来说真正源自本心,属于智慧范畴,但对其他人而言,仍属于知识范畴,其他人要证得真正属于自己的智慧,还得依赖自己源自本心的体悟。这种源自本心的体悟,其实就是彻悟。彻悟是不能依赖其他人的。

三是"单刀直入、直了见性"的明心彻悟方式。虽然真正意义的阅读解悟和实践证悟,最终都得依赖明心见性,才能达到对智慧的觉悟,都具有明心彻悟的性质,但毕竟有诸如经典的启迪与外在机缘的接引,正是这些外在事物的启迪与接引,才使其最终达到解悟或证悟。所以阅读解悟和实践证悟实际上是有条件的,是在很大程度上依赖于外在事物机缘的,明心彻悟方式虽然也可能得益于诸如书籍或其他机缘等外在事物的启迪与诱导,但主要还是依赖于源自本心的觉悟,很大程度上具有无条件,以及更直接、更透彻的性质。明心彻悟的最大优势也在于并不依赖于外在事物的机缘,以致很大程度上超越了经典及外在事物机缘的作用,主要依赖源自内心的悟解,更方便快捷、透彻通达。这也就是说,真正的明心彻悟常常是超越了经典及外在事物机缘的作用直接通过源自本心的知解所达到的对智慧的至为透彻的觉悟,较之阅读解悟与实践证悟,更直接、更便捷、更透彻。西方美学将这种明心彻悟方式常常描述为灵感甚或创造性直觉,如马利坦这样描述道:"诗性直觉既不能通过运用和训练学到手,也不能通过运用和训练来改善,因为它取决于灵魂的某种天生的自由和想象力,取决于智性天生的力量。它本身不能被改善,它只要求服从它。但是,诗人可以通过排除障碍物和喧闹声来更好地为它作准备或得到它。"①应该说明心彻悟有着与所谓诗性直觉或灵感基本相同的特点,至少并不依赖外在事物机缘尤其是后天训练,主要源自本心的智慧力量,并显得异常快捷、便当、透彻等方面有着相似之处。

正是由于明心彻悟往往具有并不依赖外在事物的启迪和引导,也无须经过知识和实践的积累,更无须建立在知识积累基础上的识解和

---

① 　马利坦:《艺术与诗中的创造性直觉》,三联书店 1991 年版,第 113—114 页。

建立在实践训练基础上的见证,就能够直接、快捷乃至透彻地达到悟解的目的,所以中国禅宗常常将其描述为顿悟。顿悟的特点就是用清净不二原始本心直接观照万物,获得源自内心的自心智慧。如《坛经》有这样的阐述:"若起正真般若观照,一刹那间,妄念俱灭。若识自性,一悟即至佛地。"①顿悟的根本特点就是超越外在事物的启迪和引导,超越知识积累和实践训练等环节而更为直接、方便、快捷、透彻地"顿见真如本性"②。中国智慧美学最为看好的认知方式,就是这种超越对经典乃至外在机缘的依赖,借助源自本心的觉悟直接达到彻悟的方式。对原始本心的阐述方面,西方美学大体主张人的原始本心善恶并存,或说善恶二元,认为"美德似乎是灵魂的一种健康、美好的状态,而邪恶则是灵魂的一种有病的、丑陋的、削弱的状态"③,中国智慧美学则认为人的原始本心善恶不二,也就是无善无恶、无美无丑、无是无非。所谓善恶、美丑、是非之类的分别,并不是每一个人与生俱来的原始本心,而是后天家庭熏陶、学校教育、社会文化所确立乃至强化的一种人为标准,并不能体现原始本心的真实状态。原始本心的本真状态应该是父母未生前的本来面目,父母未生前的本来面目应该是不思善、不思恶,乃至善恶平等不二。可见,中西方美学关于人性论的阐述有着根本差异。也正是这种差异显示了西方美学总是以二元论作为思维方式和认知基础,中国美学则主要以不二论作为思维方式和认知基础的特点。惟其如此,虽然中西方美学关于明心彻悟或诗性直觉特征的阐述有着一定相似性,但在理论基点方面却存在根本区别。西方美学由于认为人性善恶二元,才总是试图通过后天的知识积累和实践训练来强化乃至巩固人性中善的方面,尽可能压抑或消除人性中恶的因素,于是最大限度地张扬阅读解悟和实践证悟的认知方式。中国美学既然认为原始本心善恶不二,只是由于受后天的家庭熏陶、学校教育和社会影响,尤其二元论思维方式的强化,才使其原本善恶不二的原始本心被诸多善

---

① 《坛经》,《禅宗七经》,宗教文化出版社 1997 年版,第 333 页。
② 《坛经》,《禅宗七经》,宗教文化出版社 1997 年版,第 333 页。
③ 《国家篇》,《柏拉图全集》第 2 卷,人民出版社 2003 年版,第 426 页。

恶二分的妄念所遮蔽,所以无须后天阅读解悟或实践证悟,只要清除二元论思维方式和认知基础可能导致的各种妄念及障碍,就可能在对诸如善恶、美丑、是非之类不加分别与取舍之中刹那间达到不思善、不思恶,乃至无善无恶、无美无丑、无是无非,就可能使善恶不二的原始本心顿然获得显露和澄明。这就是中国智慧美学尤其崇尚顿悟乃至明心彻悟认知方式的根本原因。与西方美学善恶二元观点相比,中国智慧美学善恶不二观点似乎更透彻,更符合原始本心的本来面目,更符合人性本真状态。如果这种阅读解悟、实践证悟,是对二元论思维方式和认知基础的识解和见证,那么这种识解和见证,不仅无助于明心彻悟的最终完成,反而增加了明心彻悟的妄念、妄执乃至障碍,即使不是对二元论思维方式和认知基础的识解和见证,而是对善恶不二的原始本心的识解和见证,也并不比明心彻悟更方便、快捷、透彻,因为明心彻悟真正超越了经典乃至外在机缘的启示和引导,完全得益于善恶不二清静本心,是一种既不执著于有,也不执著于无的自由活动的产物。

虽然明心彻悟至为透彻,但对许多人而言,并不能一次性完成,更不能一劳永逸。如神会有这样的阐述:"学道者须顿见佛性,渐修因缘,不离是生而得解脱。譬如其母,顿生其子,与乳渐养育,其子智慧,自然增长。顿见佛性者,亦复如是,智慧自然渐渐增长。"①神会的这一阐述,至少揭示了明心彻悟虽然是更直接地运用生来具有的善恶不二清净本心观照世界的产物,但同样也不排斥顿悟之后的渐修,当然也不应排斥渐修之后的顿悟。除了真正如慧能能顿见原始本心的为数不多的人之外,绝大多数人如太虚等其实都通过渐修而顿悟。渐修往往是顿悟的基础,顿悟往往是渐修的结果。渐修之后有顿悟,顿悟之后有渐修,顿悟与渐修相辅相成。如果说慧能卖柴听人诵读《金刚经》开悟,是源自清净不二原始本心的顿悟,那么其后长途跋涉前往黄梅的行动可能就具有渐修的性质。正由于这个渐修才有回答弘忍时源自本心的"佛性无南北"这一顿悟;正由于劈柴舂米的劳作渐修,才有听神秀偈

---

①　杨曾文编校:《神会和尚禅话录》,中华书局1996年版,第30页。

子而产生"佛性常清净"或"本来无一物"①的顿悟;正由于弘忍的冷处理与为说《金刚经》的渐修,才有"一切万法不离自性"②的顿悟。可见慧能真正"识自本心"的顿悟也不是只有一次,而是经过多次顿悟的积累不断达到更为透彻周遍的彻悟的。如果说所有源自清净不二原始本心的顿悟都是明心彻悟的体现,那么这些明心彻悟也并不都是一样周遍透彻的,如慧能事实上经历了日渐周遍而透彻的过程。不过与阅读解悟和实践证悟相比,无疑更为周遍含容、透彻了达。因为阅读解悟和实践证悟归根结底依赖外在机缘,无论圣贤经典,还是自然现象、偶然事件,作为促成觉悟的因素都起了极其关键的作用,明心彻悟则主要依靠原始本心自身的力量,并不对外在机缘十分依赖,至少在根本上更多依赖原始本心,即使对外在事物的启发和引导有所依赖,这个依赖也往往是在没有任何准备的无意识情况下发生的。阅读解悟和实践证悟对外在事物的依赖虽然也可能不期而遇,但毕竟是外在事物的机缘与有准备心灵的不期而遇,其心灵准备的特征异常明显,但顿悟充其量也是外在机缘与没有准备至少没有有意识准备的心灵的不期而遇。而且顿悟也并不是对一般圣贤言论的识解和实践的验证,也不是对一般所谓事物本质及其普遍规律的体悟,而是对平等不二原始本心的体悟,甚至是对一切事物并不出乎原始本心的普遍规律的体悟。慧能的觉悟之所以是真正的彻悟,是因为听人诵读《金刚经》之前,他本人没有任何关于佛教知识的识解,也没有任何遁入佛门的心理准备。如果说有所准备,也只能是与生俱来的清静不二原始本心,这个清静不二之原始本心是处于无意识状态的。即使如此,也并不意味着慧能的彻悟是一次性完成的。虽然对最初彻悟而言,可能是一次性完成的,但此后的多次彻悟毕竟有着一定程度的量的积累,正是顿悟的量的积累才最终使其达到了至为透彻的彻悟。如果说最初听人诵读《金刚经》的觉悟,只是源自清静不二原始本心的无意识彻悟,那么经过弘忍的考问所激发出来

---

① 《坛经》,《禅宗七经》,宗教文化出版社 1996 年版,第 326 页。
② 《坛经》,《禅宗七经》,宗教文化出版社 1996 年版,第 327 页。

的佛性无南北的彻悟，已经使清静不二原始本心获得了有意识发挥与自如运用。至后来听弘忍讲《金刚经》到"应无所住而生其心"，才真正获得了万法不离自性这一至为透彻的彻悟。

神会对顿悟的阐释至为详尽，仍然认为彻悟源自原始本心，原始本心是平等不二的，平等不二原始本心常常体现宇宙间一切事物的本真状态。所以对诸如有得与无得、有住与无住、法空与不空、有我与无我、生死与涅槃之类尽皆不取不舍，无所分别，无所执著，以致触类旁通，了无所得，这其实就是对人类原始本心和事物本真状态的彻底了悟。如其所云："自心从本已来空寂者，是顿悟；即心无所得者，为顿悟；即心是道为顿悟；即心无所住为顿悟；存法悟心，心无所得，是顿悟；知一切法是一切法，为顿悟；闻说空不着空，即不取不空，是顿悟；闻说我不着我，即不取无我，是顿悟；不舍生死而如涅槃，是顿悟。"①也许真正能见自清净不二原始本心，乃至对一切事物无所执著、了无所得的明心彻悟，至为直接、便当、透彻，但不是所有人都能轻而易举达到的。一般来说只要不是仅仅依赖阅读解悟或实践证悟，主要依靠明心见性而见自清净不二的原始本心，以致对诸如善恶、美丑、是非之类有更达观无滞的觉悟，都可以看成顿悟乃至彻悟，或者说只要依赖于所谓"实悟""真修"也可以归之于彻悟。如所谓："凡见解上揣摩，知识上凑泊，皆是从门而入，非实悟也。凡气魄上承当，格套上模拟，皆是泥像而求，非真修也。实悟者，识自本心，如哑子得梦，意中了了，无举似处。真修者，体自本性，如病人求医，念中切切，无等待处。悟而不修，玩弄精魂；修而不悟，增益虚妄。"②所谓"实修""实悟"的根本特征，就是并不见自外在知识识解，及静坐之类求证，源自内心清净不二原始本心。

虽然不是说所有人都能轻而易举达到明心彻悟，但绝大多数圣贤几乎对特定智慧都有所彻悟，至少从孟子，到慧能，乃至陆象山、王阳明、王夫之、马一浮、熊十力一脉相承地体现了对原始本心乃至明心认

①　杨曾文编校：《神会和尚禅话录》，中华书局 1996 年版，第 80 页。
②　《留都会纪》，《王畿集》，凤凰出版社 2007 年版，第 89 页。

知方式的高度重视,并由此构成了中国智慧美学尤其重视明心彻悟认知方式的传统。虽然对原始本心的阐释,也许并不完全相同,或如孟子可能视为"恻隐之心""羞恶之心""恭敬之心""是非之心"①,但他主张"学问之道无他,求其放心而已矣"②,揭示了学问之道与尽心知性有着密切联系,如其所云:"尽其心者,知其性也。知其性,则知天矣。"③而且认为尽心知性,就可以触类旁通,左右逢源,通达无碍,有所谓:"欲其自得之也。自得之,则居之安;居之安,则资之深;资之深,则取其左右逢其源。"④孟子显然将知解本心作为通达一切性乃至宇宙普遍规律的认知方式。这种思想发展到慧能,往往将本心明确阐述为清静不二原始本心,以致有"一切万法不离自性"⑤之类观点。这实际上主张一切事物及其普遍规律都存在于人类原始本心之中,都源自人类原始本心,或与人类原始本心有着相同精神,这就是无论一切事物还是原始本心都无善无恶、无美无丑、无是无非,清净不二。如果把握了这种清净不二原始本心,就必然把握了事物的普遍规律。也许正因为慧能看到了人类的原始本心与一切事物都无善无恶、无美无丑、无是无非,平等不二,他才较他人更透彻领悟了无所执著、平等不二的价值和意义,也才较他人更具有心量广大的般若智慧。这种观点至陆象山便被阐述为"宇宙便是我心,吾心便是宇宙"⑥,这实际上更清楚阐述了人类原始本心与宇宙万物的同一性。既然宇宙万物与人类原始本心具有同一性,那么穷尽人类原始本心,其实就是参通宇宙万物,所谓宇宙万物及其普遍规律不过是人类原始本心的自我表达而已。他这样阐述道:"心之体甚大,若能尽我之心,便与天同。为学只是理会此'诚者自诚也,而道者自道也'。"⑦对宇宙万物与人类原始本心同一性的认识,其实就是

---

① 《孟子集注》,朱熹:《四书章句集注》,中华书局 1983 年版,第 328 页。
② 《孟子集注》,朱熹:《四书章句集注》,中华书局 1983 年版,第 334 页。
③ 《孟子集注》,朱熹:《四书章句集注》,中华书局 1983 年版,第 349 页。
④ 《孟子集注》,朱熹:《四书章句集注》,中华书局 1983 年版,第 292 页。
⑤ 《坛经》,《禅宗七经》,宗教文化出版社 1997 年版,第 327 页。
⑥ 《杂说》,《陆九渊集》,中华书局 1980 年版,第 273 页。
⑦ 陆九渊:《语录》下,《陆九渊集》,中华书局 1980 年版,第 444 页。

彻悟,如其所云"彻骨彻髓,见得超然,于一身自然轻清,自然灵"。① 王阳明不仅将人类原始本心阐释为更明晰的良知,而且将其作为衡量圣人、贤人乃至不肖之人的标志,认为:"圣人之学,惟是致此良知而已,自然而致之者,圣人也;勉然而致之者,贤人也;自蔽自昧而不肯致之者,愚不肖者也。愚不肖者,虽其蔽昧之极,良知又未尝不存也;苟能致之,即与圣人无异矣。"②这实际上是说,一个人如果能自然而然发现乃至张扬原始本心,就能臻达圣人境界,如果勉强发现乃至张扬原始本心,就是贤人,如果执著于妄想识见不愿意发现乃至张扬原始本心,就只能是不肖之人。马一浮指出:"夫学问之道,贵其自得。"③凡能明心彻悟的人大体上都是圣贤,这些圣贤在不同历史时期可能云集在并不完全相同的领域。相对来说,先秦时期更多集中于诸子,魏晋时期更多集中于玄学,汉唐时期更多集中于佛教,宋元时期更多集中于理学乃至心学。虽然圣贤在不同历史时期可能集中在不同领域,但都集中在当时最具影响力的哲学乃至宗教哲学领域,甚至对当时占据统治地位的思想有着特殊影响:不仅凭借独特的个人影响力,赢得了最高统治者的大力支持,而且广泛深入普通百姓日常生活甚至整个民族集体无意识之中,以致对某一特定历史时期的人们,甚或所有时代的人们的思维方式和行动方式都产生了深远影响。如果说节日化仅仅是深入普通百姓生活的初步特征,那么偶像化乃至庙宇化则无疑是深入普通百姓生活的更显著标志,最突出的标志则是无意识化,深入到普通百姓日用而不知的无意识层面,成为普通百姓无意识思维和行为方式的基础。

虽然阅读解悟、实践证悟和明心证悟三种认知方式都可能达到对智慧的认知和把握,但层次和境界有所不同:一般来说,阅读解悟往往是觉悟的开始,是为实践证悟提供可以用来印证的智慧识解,是实践证

---

① 陆九渊:《语录》下,《陆九渊集》,中华书局 1980 年版,第 468 页。
② 王阳明:《书魏师孟卷》,《王阳明全集》上,上海古籍出版社 1992 年版,第 280 页。
③ 马一浮:《尔雅台答问续编》,马镜泉编校:《中国当代学术经典·马一浮卷》,河北教育出版社 1996 年版,第 614 页。

悟的认知基础;实践证悟则不仅是对阅读解悟的实践检验与印证,还是阅读解悟的延伸与拓展,更是对阅读解悟的深化和提升,同时也为明心彻悟提供一定认知基础;明心彻悟才是认知的最高境界,是对阅读解悟乃至实践证悟的最直接、透彻的领悟,甚至也是对阅读解悟乃至实践证悟的超越和升华,是超越了阅读解悟和实践证悟的外在事物及其机缘而达到的对清净不二原始本心乃至善恶不二事物本真状态的最直接、最周遍、最透彻的领悟和把握。但这并不意味着所有认知都必须依次经历这三个阶段。事实上,真正意义的阅读解悟也离不开明心彻悟,正是明心彻悟才使阅读解悟真正达到解悟程度,否则充其量只能是一种阅读甚或知识积累。对实践证悟亦是如此,只有建立在明心彻悟基础上的实践证悟才算是证悟,否则只能是机械训练乃至实践。所以真正的智慧可以不必经历阅读解悟乃至实践证悟,但不能不经过明心彻悟,只有明心彻悟才是最理想也最根本的认知方式。但这一认知方式总是与阅读解悟和实践证悟相辅相成、相得益彰,阅读解悟和实践证悟可能总是发挥着某种无意识作用。也许《周易》所谓"天下同归而殊途,一致而百虑"①最能体现中国智慧美学三种认知方式并行不悖、相得益彰的特点。至少不会如西方美学那样因为过分看重阅读解悟和实践证悟而无视明心彻悟的价值和意义,至少应该平等看待这三种认知方式。这是因为中国智慧美学的认知基础是无所分别、无所执著的不二论,西方美学的认知基础主要是有所分别、有所执著的二元论。

应该看到,中国美学自 20 世纪以来全面接受了西方二元论思维方式和认知基础的影响,致使许多人总是习惯上以二元论思维方式和认知基础作为正宗极力无视乃至排斥不二论思维方式和认知基础,致使对阅读解悟和实践证悟的认知方式有所偏执,忽视了源自原始本心的更为直接、周遍和透彻的明心彻悟方式。进入 21 世纪以来,宗白华的影响力之所以越来越大,以致使其他曾经颇具影响力的美学家黯然失色,主要原因是他保留了明心彻悟认知方式所依靠的原始本心,并用这

---

① 《系辞传下》,李道平:《周易集解纂释》,中华书局 1994 年版,第 636 页。

种原始本心来思考美学问题,这使其成为 20 世纪中国美学家中屈指可数的真正得益于明心彻悟认知方式的美学家之一。他有这样的自述:"小时候虽然好玩耍,不念书,但对于山水风景的酷爱是发乎自然的","青年的心襟时时像天空,晴朗愉快,没有一点尘滓,俯瞰着波涛万状的大海,而自守着明爽的天真"。后来遇一位朋友朗诵《华严经》而"音调高朗清远有出世之概","我喜欢躺在床上瞑目静听他歌唱的词句,《华严经》词句的优美,引起我读它的兴趣。而那庄严伟大的佛理投合我心里潜在的哲学的冥想。我对哲学的研究是从这里开始的。庄子、康德、叔本华、歌德相继地在我的心灵的天空出现,每一个都在我的精神人格上留下不可磨灭的印痕"。① 从宗白华自述可以看出,他最早就形成了依靠原始本心而不是他人甚或书籍的眼光观照世界的习惯,这使得他保留了清净天真的原始本心,也没有使其原始本心受到社会及书籍之类尘滓的蒙蔽,后来静听《华严经》使其获得了无所执著、了无所得的明心彻悟认知方式及其理论基础,从而使他后来从事哲学尤其美学研究不再有中西之分别,既不崇洋媚外,视古希腊乃至西方美学为正宗,排斥中国美学,也不以中国美学为正宗排斥西方美学,常常将西方哲学尤其柏格森诸人的生命美学与中国儒释道美学融会贯通却不留任何痕迹。这才是他将源自原始本心的彻悟与见诸实践的证悟,及依赖阅读的解悟融会贯通,乃至获得彻悟的根本原因。如果说宗白华小时候用原始本心观照自然,是其彻悟的开始,那么后来见诸实践的对自然的感悟,则多少带有证悟的性质,至于后来听取《华严经》,阅读庄子、康德、叔本华、歌德等化入心灵世界,使其更具有了彻悟的力量,正是以上这些原因最终成就了他颇具智慧的解悟、证悟乃至彻悟。也许宗白华的童年便初显端倪的彻悟只是体现了儿童的共性,后来保持这种原始本心,且与生活实践乃至东西方哲学尤其美学智慧珠联璧合,才是其脱颖而出的根本原因。只是许多人并未认识到源自原始本心的彻

---

① 宗白华:《我和诗》,《宗白华全集》第 2 卷,安徽教育出版社 1994 年版,第 149—151 页。

悟的重要性,试图将其当作影响客观观照的主观因素从观照世界的心襟中清除出去,以致使其最终陷入对已有美学理论及资源囫囵吞枣的识解及牵强附会的验证之泥潭而不能自拔,不仅使其最终缺乏发明原始本心的潜力,同时也使美学最终落入满足单纯概念范畴和知识谱系的识解及单纯实践检验与印证的层面,陷入对以识解作为终极目的的知识美学或以求证作为终极目的的实践美学的偏执之中。

其实宗白华对此也充满忧虑。他这样叙述道:"中华民族很早就发现了宇宙旋律及生命节奏的秘密,以和平的音乐的心境爱护现实,美化现实,因而轻视了科学工艺征服自然的权力。这使得我们不能解救贫弱的地位,在生存竞争剧烈的时代,受人侵略,受人欺侮,文化的美丽精神也不能长保了,灵魂里粗野了,卑鄙了,怯懦了,我们也现实得不近情理了。我们丧失了生活里旋律的美(盲动而无秩序)、音乐的境界(人与人之间充满了猜忌、斗争)。一个最尊重乐教、最了解音乐价值的民族没有了音乐。这就是说没有了国魂,没有了构成生命意义、文化意义的高等价值。中国精神应该往哪里去?近代西洋人把握科学权力的秘密(最近如原子能的秘密),征服了自然,征服了科学落后的民族,但不肯体会人类全体共同生活的旋律美,不肯'参天地,赞化育',提携全世界的生命,演奏壮丽的交响乐,感谢造化宣示我们的创化机密,而以厮杀之声暴露人性的丑恶,西洋精神又要往哪里去?哪里去?这都是引起我们惆怅、深思的问题。"①宗白华的忧虑并不仅仅限于对中西方美学对待自然乃至宇宙生命的态度差异,而且包括对中西方美学认知方式差异的担忧。中国美学至少不应该过分迁就西方美学所强调的阅读解悟乃至实践证悟,更应该强调被他们所忽略了的明心彻悟认知方式,更应该强调中国美学对人类原始本心乃至宇宙一切事物本真状态平等不二的认知,这不仅因为明心彻悟的方式才最直接、周遍、透彻,是阅读解悟和实践证悟得以最终上升到最高认知层次的根本保证,而

---

① 宗白华:《中国文化的美丽精神往那里去?》,《宗白华全集》第 2 卷,安徽教育出版社 1994 年版,第 402—403 页。

且因为建立在不二论思维方式和认知基础之上的明心彻悟认知方式具有比西方美学更周遍含容、明白四达、平等不二的智慧美学尤其大乘智慧美学的学术品质。

二、中国智慧美学的学术品质

由于认知方式不同,中国智慧美学理所当然呈现不同学术品质。第一层次相当于佛教所谓文字般若。中国智慧美学虽然不主张文字乃至语言能穷尽自然界一切事物微妙复杂的规律,但为了方便人们接受还得依赖文字乃至语言来阐述。诸如《道德经》虽然认为"道可道,非常道"①,但还得借助文字乃至语言加以阐述;儒家虽然有"书不尽言,言不尽意"②的认识,还得借助文字乃至语言来阐述其仁、义、礼、智、信等;禅宗虽然主张"诸佛妙理,非关文字"③,但还得用文字乃至语言来阐述所谓佛理,不立文字也不离文字。虽然一般的文字只能记载智慧的糟粕,充其量只是指示月亮的手指,只是标指明心彻悟智慧的方向和路径,并不是真正类似智慧的月亮,但离开这些糟粕和标指,似乎更不方便,甚至连标指方向和路径的坐标乃至参照物都不复存在。这仅仅是认知中国智慧美学,达到阅读解悟的最基本条件。第二层次相当于佛教所谓观照般若,是帮助人们达到实践证悟的基本条件,人们如果按照文字般若所阐述的智慧,身体力行,就可以获得明心彻悟的机缘和条件,就可能由此获得无边无量功德,至少可能避免因缺乏智慧造成损失和伤害。第三层次是实相般若,这是任何人与生俱来的原始本心,是每个人的本来面目,人们如果发现和认知了这种原始本心,就可以获得清静不二原始本心,就可以通达无碍,获得了无所得的无等等智。

虽然任何认知方式都可能达到对智慧的至为通透的觉悟,但都不

---

① 《老子奚侗集解》,上海古籍出版社 2007 年版,第 1 页。
② 《系辞传上》,李道平:《周易集解纂释》,中华书局 1994 年版,第 609 页。
③ 《坛经》,《禅宗七经》,宗教文化出版社 1997 年版,第 345 页。

可能完全离开明心彻悟。中国智慧美学对阅读解悟、实践证悟和明心彻悟三种认知方式的态度从来都是平等不二的。只是由于人们悟性不同，才对中国智慧美学的认知和把握呈现出不同层次，并因此使中国智慧美学学术品质表现出差异。最下等智慧的人对中国智慧美学深疑不信，以致嗤之以鼻，自然无法体悟和获得智慧美学的真正精神，当然也就没有真正的智慧；下等智慧的人，虽然不愿意或没有达到勉励自己身体力行的程度，但对中国智慧美学心悦神往乃至深信不疑，只是满足于文字识解层次，所以只能获得中国智慧美学的文字般若智慧；中等智慧的人执著于体道以致用，往往因其所用而获其所需，不至于积恶灭身，但因限于学以致用，未免有些急功近利，并不能全面准确地把握中国智慧美学的根本精神，只能得到中国智慧美学的观照般若智慧；上等智慧的人不再执著于文字所承载的智慧及概念范畴和知识谱系之类，也不再满足于学以致用，往往心体无滞，通达无碍，所以能深得中国智慧美学无所执著、明白四达、周遍含容的精义，获得无所执著乃至了无所得的实相般若智慧。

同样的智慧美学，由于人们悟性乃至接受层次不同而获得不同学术品质的智慧，这是十分正常的。如柏拉图所说，"普通心灵的眼睛难以持久地凝视神圣的东西"[1]。中国智慧美学对不同接受者的认知态度差异也有深刻认识。用老子的话说，就是"上士闻道，勤而行之；中士闻道，若存若亡；下士闻道，大笑之。不笑不足以为道"[2]；用禅宗的话说，就是"此法门是最上乘，为大智人说，为上根人说，小根小智人闻，心生不信"[3]；孔子虽然主张有教无类，也有所谓"中人以上，可以语上也；中人以下，不可以语上也"[4]的感慨。与西方美学如培根将运用学问作为最高智慧，认为"多诈的人渺视学问，愚鲁的人羡慕学问，聪明的人运用学问；因为学问底本身并不教人如何用它们；这种运用之道

---

① 柏拉图：《智者篇》，《柏拉图全集》第3卷，人民出版社2003年版，第59页。
② 《老子奚侗集解》，上海古籍出版社2007年版，第105页。
③ 《坛经》，《禅宗七经》，宗教文化出版社1997年版，第332页。
④ 《论语集注》，朱熹：《四书章句集注》，中华书局1983年版，第89页。

乃是学问以外,学问以上的一种智慧,是由观察体会才能得到的"①的观点有所不同,中国智慧美学似乎更强调明心彻悟的智慧,而不是实践证悟的智慧,更不是阅读解悟的智慧。如慧能根据阅读、理解、致用、了悟四个不同层次,对接受者的认知层次及由此导致的不同智慧品质,有这样的概括:"法无四乘,人心自有等差。见闻转诵是小乘,悟法解义是中乘,依法修行是大乘,万法尽通,万法具备,一切不染,离诸法相,一无所得,名最上乘。"②可见,西方美学往往满足于学问乃至知识的接受,充其量只能体现类似于中国智慧美学的文字般若智慧,即使学以致用,也不过达到了对类似中国智慧美学的观照般若智慧的认知,并不能真正上升到重视类似中国智慧美学实相般若智慧的高度。

由于接受者悟性和知解能力有所不同,往往使原本通达无碍、无所分别与执著的中国智慧美学呈现出并不完全相同的学术品质。对此中国智慧美学有精辟阐述。小乘之人往往满足于文字识解,充其量只能获得中国智慧美学之文字垃圾和糟粕,因为真正的智慧常常超越文字乃至语言,是文字乃至语言所无法表达的,因此沉溺于这一层次的人,充其量也只能获得中国智慧美学的文字般若乃至小乘智慧。所谓小乘智慧充其量也只能是一种知识,严格来说还不是真正的智慧,甚至连真正的学习也不是。如所谓:"学须自证自悟,不从人脚跟转。若执著师门权法以为定本,未免滞于言诠,亦非善学也。"③中乘之人满足于学以致用,常常因为实用目的有所选择地借鉴和吸收中国智慧美学,难免存在诸如仁者偏执于仁,智者偏执于智,百姓偏执于实用,而不能无所执著乃至通达无碍的缺憾,这就是《周易》所谓"仁者见之谓仁,知者见之谓之知,百姓日用而不知,故君子之道鲜矣"④的缺憾,但因为执著于体道以致用,恪守诸如《周易》所谓"善不积,不足以成名。恶不积,不足以灭身"的规律,不至于如《周易》所云"小人以小善为无益而弗为也,

① 培根:《论学问》,《培根论说文集》,商务印书馆1983年版,第179—180页。
② 《坛经》,《禅宗七经》,宗教文化出版社1997年版,第351页。
③ 《天泉证道纪》,《王畿集》,凤凰出版社2007年版,第1页。
④ 《系辞传上》,李道平:《周易集解纂释》,中华书局1994年版,第560页。

以小恶为无伤而弗去也"①,更不会有过多咎害,至少不会浪费乃至毁灭生命,因此满足于这一层次的人,并不能全面掌握中国智慧美学的基本精神,所获智慧也只能是"精义入神,以致用也。利用安身,以崇德也"②的观照般若乃至中乘智慧。大乘之人往往并不执著于文字识解以及学以致用,能够如《周易》所说"显诸仁,藏诸用,鼓万物而不与圣人同忧,盛德大业至矣哉"③,以致由于识自本心,了无所得,能真正体会中国智慧美学的根本精神。所以满足于识自本心的人,往往能获得中国智慧美学的实相般若乃至大乘智慧。严格来说,中国智慧美学所谓智慧是超越知识乃至智慧的,甚至将了无所得、万法尽通作为实相般若智慧的精义,所以中国智慧美学之最高智慧常常是西方美学所没有过多关注的明心彻悟的智慧。正由于不同悟性的接受者只能获得中国智慧美学不同层次的智慧,使得本来圆融无碍的中国智慧美学呈现不同层次的学术品质:小乘之人只能获得中国智慧美学的文字般若,得其小乘智慧美学的识解;中乘之人只能获得中国智慧美学的观照般若,得其中乘智慧美学的知解;只有大乘之人才能获得中国智慧美学的实相般若,得其大乘智慧美学的智慧精义。

尽管如此,真正导致中国智慧美学呈现出小乘智慧美学、中乘智慧美学乃至大乘智慧美学等不同学术品质的根本原因,更重要的还有研究者不同层次的悟性及认知方式。满足于阅读解悟者常常致力于审美规律及相关理论的阐释,满足于概念范畴的界定与知识谱系的建构,以致成其为小乘智慧美学。小乘智慧美学满足于对中国智慧美学的文字识解,不能付诸行动,也不能获得实践经验,所得智慧也只能是文字层面的智慧,也就是仅仅停留于知识识解层面的智慧,在一定程度上相当于佛教所谓文字般若层次。满足于实践证悟者常常致力于经世致用,试图在修身齐家治国平天下诸方面有所建树,于是成其为中乘智慧美

---

① 《系辞传下》,李道平:《周易集解纂释》,中华书局1994年版,第645页。

② 《系辞传下》,李道平:《周易集解纂释》,中华书局1994年版,第639—640页。

③ 《系辞传上》,李道平:《周易集解纂释》,中华书局1994年版,第560—561页。

学。中乘智慧美学致力于中国智慧美学的经世致用,虽然能充分彰显其身体力行、体道以致用的实践性特点,能至少显示出比知识识解更真切有效的功能,但充其量只能体现相当于佛教所谓观照般若层次的智慧。只有并不满足于阅读解悟和实践证悟,以明心彻悟作为重要认知方式的人,往往致力于明心见性,以致成其为大乘智慧美学。大乘智慧美学不再满足于文字识解和学以致用及类似文字般若和观照般若的智慧,所体现的也往往是无执无失、无情无累、心体无滞、明白四达的智慧,也就是相当于佛教所谓实相般若层次的智慧。可见正是研究者的悟性和认知方式的不同,使中国智慧美学最终呈现出不同层次的学术品质,使得小乘智慧美学满足于阅读解悟及知识学方面的概念范畴界定和知识谱系建构;中乘智慧美学满足于实践证悟及实用性功能的开发和运用;唯独大乘智慧美学才不满足于阅读解悟和实践证悟,因主要通过明心彻悟的认知方式,在彰显通达无碍、了无所得的智慧方面显示出至为圆满、周遍、透彻的优势。

严格来说,真正意义的中国智慧美学其实并不满足于文字识解的层面,也不以此作为终极目的,所以很少有绝对意义的小乘智慧美学,至少不占据中国美学的主体地位。倒是西方美学尤其分析美学、现象学美学、阐释学美学更能体现这一层次的特点。众所周知,西方美学向来执著于美及其本质的概念阐释,自维特根斯坦开始盛行于英美的分析美学虽然很大程度上怀疑乃至颠覆了西方美学致力于美和艺术及其本质的概念阐释的传统,但他们将美学限定于澄清语言及消除因为语言而导致的困惑的努力,仍然将美学严格锁定在对诸如"美的"这些语言尤其词语的类似科学分析的层面,较之一般所谓文字识解似乎更专业化、更狭隘化。现象学美学往往通过还原法对直接呈现于意识中的东西包括文学艺术乃至审美活动作非因果性描述,是将美学限定于关于审美活动的还原阐释层面,如对审美活动是排除一切先入为主的假定而专注地直观呈现审美对象又能动重构和具体化活动的阐释,也未能完全摆脱文字阐释层面的束缚。至于阐释学美学、接受美学等,虽然在一定程度上充分肯定了读者乃至审美者的能动性,但致力于文学艺术作品阐释的局限仍极其鲜明,而且往往执著于任何文学艺术作品只有一个唯一正确阐释的观念。虽然后来的解构主义乃至后现代主义美学似乎很大程度上解构了执著唯一正确阐释的观点,但致力于反阐释的努力同样使其不可避免地限定于阐释的束缚之中。所谓小乘智慧美学最典型的特征就是执著于阐释或反阐释中的一种,并不能达到阐释与反阐释的平等不二。如果能够达到阐释与反阐释的平等不二,其实就是大乘智慧美学。诸如"道可道,非常道"①所彰显的中国道家美学的逻辑规则,既肯定了阐释的存在,也肯定了反阐释的存在,从而具有阐释与反阐释平等不二的大乘智慧美学学术品质。至于"如来所说法,皆不可取、不可说,非法、非非法"②所彰显的佛教逻辑更全面体现了阐释与反阐释平等不二的思想。有所说,是肯定阐释,不可说、非法是肯定反阐释,非非法是既不反阐释,也不反反阐释,这才是阐释与反阐释平等不二。

中国智慧美学至少道家美学和佛教美学不能被看成小乘智慧美学。如果认定中国智慧美学不是小乘智慧美学,这是一种执著,如果说中国智慧美学就是小乘智慧美学,同样也是一种执著。因为中国智慧美学虽然并不以文字阐释作为终极目的,至少不像诸如西方阐释学美学等那样将文字阐释作为中心任务,但所有智慧必定通过文字描述见诸世面,只是并不将其作为终极目的,这一见诸文字描述的美学实际上只能视为小乘智慧美学。从这一意义上讲,所有中国智慧美学总是首先表现为小乘智慧美学。真正最典型地体现小乘智慧美学学术品质的主要是运用西方美学尤其阐释学美学之类来较为专业化地阐释中国文学艺术乃至审美活动所形成的中国现代美学。在这方面,似乎徐复观、高友公乃至叶维廉等美学更值得一提。徐复观运用阐释学美学阐释中国文学艺术精神,尤其对庄子精神的阐释颇见地;高友公致力于中国抒情美典诸如唐诗乃至戏曲的阐释学美学研究,的确彰显了阐释学美学的理论优势;

---

① 《老子奚侗集解》,上海古籍出版社2007年版,第1页。
② 《金刚经》,《禅宗七经》,宗教文化出版社1997年版,第5页。

叶维廉对中国诗歌的阐释学美学解读,更是深入揭示了中国诗歌禅悟等美学风格。也正是这些能最典型体现小乘智慧美学学术品质的中国阐释学美学,很大程度上彰显了中国大乘智慧美学学术品质,如徐复观、叶维廉等对老庄乃至中国传统文化生命精神的阐述,已经使其很大程度上超越了小乘智慧美学的局限,具有了大乘智慧美学学术品质。

中国智慧美学由于执著于体道以致用也具有更多中乘智慧美学性质的美学。这些美学在古代主要以墨家美学、儒家美学为代表。虽然墨家美学更关注普通百姓的日常生活,但就影响力而言,似乎儒家美学的影响更为深远,儒家用来建构乃至丰富礼乐文化生活的努力,使其更多体现出强调实用性的中乘智慧美学性质。尤其儒家《大学》之修身齐家治国平天下的主张,更是将这种经世致用的中乘智慧美学发挥至极致。而且由于儒家在中国历史上的特殊影响力使其在很大程度上占据中国智慧美学的主体地位。20 世纪 60 年代以来占据中国美学主流话语地位的所谓实践美学,按理来说应属于这一范畴,至少从人们给予它的名称而言应该如此,但诸如李泽厚等所谓"人类学本体论哲学"和"主体性实践哲学"的界定最终仍然使其局限于以文字识解和阐释为终极目的的小乘智慧美学范畴,虽然他一再强调所谓"人类学本体论""强调的正是作为社会实践的历史总体的人类发展的具体行程。它是超生物族类的社会存在",所谓"主体性""也是这个意思"①,但其致力于学以致用的实践特色并不鲜明。值得一提的是,尽管马克思主义美学可能在自我解放、社会批判和自然和谐方面有一定阐述,但由于他们对社会批判精神的过分强调或其他原因,中国所谓实践美学往往主要关注乃至张扬了其社会批判精神及社会实用效应,如李泽厚所谓"马克思主义美学的艺术论有个一贯的基本特色,就是以艺术的社会效应作为核心或主题"②的阐述,虽然也确实揭示了马克思主义美学艺术论的主要内容,但并不能体现全部内容,不仅使马克思主义美学偏于主体

---

① 李泽厚:《美学四讲》,《美学三书》,安徽文艺出版社 1999 年版,第 462—463 页。
② 李泽厚:《美学四讲》,《美学三书》,安徽文艺出版社 1999 年版,第 452 页。

实践内容,以致忽略了其他方面,而且使得实践美学自身虽然在理论上强化了社会实践,但事实却事与愿违,最终仍然落入文字识解与知识谱系建构的层面,甚至在发扬中国艺术乃至美学精神方面也不见得比朱光潜、宗白华、方东美和徐复观等更得要领。倒是朱光潜、宗白华等美学家在一定程度上彰显了这种实践性特点,如朱光潜强调伦理与审美的差别,甚至关注审美的超实用性,有所谓:"伦理的价值是实用的。美感的价值是超实用性的;伦理的活动都是有所为而为,美感的活动则是无所为而为。"①但他强调人生的艺术化,其实也肯定了"所谓人生的艺术化就是人生的情趣化"②,这就使艺术具有了运用于实际人生的功能。从这一意义上讲,宗白华强调美学对人生的作用,实际上也肯定了美学的实用性,至少如其《怎样使我们的生活丰富?》就阐述了"一方面增加我们对外经验的能力,使我们的观察研究的对象增加,一方面扩充我们的在内经验的质量,使我们思想情绪的范围丰富"③两种方法和途径。相对来说,最能体现依靠实践证悟,甚至以实用性作为根本目的的中乘智慧美学学术品质的应该是张竞生。他通过《美的人生观》和《美的社会组织法》从个人和社会两个方面着力阐述了用美的原则规划人生和治理社会的美学思想,具体来说就是"希望以'美治主义'为社会一切事业组织上的根本政策","希望以'美的人生观'救治了那些丑陋与卑劣的人生观"④,所以他对美学乃至美所寄予的希望和阐述,都是围绕实用性展开的,如其《美的人生观·导言》所谓"救济贫穷莫善于美,提高富强莫善于美"⑤的主张至为鲜明地彰显了这一学术品质,使

---

① 朱光潜:《"慢慢走,欣赏啊!"》,《谈美·谈文学》,人民文学出版社 1988 年版,第 96 页。
② 朱光潜:《"慢慢走,欣赏啊!"》,《谈美·谈文学》,人民文学出版社 1988 年版,第 98 页。
③ 宗白华:《怎样使我们的生活丰富?》,《宗白华全集》第 1 卷,安徽教育出版社 1994 年版,第 191—192 页。
④ 张竞生:《美的人生观》,《美的人生观:张竞生美学文选》,生活·读书·新知三联书店 2009 年版,第 2 页。
⑤ 张竞生:《美的人生观》,《美的人生观:张竞生美学文选》,生活·读书·新知三联书店 2009 年版,第 13 页。

其在实践层面显示出超乎王国维、蔡元培,更具系统性和实用性的中乘智慧美学品质,倒使以实践美学命名的美学在实践证悟乃至实用性方面显得多少有些逊色。

其实这种张扬实用性的美学也并不仅仅为中国所特有。事实上马克思主义美学就是一种经世致用的美学,其所谓"真理的彼岸世界消逝以后,历史的任务就是确立此岸世界的真理"①,及"哲学家们只是用不同的方式解释世界,问题在于改变世界"②等论述典型体现了马克思主义作为实践美学的特点。后来如卢卡奇、马尔库塞等人的西方马克思主义美学虽然限于学者身份,并不对诸如工人阶级及暴力革命寄予希望,有着不及列宁、毛泽东那样致力于社会革命及实践的缺憾,但较之其他美学尤其分析美学之类似乎更关注西方现代工业文明的弊端,能更冷静地观察乃至揭露西方社会人的异化现象,思考解决西方压抑性文明的具体措施和思路,明显保留了马克思主义美学确立此岸世界真理及改造世界的实践风范。另如风靡一时的西方实用主义美学也在一定程度上保留了这一特点和优势。正如理查德·舒斯特曼所主张的:"我的实用主义哲学的一个主要目的,是通过更加认可超出美的艺术范围之外的审美经验的普遍重要性而将艺术与生活更紧密地整合起来。这意味着更加认可艺术性的风格化在增进我们的生活艺术方面所具有的价值,它包括这种伦理艺术:构建某人的人品、(用一种和谐和差异的样式)富有魅力地将某人的品性与其他人品性联系起来以及通过可以凭借其优美进行启发和教导的那种值得效法的优雅来实施自我指导。"③可见并不是所有西方美学都属于满足于文字识解和阐释的小乘智慧美学层次,实际上诸如实用主义美学也彰显了中乘智慧美学的学术品质。

比较而言,最能体现中国智慧美学根本精神的是大乘智慧美学。

---

① 《马克思恩格斯文集》第1卷,人民出版社2009年版,第4页。
② 《马克思恩格斯文集》第1卷,人民出版社2009年版,第502页。
③ 理查德·舒斯特曼:《生活即审美:审美经验和生活艺术》,北京大学出版社2007年版,第 XVI 页。

或者说中国智慧美学所彰显的智慧美学根本精神就是大乘智慧美学。大乘智慧美学的根本智慧就是表彰原始本心及明心彻悟的认知方式，这是大乘智慧美学成其为大乘智慧美学的根本智慧。因为真正的大乘智慧美学其实就是发明原始本心或建立在明心彻悟认知方式基础上的美学。如孟子所谓"学问之道无他，求其放心而已矣"①，陆象山有所谓"学问之要，得其本心而已"②都不同程度上强调了原始本心的重要性，以致以原始本心作为根本。甚至可以说发明原始本心并不仅仅是中国大乘智慧美学的根本，甚至是中国一切文化的根本。也正因为这一点，使得中国文化在很大程度上都具有了大乘智慧美学的性质，也正因为这一点，使中国智慧美学不仅以大乘智慧美学为根本，而且充分彰显了作为圣人之学的学术品质。如王阳明有所谓"圣人之学，心学也"③。

也正因为这一点，使中国智慧美学尤其大乘智慧美学很大程度上彰显出不同于西方美学的最为突出的学术品质。也许西方美学的根本宗旨在于建构关于美的概念范畴乃至知识谱系，充其量只是在一定程度上考虑这种理论的实用性效果，并不见得能真正超越知识乃至立言的宗旨，及超越实践乃至立功的宗旨，上升为发明原始本心乃至立德的高度以致成其为圣人之学。这是中国智慧美学尤其大乘智慧美学真正超越了西方美学具有至高无上崇高学术品质的集中体现。热衷于"人生智慧"的叔本华有这样的阐述："对于名声来说有两条途径是敞开的。在行为这条途径上，主要需要的是高尚的心灵，在作品这条途径上，需要的则是杰出的才智。两条途径各有利弊，其主要差别就在于，行为是转瞬即逝的，而作品则是不朽的。如若行为并不高尚，那么行为的影响便只会维持在短暂的时间里，而天才的作品对人的影响，在整个一辈子都是有益而且高尚的。"④如果说叔本华更强调立功和立言，尤其将立言视为第一位的话，那么中国智慧美学似乎更强调立德。《左

---

① 《孟子集注》，朱熹：《四书章句集注》，中华书局1983年版，第334页。
② 陆九渊：《袁燮序》，《陆九渊集》，中华书局1980年版，第536页。
③ 王阳明：《象山文集序》，《王阳明全集》上，上海古籍出版社1992年版，第245页。
④ 叔本华：《人生智慧》，《叔本华论说文集》，商务印书馆1999年版，第87—88页。

传·襄公二十四年》所谓"太上有立德,其次有立功,其次有立言。虽久不废,此之谓不朽"①的观点,显然将立德放在第一位,这也从一个方面彰显了中国智慧美学尤其大乘智慧美学作为圣人之学的根本智慧。也正因为这一点,所谓小乘智慧美学其实是满足于立言的智慧美学,所谓中乘智慧美学实际上也只是满足于立功的智慧美学,只有大乘智慧美学才是真正满足于立德乃至成其为圣人的智慧美学。

中国大乘智慧美学虽然以发明原始本心作为根本智慧,但所谓原始本心并不是后天养成的蒙昧之心、虚妄之心、利己之心乃至执著之心等,而是以百姓之心为心,以万物之心为心,以宇宙之心为心。也许张载所谓"为天地立心,为生民立道,为去圣继绝学,为万世开太平"②的观点也能够在一定程度上体现这一宗旨。相对来说最能体现这一宗旨和学术品质的,还是老子所谓"无执"③,孔子所谓"毋意、毋必、毋固、毋我"④,慧能所谓"无念""无相""无住"⑤等,概括起来就是中国儒家、道家和佛教美学一贯崇尚的圣人无心。正是这种无所执著乃至了无所得的圣人无心的精神彰显了大乘智慧美学的根本智慧。既然中国大乘智慧美学的精神在于无所执著,乃至了无所得、平等不二,那么这种无所执著、了无所得、平等不二,自然也包括对圣人及其与凡人分别的无所执著、了无所得和平等不二。如果说佛教所谓"一切众生皆有佛性"⑥,孟子所谓"人皆可以为尧舜"⑦从原始本心方面肯定了凡圣无别,那么王阳明所谓"满街人是圣人"⑧则在现实方面肯定了凡圣无别。惟其如此,诸如所谓凡圣无别,乃至"凡圣情忘"⑨"廓然无圣"⑩等其实

---

① 《春秋三传》,《四书五经》下,中国书店1985年版,第380页。
② 张载:《语录》,《张载集》,中华书局1978年版,第320页。
③ 《老子奚侗集解》,上海古籍出版社2007年版,第162页。
④ 《论语集注》,朱熹:《四书章句集注》,中华书局1983年版,第109页。
⑤ 《坛经》,《禅宗七经》,宗教文化出版社1997年版,第339页。
⑥ 《涅槃经》,宗教文化出版社2011年版,第147页。
⑦ 《孟子集注》,朱熹:《四书章句集注》,中华书局1983年版,第339页。
⑧ 王阳明:《语录》三,《王阳明全集》上,上海古籍出版社1992年版,第116页。
⑨ 《坛经》,《禅宗七经》,宗教文化出版社1997年版,第353页。
⑩ 《初祖菩提达摩大师》,普济:《五灯会元》上,中华书局1984年版,第43页。

就是对无所执著、无所用心,乃至了无所得、平等不二的大乘智慧美学精神的具体阐释。所谓"圣人无心"理所当然包括对凡圣乃至无所用心的无所执著。只有对凡圣乃至无所用心无所执著,才能真正达到绝对意义的无所执著、了无所得境界。在中国现代美学中能真正体悟到大乘智慧美学精神,并能较为集中地发明这一精神的应该是宗白华。他说:"或言诸法毕竟空,既无有法,亦无有我;既无有我,何有苦乐?此诚大乘了义之谈。或言万物平等,死生不二,若能情离彼此,智舍是非,则苦乐二情,并无异致。是乃庄周释迦,诚古之真能超然观者矣。"[1]中国大乘智慧美学的根本精神就是真正无所执著的超然。但如果致力于超然,以致有所执著,就不是真正的超然。如宗白华所说:"真超然观者,无可而无不可,无为而无不为,绝非遁世,趋于寂灭,亦非热中,堕于激进,时时救众生而以为未尝救众生,为而不恃,功成而不居,进谋世界之福,而同时知罪福皆空,故能永久进行,不因功成而色喜,不为事败而丧志,大勇猛,大无畏,其思想之高尚,精神之坚强,宗旨之正大,行为之稳健,实可为今后世界少年,永以为人生行为之标准者也。"[2]可见真正大乘智慧美学之无所执著,自然也包括对有为与无为、入世与出世、有心与无心、执著与不执著、有得与无得,乃至凡人与圣人之类的无所执著、无所用心。正是这种无所执著乃至了无所得的大乘智慧美学精神使得中国乃至东方智慧美学显示出独特的生命精神,表现出不同于西方美学二元论思维模式的平等不二的圆融智慧。

中国智慧美学由低到高依次呈现出小乘智慧美学、中乘智慧美学和大乘智慧美学等不同学术品质。对此方东美有不尽相同的观点。在他看来,哲学家的智慧呈现为三种不同层次,有所谓:"'闻所成慧、思所成慧,修所成慧',乃哲学境界的层次,哲学工夫之梯阶。闻入于思,思修无间,哲学家兼具三慧,功德方觉圆满。闻所成慧浅,是第三流哲

① 宗白华:《说人生观》,《宗白华全集》第 1 卷,安徽教育出版社 1994 年版,第24 页。
② 宗白华:《说人生观》,《宗白华全集》第 1 卷,安徽教育出版社 1994 年版,第24 页。

学家;思所成慧中,是第二流哲学家;修所成慧深,是第一流哲学家。"①
方东美的阐述与王畿基本相同,都特别强调修证乃至实践的重要性,并
视其为最高境界,这实际上将源于原始本心的心悟及所谓思与源于实
践的证悟及所谓修的层次颠倒了,也许只能体现中等慧根的一种识解。
因为真正的上等慧根,只需明心见性就能达到彻悟,无须阅读解悟和实
践证悟等环节。在孟子、慧能、陆象山、王阳明等真正能达到明心彻悟
境界的中国圣人看来,宇宙间一切事物及其普遍规律乃至智慧其实都
存在于人类原始本心,如孟子所谓"万物皆备于我矣"②,慧能所谓"万
法尽在自心"③,陆象山所谓"宇宙便是吾心,吾心即是宇宙"④,王阳明
所谓"天下无心外之物"⑤等其实都表达了基本相同的思想。既然宇宙
间一切事物都存在人们的原始本心之中,所以体悟宇宙间一切事物及
其普遍规律,无须向外求取,只需明心见性,发明原始本心,就可以完
成。宇宙间一切事物本来平等不二,只是由于人类按照后天所强化的
好恶观念来评价,才产生了诸如善恶、美丑、是非之类的分别。如果去
掉后天这种基于利己原则和主观立场的价值判断和分别,实际上就能
获得宇宙间一切事物最原始、最本真、最普遍的规律。也正因为这一
点,使中国智慧美学常常显示出不同于西方美学尤其科学美学乃至理
性哲学的独特学术品质。方东美对此也有明确批评,他这样阐述道:
"哲学智慧原本心性,必心性笃实,方能思虑入神,论辨造妙。欧洲人
深中理智疯狂,劈积细微,每于真实事类掩显标幽、毁坏智相、滋生妄
想。"⑥遗憾的是他对智慧美学不同学术境界和品质的阐述却陷入分析
和修证的局限之中。既然原始本心是无善无恶、本来清净的智慧的源
泉,那么智慧的获得无需知识识解乃至实践修证即可获得,至为透彻便

---

① 方东美:《哲学三慧》,《生生之美》,北京大学出版社 2009 年版,第 33 页。
② 《孟子集注》,朱熹:《四书章句集注》,中华书局 1983 年版,第 350 页。
③ 《坛经》,《禅宗七经》,宗教文化出版社 1997 年版,第 333 页。
④ 陆九渊:《杂说》,《陆九渊集》,中华书局 1980 年版,第 273 页。
⑤ 王阳明:《语录》三,《王阳明全集》上,上海古籍出版社 1992 年版,第 107 页。
⑥ 方东美:《哲学三慧》,《生生之美》,北京大学出版社 2009 年版,第 45 页。

捷的认知方式和途径理所当然就是明心见性,而依赖知识识解和实践修证的觉悟倒有所绕行。当然限于人们的不同悟性有所绕行也是必要的,既然无法单刀直入、直了见性,不得已而借助知识识解乃至实践修证也未尝不可,但不能因此而本末倒置,更不能因此将本末倒置的境界乃至阶段视为普遍而必经的途径和阶段。王畿对此也有记述:"上根之人,悟得无善无恶心体,便从无处立根基,意与知物,皆从无生,一了百当,即本体便是工夫,意简直接,更无剩次,顿悟之学也。中根以下之人,未悟得本体,未免在有善有恶上立根基,心与知物,皆从有生,须用为善去恶工夫,随处对治,使之渐渐入悟,从有以归于无,复还本体,及其成功一也。"①他甚至也强调所谓"致知存乎心悟,致知焉尽矣"②的观点,可见了悟原始本心仍然是至为直接、便捷乃至圆融的认知途径和方式,既然能够了悟原始本心,当然无须绕道而转求之于知识识解和实践修证。既然知识识解和实践修证只是达到明心见性的基本途径和方式,那么放弃更便捷直接达到明心见性的途径和方式,便未免有些舍本逐末。对此慧能有更明确阐述,既然一切智慧源于原始本心,自然无需求助大善知识获解悟,有所谓:"若自悟者,不假外求;若一向执谓须他善知识方得解脱者,无有是处。"③也无须借助静坐沉思乃至实践修证获得,有所谓:"道由心悟,岂在坐也?"④所以慧能甚至主张"顿悟顿修"⑤。真正的心悟乃至明心彻悟无须借助阅读解悟和实践证悟,而且至为快捷便当、通达透彻,这既是最理想的认知方式和境界,也是中国智慧美学学术品质的最高层次。

可见,正是由于人们尤其研究者悟性和认知方式的不同,最终使中国智慧美学呈现出不同研究层次和学术品质:小乘智慧美学往往满足于知识识解乃至阅读解悟,中乘智慧美学满足于实践修证乃至实践证

① 《天泉证道纪》,《王畿集》,凤凰出版社 2007 年版,第 2 页。
② 《滁阳会语》,《王畿集》,凤凰出版社 2007 年版,第 34 页。
③ 《坛经》,《禅宗七经》,宗教文化出版社 1997 年版,第 333 页。
④ 《坛经》,《禅宗七经》,宗教文化出版社 1997 年版,第 359 页。
⑤ 《坛经》,《禅宗七经》,宗教文化出版社 1997 年版,第 356 页。

悟,大乘智慧美学既不满足于知识识解乃至阅读解悟,也不满足于实践修证乃至实践证悟,而将无所执著,乃至了无所得、平等不二原始本心作为智慧的源泉,不将圣贤经典乃至外在机缘作为智慧的源泉。这使中国大乘智慧美学具有了最直接、便当、透彻的认知方式和根本智慧。而这个认知方式和根本智慧的特点在于,它不是存在于外在世界,而是存在于人们自身,不是存在于人们内心的杂念,而是存在于人们内心的正念,不是存在于后天教育所形成的价值观念和是非标准,而是存在于父母未生前的本来面目,不是存在于善恶二分的价值判断,而是存在于善恶不二的清净本心。所以真正的大乘智慧美学是无须任何追求,本来就存在于所有人自身的原始本心。也许人的真正自由和解放,就源自这种原始本心的自由和解放,而不是来自于外界物质生活资料的富裕与内在精神需要的满足。孔孟尤其老庄、释迦等圣贤的大乘智慧美学,实际上就源于这种原始本心。所以真正具有大乘智慧的人,严格来说不是满足于经典阅读获解悟的人,也不是满足于实践修证获证悟的人,应该是借助明心见性获彻悟的人。真正具有大乘智慧的中国美学,也不是得力于阅读解悟,不是得力于实践证悟,而是得力于明心彻悟,乃至臻达圣人无心甚或廓然无圣境界的美学。明心彻悟不仅是一切美学成其为智慧美学的根本智慧,而且是一切圣贤成其为圣贤的根本智慧。

第七章

中国智慧美学的学科层次和学术启示

　　知识、技术和智慧是人类生存所需要的基本素质。相对来说，知识尤其技术更受人重视，智慧虽然也受到人们的重视，但并不是所有人都能弄通其意义和价值。专门进行知识传授和技术训练的职业极为多见，但专门启迪智慧的职业似乎并不存在，而且也不受人们重视。这可能与知识、技术乃至智慧本身的特征有关，也可能与人们的认知有关。严格来说，知识和技术是可以被人传授和训练的，但智慧却不能被传授和训练，只能被启发。知识主要取决于传授的灌输和接受者的接受，技术主要依赖于传授者的引导和接受者的训练，智慧则完全是传授者以心传心的结果，即使传授者有所觉悟，并不能保证接受者心领神会。或因为人们也可能认为到技术对人类生存的帮助是实实在在的，知识的帮助虽然不及技术实在，也可以明白感受。至于智慧对人的帮助则并不具体可感,甚至可能是一种无用之用。也许正因为以上原因,人们总是强调知识美学、技术美学,却忽视智慧美学尤其中国智慧美学精神。比较而言,知识乃至知识美学常常依靠阅读解悟,技术乃至技术美学主要依靠实践证悟,智慧乃至智慧美学往往依赖明心彻悟。知识、技术,有所取舍以致有所知而有所不知,智慧由于无所取舍以致无知而无所不知,因此知识和技术往往存在片面性缺憾,如果知识、技术能够达到一通百通,同样可能上升到智慧境界,同样可能无知而无所不知。中国智慧美学其实包括知识美学、技术美学、智慧美学三个学科层次。

一、中国知识美学的启示

知识是人类生活必须具备的基本素质和修养,厌恶知识甚或没有知识的人只能是野蛮人,所以人们常说知识就是力量,知识能够改变命运。其实知识也是蜘蛛网,也具有束缚人的缺憾。知识如果没有形成概念范畴和知识谱系,便可能并不具有完整、科学、严密的体系,只能是一些零散琐碎的常识,大凡零散琐碎的知识常常因为没有系统造成诸多常识乃至知识的混乱。但建立在概念范畴和知识谱系基础之上有着完整、科学、严密体系的知识,也并不都能成为人们生活的力量,有时还会使人平白无故背上沉重的精神负担,甚至因为这些貌似完整、科学和严密的知识体系之间其实仍然可能存在杂乱无章甚或相互矛盾的情形,仍然可能造成观念甚或精神的混乱乃至错乱。即使这些知识体系并不杂乱无章,也可能因为理解和记忆这些概念范畴和知识谱系平白无故增加人们的学习负担。所以并不是所有知识都有用,至少不能转换为技能乃至技术的知识在实际生活中常常没有用处。人们对诸如此类知识的最乐观看法,只能是充实了人们的大脑,满足了人们的精神需要。

相对来说,最有可能转换为技能乃至技术,而且有着严密概念范畴和知识谱系的知识可能是科学。科学与知识有着极其密切的联系：科学往往体现为对知识的拥有，知识的使命在于揭示必然性乃至规律性即所谓科学规律。柏拉图认为："科学就其本身而言，它就是科学，就是对知识的拥有，或者说我们还必须假定科学要有一个相关的对象。但是一门具体的科学拥有关于某种具体的知识。"①黑格尔也认为："知识必然是科学。"②虽然人们认为科学与哲学之间有联系，而且如西方常常将哲学与科学联合发展作为区别于东方文明的主要特征，如罗素所说："通常，当我们考虑什么是科学的时候，就是在处理一个哲学问题；而对科学方法原则的研究，也就是哲学。"③但即使西方人也承认"通常人们追求的基本知识是科学，而非哲学。现代哲学最为声势浩大的是实证论，它认为只有经验的知识才是真知识，而哲学只是这些科学的解释者与批评者的角色而已"④。科学尤其基础科学的突出特点即是凭借严密概念范畴而建构的极其系统的知识谱系。科学尤其基础科学的最大贡献在于突出展示人们思维的最严密成果，如果确实揭示了客观世界的某些本质规律，就无疑具有了真理的性质。于是研究乃至揭示所谓真理，就是科学之所以存在的最大理由，同时也是人类赢得自信的最切实可行的理由。如爱因斯坦指出："科学的不朽的荣誉，在于它通过对人类心灵的作用，克服了人们在自己面前和在自然界面前的不安全感。"⑤但是这种向来以研究和揭示真理自居的所谓科学也并没有取得令人百分之百满意的成果。爱因斯坦对基础科学在提高人们的思想乃至生命境界方面的力不从心有着清醒认识。他有这样的阐述："一个人为人民最好的服务，是让他们去做某种提高思想境界的工作，并且由此间接地提高他们的思想境界。这尤其适用于大艺术家，在

---

① 柏拉图：《国家篇》，《柏拉图全集》第 2 卷，人民出版社 2003 年版，第 416 页。
② 黑格尔：《精神现象学》上，商务印书馆 1979 年版，第 3 页。
③ 罗素：《西方的智慧》，中央编译出版社 2010 年版，第 362 页。
④ 阿德勒：《西方的智慧》，吉林文史出版社 1990 年版，第 6 页。
⑤ 爱因斯坦：《科学和社会》，《爱因斯坦文集》第 3 卷，商务印书馆 2009 年版，第 94 页。

较小的程度上也适用于科学家。当然,提高一个人的思想境界并且丰富其本性的,不是科学研究的成果,而是求理解的热情,是创造性的或者是领悟性的脑力劳动。"①造成科学的这一缺憾的根本原因就是劳动分工及由此导致的科学家乃至知识谱系对人类生命乃至宇宙整体的熟视无睹。科学的分门别类研究虽然方便了人们的专门研究,但在更重要的方面却丧失了应有的功能。爱因斯坦对此有深刻认识:"科学家对社会政治问题一般显得很少有兴趣。其原因在于脑力劳动的不幸的专门化,这造成了一种对政治和人类问题的盲目无知。"②这也许是作为伟大科学家的爱因斯坦之最具智慧的阐述。因为只有真正认识到基础科学乃至知识的局限性的人,才有希望达到对智慧乃至智慧美学的关注。

人们习惯上可能认为中国基础科学并不发达,因而建立在基础科学之上的知识美学同样极其薄弱。这其实只是人们对中国基础科学近代以来发展现状的一种肤浅认识。事实上,诸如古代《周髀算经》不仅最早引用并用几何证明了勾股定理,以及有关勾股弦的几个关系式和二次方程的解法,而且阐明了天圆地方的宇宙构造说。虽然这种宇宙构造说在今天看来也许并不科学,但所谓"知地者智,知天者圣。智出于句,句出于矩。夫矩之于数,其裁制万物,惟所为耳"③的观点,至少揭示了与西方科学并不完全相同的理念,这就是对宇宙的整体把握,而不是分门别类的专业化研究。这无疑使中国古代科学拥有了西方科学所没有的整体观照和研究的性质,并由此拥有了作为智慧美学的知识美学性质。真正决定知识乃至知识美学是否成为智慧乃至智慧美学的关键在于是否整体性研究和把握宇宙普遍规律,而不是对宇宙进行分门别类的研究。如牟宗三有这样的批评:"现在人把生命首先变成心理

① 爱因斯坦:《善与恶》,《爱因斯坦文集》第3卷,商务印书馆2009年版,第49页。
② 爱因斯坦:《群众政治上的成熟程度和革命》,《爱因斯坦文集》第3卷,商务印书馆2009年版,第159页。
③ 《周髀算经》上,吴龙辉主编:《中华杂经集成》第1卷,中国社会科学出版社1994年版,第822页。

学,然后由心理学变成生理学,由生理学再变成物理学,再转成人类学及其他种种的科学。各人由这许多不同的科学观点来看人,这一看把人都看没有了。"①可见,建立在分门别类的学科化专业化基础上的科学的最为致命弱点就是割裂了事物之间的普遍联系,以致丧失了对宇宙生命的整体把握能力。正由于中国基础科学很早就有上通天文、下通地理、中通人事的学术宗旨,所以很早就具有了西方科学乃至知识所没有的智慧乃至智慧美学性质。与西方哲学家对自然规律乃至自然科学的重视相比,中国哲学家的确存在并不单纯强调自然规律的特征,但如儒家之《周易》和道家之《道德经》将自然规律与人事乃至社会规律紧密联系起来的特点,正好体现了西方哲学乃至科学所没有的整体把握世界的优势。诸如《周易》等文化典籍事实上是将科学与哲学有机联系起来的典范,甚至如《周髀算经》等也体现了这一优势。

其实《周髀算经》所谓知天知地的阐述也许并不能集中地甚至权威性地代表中国科学精神的根本内涵。真正能权威性地体现中国科学精神根本内涵的是《周易》,有所谓:"易与天地准,故能弥纶天下之道。仰以观于天文,俯以察于地理,是故知幽明之故。原始及终,故知死生之说。"②可见真正能体现中国科学整体性研究智慧精神的是《周易》上观天文,下通地理,乃至"弥纶天下之道"。正是由于同时关乎天文、地理乃至人文而使中国科学具有了无所不包、无所不容的智慧乃至智慧美学精神。其实更能体现中国基础科学之智慧美学性质的阐述还有《贲·彖传》之所谓"观乎于天文,以察时变。观乎人文,以化成天下"③。干宝有云:"四时之变,悬乎日月。圣人之化,成乎文章。观日月而要其会通,观文明而化成天下。"④可见包括《周易》乃至《周髀算经》在内的文化典籍常常将整体性观照乃至研究宇宙普遍规律作为圣人之行为。这才是中国科学乃至知识美学之成为智慧美学的主要原

---

① 牟宗三:《中国哲学十九讲》,上海古籍出版社2005年版,第13—14页。
② 《系辞传上》,李道平:《周易集解纂释》,中华书局1994年版,第553—554页。
③ 《贲·彖传》,李道平:《周易集解纂释》,中华书局1994年版,第246页。
④ 《贲》,李道平:《周易集解纂释》,中华书局1994年版,第246页。

因。将天文、地理乃至人事,及自然科学、社会科学、人文科学有机统一起来,才是中国科学乃至知识美学之成为智慧乃至智慧美学的主要特征。算术,虽然仅仅是一种基础科学,但在中国却具有极其丰富的内涵。如《孙子算经原序》有云:"夫算者,天地之经纬,群生之元首,五常之本末,阴阳之父母,星辰之建号,三光之表里,五行之准平,四时之终始,万物之祖宗,六艺之纲纪。稽群伦之聚散,考二气之降生,推寒暑之迭运,步远近之殊同。观天道精微之兆基,察地理从横之长短。采神祇之所在,极成败之符验。穷道德之理,究性命之情。立规矩,准方圆,谨法度,约尺丈,立权衡,平重轻,剖毫厘,析黍累,历亿载而不朽,施八极而无疆。"①西方科学乃至知识是将分门别类的学科化、专业化研究作为科学乃至知识的标志,中国科学乃至知识虽然也可能存在专业化研究,但并不限定于特定专业乃至学科。这虽然使得中国科学乃至知识缺乏严格的学科乃至专业归属,但却有着明显的超学科超专业特点。这也正是中国科学乃至知识往往不属于任何特定学科乃至专业,同时又属于所有学科和专业的根本原因。这也正是中国科学乃至知识常常有着整体性研究和把握宇宙普遍规律以致具有超越学科乃至专业的整体性优势的主要原因之一。

　　西方虽然十分重视科学乃至知识,而且充分肯定了其价值和意义,但诸如爱因斯坦等并没有将自然科学与社会科学、人文科学的有机统一作为圣人行为加以褒扬,这固然有文化传统的原因。因为在西方基督教看来真正能够称得上圣人的也许只有上帝,而上帝是至高无上的,是任何人难以企及的;中国文化之圣人常常是所有人都能效仿甚至达到的,甚至连佛教之所谓佛,也常常被作为人间圣者来阐述,同样有人人可悟而成佛的可能性。对宇宙普遍规律的认识和把握是中国科学乃至知识的最终目标,同时也是圣人之所以成其为圣人的根本原因。如荀子就表达了这一理想:"坐于室而见四海,处于今而论久远,疏观万

---

① 《孙子算经》,吴龙辉主编:《中华杂经集成》第 1 卷,中国社会科学出版社 1994 年版,第 890 页。

物而知其情,参稽治乱而通其度,经纬天地而材官万物,制割大理,而宇宙裹矣。"①惟其如此,西方科学乃至知识可能只以探讨和研究宇宙普遍规律作为终极目标,而且这一探讨和研究也往往建立在分门别类的学科化乃至专业化研究的基础之上,因而所探讨和研究的所谓宇宙普遍规律充其量也只能是特定学科乃至范畴的普遍规律;中国科学乃至知识所揭示的普遍规律常常超越学科乃至专业。所以诸如《周髀算经》之类的科学著作,在今天可能归之于数学学科,但其内容至少在研究宗旨方面却常常并不限于数学,甚至包括极其广阔的视域乃至襟怀。这也正是中国科学乃至知识不同于西方科学乃至知识具有独特智慧乃至智慧美学性质的主要原因。

知识乃至知识美学所依赖的主要还是日积月累的学习,学习的主要形式就是阅读。阅读是获得知识的最基本方法和途径。莫提默·J.艾德勒、查尔斯·范多伦《如何阅读一本书》将阅读划分为基础阅读、检视阅读、分析阅读和主题阅读,而且认为前一层次往往是达到后一层次的基础,并且包含于后一层次。这似乎为人们阐述了阅读作为知识积累的主要手段和途径的重要性,而且也彰显了积累知识的重要性。但作者阐述的观点却多少有些令人失望,他说:"或许我们对这个世界的了解比以前的人多了,在某种范围内,知识也成了理解的先决条件。这些都是好的。但是,'知识'是否那么必然地是'理解'的先决条件,可能和一般人的以为有相当差距。我们为了'理解'一件事,并不需要'知道'和这件事相关的所有事情。太多的资讯就如同太少的资讯一样,都是一种对理解的阻碍。换句话说,现代的媒体正以压倒性的泛滥资讯阻碍了我们的理解力。"②其实对科学乃至知识的掌握,阅读从来都不是万无一失乃至一劳永逸的,并不是所拥有的知识越多,获得创造的灵感和力量便越大。叔本华有言:"阅读时,我们的心灵不过是他人思想活动的场所而已","利用一切空闲时间读书而置其他一切于不

---

① 《解蔽》,王先谦:《荀子集解》下,中华书局1988年版,第397页。
② 莫提默·J.艾德勒、查尔斯·范多伦:《如何阅读一本书》,商务印书馆2004年版,第7—8页。

顾,这甚至比连续性的体力劳动还要麻痹我们的心智,体力劳动至少还可以让人边劳动边思想。"①在科学方面,阅读所获已有知识同样存在并不能使人们获得创造灵感,反而成为人们创造之最大障碍的现象,而且人们要彻底摆脱因为阅读所形成的墨守成规习惯比获得创造灵感更困难。所以 W.I.B.贝弗里奇有这样的解释:"当满载丰富知识的头脑考虑问题时,相应的知识就成为思考的焦点。这些知识如果对于所思考的问题已经足够,那就可能得出解决的方法。但是,这些知识如果不够,而在从事研究工作时往往如此,那么,已有的一大堆知识就使得头脑更难想象出新颖独创的见解。……此外,有些知识也许实际上是虚妄的。在这种情况下,就会对新的有成效见解的产生造成更严重的障碍。"②可见单纯利用阅读来获取科学乃至知识并不可靠,而且往往以消磨人们的创造灵感乃至智慧为代价,甚至可能成为人们完整认识和把握世界的障碍。

中国智慧美学虽然强调学习知识的重要性,但同样关注已有知识对人可能带来的束缚和危害。如荀子虽然强调学习,但提出了"不以所已藏而害所将受"③的观点,这至少表明他对已有知识可能对人造成束缚乃至障碍有所关注和认同。相对而言,道家对已有知识给人类全面认识和把握世界可能造成的危害认识更深刻,老子甚至有"绝学无忧"④的观点。在老子看来,只有彻底弃绝了建立在分别与取舍基础上的知识,才可能因为没有相互矛盾的知识所造成的混乱而使人达到无有忧虑的境界。这是因为所有知识本身并不是智慧,充其量只是一种巧智,而且往往因为执著于善恶、美丑、是非、高下之类的分别与选择,总是陷入彼此相互矛盾、相互抵触的状态,总是使人陷入无法有机统一的重重困惑之中。事实上所谓善恶、美丑、是非、高下等没有绝对区别

① 叔本华:《论书籍与阅读》,《叔本华论说文集》,商务印书馆 1999 年版,第 269 页。
② W.I.B.贝弗里奇:《科学研究的艺术》,科学出版社 1979 年版,第 3 页。
③ 《解蔽》,王先谦:《荀子集解》下,中华书局 1988 年版,第 395 页。
④ 《老子奚侗集解》,上海古籍出版社 2007 年版,第 48 页。

与界限,甚至相互依存乃至平等不二。只是由于人为设定而陷入分别和取舍的矛盾冲突之中。所以人们越是执著于建立在二元论之分别与选择基础上的所谓学问乃至知识,越有可能因为无法协调和统一而陷入更多困惑之中。因为所有分别之根本目的是取舍,所有取舍的最正常结果就是选择一部分舍弃一部分,有所执著必有所舍弃,有所舍弃必有所漏失,有所漏失必有所失误。所以最高境界的知识必须人无弃人,物无弃物。只有真正放弃了对自然界一切事物的分别与执著,一视同仁,无亲无疏、无取无舍,才能获得囊括宇宙、明白四达的智慧。如果真正明白四达,就不会没有知识乃至智慧。如其所云:"明白四达,能无知乎?"①可见所谓明白四达的知识,其实已经不是一般意义的建立在分别与取舍基础上的知识,而是建立在无所分别与取舍基础上的智慧。老子还有所谓"为学日益,为道日损"②的观点。这实际上是说学习所获得的执著于二元论思维方式和认知基础的知识越多,参悟天地自然大道奥秘的可能性便越小,建立在二元论基础上的知识甚至可能是参悟天地自然大道乃至智慧的障碍。于是《庄子》有"君之所读者,古人之糟粕"③的观点。中国智慧美学对知识的否定乃至超越,并不限于概念范畴乃至知识谱系,及作为知识之思维基础的二元论,更在于对知识之不可避免缺憾的超越。所有知识都不是无所不知的,都只能是有所知而有所不知的,都只能是对其所能知晓的知识的认识,对自己所不能知晓的知识则不能认识。《庄子》假托孔子,更明确地否定了知识,有云:"悲夫,世人直为物逆旅耳! 夫知遇而不知所不遇,知能而不能所不能。无知无能者,固人之所不免也。夫务免乎人之所不免者,岂不亦悲哉! 至言去言,至为去为。齐知之,所知则浅矣!"④正因为所有知识都有所知有所不知,所以即使耗尽一切精力掌握了所有知识也不可能无所不知,而且往往束缚人们的思想,使发自内心的悟解受到影响,所

---

① 《老子奚侗集解》,上海古籍出版社 2007 年版,第 24 页。
② 《老子奚侗集解》,上海古籍出版社 2007 年版,第 123 页。
③ 《天道》,《南华真经注疏》上,中华书局 1998 年版,第 281 页。
④ 《知北游》,《南华真经注疏》下,中华书局 1998 年版,第 437 页。

以在一定程度上否定知识是有道理的。真正的智慧不是建立在知识积累的基础之上,恰恰是在知识休止乃至缺席,以致没有任何知识束缚的情况下所达到的清明乃至澄明,及由此形成的超越一切知识的创造。所以否定乃至超越知识,基本上体现了智慧美学的根本精神。陆象山有"学未知止,则其知必不能至"①的说法。试图通过学习达到全知全能根本不可能,即使达到了对所有知识的全面认识与掌握,也还是有着隔膜的浅陋识解,甚至是只知其一不知其二的陋见。

这是因为,要真正参悟宇宙普遍规律,主要还得依靠明心见性,依靠源自内心的明心彻悟。在荀子看来,只有心不贰致,守其一,类推而知万物,才能尽不贰之事,才能成其为美,有所谓"身尽其故则美"②。《庄子》也有所谓"不徐不疾,得之于手而应之于心,口不能言,有数存焉于其间"③的观点。爱因斯坦虽然没有明确阐述这一思想,但他对源自人类本心的想象力的强调同样在一定程度上体现了这一点。他这样阐述道:"想象力比知识更重要,因为知识是有限的,而想象力概括着世界上的一切,推动着进步,并且是知识进化的源泉。严格地说,想象力是科学研究中的实在因素。"④对此,W.I.B.贝弗里奇也有自己的认识,他这样解释道:"过多的阅读滞碍思想,这主要是对那些思想方法错误的人而言。若是用阅读来启发思想,若是科学家在阅读的同时积极从事研究活动,那就不一定会影响其观点的新鲜和独创精神。"科学家的独创精神可能主要源自多个学科领域的广泛阅读及丰富的想象力,他甚至认为:"独创精神往往在于把原先没有想到有关联的观点联系起来。此外,多样化会使人观点新鲜,而过于长时间钻研一个狭窄的领域则易使人愚钝。"⑤比较而言费希特的阐述更透彻:"知识学以有自

---

① 《与胡季随》,《陆九渊集》,中华书局 1980 年版,第 9 页。
② 《解蔽》,王先谦:《荀子集解》下,中华书局 1988 年版,第 399 页。
③ 《天道》,《南华真经注疏》上,中华书局 1998 年版,第 280 页。
④ 爱因斯坦:《论科学》,《爱因斯坦全集》第 1 卷,商务印书馆 2009 年版,第 409 页。
⑤ W.I.B.贝弗里奇:《科学研究的艺术》,科学出版社 1979 年版,第 4 页。

由内观的能力为前提。"①《周髀算经》不仅强调博学的价值,而且将触类旁通、通晓宇宙普遍规律作为智慧。有这样的阐述:"夫道术,言约而用博者,智类之明。问一类而以万事达者,谓之知道。算数之术,是用智矣,而尚有所难,是子之智类单。夫道术所以难通者,既学矣,患其不博。既博也,患其不习。既习矣,患其不能知。故同术相学,同事相观。此列士之愚智,贤不肖之所分。是故能类以合类,此贤者业精习智之质也。"②其实使科学乃至知识成其为智慧的根本原因,也许在于博学而能举一反三、触类旁通,更重要的是能明心见性,有源自内心的明心彻悟。《淮南子》的阐述更深刻,有云:"圣人之学也,欲以返性于初而游心于虚也。达人之学也,欲以通性于辽阔而觉于寂漠也。若夫俗世之学也则不然。"③可见决定知识能否成为智慧的关键,并不仅仅在于是否全面乃至整体性地认知和把握世界,更在于是否有着独特想象乃至发自内心的悟解及建立在想象和悟解基础上的举一反三、触类旁通。正是这种举一反三、触类旁通乃至发自内心的悟解,才使科学乃至知识最终得以成其为智慧,才使知识美学得以成其为智慧美学。

况且知识是无法穷尽的,而且随着人类社会的发展,知识的积累肯定越来越丰富,不仅人们要全面掌握人类所创造的所有知识几乎不可能,而且会平白无故耗费人们的许多精力乃至生命。如叔本华所说:"读书愈多,留存下来的东西便愈少,心灵就会变得像重复书写过多遍的石板一样,横七竖八、混乱不清。"④对此问题中国智慧美学有更深刻的认识,如庄子有云:"吾生也有涯,而知也无涯。以有涯随无涯,殆已!"⑤知识没有极限,而生命是极限的,以有限的生命追逐无限的知识,必然导致形劳神怠而无法掌握知识的大概。比较而言,西方虽然也

---

① 费希特:《全部知识学的基础》,商务印书馆 1986 年版,第 3 页。

② 《周髀算经》,《中华杂经集成》第 1 卷,中国社会科学出版社 1994 年版,第824—825 页。

③ 《俶真训》,何宁:《淮南子集释》上,中华书局 1998 年版,第 140 页。

④ 叔本华:《论书籍与阅读》,《叔本华论说文集》,商务印书馆 1999 年版,第269—270 页。

⑤ 《养生主》,《南华真经注疏》上,中华书局 1998 年版,第 66 页。

有人认识到知识的不可穷尽,以致无法掌握绝对真理,于是提出"把无知作为最大的学问来讨论"的主张①,这使其难能可贵地达到了智慧的边缘,但最终未能超出知识范畴的束缚,这是因为他所谓无知充其量也只是有学识的无知或深刻认识到无知的学识。如他所云:"由于我们追求知识的自然欲望不是没有目的的,它的直接对象就是我们自己的无知。如果我们能够充分实现这一欲望,我们就会获得有学识的无知。甚至对最热情地追求知识的人来说,也不可能有别的东西对他更有益处;那就是他确实在他本人的那个特定的无知中获得最深的认识;谁对他本人的无知认识得越深,他的学识就会越多。"②但无论他的学识增加到多么丰富的地步,对这个世界乃至学识来说仍然有所知而有所不知。这就是知识本身不可超越的缺憾。虽然他也确实认识到了诸如"极大与极小可以同等地用来表述绝对的量,因为在绝对的量上,它们是相同的"③的事实,这似乎体现了大与小平等不二的智慧,但他所阐述的只是绝对的极大与极小,对相对的"较多"与"较少"来说仍然认为存在差异,即所谓"差异只能在可以允许用'较多'和'较少'来说明的事物中存在"④。这就使其最终未能摆脱知识范畴的羁绊上升到智慧范畴。

知识乃至知识美学之所以不能成其为智慧乃至智慧美学的主要原因,是知识乃至知识美学建立在二元论及由此导致的美与丑、善与恶之类分别与取舍的基础之上,而智慧的主要思维方式则是不二论,对美与丑、善与恶之类无所分别与取舍,对诸如美的形式与内容无所分别与取舍,也不津津乐道于诸如匀称、比例、和谐乃至快感之类客观或主观属性,所以真正的智慧乃至智慧美学常常超越知识乃至知识美学。张世英对此有透彻认识,有所谓:"一般人在对世界能够采取明白的主客二分的'散文式的看法'阶段里,往往不再前进而停滞在这个阶段;而真

---

① 库萨的尼古拉:《论有学识的无知》,商务印书馆1988年版,第5页。
② 库萨的尼古拉:《论有学识的无知》,商务印书馆1988年版,第4—5页。
③ 库萨的尼古拉:《论有学识的无知》,商务印书馆1988年版,第9页。
④ 库萨的尼古拉:《论有学识的无知》,商务印书馆1988年版,第9页。

正的诗人则通过教养、修养和陶冶，能超越主客二分的阶段，超越知识，达到高一级的主客浑一，对事物采取'诗意的看法'，就像老子所说的超欲望、超知识的高一级的愚人状态，或'复归于婴儿'的状态，亦即真正的诗人境界。"①在张世英看来，也许所谓知识只是建立在主客二元基础之上，只要超越了主客二元，似乎就具有了超越知识限制的优势。事实上知识并不仅仅执著于主客二元，甚至在其他方面同样以二元论为思维方式和认知基础，如所谓内容与形式、现象与本质、形而下与形而上等，所以知识的二元论思维方式和认知基础无处不在、无时不有。或者说所谓知识事实上就建立在二元论思维方式和认知基础的基础上，这是所有知识研究和分析的出发点，也是其落脚点。要真正意义上超越知识，不是必须超越二元论思维方式和认知基础，更不是仅仅超越主客二元这一特定形式。也许朱良志对中国艺术之否定和超越知识的基本精神有更深入的认识。他说："中国艺术强调意境的努力其实是和反语言、反知识联系在一起的，境界的追求为的是超越具体的言象世界，言象会导入概念，概念起则知识生，以知识去左右审美活动，必然导致审美的搁浅。以知识去概括世界，必然和真实的世界相违背。因为世界是灵动不已的，而概念是僵硬的，以僵硬的概念去将世界抽象化，其实是对于世界的错误反映。"②但张世英与朱良志认识的共同缺憾在过于看重艺术与知识、不二论与二元论的分别与取舍，以致陷入另一层次的二元论及其分别与取舍之中，事实上仍然受到了二元论思维方式和认知基础的束缚。因为真正意义的不二论常常涵盖二元论与不二论、知识与智慧等无所分别与取舍，乃至平等不二。

智慧及其不二论思维方式和认知基础的根本精神是既不执著于二元论，也不执著于不二论，既不执著于分别，也不执著于不分别，甚至如《华严经》卷五十四所云"无分别是分别，分别是无分别"③。所以真正的智慧常常对知识与智慧，以及作为思维方式和认知基础的二元论与

---

① 张世英：《哲学导论》，北京大学出版社 2008 年版，第 131 页。
② 朱良志：《中国美学十五讲》，北京大学出版社 2006 年版，第 296—297 页。
③ 《华严经》，上海古籍出版社 1991 年版，第 285 页。

不二论等都无所分别与取舍,有着无分别是分别,分别是无分别的豁达无碍、平等不二的精神。也许宗白华的阐述更能体现知识与智慧、科学与哲学平等不二的智慧美学精神。他说:"以之异于禽兽者有理性、有智慧,他是知行并重的动物。知识研究的系统化,成科学。综合科学知识和人生智慧建立宇宙观、人生观,就是哲学。"①崇尚科学知识与哲学智慧的珠联璧合,而不是厚此薄彼以致有所分别与取舍,这才是科学知识之成为智慧乃至智慧美学的主要原因。可见并不是所有科学乃至知识都不能成其为智慧,也不是所有知识美学都不能成其为智慧美学,只要这种科学乃至知识具有与哲学乃至智慧平等不二甚或珠联璧合的特点,就能够成为智慧乃至智慧美学。

二、中国技术美学的启示

一定的专业和学科知识乃至知识谱系,如果能够运用于生活实践,经过日积月累的专门训练,便可能因为熟能生巧形成技能乃至技术。技术美学常常是最具有实用价值的美学。如果把技术理解为科学技术乃至生产力,势必会使技术拥有征服自然利用自然的内涵。人们试图征服和利用自然的这一思想,至少表明了人类的自尊乃至自信,但这种自尊乃至自信之中不可避免存在着人类自尊盲目膨胀的情形。且不说人类要真正征服自然从其最终结果来看似乎极为有限,而且每每以自然界的残酷报复而告终。倘若将技术理解为人类通过创造和发明工具将自己从繁重生存压力下最大限度解放出来的一种手段和途径,那么技术显然具有使人获得自由与解放的功能,也许技术的真正价值就在于此。

布鲁诺·雅科米在其《技术史》中有这样的阐述:"自从7世纪左

---

① 宗白华:《论艺术的空灵与充实》,《宗白华全集》第2卷,安徽教育出版社1994年版,第344页。

右水磨的扩展,随后机械钟表的诞生以来,技术作为这个文明社会的主要组成部分之一,且迅速成为必不可少的组成部分,其地盘也不断地扩大,产生了我们今天所熟悉的工业文明。但在 20 世纪的最后 10 年开始时刻,机械化发展的潮流似乎停滞不前。我们已使用的机器日益增多,这些机器需要新的能量。然而我们今天经历的变动,与其他时期的变动,诸如新石器时代或工业革命那样震撼我们文明的时刻变化,有着本质的差异。当然,这变化仍然广泛地触及我们的日常生活,但它担保供给我们的新工具,不在仅仅是加长了我们的手、脚和肌肉。它延伸了我们的感官、信息传递器官,在某种范围内,延伸了我们的大脑。"[①]既然技术已经走进了人类的日常生活,甚至从最基本的物质生活到最高层次的精神生活,似乎都与技术发明乃至工具有着千丝万缕的联系。即使人们对这种技术发展的最新动态乃至机械化带来的模式化、浅表化多么不满,但要真正退回到并不依赖技术乃至技术发明所创造的新工具的时代,对每一个人来说都极其困难,甚至不可思议。所以作为美学对技术置若罔闻基本上是不可能的。

这不仅因为任何艺术本质上必然是技术。诸如建筑、雕塑等艺术的技术含量或特征十分明确,而且主要是一种手工技术,近代以来兴起的艺术如电影等主要还是一种机械技术。所以本雅明将其分别称之为手工复制技术与机械复制技术。其实无论手工复制还是机械复制,本质上都是一种技术。徐复观有这样的阐述:"古代西方之所谓艺术,本亦兼技术而言。即在今日,艺术创作,还离不开技术、技巧。"[②]宗白华更明确地指出:"艺术是一种技术,古代艺术家本就是技术家(手工艺的大匠)。现代及将来的艺术也应该特重技术。然而他们的技术不只是服役于人生(像工艺)而是表现着人生,流露着情感个性和人格。"[③]这就是技术美学作为美学最基本形态的主要原因。事实上技术美学之

---

① 布鲁诺·雅科米:《技术史》,北京大学出版社 2000 年版,第 1—2 页。

② 徐复观:《中国艺术精神》,华东师范大学出版社 2001 年版,第 31 页。

③ 宗白华:《论文艺的空灵与充实》,《宗白华全集》第 2 卷,安徽教育出版社 1994 年版,第 344 页。

存在的理由并不仅限于此,因为随着现代科学技术的发展,人们对美的需求必然趋于多元化,不仅需要依赖手工制作的各种工艺品,同时也需要各种机械制作的工艺品。手工制作的工艺品常常可能在古典艺术的制作方面有所特长,以致能够制作形形色色古色古香的传统工艺品,机械制作的工艺品可能在现代工艺品的制作方面更具优势,这种优势的最大特点不仅是精致、精密,甚至可能是大批量生产所带来的经济效益。所以技术美学不能忽视。如宗白华所说:"过去一提美学就是艺术,艺术中当然有美,技术与美似乎没有关系,其实,技术也可以是美的。"①技术之美不仅表现在诸如工艺品的制作方面,甚至表现在科学本身可能源自自然美,不仅能够呈现诸如雅致、和谐、对称、秩序、统一等自然美,而且能够很大程度上使人类获得自信乃至自由解放。这才是科学乃至技术的至为神圣的使命,同时也是科学乃至技术的最为根本的美。

其实中国有着相对悠久而且先进的技术史,无论冶金术、造纸术、火药,还是活字印刷术、指南针都极大地促进了人类科学技术的进步与生存质量的提高。对中国技术,布鲁诺·雅科米有这样的描述:"中国文明发源于黄河流域,并重新具有新石器时代出现在中东的农业文明的共同特点。公元前 3000 年就诞生了中国文明,公元前 14 世纪发明的文字对中国的扩张起重大作用。但中国最个别的特点是在公元前 1500—1010 年间,很早地实现了国家的统一,建立了伟大的商朝。尽管在中国史中出现过许多动乱,这个帝国的统一,对于从公元前 5 世纪起直到明朝末年(1368—1664)的中国技术的逐步发展,十分有利。明朝末年时,一直比西方技术先进的中国技术被西方追上了。15—16 世纪,中国闭关自守,把这些技术锁定在中世纪技术系统阶段。于是,西方的飞跃发展把中国技术远远抛在后面。"②虽然中国文化传统如孔子、老子都不同程度存在着轻视技术而强调道的倾向,但中国技术并不

① 宗白华:《谈技术美学》,《宗白华全集》第 3 卷,安徽教育出版社 1994 年版,第 620 页。
② 布鲁诺·雅科米:《技术史》,北京大学出版社 2000 年版,第 86—87 页。

因此落后于世界,倒是后来才逐渐落后了。所以中国智慧美学至少在最古老时代并不轻视技术,而且视其为圣人的行为。如《考工记》有云:"知者创物,巧者述之守之,世谓之工。百工之事,皆圣人之作也。烁金以为刃,凝土以为器,作车以行陆,作舟以行水,此皆圣人之作也。"①正是中国智慧美学崇尚圣人,而且赋予百工与圣人同等地位的事实,很大程度上决定了技术乃至技术美学在中国智慧美学中所处的崇高地位。重视技术,以致有着技术美学的丰富资源,才是中国智慧美学的最基本形态。其实无论古代社会还是现代社会的人们都无法离开技术而生存。中国技术美学虽然并不发达,至少在明清以后明显落后于西方。这主要还是取决于明清以后技术本身的落后,以及长期以来形成的轻视技术而重视道的传统。其实虽然技术作为技术可能主要表现为熟能生巧形成的特定技术,但这种特定技术如果能超越自身局限举一反三乃至对社会甚或自然普遍规律有所体悟,同样具有智慧性质,理所当然也属于智慧美学范畴。技术虽然有着专门性和熟练性,是对某种单一的专门工作经过日积月累训练而形成的熟练技艺,具有较为零散的一技之长的性质,也许并不具有严密概念范畴与知识谱系,至少作为技术的应用科学即是如此。

在儒家、道家和墨家美学中,似乎道家最洒脱自如,最不重视技术,如《庄子》有所谓"得至美而游乎至乐,谓之至人"②,郭象将这一境界注曰"至美无美,至乐无乐",成玄英疏为:"既得无美之美,而游心无乐之乐者,可谓至极之人也。"③又曰:"至人之于德也,不修而物不能离焉,若天之自高,地之自厚,日月之自明,夫何修焉!"④似乎儒家尤其墨家更重视技术。儒家十分强调礼乐文化,这种礼乐文化毕竟建立在一定技术乃至器具的基础之上。孔子有三月不知肉味的审美感受,这种

---

① 《考工记》上,《中国历代美学文库》先秦卷上,高等教育出版社2003年版,第151—152页。
② 《田子方》,《南华真经注疏》下,中华书局1998年版,第409页。
③ 《田子方》,《南华真经注疏》下,中华书局1998年版,第409页。
④ 《田子方》,《南华真经注疏》下,中华书局1998年版,第410页。

感受必定建立在一定器乐演奏的基础之上,而且不仅器乐本身具有一定技术含量,如师乙有云:"歌者,上如抗,下如坠,曲如折,止如槁木,倨如矩,句中钩,累累乎端如贯珠。"①而且器乐的制作同样得依赖于一定技术。如《考工记》阐述制钟唯其"钟大而短,则其声疾而短闻;钟小而长,则其声舒而远闻。为遂,六分其厚,以其一为之深而圜之"②的道理,就揭示了制钟的技术要求。至于书法作为中国艺术之独特形式之一,理所当然在用笔、结体、章法等方面都有一定技术要求。即使作为中国书法艺术之最基本工具的毛笔,其制作同样有着极其精湛的技术,如王羲之《笔经》有云:"制笔之法:桀者居前,毳者居后,强者为刃,要者为辅,参之以苘,束之以管,固以旃液,泽以海藻。濡墨而试,滞重绳,勾中钩,方圆中规矩,终日握而不败,故曰笔妙。"③与儒家相比,墨家最讲实用性,如墨子有所谓"食必常饱,然后求美;衣必常暖,然后求丽;居必常安,然后求乐"的观点④,但这种美、丽和乐,同样得建立在相当高的制作技术的基础之上。事实上饮食、服饰乃至建筑的制作技术同样十分考究。专就酿酒之技术,就有苏轼所谓《东坡酒经》、朱肱所谓《北山酒经》等;专就建筑之木工,就有一系列制作要求与规范,如李诚《木经》所阐述的取正、定平、举折、定功之制⑤。宗白华指出:"人类文化的各个部门,如科学、艺术、法律、政治、经济以至于人格修养,社会的组织,宗教的修行,都有它的'技术方面',技术使它们成功,实现。技术使真理的追寻逼迫'自然'交出答案,技术使艺术家的幻想成为具体。技术使高度复杂的政治运用

---

① 《乐记》,孙希旦:《礼记集解》下,中华书局 1989 年版,第 1307 页。
② 《考工记》上,《中国历代美学文库》先秦卷上,高等教育出版社 2003 年版,第 151—152 页。
③ 王羲之:《笔经》,《中华杂经集成》第 3 卷,中国社会科学出版社 1994 年版,第 43 页。
④ 孙诒让:《墨子闲诂》附录一卷,《诸子集成》第 4 册,中华书局 1954 年版,第 9 页。
⑤ 李诚:《木经》,《中华杂经集成》第 3 卷,中国社会科学出版社 1994 年版,第 78—80 页。

和经济生产获得效果。"①可见,中国普通百姓的日常生活乃至艺术创作实际上都无法摆脱技术的影响,中国智慧美学重视技术乃至技术美学同样是有道理的。

也许正因为技术的无止境,以及人生精力的有限,才使人们不得不进行劳动分工。所以所有劳动分工以及技术分工其实都是迫于精力有限不得已所进行的选择。对此中国智慧美学有清醒认识,如《考工记》有云:"国有六职,百工与居一焉。或坐而论道,或作而行之,或审曲面势以饬五材,以辨民器。……坐而论道,谓之王公,作而行之,谓之士大夫,审曲面势,以饬五材,以辨民器,谓之百工。"②随着社会的发展,劳动分工的进一步细化,建立在术业有专攻基础上的技术势必越来越发挥极其重要的作用。因此,科学技术与艺术乃至美的联系将必然得到加强。不仅科学技术及其创造的人工制品越来越应该美学化、艺术化,乃至成为艺术品,而且传统意义的艺术品也必然越来越依赖于科学技术的发展,并依赖科学技术使其更彰显出艺术性乃至美的特征。传统美学不大重视技术尤其科学技术,传统科学技术不大强调艺术尤其美学都有其局限性,随着劳动分工的进一步细化和科学技术的进一步发展,科学技术与美学的珠联璧合应该成为历史发展的必然趋势。西方马克思主义美学家的局限在于过分强调了劳动分工乃至科学技术的负面作用,却忽视了科学技术与美学珠联璧合可能产生的极其重要的作用。

如果说知识乃至知识美学所依赖的主要还是日积月累的学习,学习的主要形式就是阅读,那么技术乃至技术美学常常是知识乃至知识美学的实际应用和熟能生巧,往往依赖人们的长期实践乃至训练。如果说知识可以通过记忆的方式得到继承,那么,建立在知识和劳动分工基础上的技术,则不能单纯依赖记忆的方式进行继承,还得依靠艰苦劳

---

① 宗白华:《近代技术的精神价值》,《宗白华全集》第 2 卷,安徽教育出版社 1994 年版,第 167 页。
② 《考工记》上,《中国历代美学文库》先秦卷上,高等教育出版社 2003 年版,第 151 页。

动,通过日积月累的强化训练乃至熟能生巧的过程才能真正获得。在工厂里,技术常常表现为师徒间手把手的指导所形成的极具明显链条式传承关系的训练,在艺术中,虽然不及工厂有着严格的传承关系,但必须通过艰苦训练才得以承传的精神却并没有受到完全削弱。尽管这种技术可能因为仅仅专注于某一特定工作显得有些狭隘,甚至有着只知其一不知其二的褊促,但还得竭尽全力才能获得。中国智慧美学对此有深刻认识,如《庄子·知北游》载:"大马之捶钩者,年八十矣,而不失毫芒。大马曰:'子巧欤! 有道欤?'曰:'臣有守也。臣之年二十而好捶钩,于物无视也,非钩无察也。'是用之者假不用者也,以长得其用,而况乎不用者乎! 物孰不资焉!"①可见技术作为一种传统,确实如"大马之捶钩者"必须倾注毕生精力而专注一事才能获得。对此,人们有着基本一致的看法。达·芬奇之所以后来成为卓越的艺术大师,就与当年进入意大利著名画室进行诸如画蛋等严格基本功训练分不开。可见,包括艺术技巧在内的一切技术很大程度上都依赖于日积月累的实践训练,没有实践训练和积累,无从谈起审美创造所需要的基本技术。

但建立在简单劳动分工和单纯实践训练基础上的技术实际上存在许多缺憾:所谓术业有专攻所形成的专门技术,虽然很大程度上弥补了人们因为精力不够所导致的力不从心,但这种力所能及的近乎急功近利的专门训练所形成的技术,虽然为人们提供了似乎更便当的认识世界的方式和途径,但并不能使人获得整体感知和研究世界的能力,而且还可能导致人在技术方面的孤陋寡闻甚或人格结构方面的残缺不全。对此,《庄子》有一定远见卓识:"天下大乱,道德不一。天下多得一察焉以自好。譬如耳目鼻口,皆有所明,不能相通。犹百家众技也,皆有所长,时有所用。虽然,不该不遍,一曲之士也。"②这种"一曲之士",因为执著于特定技术不及其余,往往显得孤陋寡闻,甚至因为偏执所

---

① 《知北游》,《南华真经注疏》下,中华书局 1998 年版,第 434 页。
② 《天下》,《南华真经注疏》下,中华书局 1998 年版,第 606 页。

长,以致形成极其片面和偏激的看法。成玄英有这样的疏证:"虽复各有所长,而未能该通周遍,斯乃偏僻之士,滞一之人,非圆通合变之人。"①专攻特定技术的"一曲之士",难以整体感知乃至把握天地之美和万物之理,如《庄子》有云:"判天地之美,析万物之理,察古人之全,寡能备神明之容。"②任何技术的专门训练和熟练掌握,其实都可能与人的全面发展乃至自由解放背道而驰,都可能只是相对于从事特定工作,获取基本劳动报酬和生活资料方面有用,一旦离开这一特定工作以及生活资料的实际获取便可能毫无价值。柏拉图并不认为"任何一门技艺中并不存在缺陷和错误",他还是承认"技艺除了为它的对象寻求利益,并不为其他事物寻求利益"③。这并不意味着一切技术充其量只是一种孤陋寡闻甚或只知其一不知其二的简单技术,事实上任何技术都蕴含着天地自然大道,只是有些人并未体悟到,有些人却能够体悟得到。未能体悟这种天地自然大道,充其量只是一种只知其一不知其二的技术,若能体悟到天地自然大道,就可能成为智慧了。

这样一来,所谓技术实际上存在不同层次,即使成其为智慧的技术也往往可能因为所体悟的天地自然大道不同而有不同层次:最低层次的技术,常常依赖术业有专攻以致能够熟能生巧达到精湛绝伦的地步,但仅限于技术本身,并不能举一反三,对技术之外的其他领域有所领悟,如欧阳修《卖油翁》所述卖油翁虽然能够将油滴入葫芦口所覆盖圆形方孔钱的方孔而不沾湿孔的边沿,有着极其精湛的技术,但他所体悟的只是"无他,但手熟尔"的经验,至于同样有精湛技术以致能十拿九稳射中目标的陈尧咨连这样的经验也没有体悟到。所以较之精通射箭术的陈尧咨来说,卖油翁似乎还有些触类旁通的体悟,但这种体悟仅限于对技术依赖熟能生巧的体悟,并不能涉及其他。更高层次的技术不仅精湛绝伦,且能举一反三对技术之外其他领域尤其人类社会普遍规

---

① 《天下》,《南华真经注疏》下,中华书局 1998 年版,第 606 页。
② 《天下》,《南华真经注疏》下,中华书局 1998 年版,第 606 页。
③ 柏拉图:《国家篇》,《柏拉图全集》第 2 卷,人民出版社 2003 年版,第 294—295 页。

律有所领悟,如柳宗元《种树郭橐驼传》所记述郭橐驼虽然声称仅"知种树而已",但他所体悟的还有"与吾业者其有类乎"的所谓"官理"①,认为养人术应该与养树一样顺任自然,无所施为,无所搅扰,使百姓乃至万物得以顺其本性、自由发展。这是其超越单纯技术局限对社会规律有所体悟的体现,同时也是其得以上升到更高层次的关键。但这一体悟还限于人类自身,对人类之外更为广阔的自然界乃至宇宙规律仍然缺乏明确认识,所以还无法达到最高层次。最高层次的技术不仅精湛绝伦,且能超越技术本身的局限,甚至还能超越人类社会局限,对天地自然大道有深刻体悟。如《庄子·养生主》所述:"庖丁为文惠君解牛,手之所触,肩之所倚,足之所履,膝之所踦,砉然向然,奏刀騞然,莫不中音。合于《桑林》之舞,乃中《经首》之会。文惠君曰:'嘻,善哉!技盖至此乎?'庖丁释刀对曰:'臣之所好者道也,进乎技矣。始臣之解牛之时,所见无非牛者。三年之后,未尝见全牛也。方今之时,臣以神遇而不以目视,官知止而神欲行。依乎天理,批大郤,导大窾,因其固然,技经肯綮之未尝,而况大軱乎!良庖岁更刀,割也;族庖月更刀,折也。今臣之刀十九年矣,所解数千牛矣,而刀刃若新发于硎。彼节者有间,而刀刃者无厚;以无厚入有间,恢恢乎其于游刃必有余地矣,是以十九年而刀刃若新发于硎。虽然,每至于族,吾见其难为,怵然为戒,视为止,行为迟。动刀甚微,謋然已解,如土委地。提刀而立,为之四顾,为之踌躇满志,善刀而藏之。'文惠君曰:'善哉,吾闻庖丁之言,得养生焉。'"②可见庖丁虽然也以解牛作为职业,且以解牛的精湛技术深得人们认可,但他最为可贵的不是对技术的执著乃至精湛,而是对天地自然大道的追求,即所谓"臣之所好者道也,进乎技矣"。也正因为庖丁追求超越单纯技术的道,才使其解牛技术拥有了"合于《桑林》之舞,乃中《经首》之会"的艺术效果。这意味着解牛技术与养生规律息息相通:"为善无近名,为恶无近刑,缘督以为经,可以保身,可以全生,可以养

---

① 柳宗元:《种树郭橐驼传》,《柳宗元集》第2册,中华书局1979年版,第474页。
② 《养生主》,《南华真经注疏》上,中华书局1998年版,第67—69页。

亲,可以尽年。"①用郭象的注释,就是:"夫养生非求过分,盖全理尽年而已矣。"用成玄英的观点来阐述,就是:"夫善恶两忘,刑名双遣,故能顺一中之道,处真常之德,虚夷任物,与世推迁。养生之妙,在乎兹矣。"②正是通过对养生规律的深刻体悟,才使其最大限度掌握了解牛技术,并达到了与艺术同等的境界。

技术与艺术平等不二,这是庖丁精通解牛技术所体悟到的天地自然大道的真正内涵。所谓解牛而"合于《桑林》之舞,乃中《经首》之会",其实就是技术与艺术平等不二的精神的集中体现。宗白华有这样的阐述:"庄子是具有艺术天才的哲学家,对于艺术境界的阐发最为精妙。在他是'道',这形而上原理,和'艺',能够体合无间。'道'的生命进乎技,'技'的表现启示着'道'。"③由此可见,看似寻常的技术往往蕴含着至高无上的道,而且技术之最高境界无非体现为道,道是一切技术之最高境界。也许徐复观的体悟更深刻,他指出:"庖丁说他所好的是道,而道较之于技是更进了一层,由此可知道与技是密切地关联着。庖丁并不是在技外见道,而是在技中见道。"由于"未尝见全牛"标志着"心与物的对立解消",由于"以神遇而不以目视,官知止而神欲行"标志着"手与心的距离解消,技术对心的制约性解消","于是他的解牛,成为他的无所系缚的精神游戏。他的精神由此而得到了由技术的解放而来的自由感与充实感;这正是庄子把道路实于精神之上的逍遥游的一个实例。由此,庖丁的技而进乎道,不是比拟性的说法,而是具有真实内容的说法,但上述的情境,是道在人生中实现的情境,也正是艺术精神在人生中呈现时的情境"。④ 可见技术并不仅仅单凭专心致志、持之以恒的艰苦劳动而获得。在这个看似寻常的技术中,蕴含着同样深刻的天地自然大道。或者说真正最高境界的技术常常与天地自

---

① 《养生主》,《南华真经注疏》上,中华书局 1998 年版,第 67 页。
② 《养生主》,《南华真经注疏》上,中华书局 1998 年版,第 67 页。
③ 宗白华:《中国艺术意境之诞生(增订稿)》,《宗白华全集》第 2 卷,安徽教育出版社 1994 年版,第 364 页。
④ 徐复观:《中国艺术精神》,华东师范大学出版社 2001 年版,第 31—32 页。

然大道相辅相成,甚至平等不二。最高境界的技术其实就是道,道其实就是最高境界的技术。最高境界的技术与道的共同特点是超越了一般层次技术的狭隘性而具有了周遍含容、明白四达的智慧。这个智慧的根本精神就是心与物乃至自我与外物、感官与精神乃至形而下与形而上、解牛与乐舞乃至生活与艺术的平等不二、通达无碍。近年来人们总是强调生活的艺术化乃至审美化,或艺术乃至审美的生活化,这其实仅仅是一种西方知识美学二元论基础上的有机统一论的翻版,其根本精神仍然认为生活与艺术有所分别,只是通过努力才能达到二者有机统一。但真正的智慧美学则并不执著于这种二元论思维方式和认知基础。在中国智慧美学看来,技术与艺术本来无所分别乃至平等不二。如果人们真的将自由与解放作为生命活动的终极目的,那么要实现生命的真正自由与解放只能依赖这种无所分别与取舍、无所执著与障碍,乃至心体无滞、周遍含容、明白四达的生命智慧。可见,技术美学之所以能够成其为智慧美学的根本精神在于能否体悟到技术同时也蕴含着天地自然大道,体悟到技术与智慧平等不二。虽然技术往往有所知而有所不知,未免因为有所选择乃至取舍而有孤陋寡闻之嫌,但如果能够超越技术限制对技术之外的其他领域诸如人类社会甚或宇宙普遍规律有所体悟,则无疑有着深刻智慧。这也正是技术美学之所以成其为智慧美学基本形态的根本原因。

只是能够臻达智慧境界的技术不是依赖单纯实践训练乃至机械重复所能获得的。如果仅限于技术的专门训练而不能达到对天地自然大道的体悟,是不可能获得真正智慧的。王阳明指出:“专于弈,而不专于道,其专溺也;精于文词而不精于道,其精僻也。夫道广矣大矣,文词技能于是乎出,而以文词技能为者,去道远矣。”①只有这种专门训练经过强化以致能潜入人们的潜意识甚或无意识,成为人们的一种无意识境界的精湛绝伦的技术,而且能由此体悟到天地自然大道乃至宇宙普

---

① 王阳明:《文录四·送宗伯乔白岩序》,《王阳明全集》上,上海古籍出版社 1992 年版,第 228 页。

遍规律的时候，才可能真正成为智慧。人们虽然总是强调所谓"实践出真知"，事实上，单纯实践训练所达到的熟能生巧是不会有真知的。真正的真知，往往不是单纯专门训练所达到的熟能生巧，而是通过这种训练所产生的发自内心的深刻体悟。也许只有建立在这种发自内心的明心见性基础上的训练所获得的精湛技术，才可能因为明心见性而成其为智慧。据《乐府古题要解》载："旧说伯牙学琴于成连先生，三年而成。至于精神寂寞，情志专一，尚能也。成连曰：'吾师子春在海中，能移人情。'乃与伯牙延望，无人。至蓬莱山，留伯牙曰：'吾将迎吾师。'刺船而去，旬时不返。但闻海上水汩汨湁湁之声，山林窅冥，群鸟悲号，怆然叹曰：'先生将移我情！'乃援琴而歌之。曲终，成连刺船而还，伯牙遂为天下妙手。"[①]连成之所以能够成其为"天下妙手"，并不仅仅得益于后天学习和训练，事实上后天学习和训练并没有使其真正有所觉悟，使其真正有所觉悟的是"移情"。宗白华有这样的阐述："'移情'就是移易情感，改造精神，在整个人格的改造的基础上才能完成艺术的造就，全凭技巧的学习还是不成的。"[②]其实移情还仅仅是一种表象，根本的原因是连成发自内心的觉悟。可见单凭实践训练乃至熟能生巧所形成的技术，充其量只能是一种技术，这种技术由于仅限于技术本身而并不能成其为智慧。只有真正体悟到了天地自然大道的技术，才可能真正超越只知其一不知其二的片面和狭隘而达到遍通宇宙万物自然之理乃至普遍之美的智慧高度。使这种技术能够上升到智慧境界的根本原因，不是长期实践训练和积累，而是明心见性。明心彻悟才是其通过特定技术参透宇宙普遍规律成其为智慧的根本原因。

可见任何技术虽然看似雕虫小技，如果能参透天地自然大道，同样能真正臻达智慧的最高境界。或者说所有技术臻达最高境界，都蕴含着天地自然大道。技术的最高境界常常与天地自然大道息息相通，甚

---

① 吴兢：《乐府古题要解》，丁福保：《历代诗话续编》上，中华书局 1983 年版，第 57 页。

② 宗白华：《中国古代的音乐寓言与音乐思想》，《宗白华全集》第 3 卷，安徽教育出版社 1994 年版，第 441 页。

至本身就是天地自然大道的一种显现形式。所以真正有智慧的人往往并不单纯追求所谓精湛绝技,更不以追求精湛技术为终极目的,常常将参悟天地自然大道作为终极目的。如《庄子》有云:"仲尼适楚,出于林中,见佝偻者承蜩,犹掇之也。仲尼曰:'子巧乎!有道邪?'曰:'我有道也。五、六月,累丸二而不坠,则失者锱铢;累三而不坠,则失者十一;累五而不坠,犹掇之也。吾处身也,若橛株枸;吾执臂也,若槁木之枝。虽天地之大,万物之多,而唯蜩翼之知。吾不反不侧,不以万物易蜩之翼,何为而不得?'孔子倾唔弟子曰:'用志不分,乃凝于神,其佝偻丈人之谓乎!'"①,所以"用志不分,乃凝于神",不仅是承蜩的佝偻丈人日积月累训练绝技的一种基本态度,更是他体悟天地自然大道的一种基本态度,体悟天地自然大道显然是其终极目的,而承蜩仅仅是其体悟天地自然大道所获得的一种副产品。一个人掌握一定绝技并不难,难的是体悟天地自然大道。体悟天地自然大道才是人间最高智慧。中国人善于用举一反三、触类旁通的方法本能地发现天地自然大道,而且能够将默而识之的天地自然大道渗透于日常物质生活,在生活器皿的制作技术方面体现出天地自然大道。如宗白华所阐述:"我们在新石器时代,从我们的日用器皿制出玉器,作为我们政治上、社会上及精神人格上的美丽象征物。我们在铜器时代也把我们的日用器皿,如烹饪的鼎、饮酒的爵等等,制造精美,竭尽当时的艺术技能,他们成了天地境界的象征。我们对最现实的器皿,赋予崇高的意义,优美的形式,使它们不仅仅是我们役使的工具,而且是可以同我们对语、同我们情思往还的艺术境界。后来我们发展了瓷器(西人称我们是瓷国)。瓷器主是玉的精神的承载与光大,使我们在日常生活中能充满着玉的美。"②

　　要使技术巧夺天工乃至参透天地自然大道成其为智慧,关键在于明心见性,而明心见性的关键在于保持物我两忘、心体无滞的清净

①　《达生》,《南华真经注疏》下,中华书局 1998 年版,第 371—372 页。
②　宗白华:《中国文化的美丽精神往那里去?》,《宗白华全集》第 2 卷,安徽教育出版社 1994 年版,第 401—402 页。

乃至虚静的心境。西方如柏拉图强调迷狂,尼采强调沉醉,很少有人能够如叔本华那样强调虚静,其实清净乃至虚静才是中国技术美学之所以成其为智慧美学的根本原因。虽然不是所有技术都必须有这种心境,但只有有这种清净乃至虚静的心境才能超越技术乃至人类自身的局限达到体悟天地自然大道的境界。如果说迷狂和沉醉可能更多地表现为对技术的如痴如醉的追求乃至执著,那么这种执著充其量只能达到对精湛技术的把握,并不能达到参透天地自然大道的智慧境界。真正能够达到对天地自然大道的体悟,往往需要清净乃至虚静的心境,需要既没有外物的干扰,也没有自我诸如成见乃至知识的束缚,以致达到完全的无拘无束、自由无执。如《庄子·达生》有载:"梓庆削木为鐻,鐻成,见者惊犹鬼神。鲁侯见而问焉,曰:'子何术以为焉?'对曰:'臣工人,何术之有!虽然,有一焉:臣将为鐻,未尝敢以耗气也,必齐以静心。齐三日,而不敢怀庆赏爵禄;齐五日,不敢怀非誉巧拙;齐七日,辄然忘吾有四肢形体也。当是时也,无公朝,其巧专而外滑消,然后入山林,观天性形躯,至矣,然后成见鐻,然后加手焉,不然则已。则以天合天,器之所以疑神者(乐器所以被疑为神工),其由是与?'"①这说明要使技术达至巧夺天工,真正体悟天地自然大道的智慧境界,必须专心致志,忘却一切外界乃至内心的干扰,达到非难与称誉、工巧与笨拙、自我与外物两忘乃至平等不二的清净不二境界。这个清净不二境界也就是臻达道家所谓道或佛家所谓般若的境界。如果说道家主要强调一视同仁、等物齐观、道通为一的袭明,那么佛家似乎更喜欢提倡平等不二、广大无边、无挂无碍的般若。尽管表述略有不同,其精神实质基本相同,都将平等不二、心体无滞、明白四达作为达到智慧境界的根本特征。

技术美学之所以成其为智慧美学,还在于能否对技术本身的价值和缺憾有清醒认识。技术必须从属于哲学,由哲学智慧所确定的人生理想和文化价值所指导,以致融技术与智慧于一体,才能真正发挥其解

---

① 《达生》,《南华真经注疏》下,中华书局1998年版,第434页。

放人类自身,使人类获得更多自由与幸福的功能。因为技术是使哲学所确定的自由和幸福得以实现的基本手段和途径,而哲学智慧又是技术这一手段和途径得以正确发挥作用的前提和条件。宗白华对此有明确阐述:"技术本是一种能力,是一种价值,它是人类聪明的伟大发现,科学树上生出的佳果。运用得当,是一切文化事业成功因素,人类幸福可能的基础;运用不得当,在野蛮人的手中自然可以摧毁一切人类文化。所以为福为祸,应用的当不当,这个责任却不该由技术来负,而是应该由哲学来负的。"①所以技术与智慧的珠联璧合,乃至技术美学与智慧美学的相得益彰,才是技术乃至美学发展的最理想选择,也许孤陋寡闻的科学技术至上主义者不一定有这种认识,但这并不影响那些真正具有智慧的科学家的认识。如爱因斯坦对科学乃至技术有着清醒认识,他认为科学乃至技术是有着解放人类的功绩的,如所谓:"科学的最突出的实际效果在于它使那些丰富生活的东西的发明成为可能","所有这些发明给予人类的最大实际利益,我看是在于它们使人从极端繁重的体力劳动中解放出来,而这种体力劳动曾经是勉强维持最低生活所必需的。如果我们现在可以宣称已经废除了苦役,那么我们就应当把它归功于科学的实际效果"。但是科学乃至技术也可能具有破坏人类正常生活,威胁人类安全和生存的可能,有所谓:"技术也使距离缩短了,并且创造出新的非常有效的破坏工具,这种工具掌握在要求无限制行动自由的国家手里,就变成了对人类安全和生存的威胁。"②他甚至更具体地阐述道:"透彻的研究和锐利的科学工作,对人类往往具有悲剧的含义。一方面,他们所产生的发明把人从精疲力竭的体力劳动中解放出来,使生活更加舒适而富裕;另一方面,给人的生活带来严重的不安,使人成为技术环境的奴隶,而最大的灾难是为自己创造了大规模毁灭的手段。这实在是难以忍受

---

① 宗白华:《近代技术的精神价值》,《宗白华全集》第 2 卷,安徽教育出版社 1994 年版,第 165 页。

② 爱因斯坦:《科学和社会》,《爱因斯坦文集》第 3 卷,商务印书馆 2009 年版,第 160—161 页。

的令人心碎的悲剧。"①他指出:"技术进步的最大害处,在于用它来毁灭人类生命和辛苦赢得的劳动果实"②,"技术的进步经常产生的是更多的失业,而不是使劳动负担普遍有所减轻"③。爱因斯坦对科学乃至技术的冷静分析是富有智慧的。这是那些孤陋寡闻乃至深信技术至上的人所无法达到的。也正是凭借这一点,使爱因斯坦超越了科学技术的局限上升到了极其透彻的智慧高度。

可见,并不是所有技术都能上升到智慧高度,也不是所有技术美学都能提升到智慧美学高度。但也不是所有技术都没有智慧,也不是所有技术美学都不能成其为智慧美学。决定技术乃至技术美学能否成其为智慧乃至智慧美学的根本原因,在于能否超越技术局限达到对人类乃至天地自然大道的周遍体悟。能够达到这种体悟的理所当然就能成其为智慧乃至智慧美学。虽然所有技术因为过于注重术业有专攻,以致有只知其一不知其二的缺憾,但只要能举一反三、触类旁通,也可能一通百通,达到对天地自然大道也就是宇宙普遍规律的认识,这就决定了技术如果能超越孤陋寡闻的局限就可能拥有无所不知的智慧。这是因为技术之最高境界与智慧的最高境界息息相通,甚至技术的最高境界就是智慧的最高境界,智慧的最高境界就是技术的最高境界。可见如果仅仅将技术看成技术,便可能错失技术之最高境界所蕴含的智慧;但如果相信所有技术都拥有至高无上的智慧,又可能使许多并不具有智慧的狭隘技术受到过分的褒扬。其实无论技术还是智慧,其根本精神都无所分别、无所执著,乃至平等不二、通达无碍。这才是最高境界的技术和智慧的共同精神。

---

① 爱因斯坦:《给国际知识界和平大会的贺信》,《爱因斯坦文集》第3卷,商务印书馆2009年版,第303—304页。

② 爱因斯坦:《关于1932年的裁军会议》,《爱因斯坦文集》第3卷,商务印书馆2009年版,第94页。

③ 爱因斯坦:《为什么要社会主义?》,《爱因斯坦文集》第3卷,商务印书馆2009年版,第317页。

三、中国智慧美学的启示

知识和技术是较低层次的,这是因为执著于二元论思维方式和认知基础乃至分别和取舍而总有所缺失,但如果能够充分认识到这种缺憾,对一切事物不加分别与取舍,就必然能上升到更高层次的智慧境界,上升到更高层次智慧境界的关键在于平等不二、心体无滞、明白四达。真正具有智慧性质的知识和技术常常有着博大襟怀,能最大限度超越自身局限,达到对其他知识、技术乃至智慧的最大兼容。所以富有智慧的科学家和艺术家往往并不排斥科学之外的其他知识,而且对其予以高度重视。如爱因斯坦对哲学较之科学更擅长整体观照人类乃至宇宙普遍规律的优势有这样的认识:"如果把哲学理解为在最普遍和最广泛的形式中对知识的追求,那么,显然,哲学就可以被认为是全部科学研究之母。"①建立在二元论思维方式和认知基础上的科学往往因为执著于二元论及由此形成的分门别类研究传统,与艺术、哲学乃至宗教相比明显存在不能整体观照和研究生命的缺憾,对此丹皮尔有更深刻认识。他在《科学史》绪论中明确指出:"物理科学按照它固有的本性和基本的定义来说,只不过是一个抽象的体系,不论它有多么伟大的和不断增长的力量,它永远不可能反映存在的整体。科学可以越出自己的天然领域,对当代思想的某些领域以及神学家用来表示自己的信仰的某些教条,提出有益的批评。但是,要想观照生命,看到生命的整体,我们不但需要科学,而且需要伦理学、艺术和哲学;我们需要领悟一个神圣的奥秘,我们需要有同神灵一脉相通的感觉,而这就构成宗教的根本基础。"②可见,能够弥补科学乃至知识缺憾的不仅有艺术、哲学,还有宗教。爱因斯坦也有这样的阐述:"我们所能有的最美好的经验

---

① 爱因斯坦:《物理学、哲学和科学进步》,《爱因斯坦文集》第1卷,商务印书馆2009年版,第696页。
② 丹皮尔:《科学史》上,商务印书馆1975年版,第21页。

263

是奥秘的经验。它是坚守在真正艺术和真正科学发源地上的基本感情。……我们认识到有某种为我们所不能洞察的东西存在,感觉到那种只能以其最原始的形式为我们感受到的最深奥的理性和最灿烂的美——正是这种认识和这种情感构成了真正的宗教情感;在这个意义上,而且也只是在这个意义上,我才是一个具有深挚的宗教感情的人。"①如果说人脑掌握世界的方式主要是科学、艺术、哲学和宗教的方式,那么这些方式显然各有利弊。相对来说,尤其针对整体性把握和研究世界方面而言,显然科学逊色于艺术,艺术又逊色于哲学、哲学又逊色于宗教。换句话说,如果科学、艺术、哲学和宗教都具有智慧的性质,那么愈至后者,可能愈接近于智慧,所蕴含的智慧也可能愈丰富、愈深刻、愈透彻。

与科学乃至知识相比,似乎艺术更接近于智慧。这是因为科学乃至知识可能更多建立在有所分别和取舍的分门别类研究的基础之上,艺术则常常是世界的整体性反映,也不绝对地将客观与主观纯然对立起来,也就是即使主张模仿论的西方美学家也不可能像科学家那样尽可能排除主观情感对客观规律认识的干扰和影响,甚至仍然可能自觉或不自觉地渗入一定的主观情感和认识。虽然表现论者可能夸大主观思想情感的主导作用甚或主体作用,但是也不绝对地否定客观事物的存在,有时还可能作为客观对应物而受到重视。所有这些似乎表明了艺术常常有着比科学乃至知识更为模糊甚或淡然的分别和执著。这一特点常常在某些艺术家尤其对原始本心有深刻体悟的艺术家那里,甚至可能彰显出超乎寻常的智慧力量。如袁枚、王国维、朱光潜等将"不失其赤子之心"作为诗人乃至艺术家的特点。朱光潜甚至在袁枚、王国维基础上,提出"一般艺术家都是所谓'大人者不失其赤子之心'"②的观点。如果将这种赤子之心看成童心,看成未经后天是非得失之类分别和取舍之心所遮蔽的原始本心,基于这种原始本心并以发明原始

---

① 爱因斯坦:《我的世界观》,《爱因斯坦文集》第3卷,商务印书馆2009年版,第58—59页。

② 朱光潜:《谈美》,《谈美·谈文学》,人民文学出版社1988年版,第60页。

本心为宗旨的艺术理所当然更具有智慧的性质。只是并不是所有艺术家都能达到这一境界,但艺术家毫无疑问常常能够比科学家更容易做到这一点。这也便是艺术常常比科学更接近于智慧的原因。相对来说,似乎西方艺术往往偏执于模仿论或表现论的分别,以致在完整认知和彰显世界方面可能存在某些缺憾和不足,以心物不二作为理论基点甚或创作思想基础的中国艺术在这方面可能明显优越于西方。中国艺术常常倾向于崇尚和彰显天人合一、心物不二的意境乃至境界,西方艺术则往往致力于人为概括和具体化所形成的典型。如果说典型主要体现了人类对世界普遍性和特殊性的把握程度,那么意境乃至境界却常常体现为人类对心物不二甚或天人合一世界本来面目乃至真如状态的认可程度。典型可能主要体现为人类对人性乃至人类社会内部矛盾性、运动性甚或统一性的认识,那么意境乃至境界往往体现为人类对人类自我、社会乃至自然界的整体性认识,尤其对人与天地万物为一体世界真如状态的认识。这种艺术虽然并不刻意追求智慧,但无意识彰显的却往往是智慧,或更接近于智慧的知识乃至技术。

与艺术相比,似乎哲学乃至宗教由于更注重对世界的整体观照和透彻把握,或更倾向于明确追求智慧,更具有智慧乃至智慧美学性质。这是毋庸置疑的。但西方哲学由于特定界定决定了成其为智慧乃至智慧美学的差距仍较大。虽然西方哲学也可以说是"智慧之学",但充其量只能是"爱智慧",只能是对智慧的真诚热爱、忘我追求和批判性反省,可能并不能真正上升到智慧高度,更不能真正上升到中国智慧哲学高度,可能仍属于知识范畴,仍不能整体观照和研究生命,赋予自然界一切事物以平等不二的生命价值。赫拉克利特所谓"博学并不能使人智慧"虽然正确揭示了知识并不是智慧的特点,但他所阐释的智慧,如所谓"智慧只在于一件事,就是认识那善于驾驭一切的思想"①,并不能真正揭示智慧的根本精神,至少不能真正体现中国智慧哲学的精神内

① 《赫拉克利特著作残篇》,北京大学哲学系:《西方哲学原著选读》上,商务印书馆 1981 年版,第 26 页。

涵,充其量只是体现了西方智慧的基本内涵。古希腊人认为智慧有两种,实用智慧即"审慎",以及推测或哲学智慧。所谓实用智慧就是面对事物能够作出"正确判断","并选择最适于达成目标的方法";所谓哲学智慧,是"最重要的原则或事物成因","是知识的最高形式","是人类追求真理的顶峰"①。在西方人看来,智慧作为一种知识和德性,只有上帝才有,而且总是与善相联系,似乎无论苏格拉底,还是《圣经》,都宣扬这一点。但这仅仅是西方人的智慧概念,并不能体现中国哲学的智慧内涵。中国所谓智慧常常并不是一种知识乃至德性,而且是知识的中止乃至禁绝,虽然也可能是一种德性,但这种德性并不建立在善与恶之类的二元论思维方式和认知基础之上,而是建立在诸如善与恶之平等不二的不二论基础之上。如果说西方的智慧是一种爱智慧,那么这种爱智慧,在中国智慧美学看来,其实就是一种执著,不仅不是智慧,而且与智慧背道而驰。在中国人看来,所谓智慧也不是苏格拉底和《圣经》所宣称的只有上帝才有的特权,而是人人生而具有的,是复归于婴儿的童心,是原始反终的赤子之心,是人类与生俱来的原始本心。

比较而言,中国美学乃至哲学显然更具有智慧的性质。这并不仅仅因为中国哲学往往整体性观照和把握宇宙生命,以致具有周遍含容的智慧,如牟宗三所说:"中国哲学,从它那个通孔所发展出来的主要课题是生命,就是我们所说的生命的学问。它是以生命为它的对象,主要的用心在于如何来调节我们的生命,来运转我们的生命、安顿我们的生命。这就不同于希腊那些自然哲学家,他们的对象是自然,是以自然界作为主要课题。"②而且因为中国哲学对一切事物总是一视同仁,以致具有平等不二的智慧。老子所谓"天地不仁,以万物为刍狗;圣人不仁,以百姓为刍狗"③的观点,所表达的并不是天地与圣人无视万物与百姓的生命存在,而是对一切人乃至事物一视同仁。至于主张齐物论

---

① 阿德勒:《西方的智慧》,吉林文史出版社 1990 年版,第 92 页。
② 牟宗三:《中国哲学十九讲》,上海古籍出版社 2005 年版,第 12 页。
③ 《老子奚侗集解》,上海古籍出版社 2007 年版,第 12 页。

的庄子更强调事物没有是与非、彼与我、彼与是、可与不可、美与丑、成与毁之类的区别,有云:"物固有所然,物固有所可;无物不然,无物不可。故为是举莛与楹、厉与西施、恢恑憰怪,道通为一。其分也,成也;其成也,毁也。凡物无成与毁,复通为一。唯达者知通为一,为是不用而寓诸庸。"①庄子甚至有"天地一指也,万物一马也"②的主张。中国哲学对一切事物一视同仁,这只是体现了作为思维方式和认知基础的不二论的作用,而且正因为这种不二论,才使中国哲学真正具有了智慧乃至智慧美学性质。弗朗索瓦·于连比较西方哲学与中国智慧,有这样的观点:"第一,哲学主张辩论(斗争),而智慧主张和平共处,不赞成任何冲突;第二,哲学是对话体的,并需要得到别人赞同,而智慧则是独白式的,甚至于通过对话,极力挫败争论;第三,哲学是排他性的,为了真理它不得不这样,而智慧是包容性的,从一开始,不用通过辩证的方法,便囊括了所有相对立的观点。"③弗朗索瓦·于连对中国智慧与西方哲学的比较颇有见地,但他也犯了一个自相矛盾的错误:既然中国智慧真正主张和平共处,是包容性的,理所当然也不应该排斥西方哲学的辩论性乃至排他性,既然中国智慧如其所云"智慧之道不会固定在任何一边,所有的可能都是完全的,都是平等的"④,那么也应该赋予西方哲学与中国智慧同样平等的地位,而不是固守东方不二论却贬低乃至否定西方二元论思维方式和认知基础。

相对来说,宗教似乎比哲学更具有智慧乃至智慧美学性质。作为智慧必须平等不二,但事实并不是所有宗教都具有这种精神,至少诸如西方基督教因为执著于基督徒与异教徒的分别,甚至对自然界其他生物更不能一视同仁,很大程度上流露出贬低、蔑视乃至排斥、打击和消灭异教徒及自然界其他生物的倾向。也许正因为有诸如此类的分别与取舍之心,使基督教很大程度上丧失了成为智慧乃至智慧美学的可能。

---

① 《齐物论》,《南华真经注疏》上,中华书局 1998 年版,第 37 页。
② 《齐物论》,《南华真经注疏》上,中华书局 1998 年版,第 36 页。
③ 弗朗索瓦·于连:《圣人无意》,商务印书馆 2004 年版,第 102 页。
④ 弗朗索瓦·于连:《圣人无意》,商务印书馆 2004 年版,第 109 页。

其实西方科学乃至哲学,至少占据主体地位的科学乃至哲学同样不能一视同仁地尊重宇宙生命,而且很大程度上存在征服乃至残害自然界其他生物生命的缺憾。任何科学、哲学乃至宗教一旦有了这一缺憾,就不可能具有平等不二的智慧。也许正是这种倾向和缺憾使西方文化精神普遍暴露出并不具有广大和谐生命精神,以及一视同仁地对待一切事物的平等智慧。宗白华一针见血地指出:"这突破'自然界限',撕毁'自然束缚'的欧洲精神,也极容易放弃了'自然'的广育众生,一体同仁的慈爱,而束缚于自己的私欲内,走向毁灭人类的歧途。东方的智慧却不是飞翔于'自然'之上而征服之,乃是深潜入自然的核心而体验之,冥合之,发扬而为普遍的爱。"①导致西方科学、艺术、哲学乃至宗教普遍暴露出过分强调人类的唯我独尊却无视自然界其他事物,过分强调西方人的唯我独尊却无视东方人,过分强调西方价值观念的唯我独尊却无视东方生命智慧的根本原因,在于对二元论思维方式和认知基础的执著。诸如爱因斯坦、丹皮尔的阐述虽然涉及对哲学乃至宗教精神的强调,但并没有完全认识到人与自然界一切事物本来应该平等不二的事实,更没有清楚意识到二元论思维方式和认知基础的缺憾,所以他们的阐述还不能达到对生命的整体观照,及对自然界一切事物平等不二的智慧高度。

比较而言,中国哲学尤其佛教似乎更具智慧乃至智慧美学性质。这不仅因为中国哲学乃至佛教常常平等看待一切事物,将平等不二作为宇宙生命的普遍精神和圣人精神的基本内涵,并且将平等不二视为形成无所用心、无所执著圣人精神的基础。所谓圣人无心,就是无所执著,就是尊重自然界一切事物的生命,而不是将自我乃至人类的生命意志强加于一切生命,更不以人类自身的善恶、美丑乃至是非标准来衡量事物,是其所是,非其所非。中国哲学乃至佛教常常以无所执著之心作为圣人的基本精神。对老子"圣人无常心",杜光庭的阐释是"圣人无

---

① 宗白华:《〈纪念泰戈尔〉等编辑后语》,《宗白华全集》第 2 卷,安徽教育出版社 1994 年版,第 296 页。

心,未始有滞也"①。在老子看来,有所执著必有所缺失,只有无所执著才能无所缺失,即所谓"执者失之"②。比较而言,孔子貌似有所执著,至少其所谓中庸之道就是一种执著,但这种执著的宗旨恰恰在于不能固守乃至停滞于"中",孟子有这样的阐述:"执中无权,犹执一也。所恶执一者,为其贼道也,举一而废百也。"③孔子也确实反对执著,所谓"毋意、毋必、毋固、毋我"④,其实就是对其无所执著的具体概括。不仅中国儒家和道家反对执著,中国佛教也反对执著,而且阐述似乎更透彻。如慧能所谓"立无念为宗,无相为体,无住为本"⑤,其实就是主张无心,主张既不执著于无念、无相、无住,也不执著于有念、有相、有住,乃至于念无念、于相无相、于住无住。这是因为在慧能看来,无念、无相、无住,与有念、有相、有住,无所分别、平等不二,既然无念、无相、无住与有念、有相、有住无所分别、平等不二,所以既无须执著于无念、无相、无住,也无须执著于有念、有相、有住。这是因为所有执著都可能造成束缚,如其所云:"心若住法,名为自缚。"⑥中国禅宗最强调佛心无执,乃至心体无滞的思想。所谓无念、无相、无住归根结底就是无心,就是无所执著,既不执著于有,也不执著于无,既不执著于净,也不执著于空,以致真正摆脱束缚达到了自由境界,不是因为执著于摆脱某种束缚而陷入另一种执著所导致更大束缚之中。既然所有执著都是束缚,那么试图摆脱束缚的欲念同样是一种束缚。所以禅宗的无心是真正的无心,而不是试图达到无心境界而陷入的另一有心。如达摩《绝观论》有云:"有念即有心,有心即乖道。无念即无心,无心即真道。"⑦对此铃木大拙有这样的阐述:"有多少执著,便有多少束缚。当我们着净时,便

---

① 《老子奚侗集解》,上海古籍出版社 2007 年版,第 125 页。
② 《老子奚侗集解》,上海古籍出版社 2007 年版,第 758 页。
③ 《孟子集注》,朱熹:《四书章句集注》,中华书局 1983 年版,第 357 页。
④ 《论语集注》,朱熹:《四书章句集注》,中华书局 1983 年版,第 109 页。
⑤ 《坛经》,《禅宗七经》,宗教文化出版社 1997 年版,第 339 页。
⑥ 《坛经》,《禅宗七经》,宗教文化出版社 1997 年版,第 330 页。
⑦ 达摩:《绝观论》,明尧、明洁编校:《禅宗六代祖师传灯法本》,中州古籍出版社 2009 年版,第 84 页。

为净立相,便为净所缚。由于这个理由,所以当我们着空或住于空时,便为空所缚。当我们住于禅定时,便为禅定所缚。不论这些精神活动的功德多么伟大,它们必然会把人们导向一种束缚状态。这里没有解脱可得。因此,我们可以说,整个参禅训练只是想使我们完全脱离一切束缚桎梏,即使我们说到'见人本性'时,如果我们以为在'见'中特别建立了某种东西的话,这种'见'也会具有束缚的结果。"①中国禅宗对一切执著之心的无所执著,才是圣人无心的真正内涵,这种精神源于印度大乘佛教。大乘佛教反对执著之心至为彻底,如《金刚经》所谓"过去心不可得,现在心不可得,未来心不可得"②的观点,其实就是要人们破除一切执著之心,包括过去、现在和未来可能产生的一切执著之心。《金刚经口诀》有这样的解释:"过去心不可得,前念妄心,瞥尔已过,追寻无有处所。现在心不可得者,真心无相,凭何得见?未来心不可得者,本无可得,习气已尽,更不复生。了此三心皆不可得,是名为佛。"③大乘佛教反对执著之心甚至包括如来所说诸心,如《金刚经》有所谓:"如来说诸心,皆为非心,是名为心。"④《金刚经》破除一切执著之心,同样包括如来所说一切法。如来有所说法,是为了破除我执;说非法,是为了破除法执;说是名为法,是为了破除非法执。对于我执、法执、非法执的无所执著,才是至为彻底的。推而广之,一个人如果能够破除对自我已有知识经验的执著之心的束缚,能够破除对自然界普遍规律乃至所谓真理的执著之心的束缚,还能够破除对反对自然界普遍规律乃至所谓真理的执著之心的束缚,便可以真正赢得心体无滞、明白四达的智慧。

可见,无所执著,乃至心体无滞、明白四达,才是中国哲学乃至佛教成其为智慧乃至智慧美学的根本原因,同时也是圣人成其为圣人的根

①　铃木大拙:《禅风禅骨》,中国青年出版社 1989 年版,第 38 页。
②　《金刚经》,《禅宗七经》,宗教文化出版社 1997 年版,第 12 页。
③　慧能:《金刚经口诀》,明尧、明洁编校:《禅宗六代祖师传灯法本》,中州古籍出版社 2009 年版,第 353 页。
④　《金刚经》,《禅宗七经》,宗教文化出版社 1997 年版,第 12 页。

本原因。弗朗索瓦·于连有这样的阐释:"圣人确实没有自我,因为他不用事先提出的观念推断事(1);圣人不提出任何必须遵守的原则(2);圣人不囿于任何一定的立场(3);因此,圣人的人格不会因为任何事而变得特殊。"①弗朗索瓦·于连的阐释基本上仅限于儒家尤其孔子,而未涉及道家乃至佛教。其实中国儒家、道家和佛教都将无所执著、无所用心乃至无有执著之心作为圣人之所以成其为圣人的根本精神。圣人正因为无所用心乃至无所执著,才无所遗失,乃至周遍含容。因为有所执著,必然有所取舍,有所取舍,必然有所漏失,有所漏失,必然无法周遍含容。《周易》所谓"广大配天地,变通配四时,阴阳之义配日月,易简之善配至德",及"圣人之所以崇德而广业"②,《道德经》所谓"无弃人""无弃物"的"袭明"③,《坛经》所谓"见一切人恶之与善,尽皆不取不舍,亦不染着,心如虚空,名之为大"的"摩诃"④等,都揭示了圣人无心乃至周遍含容的精神。

如果说技术乃至技术美学可以通过训练乃至发自内心的证悟而获得,知识乃至知识美学可以通过阅读乃至发自内心的解悟而获得,那么这种圣人无心的智慧乃至智慧美学却只有通过识自本心的彻悟才能获得。因为这种智慧并不是存在于人们的原始本心之外,而是存在于原始本心之中,甚至就是人们的原始本心,一般无须后天训练和阅读积累就能直接获得。中国智慧美学不同于西方哲学乃至宗教的一个主要特点也就是对原始本心的超乎寻常的强调与重视,而且往往视其为智慧之源泉。在中国智慧美学看来,要获得真正智慧,只需在虚静乃至清净心境中回归人类与生俱来的平等不二的原始本心。老子有所谓:"常德不离,复归于婴儿。"杜光庭这样阐释道:"婴儿者,未分善恶,未识是非,和气常全,泊然凝静,以喻有德之君,全道之士。"⑤也许杜光庭的阐

---

① 弗朗索瓦·于连:《圣人无意》,商务印书馆2004年版,第17页。
② 《系辞传上》,李道平:《周易集解纂释》,中华书局1994年版,第564—565页。
③ 《老子奚侗集解》,上海古籍出版社2007年版,第70页。
④ 《坛经》,《禅宗七经》,宗教文化出版社1997年版,第330页。
⑤ 《老子奚侗集解》,上海古籍出版社2007年版,第72页。

释真正揭示了老子善恶不二原始本心的真如状态。孟子的观点并不十分清晰，但他所谓"大人者，不失其赤子之心者也"①，及"仁、义、礼、智根于心"②的观点，也揭示了大人即圣人具有赤子之心，也就是纯一无伪、无所执著、无所分别之原始本心，其实也就是仁义礼智信等一切智慧的本源。达摩也认为无所执著之心才真正真诚、合乎大道。有所谓："无心即无物，无物即天真，天真即大道。"③这就意味着在达摩看来，只要回归无所执著的真诚之心，就是合乎大道，就能够臻达佛祖境界。比较而言，也许慧能所谓"本自清净""本自具足"的"本心"乃至"本性"④的阐述最明确。在他看来，这个"本心"乃至"本性"也就是所谓"非善非不善"的"无二之性即是佛性"⑤。在慧能看来，只要明心见性，就能自成佛道。也就是只要识自善恶不二清净本心，就能获得至为透彻圆满的智慧。此外，诸如孟子所谓"尽其心者，知其性也。知其性，则知天矣"⑥，达摩《血脉论》所谓"心即是佛，佛即是心；心外无佛，佛外无心"⑦，陆象山所谓"宇宙便是吾心，吾心即是宇宙"⑧之类的阐述，虽然在一定程度上被认为是主观唯心主义思想，其实这里所体现的是心与物乃至宇宙、自我与自然平等不二、物我无间无别的精神，在很大程度上体现了最彻底的唯物主义精神。因为人类原始本心作为父母未生前本来面目，确实无善无恶、无丑无美、无是无非，自然界一切事物的本真状态，也就是在没有被人类用自我价值标准和利己观念进行主观判断和评价之前的真实状态，也确实没有诸如善恶、美丑、是非之类分别。这种没有被人类后天教育所强化的价值观念和是非标准所侵害的人类

---

① 《孟子集注》，朱熹：《四书章句集注》，中华书局 1983 年版，第 292 页。
② 《孟子集注》，朱熹：《四书章句集注》，中华书局 1983 年版，第 355 页。
③ 达摩：《绝观论》，明尧、明洁编校：《禅宗六代祖师传灯法本》，中州古籍出版社 2009 年版，第 84 页。
④ 《坛经》，《禅宗七经》，宗教文化出版社 1997 年版，第 327 页。
⑤ 《坛经》，《禅宗七经》，宗教文化出版社 1997 年版，第 329 页。
⑥ 《孟子集注》，朱熹：《四书章句集注》，中华书局 1983 年版，第 349 页。
⑦ 达摩：《血脉论》，明尧、明洁编校：《禅宗六代祖师传灯法本》，中州古籍出版社 2009 年版，第 20 页。
⑧ 陆九渊：《杂说》，《陆九渊集》，中华书局 1980 年版，第 273 页。

原始本心和世界原始状态,才是至为真实至为原始的本真存在。所以强调智慧源于这种平等不二原始本心,符合人类原始本心和自然界一切事物的真如状态。当然所谓唯心主义与唯物主义之类概念范畴本身就是基于对西方二元论思维方式和认知基础的执著与分别而产生的,本身属于知识而不属于智慧范畴的识解。这里之所以强调唯物主义性质,目的只是为了破除二元论偏执唯物主义与唯心主义之分别可能导致的束缚,事实上真正通达无碍的不二论无所执著,既不执著于唯物主义,也不执著于唯心主义。

中国智慧美学的根本精神就是无所执著、无所用心,也就是圣人无心。韦政通对此有这样的阐述:"智慧的最大敌人是执著,无论是执著于知识,执著于名,执著于利,执著于形体之美,执著于权位,只要一旦执著,智慧之门就被你自己封闭了","执著一除,智慧之门重开,这时候,触处皆可自悟"①。虽然中国哲学乃至佛教常常将无所执著看成圣人的智慧,但这并不是只有圣人才有这种智慧。在中国哲学乃至佛教智慧看来,所谓无所执著之心,是人们与生俱来的原始本心,只是由于后天的熏陶和教育而被遮蔽,人们无须其他努力尤其有意识努力,只要顺任自然本性,就能顺理成章回归这种原始本心,就能获得智慧。回归原始本心,既无须有意识追求,更无须有意识执著,理所当然也无须后天学习、训练和积累,充其量也只是对因为后天学习乃至影响而遮蔽的原始本心加以重新发现与认知。只要说是重新发现和认知,就可能存在有意识追求乃至努力的成分,其实回归原始本心便如吃饭睡觉一样,只需顺其自然即可。在西方人看来,智慧可能只是属于上帝乃至神灵,至于人类充其量只能爱智慧或追求智慧,并不可能真正拥有智慧;但在中国人看来,不仅知识学问根源于本心,智慧也根源于本心。如果执迷于外在知识,势必会障碍内在本心,障碍内在本心,自然不可能获得智慧。其实圣人区别于君子和士人的根本特征,就在于圣人返归原始本心而不加执著,君子和士人则不同程度有所执著,甚至执著于外在知

① 韦政通:《中国的智慧》,吉林出版集团有限责任公司 2009 年版,第 96 页。

识。或者说圣人的智慧常常建立在原始本心的基础上,常常是对原始本心的发明,而君子可能将外在知识与内在本心有机结合,乃至珠联璧合,一般人却只是执著于外在知识,并不看重原始本心,而且可能视原始本心为极其微不足道的存在,甚或视其为动物性本能。既然视其为动物性本能,理所当然就不能成其为发明的对象,反而变成了压抑乃至消灭的对象,西方美学大体上就是这样一种认识。中国智慧美学之所谓智慧乃至圣人并不是高不可攀的,只是对自我原始本心的发明和张扬而已。克里希那穆提也主张:"每个人都必须点亮自性之光,这份光明就是律法,此外别无律法了。其他所有的法则都是支离破碎和自相矛盾的。点亮自性之光意味着不去追随他人的见解,不论它有多么恰当、合乎逻辑、富有历史性或是说服力。如果你正站在某个权威、教条或结论的阴影之中,你就无法点亮自性之光了。"①"这份清明的心性不是从外面得来的,它永远不会被遮蔽,它不是由别人促成的、引发的或随时可以被夺走的,它不必透过意志费力地达成,它没有任何意图,它不会结束,所以也没有开端。"②也正因为这一点,才使中国乃至东方智慧美学彰显出区别于西方哲学的平民化特征。

惟其如此,中国乃至东方智慧美学常常将破除一切可能束缚人们,阻碍人们明心见性的障碍作为基本手段。在这些束缚人们明心见性的障碍中,当然包括技术乃至知识。正是因为在中国人看来,所谓技术乃至知识都建立在分别与选择的基础之上,都因为斤斤计较于诸如美丑、善恶、是非之类的分别与对立,并依赖这种分别与选择形成了诸多零散、琐碎的技术及僵死的概念范畴与知识谱系。所有知识和技术的积累充其量只是强化孰是孰非、孰丑孰美的条条框框之类戒律,只是徒劳无益地增加人们因为无法统一和协调这些矛盾对立的戒律而陷入的迷惘、困惑及束缚,并不能有助于人们形成无所分别、平等不二智慧。所以也不是知识乃至技术越多越有智慧,甚至可能是知识和技术越多越

---

① 克里希那穆提:《爱的觉醒》,深圳报业集团出版社 2006 年版,第 65 页。
② 克里希那穆提:《爱的觉醒》,深圳报业集团出版社 2006 年版,第 73 页。

没有智慧。因为越是执著于斤斤计较的分别与取舍,越可能束缚人们的思维甚至视野,越可能因为鼠目寸光而丧失对宇宙的整体观照,丧失明白四达的智慧。惟其如此,道家虽然崇尚所谓道,但并不认为所有见诸语言记载和表达的道就是永恒的道,主张"道可道,非常道"①,这实则是为了消除一切可能阻碍人们达到虚静乃至明心见性的障碍。到《庄子》所谓"天地有大美而不言,四时有明法而不议,万物有成理而不说"②,将大美无言作为最高境界,这同样也肯定了道作为最高境界的美不可言传。即所谓:"意之所随者,不可以言传也","知者不言,言者不知"③。既然老子和庄子都认为道不可言传,所言传的只能是暂时的甚或僵死的道,那么对任何见诸语言的道乃至智慧的执著,都只能加重人们的负担,增加人们之智慧障碍。所有见诸语言文字的道其实无须执著。至于儒家虽然似乎没有道家那么彻底否定文字记载可能造成的束缚,但同样十分崇尚天地自然大道之无言之美,如孔子也有"四时行也,百物生焉,天何言哉"④的慨叹,而且《周易》所谓"书不尽言,言不尽意"⑤的观点也同样阐明了语言文字在阐述天地自然大道方面的无能为力。既然语言文字在阐述天地自然大道方面无能为力,那么并不过分执著于语言文字记载乃至书籍,就是顺理成章的了,如孟子所谓"尽信书,则不如无书"⑥,庄子所谓"言无言,终身言,未尝言;终身不言,未尝不言"⑦,所表达的就是这个道理。也许庄子更明白地阐述了言与无言无所分别乃至平等不二的思想。既然言与无言平等不二,那么对包括庄子在内的阐述的任何执著都可能显得没有道理,都可能只是执著于古人之糟粕。中国智慧美学否定语言文字可能造成的障碍的思想在佛教中得到了极大发挥,以致有所谓"本性自有般若之智,自用

① 《老子奚侗集解》,上海古籍出版社 2007 年版,第 1 页。
② 《知北游》,《南华真经注疏》下,中华书局 1998 年版,第 422 页。
③ 《天道》,《南华真经注疏》上,中华书局 1998 年版,第 280 页。
④ 《论语集注》,朱熹:《四书章句集注》,中华书局 1983 年版,第 180 页。
⑤ 《系辞传上》,李道平:《周易集解纂释》,中华书局 1994 年版,第 609 页。
⑥ 《孟子集注》,朱熹:《四书章句集注》,中华书局 1983 年版,第 364 页。
⑦ 《寓言》,《南华真经注疏》下,中华书局 1998 年版,第 540 页。

智慧常观照故,不假文字"①的观点。既然诸佛妙理,非关文字,那么对包括佛经在内的一切语言文字的执著都可能没有道理。《坛经》还有所谓"万法本自人兴,一切经书,因人说有"②的阐述。既然所有佛法都是由人心所构造的,所以参悟智慧的最直接、便当的途径只能是"自心见性"③,而不是舍本逐末地将佛经作为智慧的唯一合法载体。

应该说,中国禅宗彻底否定执著的思想源于印度大乘佛教,佛教为了破除人们对佛祖的迷信乃至执著,有所谓:"我应灭度一切众生,灭度一切众生已,而无有一众生实灭度者。"④这在表面看来,似乎有些自相矛盾,其实是告诫人们,虽然佛祖发誓要灭度一切众生,使一切众生获得真正解脱,但实际上没有一个众生是因为佛祖灭度而获得真正解脱的,要获得真正解脱,只能依靠自己,依靠自性自悟,依靠发明原始本心。这是要人们破除对佛祖的迷信,不要将解脱的希望寄托于佛祖,寄托于佛祖只能是舍本逐末。虽然也有许多佛教徒的确将解脱的希望寄托于佛祖的接引,但那充其量只能是一种迷信,并不能体现佛教的真正精神。虽然佛教也确实通过佛祖的言论及作为其言论记载的佛经形式启发人们识自原始本心,顿见这一真如本性,但佛教并不主张迷信佛经,甚或视其为神圣不可侵犯的信条。佛教正是为了破除人们对佛经的迷信乃至执著,才有所谓"言如来有所说法,即为谤佛"⑤的观点。既然说如来有所说法,都是对佛祖的诽谤,那么迷信乃至执著于佛经,以为佛经神圣不可侵犯,更是对佛祖的诬陷。这其实是告诫人们不得迷信乃至执著于佛经。大乘佛教之所以告诫人们不得迷信乃至执著于佛祖和佛经,其根本的原因就是正本清源,要人们相信清静不二原始本心才是智慧的唯一源泉。人们可能总是认为书本或生活实践才是智慧的主要源泉。其实书本只是他人智慧的记载,并不是他人智慧产生的根

---

① 《坛经》,《禅宗七经》,宗教文化出版社 1997 年版,第 332 页。
② 《坛经》,《禅宗七经》,宗教文化出版社 1997 年版,第 332 页。
③ 《坛经》,《禅宗七经》,宗教文化出版社 1997 年版,第 333 页。
④ 《金刚经》,《禅宗七经》,宗教文化出版社 1997 年版,第 11 页。
⑤ 《金刚经》,《禅宗七经》,宗教文化出版社 1997 年版,第 13 页。

源,所以不是智慧的源泉。生活实践虽然可能产生智慧,但真正的智慧并不直接产生于生活实践,而是产生于人们对生活实践的源自内心的感悟。这也就是有同样的生活实践,有些人可能熟视无睹乃至无动于衷,有些人却可能顿然觉悟的原因。智慧的真正源泉,既不是书本,也不是生活实践,而是人类原始本心的根本原因是,人类原始本心与事物本真状态有着同样平等不二的根本特质,谁认识乃至发明了原始本心,谁就实际上获得了事物最原始、最真实的本真存在。

中国禅宗美学认为真正的智慧源于人类原始本心,离开原始本心不可能有对智慧的透彻领悟。如道信有云:"佛即是心,心外更无别佛也。"[1]《金刚经口诀》也认为所有佛经不过是用来引导人们识见原始本心的方法和途径,并不是原始本心这一智慧源泉本身,有:"所说一切文字章句,如标如指。标指者,影响之意。依标取物,依指取月;月不是指,标不是物。"[2]这其实是告诫人们应该按照佛经所启示的方法和途径,识见人们自身的原始本心,而不是将佛经本身作为智慧乃至智慧的源泉。《金刚经口诀》还指出智慧是无所执著的,既不能执著于二元论思维方式和认知基础,也不能执著于包括佛经在内的任何文字记载,更不能执著于佛经所记载的所谓佛法,如所谓:"四相既亡,即法眼明澈,不着有无,远离二边,自心如来自悟自觉,永离劳尘妄念,自然得福无边。无法相者,离名绝相,不拘文字也。亦无非法相者,不得言无般若波罗蜜法;若言无般若波罗蜜法,即是谤佛。"[3]如果执著于二元论,以及文字记载甚或所谓佛法,只能阻碍人们发明原始本心,误导人们舍本逐末。所以中国哲学乃至佛教智慧的一个根本特点,就是不仅将无所执著乃至平等不二原始本心作为圣人的根本精神,而且为了破除人

---

[1] 道信:《入道安心要方便法门》,明尧、明洁编校:《禅宗六代祖师传灯法本》,中州古籍出版社 2009 年版,第 156 页。

[2] 慧能:《金刚经口诀》,明尧、明洁编校:《禅宗六代祖师传灯法本》,中州古籍出版社 2009 年版,第 316 页。

[3] 慧能:《金刚经口诀》,明尧、明洁编校:《禅宗六代祖师传灯法本》,中州古籍出版社 2009 年版,第 311—312 页。

们对圣人及其言行的迷信乃至执著可能导致的束缚,甚至还大胆否定了圣人及其言行,明确肯定每个人的原始本心即是智慧的源泉,鼓励乃至倡导人们回归清静不二原始本心,并以此作为获得智慧的唯一正确途径。

与古希腊哲学乃至基督教认为"真正的智慧是神的财产,而我们人的智慧是很少的或是没有价值的"①的观点不同,中国智慧美学实际上认为所有人都拥有智慧,只要发明自身拥有的原始本心,就能达到与圣人相同的智慧境界。虽然苏格拉底也有无知的自知之明,有所谓"人中间最聪明的是像苏格拉底一样明白自己的智慧实际上毫无价值的人"②的观点,但苏格拉底并不是以无知的自知之明为真正智慧,也不是强调无知与有知、无智慧与有智慧的平等不二,只是申辩只有神或上帝才是有智慧的,人实际上一无所知,至少是毫无价值的。可见古希腊乃至基督教哲学常常将神乃至上帝看成真正智慧的化身,任何人的智慧都不可能与神乃至上帝相提并论。中国哲学尤其佛教则不仅破除对圣人乃至佛祖的崇拜、迷信和执著,将无知与有知、无智慧与有智慧看得平等不二,而且认为真正的智慧凡圣无别。不能识自原始本心,圣人就是凡人、佛就是众生,如果识自原始本心,凡人就是圣人,众生就是佛。这使得中国智慧美学在张扬人的自信和智慧方面有了西方美学所没有的精神内涵。

具体来说,西方美学声称爱智慧,这个智慧也只是建立在二元论思维方式和认知基础之上的知识,仅相当于中国所谓知识甚或巧智。中国智慧美学则明确反对建立在二元论基础上有所分别和取舍的知识乃至巧智,如老子"绝智弃辩"③,庄子"离形去知"④基本上表达了相同思想。西方美学虽然注意到无知,但这个无知仅相对于神和上帝而言,只是强调了人的无知与神和上帝的有智慧;中国智慧美学所谓无知不是

---

① 柏拉图:《申辩篇》,《柏拉图全集》第1卷,人民出版社2002年版,第9页。
② 柏拉图:《申辩篇》,《柏拉图全集》第1卷,人民出版社2002年版,第9页。
③ 荆门市博物馆:《郭店楚墓竹简老子甲》,文物出版社2002年版,第40页。
④ 《大宗师》,《南华真经注疏》上,中华书局1998年版,第163页。

相对于神和上帝的无知,而是相对于宇宙普遍规律的无知,是将相对于宇宙普遍规律的无知看成无不知的智慧特征。如对《庄子》之所谓:"弗知乃知乎! 知乃不知乎! 孰知不知之知?"成玄英有这样的疏解:"泰清得中道而嗟叹,悟不知乃真知。谁知不知之知,明真知之至希也。"①在中国智慧美学看来,不知就是知,知就是不知,"不知之知"才是成玄英所谓"真知",才是真正的智慧。这实际上是将无知与无所不知相提并论,认为无知与无所不知平等不二。如僧肇有所谓"不知之知,乃曰一切知"②,王阳明有所谓"无知无不知,本体原是如此"③。中国智慧美学认为无知无所不知才是事物本真状态和人类原始本心真如状态的真实体现。既然有知与无知、有智慧与无智慧平等不二,人们理所当然应该对无知与无所不知无所执著,既不执著于有知与无知,又不执著于有智慧与无智慧的分别与取舍,理所当然就能获得无所执著,乃至心体无滞、了无所得的智慧。如果说知识只知其一不知其二,技术有所知而有所不知,那么智慧就真正无知无所不知。西方美学认为真正的智慧只属于神乃至上帝,中国智慧美学则认为无知而无所不知不仅是圣人智慧的体现,而且是一切人类原始本心和事物本真状态的真实体现,任何人只要能认识到无知即知,知即无知,及无知与知平等不二,都能与圣人一样获得无所执著、无知而无所不知的智慧。所以主张"以圣心无知,故无所不知"④的僧肇,同样赞同"无心无识,无不觉知"⑤的道理。并不是只有诸如神和上帝才有真正智慧,所有人只要体悟到无知而无所不知,都能获得与圣人相同的智慧。这是中国智慧美学的一个基本观点。

这是因为人们只要执著于一种观念,即使是对智慧的执著,也可能因此受到束缚,因此排斥其他观念,以致因为有所执著而有所漏失。智

---

① 《知北游》,《南华真经注疏》下,中华书局 1998 年版,第 432 页。
② 僧肇:《般若无知论》,载张春波:《肇论校释》,中华书局 2010 年版,第 68 页。
③ 王阳明:《语录》三,《王阳明全集》上,上海古籍出版社 1992 年版,第 109 页。
④ 僧肇:《般若无知论》,载张春波:《肇论校释》,中华书局 2010 年版,第 68 页。
⑤ 僧肇:《般若无知论》,载张春波:《肇论校释》,中华书局 2010 年版,第 106 页。

慧的特点,就是不崇尚二元判断与分析,也从来不在看似矛盾对立的两极之中执著于任何一种观念而舍弃另一种观念,以致具有真正周遍含容的特点。中国人虽然认为圣人是最富于智慧的,但并不认为只有圣人才有智慧,只是圣人常常比一般人更能达到智慧的最高境界。圣人之所以比一般人更能达到智慧的最高境界,也不是因为有三头六臂或其他生而知之的特异功能,只是因为圣人往往比一般人更能保持原始本心,更能无所执著、心体无滞、明白四达。在韦政通看来,"人类获得新知识,必须以已有知识为基础,建立假设,然后遵循逻辑的程序加以推论,方可有得,其中的过程是必要的。智慧与知识的不同点之一,就在超越这些过程,排除一切思考的规则,直达目的。"①韦政通的阐述似乎仍然不大清楚,其实真正的智慧区别于知识的更重要的特征,是知识总是有所执著,尤其执著于二元论思维方式和认知基础,智慧常常无所执著,理所当然也就不会如知识那样由于执著于二元论总是从一个极端转向另一极端,既然无所执著,理所当然也就不执著于任何观念,当然也不排除其他任何观念,而且在任何时候,都认为所有观念平等不二,乃至无取无舍,通达无碍。这就是僧肇所谓"无取无舍,无知无不知"②。智慧正是因为无所执著而区别于知识,如果有所执著,就不再是智慧。智慧的无所执著是普遍地存在于一切方面的,无论对诸如善与恶、美与丑、是与非、生与死、有为与无为、分别与无分别、二元与不二都不作分别、不作二解,有分别就是无分别,无分别就是有分别,有二就是不二,不二就是有二,无知就是有知,有知就是无知、知识就是智慧、智慧就是知识。这就是中国智慧美学对智慧的阐述。

中国智慧美学之所谓智慧的无所执著是周遍万物的。这种无所执著,首先表现为不执著于看似矛盾对立两极中的任何一极,如《华严经》卷十七所谓"于诸法中不生二解",③卷十九所谓"不自着,不他着,

---

① 韦政通:《中国的智慧》,吉林出版集团有限责任公司2009年版,第97页。
② 僧肇:《般若无知论》,《肇论校释》,中华书局2010年版,第106页。
③ 《华严经》,上海古籍出版社1991年版,第84页。

不两着"①等,其实就是主张并不执著于任何一极,但这并不意味着得守持中道或中庸,其实儒家和道家所谓中道乃至中庸,也不是一般理解的折中,如果是一般所谓折中,则同样是一种执著。真正的无所执著,是放弃对中道乃至中庸的守持,至少不应该将中道乃至中庸固执地理解为适中甚或折中,如慧海禅师《顿悟入道要门论》卷上亦有所谓:"无中间,亦无二边,即中道也。"可见真正的中道其实并不是适中甚或折中,而是无所执著,因为守持适中乃至折中同样是一种执著。所以智慧的特征是从来不陷入于矛盾对立两极的任何一极,也不执著于矛盾对立两极的任何一极,也不陷入两极的折中,正因为并不执著于任何一极,也不执著于折中,才使其真正具有了无执无碍、豁达自如的智慧。如《华严经》卷四十一"不作二,不作不二"②,卷五十四"无分别是分别,分别是无分别"③等都是对这一精神的阐述。既不执著对立双方中的一方,也不执著对立双方,同时也不执著于中间,这才是中国智慧美学赋予无所执著,周遍无碍、了无所得的智慧的根本特征。如果说孔子"无可无不可"④,孟子"可以仕则仕,可以止则止,可以久则久,可以速则速"⑤,体现的是儒家美学无所执著的智慧精神,那么庄子"大知闲闲"⑥,即成玄英所疏"[有取有舍],故间隔而分别;无是无非,故闲暇而宽裕也"⑦及郭象所注"夫达者,无滞于一方"⑧,则突出体现了道家美学无所执著的智慧精神,那么慧能"无染无杂,来去自由,通用无滞"⑨,则体现了佛教美学无所执著的智慧精神。可见,中国智慧美学无论儒家美学、道家美学和佛教美学所谓智慧都是无所执著,乃至周遍

① 《华严经》,上海古籍出版社 1991 年版,第 98 页。
② 《华严经》,上海古籍出版社 1991 年版,第 217 页。
③ 《华严经》,上海古籍出版社 1991 年版,第 285 页。
④ 《论语集注》,朱熹:《四书章句集注》,中华书局 1983 年版,第 186 页。
⑤ 《孟子集注》,朱熹:《四书章句集注》,中华书局 1983 年版,第 234 页。
⑥ 《齐物论》,《南华真经注疏》上,中华书局 1998 年版,第 27 页。
⑦ 《齐物论》,《南华真经注疏》上,中华书局 1998 年版,第 27 页。
⑧ 《齐物论》,《南华真经注疏》上,中华书局 1998 年版,第 37 页。
⑨ 《坛经》,《禅宗七经》,宗教文化出版社 1997 年版,第 333 页。

无碍、心体无滞的。

总之，很大程度上依赖术业有专攻及专门训练所形成的技术和尤其受制于学科乃至专业积累的知识，往往依赖于实践证悟和阅读解悟，所选择的极少而舍弃的更多，充其量只能是有所知而有所不知甚或只知其一不知其二的有漏智慧，只有这些知识和技术以发自内心的解悟和证悟作为基础，真正能够举一反三、触类旁通，达到无知而无所不知的境界，才有可能上升到智慧层次；智慧是源自内心的，是不依赖于任何外在机缘的，只需明心见性的彻悟，就能从根本上避免知识乃至技术之缺憾，而具有通达无碍乃至无知而无所不知的无漏智慧。所以与知识美学、技术美学相比，真正源自内心的，以回归乃至发明人类无知而无所不知的原始本心为宗旨的智慧美学才是最高境界的。这是中国智慧美学之所以成其为智慧美学，以及圣人之所以成其为圣人的根本原因，同时也是中国智慧美学不是作为专门知识和专业技术的有漏智慧，而是作为圣人无所执著、明白四达的无漏智慧的主要标志。

第八章

中国智慧美学的教育策略和传承体系

　　中国当代教育存在严峻问题,关键在盲目追逐西方教育模式,但没有真正注意到西方教育模式的缺憾及优势,且在很大程度上妄自菲薄,放弃了自己民族文化传统尤其智慧美学精神。这主要表现在教育目标和内容方面,西方教育虽然注意专业乃至专家教育,但更强调超专业乃至和谐人格教育,中国当代教育却盲目追逐专业乃至专家教育忽视了即使西方教育也颇受重视的超专业乃至和谐人格教育,更忽视了中国智慧美学最为重视的智慧乃至圣人理想教育;在教育方式和方法方面往往强调向书本学习,忽视西方教育同样十分重视的向实践学习,更忽视了向原始本心学习的教育方式,注重科学技术教育,忽视了文学艺术教育尤其哲学宗教智慧教育;在教育过程和步骤方面往往强调本质主义及接受教育,忽视了西方教育同样十分重视的反本质主义及创新教育,更忽视了中国智慧美学所崇尚的本质主义与反本质主义及接受与创新平等不二的大成智慧教育。实施大成智慧教育,不仅是彻底改变中国当前教育现状,解决严峻教育问题的主要策略,而且是建构民族优秀传统文化传承体系的主要手段。

一、中国智慧美学与大成智慧教育的目标和内容

中国智慧美学除了重视知识、技术,更重视智慧,认为智慧美学的基本层次依次为最低层次的满足于阅读解悟的知识美学及小乘智慧美学,更高层次的满足于实践证悟的技术美学及中乘智慧美学,更高层次的主要依靠明心彻悟的智慧美学尤其大乘智慧美学。虽然依赖阅读识解和知识积累的知识美学、依靠实践训练和熟能生巧的技术美学,如果能触类旁通也可达智慧美学的最高境界,但知识、技术毕竟因为有所取舍而有所知有所不知,只有识自本心和明心彻悟的智慧乃至智慧美学才可能因为无所取舍乃至无知而无所不知。中国当代教育在教育目标和内容方面的主要缺憾是偏重专业知识识解和实践训练的专家教育,忽视了西方教育仍然普遍重视的超越知识识解和实践训练的和谐人格教育,更忽视了主要依靠明心彻悟的大乘智慧教育尤其圣人教育。中国智慧美学给予中国当代教育的最大启示是实施大成智慧教育。所谓大成智慧教育,在教育目标和内容方面,常常以知识和专业技术教育为主要内容的专家教育为基础,以超专业知识和技术教育为主要内容的和谐人格教育为主体,以智慧尤其大乘智慧为主要内容的圣人教育为终极目标,是专业知识和技术教育为主的专家教育、超专业知识和技术为主的和谐人格教育、智慧尤其大乘智慧为主的圣人教育的有机统一。

人们一般将教育目标定位为培养专门人才、专家和培养全面发展的具有和谐人格的人两种。其中专门人才乃至专家教育最受中国当代教育尤其当下教育重视。近年来许多人越来越趋向于将教育目标定位为培养为当地经济社会发展所需要的高素质专门人才乃至专家。但专家

教育的目标事实上充满失误,因为专家教育的最终结果只能是培养知识结构残缺不全的人,而这些知识结构残缺不全的人,充其量只能只知其一不知其二。这种人所接受的过于狭隘的专业知识乃至技术,最终可能限制其观察视野及思考问题的高度和深度,甚至可能使其丧失对世界的整体观照能力,倘若一旦离开所学专业,就可能百无一用。人们不难发现,所有专业知识和技术常常决定一个人思维的角度、方式和方法,以及最终思维结果。一定专业知识乃至技术积累,常常形成特定知识结构,特定的知识结构又往往形成一个人观察问题的最终视野乃至分析和解决问题的思维模式。仅仅熟悉于特定专业知识乃至技术的人,往往可能因为缺乏较全面知识结构而沦为偏执一孔之见,乃至鼠目寸光、一叶障目之人,甚至可能造成人格结构的畸形发展。这种人虽然可能有着较为系统扎实的专业知识乃至技术,甚至可能成为某一领域专家,但充其量也只能是文明社会的野蛮人。奥尔特加·加瑟特认为,当代大学把专业教育演变为一项巨大活动,并增添了研究功能,几乎完全遗弃了文化的教学或传播活动,只能制造越来越多具有专业知识却没有文化修养的野蛮人:"他们对于我们这个时代的有关世界和人类的基本思想体系一无所知。这样的普通人是属于没有文化修养的新生的野蛮人,是落后于时代文明的迟钝者;而且既原始又落后,与他们自身存在的既当代又冷酷的问题形成了鲜明的对比。但是,这种新生的野蛮人毕竟都是专业人员,要比以前的人更有知识、可同时又是更没有文化修养,如工程师、内科医生、律师、科学家等。"①应该看到,社会的长足发展,不能离开专业知识乃至技术教育,因为这种教育常常能最大限度提高人们解决实际问题的能力。但如果执著于这种教育,势必导致受教育者人格结构完整性最终受到破坏,同时也可能最终影响到这些受教育者思考和判断问题的能力,也可能最终限制这些受教育者解决实际问题的能力。所以这种教育充其量也只能是最基本的教育或最低层次的教育,绝对不能将其作为教育的终极目的,如果作为终极目的将有百害而无一利。

---

① 奥尔特加·加瑟特:《大学的使命》,浙江教育出版社 2001 年版,第 56—57 页。

　　以专门知识乃至技术教育作为主体的专家教育,虽然大大方便了人们专门研究和掌握某一领域知识和技术,至少缩短了研究和掌握这些知识和技术的时间限度,也大大节约了人们研究和掌握这些专门知识和技术的时间及精力,使人们能花较少精力通过各种知识和技术的术业有专攻而获得更专门且特殊的知识和技术,并且达到极其精湛的程度,却在很大程度上导致人们自身活动范围的缩小乃至创造能力的下降的"职业痴呆症"。崇尚专业知识和技术教育之专家教育甚至可能导致人类本性的破坏,因为越来越细致的劳动分工使人类总是习惯于他所长期从事的专业知识和技术活动,以致对其他领域知识和技术,甚或关乎人类基本生存状况的实际知识和技术一窍不通,最终影响其认识乃至思维的广度和深度。这种执著于特定专业知识和技术的教育不仅"寡能备于天地之美,称神明之容",且"不见天地之纯,古人之大体",可能导致"道术将为天下裂"①的后果。事实也确实如此,仅仅立足特定专业知识和技术的教育虽然可能方便人们在有限时间更快捷认识和掌握特定专业知识和技术,但确实限制人们对事物的整体观照,及深刻认知。执著特定专业知识和技术教育充其量只能是一种短视行为,从长远看可能限制人类认知乃至思维能力的充足发展。

　　大成智慧教育的一个主要特点是虽然十分重视专业知识乃至技术教育,以其为基础,但仅仅是基础,并不将其作为最终目标,如所谓:"大学之教也,时教必有正业,退息必有居学。不学操缦,不能安弦;不学博依,不能安诗;不学杂服,不能安礼;不兴其艺,不能乐学。故君子之于学也,藏焉,修焉,息焉,游焉。夫然,故安其学而亲其师,乐其友而信其道,是以虽离师辅而不反也。"②虽然这里所谓教育与当代教育之专业知识乃至技术有不完全相同的内容,但基于专门知识和技术的特点还是存在的。所不同的是并不以此作为终极目的,而是通过这种类似专业知识和技术的教育达到修身养性的目的,这种教育往往不至于

　　① 《天下》,《南华真经注疏》下,中华书局1998年版,第606—607页。
　　② 《学记》,孙希旦:《礼记集解》中,中华书局1989年版,第962页。

导致学生厌学心理。比较而言,当代教育的一个最大缺憾是培养了学生普遍的厌学心理,使学生一旦脱离教师乃至学校的约束和管理,就可能像躲瘟疫一样躲避学习。仔细反思,如果这种厌学现象仅仅发生于少数人,这可能主要是厌学者自身的问题,但如果这种现象极为普遍,那么造成这一现象的主要原因,就并不仅仅是受教育者自身的问题,可能更多的是整个教育尤其教育目标定位乃至教育内容等方面出了根本问题。中国教育过于注重专门知识乃至技术教育的结果,使更多学生清醒地认识到这种学习事实上毫无用处,充其量只是代表了一种文化程度,且仅仅是官方所认可的文化程度,并不能体现真正能力和水平。因为许多专业知识和技术对将来并不从事特定专业的学生而言,充其量只是混得了一张求职的文凭或敲门砖,虽然就业难问题强化着人们对特定专业知识和技术的渴求,但大量就业考试似乎又解构着专业知识和技术教育的尊严,使得任何形式的就业考试培训显得比专业知识和技术教育更有必要性。逢升学升级、就业应聘、晋升职称必考的现状,不仅宣告了从小学、中学、大学到研究生教育所获知识和技术,只是加重了学生的学习负担,使更多学生过早摧残了身体,变成了近视眼,甚或丧失了充满快乐和稚气的学生时代之外,似乎没有多大意义。如果这种教育使学生从身体乃至心灵付出了巨大代价,却没有实际用处或仅仅获得了与实际付出极不协调的极微弱的用处,那么这种教育的价值必然是值得怀疑的,因为这种教育的最恶劣后果不是培养专业技术人才,简直就是在摧残自己的后代。

教育的真正目标也许是使人成为人,成为全面发展的完整和谐的人。这个西方普遍接受的教育理念,也确实有单纯专业知识和技术乃至专家教育所没有的优势,几乎受到了西方哲学家、科学家乃至教育家的普遍认同。康德有这样的阐述:"人只能通过教育而成其为人。人无非是教育造就而成的产物。"①康德所谓教育目标是使人成为人的观

---

① 康德:《论教育》,杨自伍编:《教育:让人成为人——西方大思想家论人文与科学》,北京大学出版社 2010 年版,第 4 页。

点,受到西方的普遍支持。这个全面发展并不仅仅是德智体全面发展,甚至可能是人类一切感官乃至潜能的全面发展。马克思虽然没有直接阐述教育的终极目标,但他将"创造着具有丰富的、全面而深刻的感觉的人作为这个社会的恒久的现实"①的观点,无疑肯定创造人的本质的全部丰富性的人应该是教育的恒久现实甚或终极目标的思想。爱因斯坦虽然不是专门从事教育研究的专家,但他对教育目标的认识确实深刻,而且以其在科学乃至诸多领域的伟大贡献使人们足以确信他的观点是正确的。爱因斯坦明确反对那些将学校看作直接传授专门知识和以后生活所用到的专门技能的观点,认为生活所需要的知识和技能多种多样,任何一所学校都不可能包揽生活所需要的一切。他明确提出:"学校的目标始终应当是:青年在离开学校时,是作为一个和谐的人,而不是作为一个专家。"②他甚至明确指出:"用专业知识教育是不够的。通过专业教育,他可以成为一种有用的机器,但是不能成为和谐发展的人。"③奥尔特加·加瑟特也这样阐述道:"我们必须做的是,每一个人或诸多个人(不必是乌托邦式的)应该成功地成为一个整体的全面发展的完人。"④可见,不满足于特定专业和学科限制成为全面发展的和谐的人,应该被看成人类生命活动的根本目标,同时也是世界范围内一切卓有见识的思想家、科学家、教育家共同的教育理想。爱因斯坦甚至认为僵死的知识教育极其有害,倒是应该尊重学生的个性,培养学生的品质和能力:"知识是死的;而学校却要为活人服务。它应当发展青年人中那些有益于公共福利的品质和才能。但这并不是意味着个性应当消灭,而个人只变得像一只蜜蜂或蚂蚁那样仅仅是社会的一种工具。因为一个由没有个人独创性和个

① 《马克思恩格斯文集》第1卷,人民出版社2009年版,第192页。
② 爱因斯坦:《论教育》,《爱因斯坦文集》第3卷,商务印书馆2009年版,第174页。
③ 爱因斯坦:《培养独立思考的教育》,《爱因斯坦文集》第3卷,商务印书馆2009年版,第358页。
④ 奥尔特加·加瑟特:《大学的使命》,浙江教育出版社2001年版,第61页。

人志愿的规格统一的个人所组成的社会,将是一个没有发展可能的不幸的社会。"①因为服务社会的品质和才能并不是特定专业知识和技术教育所能包揽的。如果说特定专业技术可能在很大程度上提高人们服务社会的能力,但对思想品德乃至基本素质的提高则往往无能为力,除非这个学生有独立思考能力,能够举一反三、触类旁通,否则只能是一个孤陋寡闻甚或鼠目寸光的人。如孔子有谓:"举一隅而不以三隅反,则不复也。"②

鉴于这种原因,许多思想家提出了打破学科和专业壁垒,培养复合型人才乃至和谐人格的教育理念。真正的复合型人才培养与和谐人格教育,必须打破狭隘学科专业壁垒,走向学科和专业融通。最好办法是设置多个学科和专业课程内容,尤其提倡同时兼容多个学科的综合课程,如果这些综合课程真实有效,最好同时兼容人文科学、社会科学和自然科学,也许只有这样才能形成真正意义的相对全面完整的知识和技术结构。雅斯贝尔斯明确指出:"学术靠的是与知识整体的关系。倘若脱离了与知识整体的关联,孤立的学科就是无本之木、无源之水。因此,教给学生一种不仅包括他所研究的特殊领域而且也涵盖了所有知识门类的整全意识,这应该提上大学的工作日程。如果丧失了与这样一种学问理念相互关联的意识,或者在实践中杜绝学生践行这个理念,那整个的学校教育工作,常规方法和知识体系的掌握,都将是有百害而无一利的。"③所以真正复合型人才与和谐人格教育往往依赖超学科超专业的教育,而不是局限于某一特定学科和专业的专门知识和技术教育。只有真正打破这种学科和专业界域的教育,才可能相对周遍无碍。

大成智慧教育一般来说更崇尚和谐人格教育,且往往以其为教育的主体内容。和谐人格教育虽然同样依赖知识乃至技术教育,但并不

---

① 爱因斯坦:《论教育》,《爱因斯坦文集》第 3 卷,商务印书馆 2009 年版,第 170 页。
② 《论语集注》,朱熹:《四书章句集注》,中华书局 1983 年版,第 95 页。
③ 雅斯贝尔斯:《大学之理念》,上海人民出版社 2007 年版,第 75 页。

局限于特定学科和专业,恰恰将打破学科和专业界域的知识乃至技术作为教育的基本内容,通过最大限度拓展学生知识视野,以培养其广阔的观察视野,形成广博知识结构及广大襟怀,并在此基础上形成和谐人格结构。真正的和谐人格教育虽然也可能着眼于知识乃至技术教育,但并不执著于特定学科和专业,更不以此为教育的终极目的,且往往通过多个学科和专业知识和技术的教育,提高受教育者的道德修养和综合素质,如《论语·述而》所载"子以四教:文,行,忠,信"①。这说明孔子最早所进行的教育实际上如程子所说"教人以学文修行而存忠信也"②。这种教育实际上便是一种和谐人格教育。朱熹有谓:"忠信如圣人,生质之美者也。"③至于孔子所谓"志于道,据于德,依于人,游于艺"④,更明确阐述了教育的宗旨。这里不仅涉及今天所谓伦理学、艺术学,甚至还包括其他人文科学、社会科学乃至自然科学的某些内容,而且往往将和谐人格教育乃至综合素质作为主要目标。虽然孔子时代没有诸如此类西方式学科分类,但并不受制于学科,也不以特定学科和专业作为界域的特点却十分明显。过去可能认为这种教育不够专业化、不科学,现在看来,恰恰是这种不大科学的教育理念却有着难能可贵的和谐人格教育的性质。朱熹对此有这样的阐释:"盖学莫先于立志,志道,则心存于正而不他;据德,则道得于心而不失;依仁,则德性常用而物欲不行;游艺,则小物不遗而动息有养。学者于此,有以不失其先后之序、轻重之伦焉,则本末兼该,内外交养,日用之间,无少间隙,而涵泳从容,忽不自之其入圣贤之域矣。"⑤

　　一个和谐的人可以通过自学顺理成章获得未来生存所需要的一切知识和技术,但一个充满学科和专业偏见的专家却只能一叶障目乃至放弃更多认识和掌握知识和技术的机会,而且满足于特定学科和专业

---

① 《论语集注》,朱熹:《四书章句集注》,中华书局1983年版,第98页。
② 《论语集注》,朱熹:《四书章句集注》,中华书局1983年版,第98页。
③ 《论语集注》,朱熹:《四书章句集注》,中华书局1983年版,第83页。
④ 《论语集注》,朱熹:《四书章句集注》,中华书局1983年版,第94页。
⑤ 《论语集注》,朱熹:《四书章句集注》,中华书局1983年版,第98页。

知识和技术的所谓专家还可能一叶障目,是只知其一不知其二的井底之蛙。印度佛教经典《长阿含经》所载盲人摸象的故事所揭示的就是这个道理。实际上所有陷入某一特定学科和专业无力自拔的人都可能很大程度上陷入盲人摸象的片面和困惑之中。仔细反思,现行一切学术研究如果囿于特定学科和专业必定存在这种缺憾,甚至试图打破学科和专业局限进行所谓跨学科乃至跨专业研究也不可避免地存在这种缺憾。相对来说并不拘泥于任何学科和专业界域的学术研究也只能在极其有限的程度上弥补这一缺憾。如此说来,限于某一特定学科乃至专业界域的知识和技术教育肯定充满缺憾,在有限程度上打破学科和专业界域的教育也并不一定真正有效。因为如果这种打破学科和专业界域的研究仍然立足于特定学科乃至专业,仍然囿于某一特定学科和专业界域而无力自拔,即使真正采取了并不拘泥于特定学科和专业,甚至常常既不属于任何学科和专业,同时又属于所有学科和专业的真正意义的超学科研究也并不一定能避免这一缺憾。如果这种跨学科乃至超学科研究,仍然执著于一定是非标准,这种研究必然仍属于知识学研究范畴,仍然可能并不是万无一失的。如庄子对此有深刻批评:"是亦彼也,彼亦是也。彼亦一是非,此亦一是非,果且有彼是乎哉? 果且无彼是乎哉?"①即使在很大程度打破学科和专业界域的知识和技术教育,也不可能直接达到和谐人格教育的目的。

大成智慧教育十分重视和谐人格教育。这种和谐人格教育的核心内容是人自身的修养,这种修养不仅包括道德修养,甚至包括所有综合素质,如孟子主张"得天下英才而教育之"②,有所谓:"君子之所以教者五:有如时雨化之者,有成德者,有达财者,有答问者,有私淑艾者。"③至于荀子所谓"君子之学也,以美其身"④,更明确强调了这一点。真正的和谐人格教育,虽然可能着眼于特定学科和专业的知识和

① 《齐物论》,《南华真经注疏》上,中华书局 1998 年版,第 35 页。
② 《孟子集注》,朱熹:《四书章句集注》,中华书局 1983 年版,第 354 页。
③ 《孟子集注》,朱熹:《四书章句集注》,中华书局 1983 年版,第 361—362 页。
④ 《劝学》,王先谦:《荀子集解》上,中华书局 1988 年版,第 13 页。

技术,但绝不以此为终极目的,总是以打破特定学科和专业界域,将超越所有学科乃至专业界域的知识和技术教育作为主要手段。这只是形成和谐人格教育的可能条件,并不是必然条件。真正的和谐人格教育更重要的不仅是打破以所有学科乃至专业知识和技术作为终极目的的教育理念,甚至要使受教育者充分认识到所有知识和技术之有所知而有所不知的缺憾。如孟子所谓"尽信书,则不如无书"①,即表达了对单纯知识和技术教育的担忧。朱熹也认为满足于"记诵"诸如"其他权谋术数,一切以就功名之说,与夫百家众技之流",只能"惑世诬民充塞仁义","使其君子不幸而不得闻大道之要,其小人不幸而不得蒙至治之泽,晦盲否塞,反复沈痼"②。真正的和谐人格教育并不以任何知识和技术教育作为终极目的,而是以和谐人格教育作为主要目的。以和谐人格为目的的教育,虽然也可能立足于特定学科乃至专业,也可能超越所谓学科乃至专业界域,举一反三、触类旁通。至少并不局限于特定学科和专业,以致形成唯我独尊的学科和专业意识,往往能平等看待乃至尊重其他所有学科和专业,且深知殊途同归的道理,总是将形成和谐人格看得比获取知识和技术更重要。这才是中国智慧美学赋予和谐人格教育的主要内容。尽管打破专业知识乃至技术界域,追求人的全面发展以致成为和谐的人,应该而且已经成为一切卓有见识的教育家的共同理想,但这种共同理想在一些急功近利的国家并不受到人们的重视,且正在以知识或技术至上的专业知识和技术教育观念以及一系列急功近利的政策和制度消解着其价值和意义。过于看重知识和技术乃至专家教育,忽视和谐人格教育,是中国当代教育面临的最突出的问题之一。从专业知识教育的角度来看,过于强调死记硬背的教育也极其有害,而过于强调形形色色僵死的概念和琐碎知识、技术细节的教育更有害无益,因为它不仅无限度地加重学生的精神乃至肉体负担,而且从根本上消解学生的创造力,甚至可能扭曲人格结构。

---

① 《孟子集注》,朱熹:《四书章句集注》,中华书局1983年版,第364页。
② 《大学章句序》,朱熹:《四书章句集注》,中华书局1983年版,第2页。

　　虽然多学科和专业融通往往能培养没有狭隘学科和专业偏见,具有超学科超专业视域的和谐的人,但这并不意味着这些人就真正有智慧。虽然知识和技术如果能触类旁通掌握宇宙普遍规律,可能获得智慧,如庖丁解牛、郭橐驼种树,其实就是通过对某一特定知识和技术举一反三旁通宇宙普遍规律而有生命智慧,但并不是所有掌握了特定专业知识和技术的人都能达到这一境界。有些人虽然并不执著于特定学科和专业,因为打破单一学科和专业界域限制,拥有复合型知识和技术结构,甚至也可能成为具有和谐人格的人,但并不一定能体悟智慧成为圣人。因为知识、技术、智慧毕竟存在差别,至少其思维方式和认知基础有所不同:知识、技术建立在二元论思维模式的基础之上,对事物有诸如善恶、是非、美丑、真假之类的分别和取舍;智慧却建立在不二论思维方式的基础之上,往往强调善恶、是非、美丑、真假不二,无所分别与取舍。因此,所谓知识、技术只能是有所知有所不知的有漏智慧,智慧则是无知而无所不知的无漏智慧。技术是有限的,常常只知其一不知其二,只对特定工作有用,对其他工作则可能毫无用处;知识较之技术,虽有所拓展,但同样存在有所知而有所不知的缺憾,同样不可能无所漏失,知识也可能只是针对特定职业有用,对其他职业并不具有十分重要的意义。只有智慧才可能对所有职业,乃至所有人有用,因为只有智慧才可能无知而无所不知。西方人也认为“智慧是学艺教育的目标”①,只是这种智慧可能与中国所谓智慧有着不尽相同的内涵。如阿德勒所说:“今日‘智慧’一词在我们眼中具有道德及知性的双重意义,在我们的传统中也一向如此。”②在中国看来,所谓智慧并不是知识,也并不都与道德和知性有关。因为道德常常涉及善与恶,知识也往往以诸如善与恶、真与假、美与丑之类二元论思维方式作为认知基础。中国人所谓智慧常常无善无恶、无真无假、无美无丑,甚至善恶、真假、美丑不二。这不仅是人类原始本心的真如状态,而且也是自然界一切事物的本真

---

①　阿德勒:《西方的智慧》,吉林文史出版社1990年版,第91页。

②　阿德勒:《西方的智慧》,吉林文史出版社1990年版,第91—92页。

状态。所谓智慧就是源自这种平等不二原始本心的对事物平等不二本真状态的真实认知和把握。真正有这种认知的人理所当然应该是无所执著乃至心体无滞、明白四达的圣人。这不是说圣人有无所不通的智慧,只是说圣人实际上往往深入洞察了人类原始本心与事物本真存在平等不二的特点,只要了悟这一特点,就必然无知而无所不知。《淮南子》有云:"夫天地运而相通,万物总而为一;能知一,则无一之不知也;不能知一,则无一之能知也。"①如果说智慧源自触类旁通、举一反三,那么这种触类旁通和举一反三必然与人类原始本心和事物本真存在平等不二有关。只有对此有通达了悟,才能无知而无所不知,乃至具有通达无碍智慧。所以中国智慧美学赋予教育的终极目的,不是人的全面发展乃至和谐人格教育,而是通达无碍的智慧乃至圣人教育。所谓格物致知,就是基于对事物平等不二特点的认知形成通达无碍的智慧。

圣人是中国智慧美学的最高人格理想,同时也是大成智慧教育的终极目的。这是中国智慧美学赋予教育的最独特也最神圣的使命。虽然中国人对所谓圣人有不尽相同的阐释,但有一点是确定的,这就是都将有无所执著、通达无碍、明白四达的最高生命智慧看成圣人的基本特征。这种生命智慧并不是某种渊博至极的知识、精湛绝伦的技术,仅仅是所有人与生俱来的真与假、善与恶、美与丑平等不二的原始本心。每个人生来没有诸如真与假、善与恶、美与丑之类的分别,只是由于后天的家庭熏陶、学校教育和社会影响最终形成了诸如此类的分别,且因为执著于这种分别产生了相应的真与假、善与恶、美与丑之类分别和取舍之心,以致有了诸如去伪存真、除恶扬善、化丑为美之类观念。所有这些观念都有极其明显的局限,因为所有这些分别和取舍都是人为设定的结果,是人类按照自己所设定的标准加以主观分别和判断的产物,如果彻底抛开这种基于自身主观认识尤其利己观念的分析和判断,不仅自然界一切事物本来无所分别,甚至人类原始本心也无所分别。这才是事物和人类原始本心的真实状态。所有的人生来都是圣人,至少是

---

① 《精神训》,何宁:《淮南子集释》中,中华书局 1998 年版,第 515 页。

有着圣人潜质的人,只是由于后天教育蒙蔽了原始本心,使其将违背平等不二原始本心的分别和取舍之心看成真知,将清净平等不二看成混淆是非、颠倒黑白。其实混淆是非、颠倒黑白并不是真正的智慧,真正的智慧平等不二,但混淆是非、颠倒黑白并不平等不二,往往将诸如真假、善恶、美丑之类分别相互混淆甚或颠倒。在某种意义上说将建立在分别和取舍基础之上的道德和知性作为智慧,就存在这种缺憾。执著于分别和取舍的知识和技术教育实质上与真正的智慧教育背道而驰。所谓智慧乃至圣人教育其实并不复杂,也不神秘,无非就是启发学生回归人类原始本心,认知事物本真状态,形成无所执著、无所分别,乃至心体无滞、明白四达的智慧而已。其实这个智慧不存在于外在事物,只存在于自身,存在于人们生来具有的原始本心。只要识自这种原始本心,就把握了一切事物的本真状态,因为二者都以平等不二为基本特征。可见真正的智慧教育乃至圣人教育其实极其简单易行,无须其他外在努力,只需识自本心就能获得成功。孟子有云:"学问之道无他为求放心而已。"①王阳明有云:"夫学贵得之于心。求之于心而非也,虽其言之出于孔子,不敢以为是也,而况其未及孔子者乎!求之于心而是也,虽其言出之于庸常,不敢为非也,而况出于孔子者乎。"②马一浮亲自开办书院,实践大成智慧教育,且以发明原始本心为宗旨,有云:"书院讲习,事至平常,亦只是教人求己","求师故是善念,闻道乃在自心"③。此外,熊十力不仅曾经参加过这一教育实践,而且也在后来教育生涯中以成功培养诸如唐君毅、牟宗三、徐复观等学生的实绩,在中国现代教育史上谱写了大成智慧教育的壮丽篇章,其成功的根本原因还在于高度表彰了识自本心的教育理念。熊十力主张:"吾心之本体,即是宇宙之本体,非有二也,故不可外吾心而求道。吾心发用处,即是道之发用。"④他

---

① 《孟子集注》,朱熹:《四书章句集注》,中华书局1983年版,第334页。
② 王阳明:《语录》二,《王阳明全集》上,上海古籍出版社1992年版,第76页。
③ 马一浮:《答刘君》,马镜泉编校:《中国现代学术经典·马一浮卷》,河北教育出版社1996年版,第463页。
④ 熊十力:《答马格里尼》,《十力语要》,上海书店出版社2007年版,第133页。

还明确提出了"学在识本心"①的观点。熊十力不仅是中国现代教育史上屈指可数的几位能真正继承、发扬和阐述中国智慧美学乃至大成智慧教育识自本心要旨的教育家,而且也是以自身教育实践确证了大成智慧教育价值的教育家,他不仅通过诸如《十力语要》为人们实施大成智慧教育提供了理论基础,而且通过自身实践为实施大成智慧教育提供了典范。

圣人作为中国智慧美学最高人格理想,同时也是中国文化的最高生命理想,是儒家、道家和佛教共构的大成智慧教育终极目标。其中儒家显然是最具影响力的大成智慧教育的倡导者和实施者,道家和佛教虽然在某种程度上有否定圣人倾向,但其根本精神仍然倡导圣人教育或以圣人理想作为终极目的的大成智慧教育。甚至可以说诸如道家和佛教之所以有着否定圣人的倾向,其实是告诫人们不得执著于圣人人格理想,并因此受到束缚,以致无法真正体悟圣人无所执著、无所用心乃至心体无滞、明白四达的生命智慧,而不是确实否定圣人人格理想。所以建立在儒释道文化基础上的中国传统教育都是以圣人人格理想作为终极目的的大成智慧教育。这不是说中国有史以来的大成智慧教育都极其成功,至少在最高层次上显然是成功的。无论这种教育有着直接的师承关系,还是没有直接的师承关系,都基本上体现了这一点。甚至可以说中国儒释道文化正是以大成智慧教育的理论创构与实践成功实现了圣人教育传统的传承与延续,同时也促进了儒释道文化的融合统一,构成了中华文明的精神基础。应该说《周易》是中国智慧美学乃至传统文化之本源。老子才是这一智慧及其精神的真正继承者,孔子不过是其阐释者和传承者。老子的思想通过庄子和韩非子得以分流传承,庄子只继承了其中自然宇宙哲学乃至自我养生哲学智慧,韩非子则是其社会政治哲学智慧的真正继承者。至于孔子的智慧,由于颜渊早逝,其精神并没有得到直接传承,至少作为其言论记录的《论语》也许并没有真正体现孔子的根本精神,至少未能全面记录其最高智慧。其

---

① 熊十力:《答刘树鹏》,《十力语要》,上海书店出版社 2007 年版,第 150 页。

后的孟子和荀子实际上只是其智慧的重新发现和阐释者。佛教有相对独立性，但与中国儒家和道家的融合也是显而易见的，而且都有着自觉或不自觉的不二论思维方式和认知基础、崇尚默而识之乃至明心彻悟的认知方式，及追求佛圣等最高生命境界的共同精神。

虽然儒释道关于圣人的阐释可能并不十分一致，但这并没有从根本上影响大成智慧教育大化流行、殊途同归的优势。儒家所谓圣人不过就是孟子所谓能尽其人伦的人，即孟子所谓"圣人，人伦之至也"；①也就是不失其赤子之心的人，如孟子所谓"大人者，不失其赤子之心者也"②；也就是能够回归人类良知良能的人，如孟子所谓："人之所不学而能者，其良能也；所不虑而知者，其良知也。"③所以圣人作为儒家美学赋予教育的终极目的，实际上就是回归人类原始本心，发现人类生来具有的良知良能。道家所谓圣人也许就是庄子所谓真人，有谓"且有真人然后有真知"④，"天与人不相胜也，是之为真人"。⑤ 郭象的阐释是："夫真人同天人，齐万物。万物不相非，天人不相胜，故旷然无不一，冥然无不任，而玄同彼我也。"⑥所谓真知其实就是成玄英所谓"冥合天人，混同物我"，所谓"冥真合道，忘我遗物"⑦。所谓能冥合天人，混同物我的真人，其实也就是对一切事物无所执著、一视同仁、平等不二的人，实际上也就是对事物无所执著，能以百姓之心乃至天地之心为心的人，如老子所谓"圣人无常心，以百姓之心为心"⑧。所以真人乃至圣人作为道家美学赋予教育的终极目的，其实就是要人们回归人类冥合天人、混同物我的等同齐一的原始本心。佛教尤其禅宗所谓圣人其实就是佛，就是人间圣者，就是所谓自觉觉他乃至觉行圆满的人。在禅

---

① 《孟子集注》，朱熹：《四书章句集注》，中华书局 1983 年版，第 277 页。
② 《孟子集注》，朱熹：《四书章句集注》，中华书局 1983 年版，第 292 页。
③ 《孟子集注》，朱熹：《四书章句集注》，中华书局 1983 年版，第 292 页。
④ 《大宗师》，《南华真经注疏》上，中华书局 1998 年版，第 136 页。
⑤ 《大宗师》，《南华真经注疏》上，中华书局 1998 年版，第 141 页。
⑥ 《大宗师》，《南华真经注疏》上，中华书局 1998 年版，第 141—142 页。
⑦ 《大宗师》，《南华真经注疏》上，中华书局 1998 年版，第 136 页。
⑧ 《老子奚侗集解》，上海古籍出版社 2007 年版，第 125 页。

宗看来,就是能够识自本心的人。在禅宗看来,"万法本自人兴,一切经书,因人说有"①。真正的智慧不存在于一切外界事物,而存在于人类清净不二原始本心,佛作为圣者,并不是神话故事中神通广大、法力无边的神人,只是能自悟清净不二原始本心的人。所以佛教美学赋予教育的终极目的不过是引导人们不要执著于诸如佛经之类的知识识解,将识自本心作为获得智慧乃至成佛成祖的根本途径,如慧能有所谓"若识自性,一悟即至佛地"②。

如此看来,虽然儒家、道家和禅宗关于圣人的具体阐释有所不同,但其精神基本趋于一致,这就是都倾向于将圣人阐释为有婴儿乃至赤子之心的无所执著、心体无滞的人,都认为人们通过识自平等不二人类原始本心,可以成为有着无知而无所不知智慧的人。人们之所以能够成就无知而无所不知智慧,就是因为人类原始本心与一切事物本真状态有共同特征,都平等不二,认识到人类原始本心的平等不二,实际上也就认识了一切事物的平等不二。所以真正有智慧的人,虽然可能对有所分别和取舍的知识一无所知,但由于体认和证会了人类原始本心与事物本真状态平等不二的精神,并不对一切事物有所分别和取舍,所以也就无执无失,既无弃人,也无弃物,自然也就无所不知。没有识自人类原始本心的人则可能由于执著分别和取舍,只是对有所选择和研究的领域有所知,对未加选择和研究的领域则必然无所知。大成智慧教育作为中国教育的一个传统,常常强调通过发明人类平等不二原始本心,任何人都可能成为圣人,成为心体无滞、明白四达乃至无知而无所不知的圣人。诸如基督教和伊斯兰教并不认为人能成为上帝或真主,也不认为人类有平等不二原始本心,恰恰认为人类生来有原罪,任何努力只能达到救赎的目的,不可能与上帝和真主达到同等地位。

中国智慧美学之所以崇尚圣人人格理想,是因为真正无所执著、心体无滞,乃至平等不二的人常常是获得最大自由解放的人。知识和技

---

① 《坛经》,《禅宗七经》,宗教文化出版社1997年版,第332页。
② 《坛经》,《禅宗七经》,宗教文化出版社1997年版,第333页。

术因为有所执著、有所取舍,乃至有所束缚,因为有所束缚,常常陷于执著和取舍,无法无所不知;智慧作为人类平等不二原始本心,正因为无所执著、无所分别和取舍,往往不受任何束缚,能够来去自由、心体无滞,达到生命最大自由解放,常常能获得无知而无所不知的智慧。生命的自由解放与智慧的明白四达常常相辅相成。正由于所有执著甚至包括对圣人人格理想的执著都可能对人产生束缚作用,都可能阻碍人类体悟心体无滞、明白四达的智慧,所以中国道家美学和佛教美学才有了否定圣人甚或智慧的主张,如老子郭店竹简甲本所谓"绝智弃辩"①、《庄子》所谓"绝圣弃知,大盗乃止"②,及所谓"夫无知之物,无建己之患,无用知之累,动静不离于理,是以终身无誉","至于若无知之物而已,无用贤圣"③。这是因为一切执著都可能束缚人类原始本心,以致由于有所分别和取舍无法周遍万物、明白四达,即使对圣人称誉的执著亦是如此,所以主张至誉无誉,无用贤圣。中国禅宗美学虽然崇尚般若智慧,也崇尚对般若智慧大彻大悟的佛圣,但并不要求人们执著于诸如佛经之类的文字般若,也不要求人们迷信佛圣,慧能只是主张"若识本心,即本解脱"④,而且因为担心人们可能执著于识本心,又明确提出"能除执心,通达无碍"⑤。禅宗美学也主张对佛圣无所执著,有凡圣无别乃至达摩所谓"廓然无圣"⑥。建立在中国道家美学、佛教美学基础上的大成智慧教育实际上是至为自由解放的教育,而不是西方人所主张的所谓个性解放的教育,虽然这种教育可能具有个性解放的性质,但这个个性只能是人类平等不二原始本心,而不是建立在孰是孰非乃至善恶二元基础上的个性。西方教育所倡导的个性解放乃至个性教育常常将人类未获得个性解放的原因归咎于社会制度、自然条件甚或人类

---

① 荆门市博物馆:《郭店楚墓竹简老子甲》,文物出版社 2002 年版,第 40 页。
② 《胠箧》,《南华真经注疏》上,中华书局 1998 年版,第 205 页。
③ 《天下》,《南华真经注疏》下,中华书局 1998 年版,第 613—614 页。
④ 《坛经》,《禅宗七经》,宗教文化出版社 1997 年版,第 333 页。
⑤ 《坛经》,《禅宗七经》,宗教文化出版社 1997 年版,第 332 页。
⑥ 《初祖菩提达摩大师》,普济:《五灯会元》上,中华书局 1984 年版,第 43 页。

一切文明成果的限制,认为诸如自我的性本能、外界力量,及人类所创造的道德原则和文明成果都可能束缚人类的个性解放,如尼采指出:"与自由放任相反,任何道德是对'本性'、也是对'理性'的一种专制。"①中国大成智慧教育却将人类未获自由解放的原因归结于自我束缚,认为只要有所执著,无论对自我过去经验和知识的执著,还是对所谓社会规律、自然规律乃至真理的执著,都可能对人自身自由解放构成束缚,只要破除这种自设障碍,就能够获得生命的自由解放。所以大成智慧教育不是宣称通过发展诸如科学技术、文学艺术,乃至哲学宗教使人获得自由解放,而是通过破除执著之心使人获得自由解放。这就使大成智慧教育有了其他教育所没有的更直接便当的教育效果。这并不意味着中国有史以来的教育都能体现大成智慧教育精神,也不是所有教育都达到了大成智慧教育的终极目的,更不是所有人都成了心体无滞、明白四达乃至无知而无所不知的圣人,但这不能归咎于中国大成智慧教育。中国大成智慧教育就其根本精神而言,虽然强调不能执著于圣人人格理想,只要识自平等不二原始本心,就能达到圣人境界,但由于有些人的悟性或对大成智慧教育宗旨的认识不到位,总是执著甚或迷信圣人和对儒家、道家、佛教之圣人、真人、佛陀之类理想人格的分别,执著于尽心知性、养心存真、明心见性之类认知方式的分别等等,以致迷失了天下殊途同归、一致百虑的道理,所以自设了诸多障碍。马一浮告诫人们:"儒佛等是闲名,自家自性却是实在。尽心知性亦得,明心见性亦得,养本亦得,去障亦得,当下便是亦得,渐次修习亦得,皆要实下工夫,自觉此等言语为赘矣。"②尽管不是所有人都能真正体悟人类原始本心,也不是所有人都能成圣成佛,但至少诸如孟子、慧能、陆象山、王阳明、王夫之,乃至马一浮、熊十力等在中国历史上一脉相承地发扬智慧源自人类原始本心,识自原始本心就能臻达圣人境界的教育理

---

① 尼采:《论道德的本性史(博物志)》,江怡主编:《理性与启蒙——后现代经典文选》,东方出版社 2004 年版,第 52 页。
② 马一浮:《尔雅台答问续编》,马镜泉编校:《中国现代学术经典·马一浮卷》,河北教育出版社 1996 年版,第 583 页。

念,便证明了中国大成智慧教育传统在最高境界的成功经验和经久不衰的生命力。

虽然中国大成智慧教育并没有使所有人都成为卓有成就的士人、君子尤其圣人,但其充分肯定所有人事实上都存在成为圣人的潜能和条件,而且只要识自原始本心,就能成为圣人的教育主张,毕竟在培养和谐人格方面还是有独特作用,至少比狭隘专家教育制造大量有专门专业知识和技术却知识结构乃至人格结构残缺不全的人的教育更有优势。而且中国大成智慧教育所倡导和谐人格教育并不限于自我和谐,同时包括人与社会、人与自然的和谐,至少作为大成智慧教育终极目的的圣人人格教育确实体现了这一精神。大成智慧教育的圣人人格教育的一个主要内容就是与天地合德的人格教育。因为人与天地合德才是人类原始本心真如状态,既然原始本心平等不二,无所分别和取舍,自然包括对人与天地万物无所分别,与天地万物一体,这实际上就是人类原始本心真如状态的体现。马一浮有这样的阐述:“与天地万物一体,乃心之本然。”①只是由于许多人接受诸多人与自然二分观念的蒙蔽,总是将人与自然分别来看,甚至将自然作为人类征服和利用的对象,才有了人与天地万物的分离,实际上不仅最高境界的智慧对人与自然无所分割,而且真正体悟到这一最高智慧的圣人也常常不将人与天地万物分别来看,《周易》所谓“夫大人者,与天地合其德,与日月合其明,与四时合其序,与鬼神合其凶吉”②将超越自我乃至人类的社会范畴,达到与自然和谐的天地合德境界作为圣人的基本特征。虽然道家美学有绝圣弃智的思想,但有“淡然无极而众美从之。此天地之道,圣人之德也”③,及“以天为宗,以德为本,以道为门,兆于变化,谓之圣人”④之类阐述,实际上也肯定了与天地合德的圣人人格。大成智慧教育并不仅仅满足于

---

① 马一浮:《尔雅台答问续编》,马镜泉编校:《中国现代学术经典·马一浮卷》,河北教育出版社1996年版,第565页。
② 《乾文言》,李道平:《周易集解纂释》,中华书局1994年版,第64—65页。
③ 《刻意》,《南华真经注疏》下,中华书局1998年版,第314页。
④ 《天下》,《南华真经注疏》下,中华书局1998年版,第604页。

自我和谐、社会和谐,常常以自然和谐作为最高标准。如所谓:"大学之道,在明明德,在亲民,在止于至善"①,就表达了这一思想。如果说"明明德"主要着眼于自我和谐,"亲民"往往体现社会和谐,那么"止于至善"无可否认应该包括自然和谐。《学记》有云:"九年知类通达,强立而不反,谓之大成;夫然后足以化民易俗,近者悦服,而远者怀之,此大学之道也。"②如果说知类旁通、强立不反,类似于明明德,属于自我和谐,化民易俗,应该类似于亲民,属于社会和谐,如果近悦远怀乃至能推己及物,在尽人之性的基础上达到尽物之性,实际上就达到了类似止于至善的自然和谐。培养具有自我和谐、社会和谐、自然和谐的人格结构的人,不仅是中国大成智慧教育的终极目的,同时也是根治当代社会诸多心理焦虑乃至人格分裂、社会关系和自然关系紧张问题的最好途径。因为今天的人格分裂主要根源于自我人格教育的缺失,人与人之间关系的隔膜,人与自然关系的紧张,而这又往往与君子尤其圣人教育的缺失有关。

中国大成智慧教育以圣人教育作为终极目的,并不仅仅以专家教育与和谐人格教育为目的,专家教育与和谐人格教育充其量只是小成智慧教育,只有圣人教育才可能是真正的大成智慧教育。这并不意味着中国当代教育就能真正认同这一教育传统,事实是许多人恰恰将专家教育作为终极目的,将大乘智慧乃至圣人教育视为封建教育,甚至连西方教育所崇尚的艺术教育乃至和谐人格教育也形同虚设。有人认为怀特海的教育思想应该成为 21 世纪大学教育的宗旨,怀特海事实上也关注自我和谐,关爱人类及其赖以存在的地球乃至生态问题。这说明培养具有自我和谐、社会和谐、宇宙和谐境界的圣人教育应该成为 21 世纪教育的终极目的。如果说 21 世纪的教育应该以加强道德修养的自我完善,关爱人类及其赖以生存的生态环境,培养能臻达自我和谐、社会和谐和自然和谐境界的圣人作为目标。那么《大学》的阐述至为

---

① 《大学章句》,朱熹:《四书章句集注》,中华书局 1983 年版,第 3 页。
② 《学记》,孙希旦:《礼记集解》中,中华书局 1989 年版,第 959 页。

权威。遗憾的是,中国当代教育对此缺乏必要认识,常常致力于专业知识和技术教育,忽视了和谐人格尤其圣人人格教育,致力于二元论思维模式教育,忽略了不二论思维方式教育,强化了执著于分别和取舍的本质和规律乃至有所知有所不知的知识和技术教育,忽略了无所执著、明白四达的无知而无所不知的智慧教育。这种现象突出体现于大学教育之中。一些教育家往往把大学教育定位为大师教育。其实所谓大师,充其量只是在某一学术领域有所建树的学者,并不是真正达到了人与自我、人与人、人与自然关系和谐的人。有些所谓大师甚至连最基本的自我和谐也难以达到,至于人与人、人与自然关系的和谐,更是无从谈起。如尼采、弗洛伊德可谓20世纪西方思想大师,但并不表明他们就达到了人与自我的和谐,否则不会疯癫甚或自杀。既然所谓大师常常连自身焦虑乃至人格分裂都无法救治,如果用来关爱人类及其赖以生存的地球,根治人类社会乃至自然界的根本问题,实现人与自我、人与人、人与自然关系的和谐基本上没有多大可能。所谓大师,常常因为术业有专攻,许多情况下只是一些知识结构乃至人格结构存在严重缺陷的人,是马尔库塞所谓单向度的人,根本不是中国智慧美学之所谓圣人。中国往往崇尚立德、立功、立言三不朽,圣人之不朽关键在于立德,所谓大师绝大多数充其量也只是达到了立言,于立功也微乎其微,于立德尤其与天地合德更是无从谈起。曾经以培养大师作为教育目标的大学也未必能实现培养大师的目标,充其量只是为国家培养了一些高级工程师而已。因为大师虽然可能立足某一学科,也可能触类旁通乃至在人文科学、社会科学和自然科学等多个领域有所建树,如爱因斯坦虽然是物理学家,但他在其他人文社科领域也有所建树,有些建树甚至是某些终生研究某一领域的人所无法企及的。所谓国家级工程师充其量只能在自然科学的某一极其狭窄的知识和技术领域有所贡献,由于知识视野狭窄,并不能在其他领域有所建树,充其量也只是某一学科领域有所建树的高级专家,甚至连和谐人格都不一定有。另外,一些直接定位为专家教育的大学甚至连真正意义的专家也没有培养出来,充其量只是培养了一批具有专业知识和技术的高素质专业人才而已。对于越来越趋向于专才教育而忽视通才教育,以致未能培养出杰出人才的现象,近年来似乎引起了人们的关注。其实熊十力在 20 世纪初便有这样的议论:"数十年来教育,只务贩入知识技能,真有知能可言者,未知几何?而大多数则习于浮浅混乱之见闻而已,学不究其原,理不穷其极,思不造其微,知不足以导其行,夙植恶因,成兹孽果。往已不谏,来尚可追,今之司上庠教育者犹复茫然,未知所觉,始终只欲贩入知识而忽视其固有立人达人之大道。"①可见教育目标的退化才是导致中国现代教育一切问题的根源,但对这一问题至今没有形成统一认识,更没有变成统一行动。也正由于这一终极目标的缺失,致使中国现代教育诸多改革充其量只能是一些隔靴搔痒、治标不治本的折腾,并不会产生实际效果,更不会真正开创教育的新时代。

也许能使中国当代教育走出困境的唯一出路,就是继承中国智慧美学精神尤其大成智慧教育传统,实施真正意义的以中国智慧美学精神为基础同时又符合中国教育传统和世界教育发展方向的大成智慧教育。如果说专家教育的内容主要是专业知识和技术教育,其典型形式是科学技术,和谐人格教育的内容主要是超专业的复合型知识和技术教育,其典型形式是文学艺术,圣人教育的主要内容是智慧教育,其典型形式是哲学宗教智慧,那么真正的大成智慧教育应该不轻视任何目标的教育,也并不排除任何内容的教育,往往将科学技术、文学艺术、哲学宗教有机统一起来。因为既然智慧的源泉是平等不二原始本心,那么齐物论乃至平等不二实际上也包括对专业知识和技术甚或最具专业性质的科学技术教育,超专业复合型知识和技术及最具复合型特点的文学艺术教育,通达智慧乃至最具通达智慧的哲学宗教教育等内容都应该无所分别和取舍,如熊十力所谓"实则文学、哲学、科学,都是天地间不可缺的学问,都是人生所必需的学问。这些学问,价值同等,无贵无贱"②。

---

① 熊十力:《答李四光》,《十力语要》,上海书店出版社 2007 年版,第 284 页。
② 熊十力:《戒诸生》,《十力语要》,上海书店出版社 2007 年版,第 57 页。

比较而言,钱学森明确主张大成智慧教育,提倡要着力培养通才,认为:"跨度越大,创新程度也越大。而这里的障碍是人们习惯中的部门分割、分隔,打不通。大成智慧学教我们总揽全局、洞察关系,所以能促使我们突破障碍,从而做到大跨度地触类旁通,完成创新。"[①]钱学森借鉴熊十力的观点,将人类的智慧分为性智和量智,认为性智主要从整体感受入手成就文化艺术,量智主要从局部到整体、从量变到质变获取知识,形成科学技术,于是提出走"科学与艺术结合"的道路。这其实远远不够,因为仅仅体现了思维方式的整体感知与局部分析的差别,并没有注意到这种整体与局部关系之外更重要的二元论与不二论思维方式和认知基础的差异等。真正的大成智慧教育之通才教育不限于科学与艺术,可能融通儒释道、文史哲乃至人文科学、社会科学和自然科学三大领域。熊十力有云:"今日上庠之教,专以知识技能为务而不悟外人虽极力注重科学,同时亦必于文哲方面特别提倡,使各部门的知识得有其统宗。"[②]可见即使重视科学技术的教育,也同样不应该忽视文学艺术乃至哲学宗教,因为文学艺术所提供的灵感、激情及哲学宗教所提供的方法乃至统领作用等都不容忽视。至少诸如爱因斯坦等科学家认为哲学"是全部科学研究之母"[③]。所以真正卓有成就的科学家绝对不是仅仅通晓科学技术的人,更不是仅仅熟悉科学技术之某一狭窄领域乃至一叶障目的人。中国当代教育的一个主要问题是由于笃信科学技术是第一生产力,以致有较广泛的重视科学技术却轻视文学艺术乃至哲学宗教之类的倾向。

真正的大成智慧教育理所当然也不应该执著于专才教育与通才教育的分别与取舍,同样应该做到专才教育与通才教育的有机统一。也许还是熊十力的观点较为周遍无碍,因为执著于专才教育虽然可以培

---

① 《钱学森关于当代科学技术体系及其"大成智慧学"》,《集大成,得智慧——钱学森谈教育》,上海交通大学出版社 2007 年版,第 139 页。

② 熊十力:《答张君》,《十力语要》,上海书店出版社 2007 年版,第 268 页。

③ 爱因斯坦:《物理学、哲学和科学进步》,《爱因斯坦文集》第 1 卷,商务印书馆 2009 年版,第 696 页。

养能尽快适应社会需要的专门人才,却不利于成就有大事业的人,但如果仅仅执著于通才教育,实际上社会也确实需要一定数量的专门人才来解决人类面临的一些实际问题。熊十力有所谓:"夫专才与通才,互相为用而不可缺其一也。专才恒是部分之长,虽其间不无卓越之士,然终不能不囿于所习,其通识有限也;通材者,测远而见于几先,穷大而不滞于一曲,能综全局而明了于各部分之关系,能洞幽隐而精识夫事变之离奇。"①由于中国当代教育有所执著乃至取舍,不是重理轻文,便是重专才轻通才,所以才很大程度上倡导通才教育。事实上无论重理轻文,还是重文轻理,无论重专才轻通才,还是重通才轻专才,都不符合大成智慧教育平等不二基本精神。

虽然诸如卢卡奇等西方马克思主义美学家极力反对科学技术,但真正的大成智慧教育并不轻视甚或排斥知识和技术教育,熊十力指出:"学问之道,由浅入深,由博返约。初学必勤求普通知识,将基础打叠宽博稳固,而后可云深造。其基不宽则狭陋而不堪上进,其基不固则浮虚而难望有成。"②虽然孔子有过从事农业生产他不及老农的说法,但这并不证明他歧视农业生产技术,他只是承认对这种农业生产教育的无能为力。《学记》所谓:"良治之子,必学为裘;良弓之子,必学为箕;始驾马者反之,车在马前。君子察于此三者,可以有志于学矣。"③虽然培养能熟练掌握某一特定领域专门知识和技术的专家,不是大成智慧教育的最高目标甚或唯一目标,却是大成智慧教育的基础。

虽然西方经历现代发达工业文明压抑人类本性致使人沦为单向度的人的教训,使得诸如马尔库塞更加注意到了文学艺术乃至审美教育的独特价值,以致有这样的观点:"审美功能通过某一基本冲动即消遣冲动而发生作用,它将'消除强制,使人获得身心自由'。它将使感觉

---

① 熊十力:《复性书院开讲示诸生》,《十力语要》,上海书店出版社 2007 年版,第167 页。

② 熊十力:《复性书院开讲示诸生》,《十力语要》,上海书店出版社 2007 年版,第170 页。

③ 《学记》,孙希旦:《礼记集解》中,中华书局 1989 年版,第 970—971 页。

与情感同理性的观念和谐一致,消除理性规律的道德强制性,并'使理性的观念与感性的兴趣相谐和'。"①他甚至认为:"当欲望和需要能够无须异化劳动而得到满足时,现实就不再具有重要性了。这时,人便能自由地'消遣'他自己的和自然的机能与潜能,而且只有通过这样的消遣,他才是自由的。因此人的世界就是表演,这个世界的秩序也就是美的秩序。"②中国大成智慧教育却从来不轻视文学艺术教育,如果说马尔库塞重视文学艺术乃至审美教育主要还是出于解放所谓新感性,以期获得人自身的自由解放,中国传统大成智慧教育则似乎更重视通过文学艺术乃至审美教育,达到培养和谐人格的目的,如有谓:"礼乐不可斯须去身。致乐以治心,则易、直、子、谅之心油然生矣。易、直、子、谅之心生则乐,乐则安,安则久,久则天,天则神。天则不言而信,神则不怒而威,致乐以治心者也。"③其实对音乐艺术所具有的陶冶性情的功能,亚里士多德早有阐述:"音乐确实有陶冶性情的功能。它既然具备这样的功能,就显然应该列入教育课目而教授给少年们。而且音乐教育的确适合于少年们的真趣。"④中国大成智慧教育重视文学艺术乃至审美教育不仅体现了中国教育的传统精神,同时也体现了人们的共同认识。

由于哲学乃至宗教有根植于人类心灵世界的复合型特点,往往对培养有和谐人格的人具有特别重要的价值和意义,所以人们对哲学乃至宗教教育还十分重视,如雅斯贝尔斯指出:"真正有价值的哲学思想应该是能够塑造并鼓舞科学家和学者的哲学思想,这种哲学,一言以蔽之,就是充实了大学之整体的哲学。"⑤虽然这种哲学最起码在超越狭隘学科乃至专业界域具有更开阔视野,同时还因为以爱智慧而不是爱知识为目的具有更高远境界,但因为执著于二元论思维方式和认知基

---

① 马尔库塞:《爱欲与文明》,上海译文出版社 2005 年版,第 140 页。
② 马尔库塞:《爱欲与文明》,上海译文出版社 2005 年版,第 145 页。
③ 《乐记》,孙希旦:《礼记集解》下,中华书局 1989 年版,第 1029—1030 页。
④ 亚里士多德:《政治学》,商务印书馆 1965 年版,第 423 页。
⑤ 雅斯贝尔斯:《大学之理念》,上海人民出版社 2007 年版,第 77 页。

础仍属知识学范畴,并不是真正意义无所执著、无所分别乃至取舍的智慧。所以大成智慧教育同样十分重视类似西方哲学乃至宗教教育,而且也将其看成统领其他学术的基本精神,如熊十力有谓:"就学术与知识而言,科学无论发展之若何程度,要是分观宇宙,而得到许多部分的知识。至于推显至隐,穷万物之本,澈万化之原,综贯散珠,而冥极大全者,则非科学所能及。世有尊科学万能而意哲学可废者,此亦肤浅之见耳。哲学毕竟是一切学问之归墟,评判一切知识而复为一切知识之总汇。"①但西方哲学和宗教仍然是建立在二元论思维方式和认知基础上的有所知有所不知的知识学,大成智慧教育所强调的哲学宗教智慧则由于无所执著和取舍具有无知无所不知的优势。如果说西方哲学教育只是培养人们对智慧的喜爱及对上帝的信仰,那么中国大成智慧教育所强调的则是发明人类平等不二原始本心,实际上是将不执著于一切自我观念,一切本质和规律及反本质和规律的观念,不执著于一切知识乃至技术,不执著于上帝之类神灵崇拜,以及无所执著、无所分别和取舍、心体无滞乃至了无所得作为根本智慧。也许只有圣人无心才能真正体现这种智慧的精髓。为此,大成智慧教育甚至可能如《庄子》所谓"绝圣弃智"②,僧肇所谓"无心无识,无不觉知"③,达摩所谓"廓然无圣"④等,以否定智慧乃至圣人方式最大限度破除对智慧乃至作为智慧之源的平等不二原始本心,及真正体悟这一最高生命智慧的圣人的执著,从而赢得人类生命的最彻底的自由解放。中国道家和禅宗美学之所以否定圣人及其智慧,根本目的就是破除一切可能存在的执著对识自本心所构成的阻碍。这种否定圣人的主张,也只是为了张扬无所执著的圣人精神,因为真正的圣人,其所遵从的只是人类平等不二原始本心,也只有真正识自原始本心,才能体现圣人没有执著之心,只是以天

---

① 熊十力:《复性书院开讲示诸生》,《十力语要》,上海书店出版社2007年版,第159页。

② 《胠箧》,《南华真经注疏》上,中华书局1998年版,第205页。

③ 僧肇:《般若无知论》,载张春波:《肇论校释》,中华书局2010年版,第106页。

④ 《初祖菩提达摩大师》,普济:《五灯会元》上,中华书局1984年版,第43页。

地万物为心的精神。正是这种平等不二、心量广大乃至周遍万物的精神，才真正体现了圣人无所执著的精神实质。

　　大成智慧教育之所以特别强调中国哲学、宗教尤其大乘智慧，及圣人教育的目标，只是因为中国当代教育很大程度上削弱了哲学宗教智慧乃至圣人教育，并不是诸如科学技术乃至专家教育，文学艺术乃至和谐人格教育并不重要，甚或可有可无。科学技术往往使人因为求真务实而谨严，文学艺术往往使人因为求美求妙而空灵，哲学宗教往往使人因为求善求悟而透彻。凡所有学，皆成智慧。只是比较而言，在掌握学科专业知识基础上触类旁通，形成复合型知识结构与和谐人格结构，往往很大程度上具有解悟性质，在熟练掌握科学技术的基础上熟能生巧，因为诉诸实践而具有证悟性质，只有摆脱了科学技术、文学艺术知识乃至哲学宗教的技术和知识谱系的束缚，能明心见性、识自平等不二原始本心，才可能因为生命的最大自由解放具有彻悟性质。既然解悟是觉悟的开始，证悟可能往往是觉悟的实践经验与印证，那么只有彻悟才能在解悟乃至证悟基础上达到对平等不二原始本心的最透彻体悟。大成智慧教育并不完全排除专业知识和技术，也不完全排除复合型知识和技术，更不以此作为终极目的，虽然也可能以诸如科学技术、文学艺术、哲学宗教之类作为主要内容，但所有这一切绝对不能成为束缚人类生命自由解放的障碍。科学技术虽然在解决人类面临的具体问题，使人们赢得自信方面有独特作用，但科学技术的分门别类毕竟缩小了人类的感知视域以致降低了人们整体感知和把握世界的能力；文学艺术虽然因为具有整体性特征，更有利于形成全面发展的和谐人格，甚至也能够在一定程度上赢得生命的自由解放，但这种自由解放如果以张扬人类自身尊严为特征，而不是以彰显天地大美为特征，则毕竟失于狭隘与片面。哲学虽然在建构知识整体联系，形成复合型知识结构方面具有独特优势，但如果执著于二元论思维方式，同样因为有所分别和取舍不可能真正周遍无碍。宗教虽然在超越知识束缚拥有较高智慧方面可以说较为理想，但如果这种宗教出于对诸如上帝之类神灵的崇拜乃至迷信，则同样是一种束缚。只有科学技术、文学艺术、哲学宗教的存在并不以某种知识和技术形式作用于人,而是以启发人类原始本心和事物本真状态平等不二为特征,既不执著于分别,也不执著于无分别,才可能真正心体无滞、明白四达。

知识是教育的基本内容,技术是教育的主要内容,智慧才是教育的核心内容。但这并不意味着中国大成智慧教育排除专门知识和技术教育及复合型知识和技术教育,也排除科学技术、文学艺术、哲学宗教教育,恰恰由于主张知识、技术与智慧平等不二,科学技术、文学艺术、哲学宗教平等不二,这才使大成智慧教育才有了平等对待科学技术、文学艺术、哲学宗教等典型教育内容的特点。也正是因为科学技术有分门别类学科研究性质乃至具有培养专家的特殊功能,文学艺术有整体性特点乃至具有培养和谐人格的功能,哲学宗教关涉生命智慧本体觉悟乃至具有培养圣人的功能,使科学技术、文学艺术乃至哲学宗教的珠联璧合,及专家教育、和谐人格教育和圣人教育的相得益彰的大成智慧教育才有了独特优势。可见真正的大成智慧教育最起码应该将熟练掌握特定领域专门科学技术的专家、超学科超专业知识局限乃至精通艺术和审美规律具有和谐人格的人及保持人与自我、社会和自然高度和谐一致的圣人等教育目标有机统一,将诸如科学技术之类专门知识乃至技术,文学艺术乃至和谐人格,及哲学宗教乃至大乘智慧等教育内容有机统一,同等重视不可偏废。

二、中国智慧美学与大成智慧教育的方式和方法

实施大成智慧教育与建构民族优秀传统文化传承体系是息息相关的。既然中国智慧美学将获得智慧的主要认知方式阐述为阅读解悟、实践证悟和明心彻悟三种,认为阅读解悟主要借助知识识解,往往只能得到小乘智慧,实践证悟往往依赖某种外在机缘,只能获得中乘智慧,唯独明心彻悟才因为无所依靠至为直接便当透彻,往往能获得大乘智慧,所以真正的大成智慧教育既应该重视阅读解悟和实践证悟,更不能

忽视明心彻悟方式,应该以向书本学习获得阅读解悟、向实践学习获得实践证悟,向自心学习获得明心彻悟作为基本教育方式,采取对应具体教育方法,才能使大成智慧教育真正落到实处,也才能使民族优秀传统文化传承体系的建构得以变成现实。

大成智慧教育理所当然应该重视向书本学习和向实践学习。之所以主张向书本学习,因为书本往往是过去经验的结晶,向书本学习常常能获得人们对某一特定领域的知识信息。这种知识信息虽然更多情况下属于理论范畴,但相信这种理论同时也可能产生物质力量,如马克思在《〈黑格尔法哲学批判〉导言》中所说:"理论一经掌握群众,也会变成物质力量。"[①]人们虽然更多崇尚实践乃至行动,但真正卓有成效的实践乃至行动常常以理论为指导。有理论指导的行动可以避免盲目性及由此导致的折腾和挫折,可以最大限度提高人们行动的科学性、有效性。之所以主张向实践学习,是因为深知"实践出真知",不仅如此还能通过实践检验和验证理论,促使人们形成更具实效性乃至创造性的理论观点。似乎向书本学习更容易形成知识,向实践学习更易于获得相应技术。遗憾的是,中国当代教育所致力以求的专业知识和技术乃至专家教育,主要依靠向书本获得间接经验,向实践学习获得直接经验,却很大程度上忽视了向自心学习获得本体经验的教育方法。

应该说西方文化以概念范畴和知识谱系建构为主要特征,至少从亚里士多德时代开始已经有了相对完备的概念范畴和知识谱系,正是这种以研究和探讨所谓客观规律为特征的传统,使西方美学乃至哲学有着相对完备的知识学体系,其至也形成了相当完备的知识论。中国智慧美学则并不重视所谓客观规律,也没有相当完备的概念范畴和知识谱系,虽然言及知识,但不专门致力于知识研究,也没有形成相对完备的知识论,但这并不意味着中国智慧美学乃至大成智慧教育就不重视向书本学习,通过知识识解获得小乘智慧。只是这种知识识解可能并不偏重概念范畴和知识谱系把握,主要是对类似人类本体的内在道

---

① 《马克思恩格斯文集》第 1 卷,人民出版社 2009 年版,第 11 页。

德性的把握。牟宗三有这样的阐述:"中国思想的三大主流,即儒释道三教,都重主体性,然而只有儒家思想这主流中的主流,把主体性复加以特殊的规定,而成为'内在道德性',即成为道德的主体性。西方哲学刚刚相反,不重主体性,而重客体性,它大体是以'知识'为中心展开的,它有很好的逻辑,有反省知识的知识论,有客观的、分解的本体论与宇宙论:它有很好的逻辑思辨与工巧的架构。"①所以诸如孔子所谓"吾尝终日不食,终夜不寝,以思,无益,不如学也"②,虽然也可能属于知识识解范畴,但并不与知识学之概念范畴和知识谱系有更多联系,主要还是和谐人格的养成,而不是掌握单纯专业知识和技术。

大成智慧教育更崇尚向实践学习的教育方式,主要因为中国智慧美学十分重视知行合一,如熊十力所说:"'知行合一'之论,虽张于阳明,乃若其义,则千圣相传,皆此旨也。"③认为实践证悟是知识识解的基础,是知识识解的检验乃至深化。许多学者对此有基本一致的看法,如牟宗三指出:"成圣成佛的实践与成圣成佛的学问是合一的。这就是中国式或东方式的哲学。"④张岱年也认为:"中国哲学乃以生活实践为基础,为归宿。行是知之始,亦是知之终。研究的目的在行,研究的方法亦在行。过去中国之所谓学,本不专指知识的研究,而实亦兼指身心的修养。所谓学,是兼赅知行的。"⑤也许正是基于这种传统,中国大成智慧教育历来非常重视知行合一,甚至将向实践学习获得证悟看成知识识解的落脚点和最终归宿,如《中庸》所谓"博学之,审问之,慎思之,明辨之,笃行之"⑥的教育原则,就将笃行乃至实践证悟作为教育的最后落脚点。程颐和王阳明等继承了这一传统,只是程颐认为只要知识识解达到相当深的程度,就必然致之于行,笃行是终极目的。如程颐

---

① 牟宗三:《中国哲学的特质》,上海古籍出版社 2007 年版,第 4 页。
② 《论语集注》,朱熹:《四书章句集注》,中华书局 1983 年版,第 167 页。
③ 熊十力:《答张季同》,《十力语要》,上海书店出版社 2007 年版,第 3 页。
④ 牟宗三:《中国哲学的特质》,上海古籍出版社 2007 年版,第 5 页。
⑤ 张岱年:《中国哲学大纲》,江苏教育出版社 2005 年版,第 8 页。
⑥ 《中庸章句》,朱熹:《四书章句集注》,中华书局 1983 年版,第 31 页。

有云："知之深,则行之必至,无有知之而不能行者。知而不能行,只是知得浅","知至是致知,博学、明辨、审问、慎思,皆致知,知至之事,笃行便是终之。"①王阳明更进一步指出知解而不能笃行,其实就是未知,如其所说:"未有知而不行者。知而不行,只是未知。"②这种向来重视笃行乃至实践证悟认知方式及向实践学习教育方式的大成智慧教育传统,在 20 世纪也受到诸如马一浮等人的发扬,如其所云:"不独要读书穷理,凡日用动静之间,无一不是做工夫处。"③只是近年来愈演愈烈的应试教育实际上忽视了向实践学习获得直接经验这一教育方式,这种教育方式虽然在"文化大革命"时期受到重视,但也存在过于极端化的缺憾。近年来虽然有人强调向实践学习,却在一定程度上有削弱知识识解的倾向,这同样可能有极端化危险。

虽然向书本学习和向实践学习,能获得相应的知识和技术,向单一学科专业领域的书本和实践学习,可以造就专家,向多个领域的书本和实践学习,可以造就和谐的人,但因为与依靠后天反复学习掌握知识及反复训练掌握技术相比,智慧更应该受到人们的关注。智慧的获得虽然也可能通过后天反复的书本学习乃至长期实践训练,但这些书本学习乃至实践训练要真正提升为智慧,还得依靠明心见性。如果没有真正明心见性,任何训练和学习所获得的知识和技术,充其量只能是一种知识和技术,并不能真正成为智慧。因为智慧依赖于明心见性,也只有建立在明心见性基础上的知识乃至技术才可能真正称得上智慧。其实圣人之所以成其为圣人,主要不是依赖向书本或实践学习,而是依靠向自心学习。这才是大成智慧教育所倡导的最透彻、最本原、最根本的教育方式。世界上许多卓有成就的思想家、科学家乃至教育家都得益于此。儒家强调举一反三的教学方法和认知规律,如《论语·述而》有

---

① 程颐:《遗书》,《二程集》上,中华书局 1981 年版,第 164 页。

② 王阳明:《语录》一,《王阳明全集》上,上海古籍出版社 1992 年版,第 4 页。

③ 马一浮:《复性书院讲录》,马镜泉编校:《中国现代学术经典·马一浮卷》,河北教育出版社 1996 年版,第 468 页。

云:"举一隅不以三隅反,则不复也。"①老子虽然没有明确强调"举一反三",但其所谓"以身观身、以家观家、以乡观乡、以天下观天下"②,事实上阐述了人们无需向书本学习,也无需向实践学习,只需弄通自身,就能触类旁通的教学方法和认知规律。至于庄子所谓"唯道集虚"③更明确阐述了所谓道即规律事实上不存在于客观事物而存在于人们虚静心灵世界的道理。遗憾的是,中国当代教育尤其近年来往往迷信知识,以为知识能够改变命运,知识就是力量,以致对知识可能给予人的束缚缺乏充分估计,总是片面夸大向书本学习乃至知识识解的重要性。事实上没有源自原始本心的向书本学习,不仅不能获得智慧,甚至可能增加人们的学习乃至精神负担。"文化大革命"时期又执著于反对知识,以为知识越多越反动,对没有知识作为指导的实践的盲目性缺乏充分估计,片面夸大了向实践学习的重要性。事实上没有源自原始本心的实践,同样无法获得智慧,相反只是增加人们学习乃至肉体负担。也许正是由于中国当代教育很大程度上忽视了明心彻悟认知方式乃至向自心学习的教育方式,使中国当代教育至少占据权力话语地位的教育因为片面强调向书本乃至实践学习以获取知识和技术,视技术和知识为教育最高目标,以致导致了教育质量的普遍滑坡。

中国大成智慧教育向来十分重视向自心学习。儒家尤其孟子强调尽心知天的观点,对中国智慧美学及大成智慧教育,奠定了最具影响力的理论基础。正由于孟子有所谓"尽其心者,知其性也。知其性,则知天矣"④的观点,荀子有所谓"圣人者,以己度者也"⑤,才很大程度上肯定了知解人类原始本心就可以通达一切性乃至宇宙普遍规律的道理,才使中国大成智慧教育得以能很大程度超越儒家美学自身界域而赢得广泛社会支持,甚至成为魏晋玄学、隋唐佛学、宋明理学乃至清及以后

---

① 《论语集注》,朱熹:《四书章句集注》,中华书局 1983 年版,第 95 页。
② 《老子奚侗集解》,上海古籍出版社 2007 年版,第 137 页。
③ 《人间世》,《南华真经注疏》上,中华书局 1998 年版,第 82 页。
④ 《孟子集注》,朱熹:《四书章句集注》,中华书局 1983 年版,第 349 页。
⑤ 《非相》,王先谦:《荀子集解》上,中华书局 1988 年版,第 82 页。

新儒学等能在最高层次代表中国美学发展轨迹的智慧美学乃至大成智慧教育的共同思想基础。慧能所谓"自性能含万法是大,万法在诸人性中"①的阐述及识自本心的观点,很大程度上肯定了所有规律乃至智慧其实不是存在于人类原始本心之外的其他地方,而是存在于每个人的原始本心之中。人们只要识自原始本心,体悟清净不二,就必然能获得关于事物本真状态的无分别智。此后出现的宋明理学,如陆象山所谓:"人皆有是心,心皆具是理,心即理也","所贵乎学者,为其欲穷此理,尽此心也"②。王阳明所谓:"性是心之体,天是性之原,尽心即是尽性。"③王夫之所谓:"尽其心者,尽道心也。"④熊十力所谓:"吾学归本证量,乃中土历圣贤相传心髓也。"⑤所有这些观点都集中阐述了智慧源自人类原始本心,识自人类原始本心,就是认识事物本真存在的道理。与此相应,发明人类原始本心这一智慧之源泉,其实就是大成智慧教育获得成功的标志,真正的圣贤之所以成其为圣贤,只是由于他们能破除一切执著,能识自本心,能发明平等不二智慧。实际上西方哲学家对此也有朦胧认识,如雅斯贝尔斯指出:"如果一个人是真实的和本质的话,那每个真正的思想家在根源上都跟这个人是一致的。可是真正的思想家在他的根源上是有独创性的,即他传达给世界以史无前例的思想。"⑥只是他虽然认识到作为根源上的人,但没有进一步阐述作为根源的人其最根本的就是原始本心,更没有将这种原始本心阐释为平等不二。所以西方美学乃至科学、哲学等虽然以揭示事物本质及其规律作为学术宗旨,看似十分客观,其实极为主观,往往将自我认识强加于客观事物并视其为客观规律;中国美学虽然表面看来似乎强调主体体验,有着主观性,其实至为客观,因为真正剥去了人们

---

① 《坛经》,《禅宗七经》,宗教文化出版社1997年版,第331页。
② 陆九渊:《与李宰书》,《陆九渊集》,中华书局1980年版,第149页。
③ 王阳明:《语录》一,《王阳明全集》上,上海古籍出版社1992年版,第5页。
④ 王夫之:《内篇》,《船山思问录》,上海古籍出版社2010年版,第52页。
⑤ 熊十力:《答牟宗三》,《十力语要》,上海书店出版社2007年版,第245页。
⑥ 雅斯贝尔斯:《大哲学家》上,社会科学文献出版社2010年版,第12页。

诸如真与假、善与恶、美与丑之类二元分别和判断。事实上无论自然界的一切事物，还是人类的原始本心，都无真无假、无善无恶、无美无丑、平等不二。人们将所谓意识是物质的反映看成唯物主义，却将识自本心看成唯心主义，其实将物质与意识二分本身就是人们根据二元论思维方式进行主观分别和判断的产物，实际上具有唯心主义性质，如果真正破除二元分别和判断，包括人类原始本心在内的一切事物本真状态都平等不二。

正是基于这一根本认识，道家美学才极力反对向书本和实践学习。在老子看来，只有弃绝学问乃至知识，才能达到无忧无虑境界。因为五花八门的学问和知识确实在很大程度上只能增加人类学习和记忆的负担，甚至使人们由于无法将错综复杂甚或相互矛盾的观点有机统一起来而未免陷入无法自拔的困境。所有的知识和技术虽然使人们获得力量，但同时也增加人们的负担，给人们带来极大束缚。越是致力于获取知识乃至技术，就越有可能放弃对真正涉及大自然奥秘和生命智慧的所谓"道"的体悟。所以他反对向书本学习，提出"绝学无忧"①的观点。人们也许对此有不同阐释，但确实只有破除各种杂乱无章甚或无法统一的琐碎知识，才可能不因为彼此矛盾和烦琐陷入困惑乃至忧虑。为此老子甚至提出了"为学日益，为道日损"②的观点，这实际上是说越致力于烦琐而充满矛盾的知识学习，越可能使自身的虚静受到干扰，使自身存在的智慧因为无法以身观身陷入蒙蔽。真正关乎自然宇宙普遍规律的智慧常常与阅读识解和知识积累没有直接关系，甚至可能因为知识的积累而耽误直接体悟自然规律的机会，可能因为知识自身的烦琐矛盾而陷入无法自拔的困惑与冲突之中。老子也明确反对向实践学习，认为越是执著于外出实践，获得的智慧便可能越少，有所谓"其出弥远，其知弥少"③。这是因为天下至道往往殊途同归、一致百虑，只要无所执著，以天地之心为心，通过观察自己身体观察一切身体，推而广

---

① 《老子奚侗集解》，上海古籍出版社 2007 年版，第 48 页。
② 《老子奚侗集解》，上海古籍出版社 2007 年版，第 123 页。
③ 《老子奚侗集解》，上海古籍出版社 2007 年版，第 121 页。

之,便可以观察乃至掌握自然界一切规律,即所谓"不出户,知天下;不窥牖,见天道"①。人们也许对实践出真知深信不疑,但老子却提出了决然不同的观点,认为越执著于实践出真知,其所获得的智慧就可能越少。真正有智慧的圣人常常不执著于外出实践而有真知灼见,不执著于向外观察而明白四达,不执著于有所施为而无所不成。所以大成智慧教育既不执著于向书本学习,也不执著于向实践学习,因为智慧源自人类原始本心,而不是外在的书本和实践。一个人如果对自心智慧弃置不用,将外在的书本和实践看成智慧的源泉,这是极其危险的。无论向书本,还是向实践学习,充其量只是接受他人的知识和技术,这些知识和技术本身无止境,而且可能相互矛盾、莫衷一是,甚至终其一生也可能无法完全弄通弄懂,更无法融会贯通,片面执著于向书本和实践学习充其量只能是一种舍本逐末、徒劳人力的做法。如庄子有云:"吾生也有涯,而知也无涯。以有涯随无涯,殆已!"②

与道家相比,儒家美学虽然并不十分反对向书本乃至实践学习,但对向自心学习还是十分重视。如果说《学记》所谓知类通达主要体现了向书本学习乃至阅读解悟,化民易俗则可能主要体现了向实践学习乃至实践证悟,那么更重要的教育方式应该是向自心学习乃至明心彻悟。如果向书本学习获得间接经验,充其量只能是一种解悟,向实践学习获得直接经验,也只能是一种证悟,只有向自身乃至自心学习才可能获得平等不二原始本心,才可能获得真正彻悟。孟子有云:"仁义礼智,非由外铄我也,我固有之也,弗思耳矣。"③所以圣人教育的根本不在于向外求取智慧,而在于发明原始本心。圣人之不同于其他人的特点,并不是圣人有超乎寻常的智慧和能力,而是圣人对人类原始本心有所知觉,如孟子所谓"圣人先得我心之所同然耳"④。大成智慧教育最根本的方式就是引导学生默然识之于自己的原始本心,而不是向书本

---

① 《老子奚侗集解》,上海古籍出版社 2007 年版,第 121 页。
② 《养生主》,《南华真经注疏》上,中华书局 1998 年版,第 66 页。
③ 《孟子集注》,朱熹:《四书章句集注》,中华书局 1983 年版,第 328 页。
④ 《孟子集注》,朱熹:《四书章句集注》,中华书局 1983 年版,第 330 页。

学习,向实践学习。孟子十分强调自得,有所谓:"君子深造以道,欲其自得之也。自得之,则居之安;居之安,则资之深;资之深,则取其左右逢其源。故君子欲其自得之也。"①朱熹对自得也有这样的阐释:"君子务于深造而必以其道者,欲其有所持循,以俟夫默识心通,自然而得之于己也。"②程颐也有所体会,有言:"学者须是潜心积虑,优游涵养,使之自得。"③可见中国儒家美学同样十分重视自得。按照这一逻辑,所有圣贤著书立说不过是见于自得而书写其原始本心之真如状态,乃至发明原始本心而已,只是后世学者并不明白此种道理,往往执著于圣贤言论且视其为智慧,而将原始本心有所忽视,这实在是一种舍本逐末乃至误人子弟的行为。王阳明有这样的阐述:"人心天理浑然,圣贤笔之书,如写真传神,不过示人以形状大略,使之因此而讨求其真耳;其精神意气言笑动止,固有所不能传也。后世著述,是又将圣人所画,模仿誊写,而妄自分析加增,以逞其技,其失真愈远矣。"④真正的大成智慧教育必须注重源自原始本心的证悟,而不是满足于圣贤之类知解,王畿这样写道:"从言而入,非自己证悟,须得打破自己的无尽宝藏,方能独往独来、左右逢源,不傍人门户,不落知解。"⑤熊十力也提倡"反诸本心"⑥,在他看来,本心即性,性是物我同体的,所以天下万物无不存在于人的本心。正由于儒家美学向来强调向自心学习,使自性智乃至无分别智的教育成为中国教育传统的一种基本精神,也成为大成智慧教育向自心学习教育方式的理论基础。熊十力说:"自性智者,即谓本心。本心元是圆明遍照,故以智名之。"⑦可以说所谓无分别智,同样是本心,因为本心平等不二、无所分别,所以称之为无分别智。虽然不能说向自心学习,体悟所谓自性智和无分别智仅仅是儒家大成智慧教育

---

① 《孟子集注》,朱熹:《四书章句集注》,中华书局1983年版,第292页。
② 《孟子集注》,朱熹:《四书章句集注》,中华书局1983年版,第292页。
③ 程颐:《遗书》,《二程集》上,中华书局1981年版,第168页。
④ 王阳明:《语录》一,《王阳明全集》上,上海古籍出版社1992年版,第5页。
⑤ 《三山丽泽录》,《王畿集》,凤凰出版社2007年版,第13页。
⑥ 熊十力:《新唯识论》,中华书局1985年版,第144页。
⑦ 熊十力:《新唯识论》,中华书局1985年版,第145页。

的传统,但中国最为普及的教育的确是儒家教育,可以说正是儒家教育真正代表了中国教育传统的主流方向。这当然不是说儒家教育对中国历史上的任何时代任何人都是成功的,也确实存在较为普遍的束缚人类原始本心以致造就了一批迂腐卫道士的现象,但这不能成为否定儒家教育的理由。因为束缚人类原始本心并不符合儒家发明原始本心的大乘智慧教育宗旨,充其量是儒家教育的副产品或失败的次品,因为真正代表儒家教育成功的标志是中国智慧美学乃至文化传统得以传承,尤其培养了一批传承中国文化传统乃至因为深切体悟发明原始本心根本精神的圣贤。正是这些圣贤担负起了传承中国智慧美学乃至文化传统之彰显人类原始本心的宗旨,而且也将发明人类原始本心作为大成智慧教育的宗旨加以张扬,使中国大成智慧教育成为儒家教育传统的主流方向。中国智慧美学精神能在全民族得到广泛传承,主要应归功于儒家发明原始本心的大成智慧教育。可以说,中国历史上最成功的教育当是大成智慧教育,而代表大成智慧教育的最具影响力且最成功的教育理所当然应该是儒家教育。

比较而言,提倡自性智乃至无分别智的还有佛教,真正将明心彻悟认知方式乃至向自心学习教育方式熟练运用教学并取得了异常突出的成绩的应该是禅宗。可以说是禅宗美学极大丰富了大成智慧教育向自心学习教育方式的基本内涵,并在此基础上形成了丰富多彩的教育方法,在全世界各种教育方法中彰显出不可替代甚或不可多得的独特性和创造性。佛教所谓般若主要包括文字般若、观照般若和实相般若三种,但所谓实相般若,也就是自性般若,显然最为根本。所以慧能虽然也提出阅读经书,但也反对执著于经书,认为所有经书都是由人心所创造的。既然所有经书都是由人类自己所创造出来的,所以人类也无需执著于这些经书;既然所有经书源自人类清净不二原始本心,那么只要识自原始本心,就能更直接便当地获得智慧,所以也无须执著于经书,如其所云:"一切修多罗及诸文字,大小二乘,十二部经,皆因人置。因智慧性,方能建立。若无世人,一切万法,本自不有。故知万法,本自人兴;一切经书,因人说有。缘其人中有愚有智,愚为小人,智为大人。愚者问于智人,智者与愚人说法,愚人忽然悟解心开,即与智人无别。"①所以慧能还将执著于经书视为心迷法华转,明确提出"只汝自心,更无别佛"②的观点。智慧的获得确实在很大程度上与所拥有的知识乃至技术无直接关系,至少不成正比例关系。也就是并不是所拥有的知识和技术越丰富,所获得的智慧便越丰富。在特定情况下还存在越摆脱知识和技术的束缚,越有可能获得智慧的现象。因为在一定情况下增加知识并不增加智慧,反而增加负担及体悟智慧的障碍。智慧在许多情况下常常是将所获得的知识削减至极限甚或荡然无存时所形成的自我清净不二原始本心的自然呈现和自行澄明。一个人往往不是大脑被各种知识填满乃至困扰的时候思维更敏捷,而是忘却所有知识乃至技术的困惑,使大脑真正处于清净状态的时候,才可能思维更敏捷,思想更富于智慧。克里希那穆提有这样的阐述:"训练智力并不能带来智慧。只有当情绪和理智和谐运作时,智慧才会产生"③,"心如果想得到根本上的转变,就必须从已知中解脱出来,然后它就会变得非常安静。只有这样的心才能经验到根本上的转变"④。也许只要消除知识乃至技术束缚,便可以由于心灵的自由解放获得真正的智慧。

中国智慧美学,无论道家美学,儒家美学,还是佛教美学,虽然对自心的阐释并不完全一致,但基本倾向于人类生来具有的本性乃至自然宇宙的最原始法则和规律,这种本性乃至法则的根本特征是无所执著、无所用心,乃至通达无碍之心。这才是智慧的源泉。与知识、技术对特定领域的执著相比,智慧的特点无疑是无所用心乃至无所执著。知识、技术因为有所执著而有所漏失,智慧因为无所执著也同样无所漏失。道家美学将这种本心阐述为无所用心,即所谓"圣人无常心,以百姓之心为心"⑤。

---

① 《坛经》,《禅宗七经》,宗教文化出版社 1997 年版,第 330 页。
② 《坛经》,《禅宗七经》,宗教文化出版社 1997 年版,第 346 页。
③ 克里希那穆提:《生命之书》,译林出版社 2011 年版,第 136 页。
④ 克里希那穆提:《生命之书》,译林出版社 2011 年版,第 322 页。
⑤ 《老子奚侗集解》,上海古籍出版社 2007 年版,第 125 页。

儒家美学同样反对执著之心，如孔子有"毋意、毋必、毋固、毋我"①的特点，孟子有所谓："所恶执一者，为其贼道也，举一而废百也。"②至于佛教美学更明白强调了这一点，有所谓："能除执心，通达无碍。"③甚至《金刚经》亦云："过去心不可得，现在心不可得，未来心不可得。"④这实际是说对过去、现在、未来一切念想乃至思想都无须执著。与此有所不同的是，西方美学却恰恰将思想作为的人的全部尊严，以致很大程度上彰显了对思想的执著。如帕斯卡尔所说："人只不过是一根苇草，是自然界最脆弱的东西；但他是一根能思想的苇草。"⑤其实执著于某一特定思想甚或以其排斥和禁绝其他一切思想，都可能导致可怕的束缚与偏颇，都不可能成就了无所得、明白四达的智慧。所谓术业有专攻的专家及目空一切的虚无主义者，都不可能成为真正的智者，即使并不执著于某一特定领域专门知识和技术，能在很大程度上达到学科和专业融通的人，也只是体现了对狭隘学科和专业的并不执著，并不意味着放弃了对复合型知识结构和技术的执著，即使决然放弃乃至禁绝复合型知识结构和技术，也不一定能成为有智慧的人。真正有智慧的人对一切并不执著，当然对单一甚或复合型知识结构和技术的有无也不执著，这些人最大的特点是既不执著于有念，也不执著于无念，更不执著于某一特定念想。这才是人类与生俱来的清净本心，才是人类一切智慧的根源。

西方美学常常强调向书本和实践学习，但向书本学习只能获得间接经验，向实践学习只能获得直接经验，向书本学习所获得的主要是知识，向实践学习所获得的主要是技术。因为书本是以往知识经验的载体，只能在很大程度上帮助人们获得知识，技术的获取在很大程度上依赖多次训练乃至熟能生巧，向书本学习所获得的充其量只能是解悟，向

---

① 《论语集注》，朱熹：《四书章句集注》，中华书局1983年版，第109页。
② 《孟子集注》，朱熹：《四书章句集注》，中华书局1983年版，第357页。
③ 《坛经》，《禅宗七经》，宗教文化出版社1997年版，第332页。
④ 《金刚经》，《禅宗七经》，宗教文化出版社1997年版，第12页。
⑤ 帕斯卡尔：《思想录》，商务印书馆1985年版，第157—158页。

实践学习所获得的也只能是证悟,真正的彻悟还得向自心学习,也许只有向自心学习才能获得真正意义的彻悟。所以向自心学习才是大成智慧教育最根本的教育方式,同时也是中国智慧美学独特精神的基本点。虽然向书本乃至实践学习获得的智慧可能不彻底、不究竟、不透彻,但如果能举一反三、触类旁通,尤其有源自原始本心的悟解,同样可以臻达最高境界的智慧。如庄子寓言中许多人物都由于有超常知识和技术体悟到了最高智慧。所以大成智慧教育虽然更崇尚向自心学习,但也不偏废向书本乃至实践学习,只是无论向书本、实践,还是自心学习都必须无所执著、无所用心、心体无滞,也只有如此,才可能真正获得明白四达乃至无知无不知的智慧。虽然大成智慧教育将向自心学习看成体悟智慧的最直接、最便捷、最透彻的教育方式,但并不主张执著于向自心学习甚或摒弃其他方式。向自心学习不可能与向书本乃至实践学习相孤立。熊十力强调指出:"屏事以养心,此大不可。心非是孤孤另另独立之一物,事之着见,即心之着见也。屏事而求心可乎?静坐,事也,只任昭昭灵灵之心静坐,即事即心也。读书,事也,只任昭昭灵灵之心而读书,即事即心也。教课,事也,只任昭昭灵灵之心而教课,即事即心也。吃饭穿衣,事也,只任昭昭灵灵之心而吃饭穿衣,即事即心也。一切仰观俯察,纯任昭昭灵灵之心以通万象之感。是故天下莫非事也,即莫非心也,恶可屏事而求心乎?"①可见识自原始本心乃至臻达圣人境界,并不是绝对不可能的事情,只要自身努力,能够识心见性,自然就会臻达圣境。马一浮明确提出"作圣在己"②的观点,只是人们并不致力原始本心修证,也未能使原始本心获得自然澄明,所以无法达到圣人境界。他这样论述道:"人之不为尧舜者,是不为也,非不可也。故圣人之教,在因修显性,决不执性废修。"③强调明心彻悟认知方式和向自心

---

①　熊十力:《答马干符》,《十力语要》,上海书店出版社 2007 年版,第 371 页。
②　马一浮:《尔雅台答问续编》,马镜泉编校:《中国现代学术经典·马一浮卷》,河北教育出版社 1996 年版,第 560 页。
③　马一浮:《尔雅台答问续编》,马镜泉编校:《中国现代学术经典·马一浮卷》,河北教育出版社 1996 年版,第 521 页。

学习的教育方式,同时既不偏废阅读解悟的认知方式和向书本学习的教育方式,也不偏废实践证悟的认知方式和向实践学习的教育方式,是中国智慧美学乃至大成智慧教育的一个基本原则。

　　大成智慧教育特别强调明心彻悟认知方式和向自心学习教育方式,同时也不偏废阅读解悟认知方式和向书本学习教育方式,也不偏废实践证悟认知方式和向实践学习教育方式,所以由此形成了多种相应教育方法。对应于向书本学习教育方式的主要教育方法是重视阅读解悟,开设经典课程。虽然不能像雅斯贝尔斯那样笼统地认为"历史性的人物和作品乃是取之不尽用之不竭之源泉"①,但作为经典往往在人类漫长历史发展过程中经受住了时间的无情淘汰和考验,能够最大限度启发人们的自心智慧,有着其他文化典籍所无法取代的价值和意义。这些经典常常比其他任何典籍更能启发人们的自心智慧,而不是束缚人们的自心智慧。这才是大成智慧教育之所以以其作为核心课程的主要原因。赫钦斯认为课程应该主要由永恒学科组成。所谓"永恒学科首先是那些经历了许多世纪而达到古典著作水平的书籍","其次,这些书是普通教育的基本部分,因为没有它们,要想懂得任何问题或理解当代世界是不可能的"②。在赫钦斯看来,这种以所谓永恒学科为主的课程往往能演绎出人类的共同因素,强化人与人之间的联系,激发人们与美好事物联系起来,为所有的进一步研究和理解世界奠定基础。也许对西方教育而言,这还只是一种教育思想,但这种教育思想早已在中国数千年的科举考试及以科举考试为依托的传统教育中被长期实施着,甚至成为中国教育的一个最持久传统。只是这种以经典为主的永恒课程教育,在晚清随着科举制度的废除而被废除,代之以民国时期的国文课本及新中国成立一来的诸多语文课本。虽然新中国的语文课本也是经过诸多专家乃至教育家的精心设计,但这些课本由于过分关注当代社会尤其政治指令陷入十分尴尬的境地,致使其经典性受到严重

---

① 雅斯贝尔斯:《大哲学家》上,社会科学文献出版社 2010 年版,第 2 页。
② 赫钦斯:《普通教育》,华东师范大学教育系:《现代西方资产阶级教育思想流派论著选》,人民教育出版社 1980 年版,第 207 页。

削弱。近年来人们之所以重新看好民国国文课本，就是因为它有着新中国语文课本所没有的经典性。其实民国国文课本较之四书五经之类经典课本已经有大幅度削弱经典性的趋向，只是与新中国语文课本相比还保留了一定程度的经典性。近年来虽然也有学者乃至教育界有识之士开始关注经典课程之类的永恒教育，但还没有受到国家层面的重视，至少还没有上升为一种国家制度和政策，而且往往背负着复古主义甚或禁锢主义等等骂名，甚至有人抛出中国人之所以不能获诺贝尔奖，就是因为自小吟诵古诗之类经典。也许由于某些政治因素乃至科学至上主义思想的影响，使这种以削弱经典性为代价一味适应当代社会经济发展需要的课程教育宗旨愈演愈烈。一个极为普遍的现象就是用诸如中国文学史、中国通史、中国哲学史之类课本代替了原典尤其经典课本，使人们往往执著于概论性复述或综述类课本，对诸如四书五经、诸子百家、二十四史等经典知之甚少，至少没有向对待这些复述概论类课本那么重视。其实这种在今天看来似乎已经顺理成章的现象，恰恰潜伏着极大悖论。这就是用庸人按庸俗社会学观念编著的应景式课本代替了经过历史考验的呈现圣贤智慧的经典课本，这不仅束缚人们的思维，甚至可能导致思维品质的下降，导致浅表化、庸俗化思维的泛滥。真正的大成智慧教育应该继承中国教育传统，以经典性课程为基础，以提高人们道德修养乃至生命境界为基本目的。这种永恒课程教育虽然被斥束缚人们的思维，但作为对全社会所有人普遍有价值的，旨在提高人们道德修养和生命境界，形成对世界最基本看法及思维和认知基础的教育方法，无疑值得提倡。

虽然人们可能对具体经典有不完全相同的认识，但只要是经过长期历史考验的经典就必定比任何应景式课本更有价值和意义。作为中国人应该对人类一切经典都加以重视，尤其不能忽视国学经典，因为它不仅是中国人最高生命智慧的结晶，而且是传承中华文明，构筑中华民族思维方式和认知基础，乃至共同精神家园的纽带。马一浮对国学有这样的阐述："六艺者，即是诗、书、礼、乐、易、春秋也。此是孔子之教，吾国二千余年来普遍承认。一切学术之原，皆出于此，其余都是六艺支流。故六艺可以该摄诸学,诸学不能该摄六艺。今楷定国学者,即是六艺之学。用此代表一切固有学术,广大精微,无所不备。"①在他看来,不仅"六艺统诸子","六艺统四部"②,而且"'六艺'不唯统摄中土一切学术,亦可统摄现在西来一切学术"③。这就是说六艺具有统摄人类一切经典的功能。虽然这种观点并不一定具有严格的操作意义,但说六艺教育是统摄人类一切经典的课程教育,也不是没有一定道理。既然一切经典不过圣人发明其原始本心的结晶,那么所有经典理所当然有着基本一致的精神,至少在张扬平等不二原始本心,以及心体无滞、明白四达的智慧方面常常息息相通。所以精通一部经典便可触类旁通其他经典,通达多部经典无疑有助于精通一部经典。马一浮有这样的体会:"必通群经而后能通一经,故专治一经不是偏曲。"④大成智慧教育实施经典课程教育必须处理一部经典与多部经典的关系。可以是精通一部而兼及多部,也可以是通达多部而精治一部,也可以二者相得益彰。在赫钦斯看来,所谓教育就是对真理乃至知识的教学,"教育意味着教学,教学意味着知识,知识是真理"⑤,那么由所谓永恒学科组成的经典教育也无非是针对一切社会一切人所需要理智的美德的教育,以及关涉一切人思考问题和理解当代世界基础的所谓真理乃至知识的教育。这种真理乃至知识不可避免涉及一定概念范畴和知识谱系,没有对这些概念范畴和知识谱系的基本了解和掌握,就可能无法思考任何问题和理解当代世界。大成智慧教育的宗旨只是启发智慧,这种智慧虽然也可能涉及概念范畴和知识谱系,但绝对不会因为这些概念范畴

---

① 马一浮:《泰和会语》,马镜泉编校:《中国当代学术经典·马一浮卷》,河北教育出版社 1996 年版,第 11 页。
② 马一浮:《泰和会语》,马镜泉编校:《中国当代学术经典·马一浮卷》,河北教育出版社 1996 年版,第 11 页。
③ 马一浮:《泰和会语》,马镜泉编校:《中国当代学术经典·马一浮卷》,河北教育出版社 1996 年版,第 19 页。
④ 马一浮:《尔雅台答问续编》,马镜泉编校:《中国当代学术经典·马一浮卷》,河北教育出版社 1996 年版,第 585 页。
⑤ 赫钦斯:《普通教育》,华东师范大学教育系:《现代西方资产阶级教育思想流派论著选》,人民教育出版社 1980 年版,第 200 页。

和知识谱系的了解和掌握影响人们对一切问题和当代世界的理解,甚至很多情况下恰恰以排除一切概念范畴和知识谱系的束缚和干扰为基本特征。大成智慧教育所关注的是智慧,并不是知识,也不是所谓真理,往往是超越建立在二元论思维方式和认知基础之上的所谓知识乃至真理的,甚至也可能反对西方所谓智慧。因为在西方人如赫钦斯看来,"实际的智慧是关于对人是好或坏的事物的一种真正思考的能力"①,中国大成智慧教育所关注的智慧却常常源自人类清净不二原始本心,常常没有好与坏、真与假之类分别。发明人类平等不二原始本心,不仅是中国智慧美学的宗旨,同时也是大成智慧教育的宗旨,更是建构民族优秀传统文化传承体系的宗旨。对大成智慧教育而言,不是所有经典都有价值,其实经典的价值仅在于启发人类发明清净不二原始本心,如果作为经典并不能起到发明原始本心作用,这种经典就可能毫无意义。所以大成智慧教育虽然以永恒学科为基础,但绝对不是为经典而经典,更不将经典作为至高无上法宝崇拜或视其为糟粕。这才是大成智慧教育之经典课程教育不同于西方永恒学科教育的主要特点。

对应于向实践学习教育方式的主要教育方法是重视实践证悟,开设实践课程。依靠特定经典及对经典吟诵守持,如孔子读《周易》而韦编三绝,这可能也是一种实践,只是这种实践可能是一种有修之修。向实践学习,也可以表现为开设专门实践课程之类有修之修,诸如今天所谓劳动技术乃至专业实习之类就属于这一类。这是因为在实习前往往有明确的实习内容、进度、预期效果及评价之类具体目的和指标。这种实践课程充其量只能是一种有限实践课程,无论课程形式、课程性质都基本上是固定的。事实上还有一种实践课程,常常被人们所忽视,但实际上更为重要,而且往往能取得一般意义的实践课程所难以取得的效果。这可能就是一种类似于无修之修的实践。这种实践课程的一个主

---

① 赫钦斯:《普通教育》,华东师范大学教育系:《现代西方资产阶级教育思想流派论著选》,人民教育出版社1980年版,第200页。

要特点是没有确定的课程形式,并不见诸课程计划、教学大纲之类具体要求,也不安排于特定教学时间和教学地点,往往存在于日常生活的时时处处、方方面面。这是因为道无处不在、无时不有,智慧也无处不在,无时不有,可能如《庄子》所说存在于蝼蚁、稊稗、瓦甓、屎溺之中,也可能如禅宗所说存在于翠竹黄花,乃至屙屎送尿、穿衣吃饭之中。义玄禅师有云:"道流,佛法无用功处,只是平常无事,屙屎送尿,着衣吃饭,困来即卧。"①正由于佛教主张"一切法都是佛法"②,佛法无处不在,无时不有,所以行住坐卧、穿衣吃饭,甚至呵佛骂祖都无非是道。所以真正的实践课程应该没有学校围墙,没有教室,没有明确的教学计划、教学大纲之类具体内容和考核要求的限制,存在于一切真正自由的寻常生活之中,没有任何限制、极其自由的寻常生活应该是实践课程教学的最理想形式。

这种没有任何限制的实践课程,实际上有着具有严格意义的教学内容和考核要求的实践课程所没有的独特优势。这个独特优势就在于无所用心,能够在不经意处发现清净不二原始本心。因为执著于特定教学内容和考核要求的实践课程教学,往往可能因为这种执著的束缚和限制只能获得与教学计划和考核要求相吻合的知识,不一定能够真正获得心体无滞、明白四达的智慧。如黄檗所云:"但终日吃饭,未曾咬着一粒米;终日行,未曾踏着一片地。"③真正无所限制的自由的实践课程,实际上是还原一个自由自在的人,而不是受各种各样价值观念等束缚的人。惟其如此,卓有成效的实践课程常常不拘任何形式,甚至穿衣吃饭、挑水劈柴、屙屎送尿、见花开花落、屠夫卖肉、婆子卖点心、听瓦砾击竹、茶杯落地、流水无声等都可以达到体悟智慧的目的。铃木大拙对禅宗重视实践证悟教学方法有较透彻认识。他这样写道:"说到开

① 《镇州临济(义玄)慧照禅师语录》,赜藏主:《古尊宿语录》上,中华书局1994年版,第59页。
② 《金刚经》,《禅宗七经》,宗教文化出版社1997年版,第11页。
③ 《黄檗(希运)断际禅师宛陵录》,赜藏主:《古尊宿语录》上,中华书局1994年版,第54页。

悟,禅所能做的,就是指出一条途径。其余的事情需要凭借自己的体验。也就是说,循着暗示去达到目的——只有靠自己去做,别人无能为力。虽然老师可以产生很大的作用,但是,除非学生内心有准备,否则老师也没有办法帮助学生把握事情。……他只是等待弟子内心完全成熟以达到最后的开悟,最后开悟的时刻到了,可悟禅道的机会也就无所不在了。他可以在听到一种模糊的声音或一句不可了解的话,或在看到花儿开放以及日常生活中的一些琐屑事情如跌倒、拉屏幕、搧扇子时获得悟的契机。"[1]可见禅师唯一的工作,就是指示其注意的目标,暗示其可行的途径,而要达到目标,则必须由本人去做。所谓指示或暗示,往往随机接化,信手拈来,并不一定是有意的故弄玄虚。当开悟的心机成熟,到处会撞见会心之物,如微弱的声响,不经意的话语,突然绽放的花朵,无意中的跌跤等细琐小事,都可以成为心灵彻悟的契机。而这一切的根本原因只在于心灵。心灵的等待及外在机缘的契合最终使人们认识到自己的本来面目,即从来没有被遮蔽的原始本心。所以禅宗的智慧启发,实际上并没有什么需要说明和教导的东西,一切只在识自原始本心。比较而言中国当代教育以名目繁多课程教学几乎挤占了学生所有学习时间,甚至还以诸如课程作业乃至家庭作业方式无情剥夺了学生的休息时间。这种课程教育之最恶劣后果就是使学生丧失了彼此交流尤其自行实践证悟的时间和契机,而且使学生在疲于应付中产生了极其严重的厌学心理,以致终生不再有学习的乐趣。爱因斯坦这样阐述道:"使青年人发展批判的独立思考,对于有价值的教育也是生命攸关的,由于太多和太杂的学科(学分制)造成的青年人的过重负担,大大地危害了这种独立思考的发展。负担过重必然导致肤浅。教育应当使所提供的东西让学生作为一种宝贵的礼物来领受,而不是作为一种艰苦的任务要他去负担。"[2]虽然爱因斯坦所谓独立思考并不一定与中国大成智慧教育的悟解有完全相同的内涵,但这种悟解必定属于无

---

① 铃木大拙:《禅风禅骨》,中国青年出版社 1989 年版,第 113 页。
② 爱因斯坦:《培养独立思考的教育》,《爱因斯坦文集》第 3 卷,商务印书馆 2009 年版,第 358—359 页。

意思考的一种。

比较而言,西方实用主义教育还是看重实践环节的,而且将教育看成"生活的过程",乃至"社会进步及社会改革的基本方法"①,如果真的能够"使人们乐于从生活本身学习,并乐于把生活条件造成一种境界,使人人在生活过程中学习"②,也未必不是一种良好的教育方法。但如果像杜威一样过分执著于教育是生活的过程,乃至社会进步及社会改革的基本方法的观点,也难免使教育陷入对各种社会生活需要亦步亦趋的附和与迁就之中,这种附和与迁就势必会使教育停留于诸如烹饪、缝纫之类手工制作和专门技术层面,即使很大程度上超越特定职业专门技术的局限,有了认识自然原料和制作过程,以及认识人类历史发展起点的功能,也不一定教给学生生活所需要的各种能力,甚至可能忽视学生智慧的启发及人类精神问题的根本解决。所以实施大成智慧教育,重视自身实践证悟乃至向实践学习的教育方式,可能并不仅仅涉及未来生活所需要的各种实际能力,甚至更多的是对人类原始本心的认识和发明,因为认识和发明原始本心才是解决人类一切问题的钥匙。从这一点上说,虽然强调实践证悟乃至向实践学习,开设实践课程,有着与实用主义教育基本相同的特点,但其根本精神存在差异。一般意义的实用主义教育主要是培养人们解决具体问题的能力,可能不可避免体现为一定学科和专业差异,大成智慧教育却并不限于此,主要着眼于培养人们解决人类整体问题尤其精神问题的能力。所以虽然实用主义教育的许多实践课程理念值得借鉴,但更值得借鉴的还是禅宗美学不拘一格、随缘接化的教育方法,因为这是最灵活、最方便,最有针对性,同时也最得要领的教育方法,而且可以在很大程度上避免实用主义教育过于急功近利的缺憾。

其实无论经典课程还是实践课程,都仅仅是一种手段而非目的,其目的是发明平等不二原始本心。无论经典教育,还是实践教育,如果不

① 杜威:《我的教育信条》,华东师范大学教育系:《现代西方资产阶级教育思想流派论著选》,人民教育出版社 1980 年版,第 6—12 页。

② 杜威:《民主主义与教育》,华东师范大学教育系:《现代西方资产阶级教育思想流派论著选》,人民教育出版社 1980 年版,第 30 页。

能达到发明原始本心的目的,便没有价值。只有真正达到启发乃至发明人类原始本心目的的经典教育和实践教育,才有价值。大成智慧教育之经典教育宗旨实际上还是发明原始本心,如马一浮虽然提倡六艺教育,但六艺并非目的本身,目的还是发明人类本身自足的原始本心,如其所谓:"六艺本是吾人性分内所具的事,不是圣人安排出来。吾人性量本来广大,性德本来具足,故六艺之道,即是此性德中自然流出的,性外无道也。"①《金刚经》虽然宣称"能于此经受持诵读,即为如来以佛智慧","皆得成就无量无边功德"②,似乎重视经典教育,其实也声称"若人言如来有所说法,即为谤佛,不能解我所说故"③。这还是告诉人们这一道理:诸如《金刚经》之类的佛经,充其量只是标月之指,只是指示人们参悟智慧的方向和途径,并不是真正的智慧本身,真正的智慧还是人类原始本心,本心才是月,才是智慧的源泉。与此类似,大成智慧教育虽然倡导经典教育,但无论佛经,还是马一浮所谓六艺乃至其他经典,其实都不是人们学习的终极目的,经典教育的终极目的仍然是引导人们发明平等不二原始本心。实践教育同样如此,虽然实践证悟似乎比阅读解悟更透彻一些,但并不意味着实践本身就是目的,实践而不能证悟同样毫无意义,至少只是徒劳人力。真正有价值的实践课程如果仅限于实践却未能达到识自原始本心目的,仍然是徒劳无益。如黄檗所云:"一切诸法皆由心造,乃至人天六道、地狱修罗,尽由心造。如今但学无心,顿息诸缘,莫生妄想分别。无人无我,无贪嗔、无憎爱、无胜负,但除却如许多种妄想,性自本来清净,即是修行菩提法佛等。若不会此意,纵你广学、清苦修行、木食草衣,不识自心,皆名邪行,尽作天魔外道、水陆诸神。"④中国人不大注重逻辑推理和形式上的严密论证,

① 马一浮:《泰和会语》,《中国当代学术经典·马一浮卷》,河北教育出版社 1996 年版,第 17 页。

② 《金刚经》,《禅宗七经》,宗教文化出版社 1997 年版,第 9 页。

③ 《金刚经》,《禅宗七经》,宗教文化出版社 1997 年版,第 13 页。

④ 《黄檗(希运)断际禅师宛陵录》,赜藏主:《古尊宿语录》上,中华书局 1994 年版,第 43 页。

这不是说中国人不擅长逻辑推理和严密论证,只是在中国人看来,所有逻辑推理和严密论证所能完成的只能是诉诸概念范畴和知识谱系的智慧,这种智慧充其量只是一种外在于人自身的知识识解,不是真正的智慧,真正的智慧只能存在于人类原始本心,这种原始本心的发明只能依靠人们自己,其他人只能引导,并不能代替他发明原始本心。其他人虽然有着源自其原始本心的知解,这只是对他本人来说是智慧,一旦用语言甚或其他方式表达乃至暗示出来,对其他人而言仍然是知识。大成智慧教育实际上最看重学生主体性教育,这不是说宣扬学生主体与教育内容这一客体的对立,而是说任何学生只能依靠自己识自原始本心,才能获得智慧,即使多么高明的教师都不可能代替学生完成识自原始本心的智慧领悟。

虽然可以说对应于向自心学习教育方式的主要教育方法是重视明心彻悟,开设智慧课程,实际上这个智慧课程从来都不可能是一种借助逻辑推理和严密论证的方式见诸概念范畴和知识谱系的课程。这种课程虽然可能依附于经典和实践课程,但不拘泥于经典和实践课程,而是以发明原始本心为宗旨的一切课程或非课程形式的课程。无论这种课程以何种形式存在,它本身的存在并不是目的,目的是发明原始本心,因为原始本心是一切智慧的源泉。正因为自然界一切事物本真状态和人类原始本心是善恶、美丑、是非不二的,所以发明原始本心,不作二、不作不二,其实就是发现事物本真状态,也就是发明智慧源泉。与依赖经典课程和实践课程的教育方法相比,开设智慧课程,表彰明心彻悟认知方式,才是无所依靠而直见本心的最方便、快捷、透彻的教育方法。开设智慧课程,并不拘泥于关于智慧的概念范畴阐释和知识谱系建构,虽然也可能涉及概念范畴和知识谱系,但识解概念范畴和知识谱系并不是目的,目的只是引导学生发明清净不二原始本心;开设智慧课程也不拘泥于体悟智慧实践活动的内容和步骤设计,更没有相关考核要求,虽然也可能涉及一定实践内容和考核,但这不是目的,目的只是引导学生发明清净不二原始本心。开设智慧课程虽然以发明清净不二原始本心为目的,但并不拘泥于对原始本心的诸如心理学、人性论知识识解；虽然以诸如禅宗公案之类作为识自原始本心的成功范例，但并不拘泥于类似禅宗公案的举例与阐释，因为公案只是前人体悟智慧的成功范例，但并不对每个人都适用；虽然用诸如看似矛盾乃至不合情理的知觉经验，或超越二元对立的非逻辑判断，或否定看似公认的正确知识识解，或肯定意想不到的智慧启示之类的语言排除人们对惯常经验、逻辑、知识和智慧的执著，以期达到启发智慧的目的。或用更直接的超越语言的动作诸如拳打棒喝之类于无声处达到启发智慧的目的。无论哪一种方法都必须切入学生心灵深处，直接与学生原始本心相接，否则都可能无意义，都可能落入知识识解的束缚之中，都可能对体悟原始本心乃至智慧无所帮助。应该说在创造智慧课程教育的具体方法方面，禅宗美学的贡献独一无二，甚至是世界上一切教育模式都无法比拟的。无论其具体方法的丰富性、灵活性，还是直指原始本心的直接性、透彻性，都是世界上其他任何教育方法无法比拟的。只是所有这些教育方法至今还没有得到系统梳理和发掘，也还没有真正运用到当代教育之中。虽然当代教育也尝试诸如案例式、情境式、探究式、合作式之类教育方法，但毫不夸张地说，所有这些教育方法，与禅宗至为灵活多变、直接透彻的教育方法相比，确实显得贫乏单调、苍白无力。真正卓有成效的教育方法并不一定十分时尚，但一定基于教育者原始本心，并与学生原始本心成功对接，能达到引导学生发明原始本心的目的，而不是某种名义上的所谓有效教学或直接以有效教学命名的其他教育方法。

智慧课程之难处在于所有能用语言乃至动作之类表达出来的智慧，都只能是对表达者而言的智慧，对接受者而言仍然是一种知识。智慧的最大特点就是源自人们原始本心，建立在人们自身对自身原始本心体悟的基础之上。所以体悟原始本心乃至智慧的最根本途径只能是人们对原始本心的自我知解，这个自我知解任何人也无法代替，甚至任何卓有成效的启发最终都必须借助自我知解赢得成功，而不是以卓有成效的启发本身赢得成功。从这种意义上，识自原始本心，体悟生命智慧，是最讲究人类自身主体性的，这是因为除了人类自身，没有任何东西可以替代。这种教育方法的最基本要求就是充分尊重学生个性,允许学生按照自己个性自由发展,但这并不意味着设置自由环境能让学生真正无拘无束,甚或为所欲为。这种教育方法虽然类似于张扬学生个性的教育,但与个性教育有所不同。所谓个性教育只是表彰学生的个性差异,也就是针对不同学生实施不同教育内容和方法。这诚然也是大成智慧教育必须做到的,但不是大成智慧教育致力以求的终极目的。大成智慧教育并不执著于这种基于动物性本能的个性发展,只是引导人们剥去了一切可能束缚人类自由解放的欲望、情感和思维之后所呈现的最原始最本真的人性,这个人性并不是西方所谓善恶二元,也可能不是或善或恶一元性,常常是无善无恶甚或善恶不二。也正因为原始本心的善恶不二与事物真实存在的善恶不二的平等不二,才使得这种原始本心最能体现事物真实状态,也最有智慧源泉的性质。所以大成智慧教育的终极目的就是引导学生发明这种原始本心,这个原始本心虽然可能以各种各样形式呈现出来,但作为原始本心真如状态则必然平等不二、无所分别。蒙台梭利以主张自由行动的教育闻名于世。她的批评已不幸成为中国当代教育的一个事实:"儿童是在学校里工作的。他们被关在学校里,和奴隶一般,受到社会强加的痛苦。儿童长时间的伏案读书写字,使他们的胸膛受压而变得狭小,容易患肺病。他们的脊柱同样由于姿势不正而弯曲;他们的眼睛由于长时期在光线不足的情况下学习而变成近视。由于长时间关在狭小、闭塞的屋子里,整个身体被毁坏,好像被窒息了。但是,儿童所受的痛苦不只是身体上的;在智力活动方面也遭受痛苦。学习是强制性的,充满了厌倦和恐惧,儿童的心智疲劳了,他们的神经系统倦竭了。他们变得懒散、沮丧、沉默、耽于恶习,对自己失却信心,毫无童年时期的快乐可爱的景象。"[①]蒙台梭利提倡信任儿童内在的、潜在的力量,为儿童设置一个适当环境,使之自由活动的教育思想,对恢复儿童天性,至少还原充

---

① 蒙台梭利:《童年的秘密》,华东师范大学教育系:《现代西方资产阶级教育思想流派论著选》,人民教育出版社1980年版,第84页。

满童趣的童年大有帮助。真正的大成智慧教育应该有这方面的准备,但不能以压抑乃至抹杀儿童天性为代价。以压抑乃至抹杀儿童天性为代价的教育只能是知识教育、技术教育,不是智慧教育。以自由行动为名义的放任自流式教育也同样不是智慧教育,也不是知识教育和技术教育。事实上放任自流的教育与压抑乃至抹杀学生天性的教育同样恶劣。

　　智慧教育的宗旨就是复归于未分善恶,未识是非的老子所谓婴儿之心,或者纯一无伪、无所执著、无所分别的孟子所谓赤子之心。这个婴儿之心或赤子之心的根本特点就是没有善恶、是非之类分别与执著,甚至可以有善恶、是非不二的平等智慧。真正的大成智慧教育并不仅仅以恢复儿童乃至学生天性,还原生动活泼生活状态为目的,更不以恢复自由活动为名让学生按照自己本性甚至动物性本能无所节制、无所约束地发展。因为这种无所作为的教育,与试图大有作为肆意压抑学生天性的教育事实上没有根本区别。真正的大成智慧教育正因为认识到平等不二的价值,常常能在有所作为与无所作为之间无所执著、无所分别、无所取舍,也就是常常能达到无为而无不为,有为而无以为。这就是说,最高境界的智慧教育常常无所施为,但由于能顺任学生平等不二原始本心,使所有学生无所分别、无所执著、无所取舍,以致各顺其性获得全面自由发展,所以往往能取得最普遍最自由的教育效果;最高境界的智慧教育也可能有所施为,但由于尊重学生平等不二本真状态,能够大爱无私、大爱无偏,并不有所执著、有所分别、有所取舍,同样能让所有学生顺任本性全面、自由发展,以致取得最普遍最自由的教育效果。这也许就是老子所谓"上德无为,而无不为""上仁为之,而无以为"①的真正内涵。真正的大成智慧教育既不是无所施为的放任自流,也不是有所施为的压抑束缚,而是无所施为与有所施为无所执著、无所分别、无所取舍,乃至平等不二。因为真正的自由可能并不是放任自流,更不是依照动物性本能为所欲为,真正的智慧也不是随心所欲,而

① 《老子奚侗集解》,上海古籍出版社2007年版,第97—98页。

是从心所欲不逾矩。熊十力有云："夫证会者,一切放下,不杂记忆,不起分别,此时无能所、无内外,唯是真体现前,默然自喻,而万里齐彰者也。"①真正的大成智慧教育只是发明学生清净不二原始本心,让学生在无所执著、无所分别、无所取舍之中,获得最为周遍含容、心量广大、平等不二的智慧,而不全是基于人类本性的放任自流,也不是无视人类本性的压抑束缚。

应该说,怀特海对蒙台梭利的评价有一定道理,他这样写道:"蒙台梭利方法的成功,在于它认识到浪漫精神在这个阶段所处的优势。如果这样解释是正确的,那么也指出了蒙台梭利方法使用上的局限性。这种方法在某种程度上对每一个奇异阶段都是必要的。它的本质在于鼓励生动新鲜。但是它缺乏重大的准确阶段所必需的约束。"②他认为规律是绝对的,凡是不重视智慧训练的民族都注定要失败。他的这一提醒对中国当代偏重知识、技术而忽视智慧的教育颇具震慑力。在他看来,真正的智慧教育不是建立在对心智的心理学乃至哲学阐释方面,而是所有教育必须建立在启发学生心智的基础之上,或者以启发学生心智为目的,而且必须以教育的当时当地发生作用为目的。他指出:"心智决不是被动的;它是一种永不休止的活动,灵敏、富于接受性、对刺激反应快。你不可能推迟它的生命,到你使它锋利了的时候才有生命。不管你的教材具有什么兴趣,这种兴趣必须在此地此时引起;不管你在强化学生的什么能力,这种能力必须在此地此时予以练习;不管你的教学应该传授什么精神生活的可能性,这种可能性必须此地此时表现出来。这是教育的金科玉律,而且是一个很难遵循的规律。"③应该说,怀特海关于心智训练必须此地此时发生作用,必须此地此时起到启发学生心智的目的的阐述,基本上体现了其重视

① 熊十力:《王准记语》,《十力语要》,上海书店出版社 2007 年版,第 301 页。
② 怀特海:《教育的目的》,华东师范大学教育系:《现代西方资产阶级教育思想流派论著选》,人民教育出版社 1980 年版,第 131 页。
③ 怀特海:《教育的目的》,华东师范大学教育系:《现代西方资产阶级教育思想流派论著选》,人民教育出版社 1980 年版,第 115 页。

发明心智的智慧教育的目的,但这个心智并不见得与大成智慧教育之原始本心有多少关系。在怀特海看来,"培养智慧的力量,是大学教育上理论兴趣与实际效用一致的一个方面"。"大学的职能在于使你为了原则而抛弃细节",这个原则是"一个彻底渗透到你全身的原则","是心理对环境中适当的刺激的反应方式"。"智慧力量的培养不过是心智活动时顺利地起作用的方式"。"大学的理想,与其说是知识,不如说是力量。大学的任务在于把一个孩子的知识转变为一个成人的力量"①。由此可见,怀特海关于智慧的阐述并不一定与中国大成智慧教育之智慧有完全相同的内涵,甚至也不可能揭示出无所执著、无所分别与取舍的无分别智的特点,但他关于智慧并不涉及细节,也不是知识,而是一种渗透到全身的心理反应方式和力量的阐述,还是揭示了智慧的一些浅表特征。虽然怀特海所谓智慧并不一定与大成智慧教育的智慧有十分相似的内涵,但其提倡智慧教育,而且认为不重视智慧教育的民族注定要失败的观点,同样有十分重要的启发意义。对中国大成智慧教育而言,重视智慧课程教育不仅是对世界教育发展趋势的一种认同,而且是对中国教育传统的一种继承和发扬。遗憾的是,这个本来属于中国教育传统,而且也基本符合世界教育发展趋势的智慧教育理念至今没有受到人们的重视。人们还是将重视知识和技术乃至以满足未来就业竞争需要为目的的急功近利的教育看成教育的最正常形式。许多学校和国家教育行政管理部门甚至将就业率作为确定招生指标乃至办学规模的主要参考因素,这实际上是对教育的一种亵渎。因为教育的真正价值在于启发智慧,提升人们的生命境界,而不仅仅是职业培训和就业竞争。虽然智慧课程教育可能也不完全排除职业培训和就业竞争,但绝对不以其作为终极目的。一个真正有智慧的人常常最有竞争力,甚至是不争而善胜的人。

所以大成智慧教育虽然以开设智慧课程为主要教育方法,但并不

---

① 怀特海:《教育的目的》,华东师范大学教育系:《现代西方资产阶级教育思想流派论著选》,人民教育出版社 1980 年版,第 135 页。

像知识理论课程那样有看似极严密的概念范畴与知识谱系,也不像技术课程那样有看似极其明确的基本原理和操作程序,也不像一般意义的经典课程那样有看似明确的作者及思想智慧,也不像一般实践课程那样有具体的实践内容和考核指标,往往是最大程度超越约定俗成操作方法和程序、基本原理和规律,乃至概念范畴和知识谱系、教学内容与考核要求之类一切可能束缚人们发明原始本心的既成经验、知识乃至所谓智慧,将剥去一切可能存在的束缚,让学生平等不二原始本心自然显露,恢复学生本来面目乃至所谓婴儿之心、赤子之心作为终极目的的教育方法。这种教育方法是大成智慧教育的最基本的方法,也是最根本的方法,同时也是中国教育传统乃至智慧美学得以重新发现和张扬的最有效的方法。

三、中国智慧美学与大成智慧
教育的过程和步骤

西方哲学往往将人类认知过程划分为感性认识和理性认识两个阶段,认为感性认识是认识的低级阶段,理性认识是认识的高级阶段。这种阐述其实并不能揭示感性认识和理性认识的特点,因为感性认识和理性认识之间没有高低之分,都可能达到对事物的真实认识,又都可能导致错误认识。中国智慧美学对此并不感兴趣,常常将人类认知划分为感知知解、怀疑修证、通达彻悟三个阶段。实施大成智慧教育和建构民族优秀传统文化传承体系理所当然应包括感知知解、怀疑修证、通达彻悟这样三个阶段。这既是人类对一般问题认知的三个阶段,也可以看成学校教育甚或人生智慧的三个阶段。作为一般问题认知的三个阶段,体现的是人类认知的普遍规律;作为学校教育的三个阶段,体现的是大成智慧教育对人类认知过程及教育规律的全面运用;作为人生智慧的三个阶段,体现的是人类生命超越和境界提升的全过程。

对这一认知过程和规律的阐释可能最早见于佛教,如《金刚经》所谓:"所言一切法者,即非一切法,是故名一切法。"①这是佛教关于人类认知过程和规律的全面阐释。"所言一切法"是认知的第一阶段,也就是所谓"一切法皆是佛法"②的阶段,"即非一切法"是认知的第二阶段,也就是"如来所说法,皆不可取、不可说"③的阶段,"故名一切法"是认知的第三阶段,也就是"非法、非非法"④,"佛说一切法无我、无人、无众生、无寿者"⑤的阶段。佛教关于认知过程和规律的这一阐述得到了青原惟信禅师的极大发挥,更能彰显认知过程和规律的特点。如其所谓:"老僧三十年前未参禅时,见山是山,见水是水。及至后来,亲见知识,有个入处。见山不是山,见水不是水。而今得个休歇处,依前见山只是山,见水只是水。"⑥这其实系统阐述了人类认知过程和规律:感知知解作为认知的第一阶段,往往认为认定世界上存在着本质和规律,人们能够认识并用语言阐述这种本质和规律,阐述这种本质和规律所形成的结论,就是真理,于是满足于对所谓本质和规律乃至真理的感知知解,以致因为兼容并蓄有"一切法皆是佛法",及所谓"见山是山,见水是水"之类感知知解。到了第二阶段,人们不再相信世界上存在着本质和规律,也不认为能够发现和阐述这种本质和规律,甚至认为揭示事物本质和规律的结论也不是真理,所谓真理也不是真正体现了事物的本质和规律,而是人们将自己对事物的主观认知作为本质和规律强加于事物,并以所谓真理加以命名的产物,即使看成真理,充其量也只能是相对真理。于是有"如来所说法,皆不可取、不可说",及所谓"见山不是山,见水不是水"的怀疑修证。到了第三阶段,人们既不执著于第一阶段的本质和规律,也不执著于第二阶段的反本质和规律,视本质与反本质、规律与反规律平等不二。于是有"非法、非非法""无

① 《金刚经》,《禅宗七经》,宗教文化出版社1997年版,第11页。
② 《金刚经》,《禅宗七经》,宗教文化出版社1997年版,第11页。
③ 《金刚经》,《禅宗七经》,宗教文化出版社1997年版,第5页。
④ 《金刚经》,《禅宗七经》,宗教文化出版社1997年版,第5页。
⑤ 《金刚经》,《禅宗七经》,宗教文化出版社1997年版,第11页。
⑥ 《青原惟信禅师》,普济:《五灯会元》下,中华书局1984年版,第1135页。

我、无人、无众生、无寿者"及所谓"见山只是山,见水只是水"的通达彻悟。

第一阶段的最大优势在于破除我执,即自我关于事物的一些成见乃至看法等,尤其能够很大程度上改变自我对事物的诸多感性认识,及许多并不成熟乃至肤浅和片面的看法,这其实是自我获得思想自由解放的第一阶段。这一阶段形成的所谓关于事物本质和规律的阐释乃至所谓真理,同样可能对人产生束缚,以致由于肯定甚或执著某些认识可能放弃对其他特征和表征的探讨。于是就有必要进入认知的第二阶段。第二阶段的最大优势在于破除对第一阶段形成的所谓本质规律乃至真理的执著。因为第一阶段形成的所谓本质和规律乃至真理充其量只是相对真理。如果不怀疑和否定相对真理,就可能受到束缚。只有否定了第一阶段形成的所谓真理,才可能很大程度上避免由于执著相对真理而对人类思想可能造成的束缚,同时也就肯定了探索相对真理之外其他范畴、现象乃至表征的可能性。但如果人们执著于这种对相对真理的怀疑和否定,又可能陷入同样的束缚,也可能同样无法达到思想自由解放,所以超越第二阶段的怀疑修证也十分必要。这就有了进入第三阶段的必要。第三阶段的价值在于对第一阶段与第二阶段分别形成的结论不加分别和执著,无所分别、无所执著,这才能形成真正的思想自由解放,才能最大限度破除对第一阶段相对真理的执著,也才能破除对第二阶段怀疑乃至否定相对真理的执著,对第一阶段执著相对真理与第二阶段执著反对相对真理,都无所分别、无所执著、无所取舍,这样才能真正达到心体无滞的思想自由与解放境界。这才是中国智慧美学对人类认知过程和规律的基本观点。

也正是基于这一点,中国智慧美学才有了关于大成智慧教育过程和步骤的基本认识:第一阶段的主要任务是接受关于某一特定问题的现有看法、理论观点等,掌握所谓研究现状,基本做到全面感知知解,形成能够有效梳理和整合所有观点、看法和理论的认知;第二阶段的主要任务是对第一阶段接触的所有看法、观点和理论加以批判性分析,及对曾经作为真理看待的权威结论进行大胆怀疑和否定,形成一定程度的求异思维和批判性成果;第三阶段的主要任务是抛开对第一阶段接受性感知知解与第二阶段批判性怀疑修证的更通达无碍的认知。这个认知的最大优势在于避免了第一阶段与第二阶段因为执著矛盾对立两极中的一极可能导致的片面和偏颇,这才是认知的最高境界,才是真正通达无碍乃至透彻领悟的阶段。将这一认知过程和步骤,运用于具体课堂教学实践之中,可以分别作为课前预习阶段、课堂教学阶段和课后复习阶段来对待,也可以全部体现于课堂教学的各个阶段,第一阶段倾向于对特定问题基本现状的把握,第二阶段侧重于对研究现状的批判,第三阶段热衷于对肯定与否定、接受与批判平等不二的深切体悟和通达掌握。如果说第一阶段是课堂教学的基础,第二阶段是课堂教学的拓展,那么第三阶段才是课堂教学的真正提升。

可以将这三个阶段贯穿学校教育的全过程,分别对应于小学、中学和大学三个阶段。小学阶段的主要任务是遵循老子"大制不割"①的原则,引导小学生接受人类生存所需要的最基本知识、技术和智慧等,最起码应该包括生活常识、生存技术和生命智慧。这些知识和技术完全可以同时囊括汉语,外语,音乐,美术,数学,计算机技术等,并不一定得按照一定学科体系分设诸如此类名目繁多的课程,至少可以合并为语言、艺术、科技三门。既然小学生是接受后天教育最少以致最接近于原始本心、最容易受到智慧启迪的时代,更应该在语言、艺术和科技三门课程中贯穿相关文化经典,让学生更为直接地感受经典的力量和生命的智慧。不可全是现代人的复述、概述甚或讲述,因为越是经典越可能具有超学科性质,越可能蕴含周遍含容、明白四达和平等不二的智慧美学精神,但所有这些智慧美学精神常常在诸如复述、概述、讲述之类的分科教材中被肢解得支离破碎或模糊不清。这种做法的最大优势在于尽可能避免学科化专业化所导致的"道术将为天下裂"②的冷酷现实,而且也能最大限度避免课程的碎片化。因为现代小学教育包括语文、

---

① 《老子奚侗集解》,上海古籍出版社 2007 年版,第 74 页。
② 《天下》,《南华真经注疏》下,中华书局 1998 年版,第 607 页。

数学和外语,科学、品德与社会、音乐、美术和手工之类课程,过分拘泥于学科分类,过于庞杂烦琐,无异于尼采所说的碎片。他这样写道:"我们当今的教育的确有些令人痛心,是充满异味之碗,碗中杂乱无章地漂浮着无味的碎片:基督教的碎片,知识的碎片,艺术的碎片,连狗都吃不饱的东西。但所提出的治理这种教育的手段几乎同样令人痛心,这些手段便是基督教的狂热、科学的狂热、艺术的狂热,而提出这些治理手段的人也是站不住脚的,这仿佛是想通过罪恶来治愈缺陷。"[1]除语文有微乎其微的古诗之类,其他教材几乎无经典性可言,都是后人甚或庸人的概述和复述之类,有些甚至仅仅是讲述。这不仅使小学生很大程度上丧失了与伟人进行心灵沟通和启迪智慧的可能,而且可能甚或已经导致了完整心灵世界的人为分割及人格结构的碎片化、残片化乃至心理疾病等。爱默生这样阐述道:"人就像是从躯体上截下来的一段,犹如一群会行走的怪物,神气十足地走来走去,而其实只是一只手指、一段脖颈,一只胃,一只肘,而绝不是一个完整的人。"[2]人们总是责怪小学生缺乏学习主动性,存在严重厌学心理,但很少有人将这一问题归咎于过分庞杂烦琐的课程体系和庸俗无聊的去经典化教学内容。

中学阶段主要任务应该是引导中学生对小学阶段所接受的知识、技术乃至人类最优秀文化遗产和最高生命智慧进行批判性分析,从而最大限度张扬学生主体创造性,培养其独立思考能力。中学是最有可能形成批判性思维和独立思考能力的时代,这一阶段的教育可能最大限度激发学生的创造潜力,甚至为其一生发明创造,形成智慧人生奠定基础。怀特海认为:"一切科学训练应从研究开始,以研究结束,以掌握自然界发生的材料结束。"[3]然而遗憾的是,中国现行中学教育阶段不仅没有引导学生研究自然界,而且有恃无恐地将学生禁锢于更加庸

---

① 《尼采遗稿选》,上海译文出版社 2005 年版,第 40 页。

② 爱默生:《美国的学者》,《爱默生散文选》,百花文艺出版社 2005 年版,第 204 页。

③ 怀特海:《教育的目的》,华东师范大学教育系:《现代西方资产阶级教育思想流派论著选》,人民教育出版社 1980 年版,第 132 页。

俗无聊的非经典性教学内容和庞杂琐碎的学科课程体系,以及各种升学考试能力的机械训练之中。大量做题练习虽然成功训练了学生的答题速度和考试能力,却无情扼杀了学生独立思考和批判性思维能力及创造热情。虽然爱因斯坦所说:"对于学校来说,最坏的事是,主要靠恐吓、暴力和人为的权威这些办法来进行工作。这种做法摧残学生的健康的感情、诚实和自信;它制造出来的是顺从的人。"①但事实是几乎所有中学教育都在以各种方式强化着顺从的人的培养,甚至许多教师本人也正是普通高考和研究生考试所培养的能顺从考试规则且获得成功的人。

大学阶段的主要任务应该是对小学阶段所接受人类优秀文化遗产和最高生命智慧,及中学阶段所形成的怀疑和批判精神,进行更通达无碍的认识,以致最大限度避免小学阶段对文化遗产和生命智慧的盲目接受和中学阶段对文化遗产和生命智慧的盲目批判所造成的偏执偏失,达到真正意义的周遍含容、明白四达和平等不二的智慧境界。实际情况是,尽管爱因斯坦特别强调:"人们把学校简单地看作是一种工具,靠它来把大量的知识传授给成长中的一代。但这种看法是不正确的。知识是死的;而学校却要为活人服务。"②许多大学仍然沉醉于四平八稳的教学内容和课程体系、照本宣科的教学方法、按部就班的考试制度,自甘将大学的功能退化为知识的传授者。熊十力明言:"文字般若是从清净心中流出,终古不见自心,终古翻弄文字,文字则文字矣,般若则未也。"③也许大学教育的悲剧还不在这里,在于诸如外语、计算机之类的等级考试像一个无形的枷锁套在每个学生的脖子上。所有这些看似严密实则完全丧失了意义甚至成为某些单位赚钱的主要手段的考试正在以压倒一切的力量侵蚀着本来极其微弱的大学精神,使得真正

---

① 爱因斯坦:《论教育》,《爱因斯坦文集》第 3 卷,商务印书馆 2009 年版,第 171 页。

② 爱因斯坦:《论教育》,《爱因斯坦文集》第 3 卷,商务印书馆 2009 年版,第 170 页。

③ 熊十力:《答友人》,《十力语要》,上海书店出版社 2007 年版,第 7 页。

的大学精神只能作为学者的一种期望被高高悬起,充斥大学校园的可能更多是官本位、经济效益之类的时代风尚。大学的堕落实际上是全方位的、一体化的,其中任何一个人试图有所作为都难免陷于尴尬:校长的改革可能被视为缺乏行政经验、政治上不成熟,教师的改革可能被看作自讨苦吃、作茧自缚,学生的改变可能被看成不合时宜、执迷不悟。这种死气沉沉,凡事求稳求和的思维,不仅导致思想的落后,创新的匮乏,而且导致通达无碍的智慧付之阙如。

或大学教育可作这样的改革:由于小学、中学智慧教育的空缺,大学教育也可根据情况采取全程大成智慧教育。由于小学中学至少在有限的语文课程中已初步接触过文史哲方面的个别经典片段,所以可将大学四年分为三个阶段。第一学年以国学经典导读、西学经典导读、东方经典导读为基础实施感知知解教育,可以按熊十力的观点,先西学,再印度,后国学,也可按西学偏于激进而刚健,国学守持中庸而沉稳,印度偏于退缩而透彻的不同生命智慧,及青年偏于进取、中年偏于沉稳、晚年偏于退缩的生理特点,依序先学西学经典,再学国学经典,再学印度等东方经典。第二、第三学年主要实施怀疑修证教育,可引导学生根据切身体会与实践,怀疑、检验和印证第一学年所获得的人类文明成果与最高生命智慧,使本来应该由中学阶段完成的怀疑批判性分析,在这两学年得到强化训练,以弥补中学乃至大学教育的不足。这一阶段可以更多依附于相应专业课程,渗透于专业课程学习之中,尤其应该贯穿于诸如美学概论、哲学概论、宗教学概论之类具有一定学科兼容性的课程之中,通过相应的美学智慧、哲学智慧乃至宗教智慧的梳理与批判来达到教育的目的。如果条件成熟甚至可以开设专门的生命智慧课程,系统介绍西方、中国乃至印度智慧,并在此基础上引导学生进行批判性学习。第四学年主要实施通达彻悟教育,引导学生不再偏于第一学年类似本质主义的接受,也不再偏于第二、第三学年类似反本质主义的批判,而将接受与批判、本质主义与反本质主义平等看待,实施无所执著、无所分别取舍、心体无滞、明白四达的自性智和无分别智教育。也可以将这一阶段引申至大学毕业之后的整个人生经历之中。这一阶段也可以通过开设系列经典选讲之类课程来实施。由于这一阶段的主要任务已经不再是接受性感知知解,也不再是批判性怀疑修证,而是对前两个阶段各执一极之偏颇加以修正,以期获得无所执著、无所分别取舍的通达无碍智慧,所以这一阶段的系列经典选读,最应该考虑的是周遍无遗,最起码应该涵盖儒释道等国学经典,文史哲等学科领域,西方、中国和印度尤其佛陀、孔子、苏格拉底、耶稣等人类思想范式的创立者、思想体系的集大成者等世界文化遗产。也许只有这种融会贯通,才能为形成通达无碍生命智慧奠定基础。大学阶段所采取的全程大成智慧教育,实际上是将人类认知三个阶段浓缩于大学教育的四个学年来实施。这种全程大成智慧教育也可以命名为"一二一学制大成智慧教育"。

也可将人类认知的三个阶段贯穿于人生的全过程。第一阶段在从15岁至30岁的生命理想确立期。主要从感知知解层面接受人类最高生命智慧,尽可能做到儒释道,中国、西方和印度,乃至人文科学、社会科学和自然科学的融会贯通。这也并非要求人们必须精通以上领域的所有细节知识,实际上只需要把握其基本精神和灵魂。爱因斯坦这样阐述道:"当我把'人文学科'作为重要的东西推荐给大家的时候,我心里想的就是这个,而不是历史和哲学领域里十分枯燥的专门知识。"①事实上要全面掌握所有学科的细节知识根本不可能,也没有必要。雅斯贝尔斯也指出:"真正休戚相关的哲学应该是科学和人类生活之内的哲学,而非仅仅停留于字面和术语层次的哲学,这类哲学往往都是哲学的诽谤者们蓄意攻击的对象。最关键的是科学研究所据以进行的哲学激情,是为科学研究指出方向的哲学理念和给了科学研究价值和自身目的的哲学意义。"②大成智慧教育只要求人们适当阅读各个学科经典著作,把握最基本科学方法和精神,而不是细节知识。如赫钦斯所说:"如果我们读一读牛顿的《原理》,我们会看到一个伟大的天才在行动;我们熟悉了一种绝无仅有的著作的简明和优美;我们也懂得了近代

---

① 爱因斯坦:《培养独立思考的教育》,《爱因斯坦文集》第3卷,商务印书馆2009年版,第358页。

② 雅斯贝尔斯:《大学之理念》,上海人民出版社2007年版,第77页。

科学的基础。"①也确实没有一种方法能比阅读经典更直接、更真切感知伟大天才的人格力量和科学精神。虽然学科纷繁复杂，但其根本精神是一致的或息息相通的，人们无须熟悉乃至精通所有学科及其教科书，只需真正把握其方法和精神，完全可以一通百通。

第二阶段在 40 岁至 50 岁的生命理想追求期。人们虽然也可能产生书到用时方恨少的感慨，但这不重要，重要的是由于发现了前一阶段所接受的看似合理的理论和方法在实际运用过程中可能暴露出诸多缺陷和不足，往往使人们产生强烈批判意识，力图在批判基础上完成新的创造。新的创造往往建立在对前人缺陷和不足的批判和重构的基础上，最起码也表现为对前人浅陋和错误的充实和修正，总之是有一定是非标准的，难免暴露出咄咄逼人的架势。但这仍不重要，重要的是常常从一种偏执走到另一种偏执，充其量只是弥补了前人的某些缺陷，但也可能导致新的缺陷。甚至可能只是从自身学习、工作和生活的实际出发进行判断，每每如黄宗羲所云"学问之道，以各人自用得著者为真"②，以用不着为假，甚或对前一阶段所接受的生命智慧进行孰真孰假、孰善孰恶、孰美孰丑之类分析和判断，虽然能在很大程度上加深对前一阶段感知知解的重新认知和评价，但也往往由于执著于利己分析和判断，以致仍然从一种分别走向另一种分别，从一种执著走向另一种执著，也可能只是从一种偏见走向另一种偏见。所以当尼采宣称"我赞美一切怀疑"③的时候，并不证明他发现了能用来衡量一切事物的是非标准。这一阶段的怀疑批判，虽然能很大程度彰显人们大胆怀疑和否定权威的勇气，但并不真正周遍无碍。事实上，人类文化史上的一切对立观点之间的相互批判基本上都未能超越这一缺憾。

第三阶段在 60 岁至 70 岁的生命理想完成期。人们对第一阶段所接受的生命智慧与第二阶段所反对的生命智慧，不再以孰是孰非之类

①　赫钦斯：《普通教育》，华东师范大学教育系：《现代西方资产阶级教育思想流派论著选》，人民教育出版社 1980 年版，第 207 页。
②　黄宗羲：《明儒学案发凡》，《明儒学案》上，中华书局 1985 年版，第 15 页。
③　尼采：《快乐的知识》，中央编译出版社 2005 年版，第 38 页。

的观点来分析和判断,甚至可能很大程度上采用无可无不可,乃至无是无非、亦是亦非,是即是非,非即是是,是非不二的观点,才有了与平等不二人类原始本心和事物本真状态基本一致的看法和观点,常常对生命智慧形成无所执著、心体无滞乃至了无所得的体悟。甚至认为一切不尽相同甚或截然相反的观点都不过是发明原始本心而已,本身并没有是与非之类分别。如《金刚经》有云:"一切圣贤,皆以无为法而有差别。"①只要人们能够深切体悟到所有圣贤及其生命智慧之所以有差别,只是由于对原始本心体悟有所不同,而原始本心本身是一致的,平等不二的,就能深切体会到天下至道殊途而同归、百虑而一致的道理。黄宗羲有这样的体悟:"盈天地间皆心也,人与天地万物为一体,故穷天地万物之理,即在吾心中。后之学者,错会前贤之意,以为此理悬空于天地万物之间,吾从而穷之,不几于义外乎? 此处一差,则万殊不能归一。夫苟工夫着到,不离此心,则万殊总为一致。学术之不同,正以见道体之无尽也。"②如此看来,人们在第一、二阶段所获关于生命智慧的知解、修证,都可能并不透彻,只有认识到所有智慧不过是发明原始本心,不再有诸如真假、善恶、美丑、是非之类的分别,自然形成无真无假、无善无恶、无美无丑、无是无非,乃至真假、善恶、美丑、是非之类平等不二的认识,自然会心体无滞、通达无碍。如熊十力所说:"本心发用,无有私好,无有私恶,此时之心应事接物,无往不是天理流行。"③所以才有"不泥其迹,务求自得之真,向身心性命上作印证,不向语言文字上生葛藤,则东西相反而不可相无,百川学海而皆可至于海"④之类透彻体悟,才有《金刚经》所谓"一切有为法,如梦幻泡影"⑤,即所有这些建立在分别和取舍基础上的分析和判断都虚妄不实的体悟。

---

① 《金刚经》,《禅宗七经》,宗教文化出版社1997年版,第5页。
② 黄宗羲:《明儒学案序》,《明儒学案》上,中华书局1985年版,第7页。
③ 熊十力:《答徐见心》,《十力语要初续》,上海书店出版社2007年版,第25页。
④ 莫晋:《明儒学案莫晋序》,载黄宗羲:《明儒学案》上,中华书局1985年版,第13页。
⑤ 《金刚经》,《禅宗七经》,宗教文化出版社1997年版,第17页。

也许大成智慧教育根据人类认知三个阶段所实施的感知知解、实践修证、通达彻悟三个教育阶段，如熊十力所云"学问之境，约言以三：曰解，曰行，曰证"①，实际上也构成了智慧教育的三个境界：第一境界或阶段由于执著于本质主义和接受教育，往往可能形成极其牢固的专业和学科界域，不敢越雷池一步，甚或形成了唯我独尊的专业和学科意识，所达到教育目标只能主要是专家教育；第二境界或阶段由于破除了对本质主义和接受教育的执著，有了更明确的反本质主义和创新教育性质，如果能最大限度破除专业和学科偏见，具有更突出的跨越乃至超越专业和学科界域的性质，往往容易成就和谐人格教育，但还不能臻达教育的最高境界，因为对反本质主义和求异思维乃至创新教育的执著，同样可能使其陷入片面和偏执；只有进入第三境界或阶段，由于既不再执著于本质主义和接受教育，也不执著于反本质主义和创新教育，有了本质主义与反本质主义、接受教育与创新教育平等不二的更周遍无遗、通达无碍的体悟，也不再执著于前两个阶段孰是孰非、有取有舍的认知态度，才有了无所执著、无所分别，乃至周遍含容、明白四达、平等不二的自性智和无分别智，所以往往更能全面彰显通达的智慧教育和圣人教育的风范。可见大成智慧教育的第一阶段实际上就是获得阅读解悟和知识识解的专家教育阶段，第二阶段也就是获得实践证悟和怀疑验证的和谐人格教育阶段，第三阶段就是获得明心彻悟乃至通达体悟的圣人教育阶段。如果第一阶段主要满足于对一切生命智慧的兼容并蓄的接受，那么第二阶段主要倾向于对现有生命智慧的怀疑批判，前两个阶段都有所偏执，只有达到第三阶段，才可能由于深悟平等不二原始本心，不再有诸多分析判断，显得通达无碍。这才是大成智慧教育实施过程教育措施的终极目的。

中国当代教育一直执著于本质主义，对反本质主义的一些基本观念很少有所接受，至于对本质主义与反本质主义平等不二的认知更是一无所知。这种教育的最大弊端是使人们将所有知识和技术误以为真

① 熊十力：《答某生》，《十力语要初续》，上海书店出版社2007年版，第28页。

理,甚至绝对化为唯一正确真理。《楞严经》所谓"暂得如是,非为圣证,不作圣解,名善境界。若作圣解,即受群邪"①的阐述,已经指出不能将相对真理当做绝对真理,如果不将其作为绝对真理,就有智慧,如果将其作为绝对真理,就可能陷入迷误。如果人们对真理相对性并不觉悟,而且将其视为唯一正确标准答案乃至绝对真理,往往可能造成闭目塞听、骄傲自满、不求上进、自以为是等迷误,甚至会造成人类认知的最大迷误,如所谓:"悟则无咎,非为圣证。若作圣解,则有一分好轻清魔入其心腑,自谓满足,更不求进,此等多作无闻比丘,疑误众生,堕阿鼻狱。"②中国当代教育的最严重的问题是迷信相对真理,视其为绝对真理。其实真正的绝对真理甚或终极真理并不存在,人们永远只能一步步接近真理,不可能真正达到真理,更不可能达到绝对真理。大成智慧教育的使命在于帮助人们认识真理的这一特点,而不是盲目执著于某一命题,将其作为绝对真理,也不是执著对某一命题的反对,将其绝对化为谬误。中国当代教育仅仅将专门人才乃至专家作为终极目的,连西方教育之和谐人格教育的目标都未能达到,传统大成智慧教育虽然有强化知识教育的特点,最起码还具有完整知识结构乃至和谐人格教育性质,而且往往将本质主义与反本质主义平等不二之不二论思维方式和认知基础作为主要内容,以通达无碍的圣人教育作为终极目的。

虽然教育在当今中国社会已经成为人们普遍关注的事业,成为所有家长乃至家庭的未来希望,但中国当代教育面临问题却没有因此得到令人满意的解决,甚至由于认识的偏差,特别是由于对西方文化乃至中国文化传统的无知而导致了极大损失。虽然不能将今天社会上存在的诸如焦虑、偏执等心理问题归之于教育,但当代教育无视中国传统大成智慧教育发明平等不二原始本心,普遍满足于向书本和实践学习却忽视向本心学习,普遍停留于感知知解的教育环节,却未能进入怀疑修证尤其通达彻悟教育环节,更没有将周遍含容、明白四达、平等不二圣

---

① 《楞严经》,《禅宗七经》,宗教文化出版社 1997 年版,第 246 页。
② 《楞严经》,《禅宗七经》,宗教文化出版社 1997 年版,第 249 页。

人人格理想作为教育终极目标,必定是其中的一个主要原因。中国传统大成智慧教育的圣人教育目标并不落后于西方和谐教育思想,但中国当代教育在追逐西方教育理念的同时,却又退而求其次仅仅将专门人才乃至专家教育作为根本目标,这事实上导致了中国当代教育理念的倒退。反思中国当代教育,虽然在普及教育方面取得了举世瞩目的成果,但并没有取得与中国大成智慧教育理念相称的更大实绩,而且由于每每受制于诸多政治、经济和社会等因素的制约,往往暴露出令人十分担忧的问题。充分彰显中国智慧美学的教育智慧,大力推行大成智慧教育,关注圣人教育目标、智慧教育内容、不二论思维方式、明心彻悟认知方式和向本心学习教育方式,及本质主义与反本质主义、接受教育与创新教育平等不二的通达彻悟教育至关重要。也许提倡和实施大成智慧教育,才是中国实现由教育大国向教育强国真正飞跃的一个基本策略。

教育的终极目标不是仅仅传授知识,也不是仅仅训练技术,而是启发智慧,是使人不仅有着渊博而不庞杂的知识,精湛而不狭隘的技术,而且有着通达而不偏执的智慧,是解悟、证悟和彻悟同修,是知识、技术和智慧并成。同时由于教育还承担着传承民族优秀传统文化的神圣使命,中国大成智慧教育责无旁贷应该立足民族优秀传统文化,应该使人成为儒为表、道为骨、佛为心,平常看世界的人,成为身有知、手有技、脑有智,率性过生活的人。这不仅是建构民族优秀传统文化传承体系的神圣使命所决定的,更是培养具有通达无碍、明白四达、周遍含容生命智慧的人的神圣使命所决定的。一个崇洋媚外、无视民族优秀传统文化,以致排斥和否定民族优秀传统文化的人,可能会成为民族的罪人;但是一个妄自菲薄、拒斥其他民族优秀传统文化的人,也可能成为孤陋寡闻、执一而废百的庸人。

主
要
参
考
文
献

张世英:《哲学导论》,北京大学出版社 2008 年版。

李泽厚:《美学三书》,安徽文艺出版社 1999 年版。

郭昭第:《审美智慧论》,人民出版社 2008 年版。

郭昭第:《智慧美学论纲》,中国社会科学出版社 2013 年版。

韦政通:《中国的智慧》,吉林出版集团有限责任公司 2009 年版。

郭昭第:《中国生命智慧:〈易经〉〈道德经〉〈坛经〉心证》,人民出版社 2011 年版。

郭昭第:《大知闲闲:中国生命智慧论要》,中国社会科学出版社 2012 年版。

方东美:《生生之美》,北京大学出版社 2009 年版。

徐复观:《中国艺术精神》,华东师范大学出版社 2001 年版。

徐复观:《中国文学精神》,上海书店出版社 2004 年版。

叶维廉:《中国诗学》,人民文学出版社 2006 年版。

刘若愚:《中国文学理论》,江苏教育出版社 2006 年版。

高友工:《美典:中国文学研究论集》,三联书店 2008 年版。

高友工:《唐诗的魅力》,上海古籍出版社 1989 年版。

宇文所安:《中国文论:英译与评论》,上海社会科学院出版社 2003 年版。

笠原仲二:《古代中国人的美意识》,三联书店 1988 年版。

朱良志:《中国艺术的生命精神》,安徽教育出版社 1995 年版。

朱良志:《中国美学十五讲》,北京大学出版社 2006 年版。

叶朗:《中国美学史大纲》,上海人民出版社 1985 年版。

王文生:《中国美学史——情味论的历史发展》,上海文艺出版社 2008 年版。

于民:《中国美学思想史》,复旦大学出版社 2010 年版。

北京大学哲学系美学教研室:《中国美学史资料选编》,中华书局 1980 年版。

叶朗:《中国历代美学文库》,高等教育出版社 2003 年版。

郭绍虞:《中国历代文论选》,上海古籍出版社 1979—1980 年版。

徐中玉:《中国古代文艺理论专题资料丛刊》,中国社会科学出版社 2013 年版。

何文焕:《历代诗话》,中华书局 1981 年版。

丁福保:《历代诗话续编》,中华书局 1983 年版。

唐圭璋:《词话丛编》,中华书局 1986 年版。

范文澜:《文心雕龙注》,人民文学出版社 1958 年版。

《宗白华全集》,安徽教育出版社 1994 年版。

《朱光潜美学文集》,上海文艺出版社 1982 年版。

朱光潜:《谈美·谈文学》,人民文学出版社 1988 年版。

钱锺书:《谈艺录》,中华书局 1984 年版。

张竞生:《美的人生观:张竞生美学文选》,三联书店 2009 年版。

《诸子集成》,中华书局 1954 年版。

《二十二子》,上海古籍出版社 1986 年版。

《十三经注疏》,中华书局 1979 年版。

《四书五经》,中国书店 1985 年版。

朱熹:《四书章句集注》,中华书局 1983 年版。

《中华杂经集成》第 3 卷,中国社会科学出版社 1994 年版。

孙星衍:《尚书今古文注疏》,中华书局 1986 年版。

荆门市博物馆:《郭店楚墓竹简老子甲》,文物出版社 2002 年版。

奚侗:《老子奚侗集解》,上海古籍出版社 2007 年版。

楼宇烈:《老子道德经注校释》,中华书局 2008 年版。

程树德:《论语集释》,中华书局 1990 年版。

《黄帝内经素问》,中医古籍出版社 1997 年版。

李道平:《周易集解纂释》,中华书局 1994 年版。

廖名春:《帛书〈周易〉论集》,上海古籍出版社 2008 年版。

《南华真经注疏》,中华书局 1998 年版。

郭庆藩:《庄子集释》,中华书局 1961 年版。

孙诒让:《墨子闲诂》,中华书局 2001 年版。

王先谦:《荀子集解》,中华书局 1988 年版。

曹操等:《十一家注孙子兵法校理》,中华书局 1999 年版。

孙希旦:《礼记集解》,中华书局 1989 年版。

苏舆:《春秋繁露义证》,中华书局 1992 年版。

何宁:《淮南子集释》,中华书局 1998 年版。

黄晖:《论衡校释》,中华书局 1990 年版。

楼宇烈:《王弼集校释》,中华书局 1980 年版。

杨勇:《世说新语校笺》第 1 册,中华书局 2006 年版。

韩廷杰:《三论玄义校释》,中华书局 1987 年版。

《陶渊明集》,中华书局 1979 年版。

《柳宗元集》,中华书局 1979 年版。

周敦颐:《周子通书》,上海古籍出版社 2000 年版。

《张载集》,中华书局 1978 年版。

《二程集》,中华书局 1981 年版。

《邵雍集》,中华书局 2010 年版。

《陆九渊集》,中华书局 1980 年版。

《王阳明全集》,上海古籍出版社 1992 年版。

《王畿集》,凤凰出版社 2007 年版。

《戴震集》,上海古籍出版社 1980 年版。

黄宗羲:《明儒学案》,中华书局 1985 年版。

王夫之:《船山思问录》,上海古籍出版社 2010 年版。

颜元:《习斋四存编》,上海古籍出版社 2010 年版。

康有为:《论语注》,中华书局 1984 年版。

马镜泉编校:《中国现代学术经典·马一浮卷》,河北教育出版社 1996 年版。

熊十力:《新唯识论》,中华书局 1985 年版。

熊十力:《十力语要》,上海书店出版社 2007 年版。

熊十力:《十力语要初续》,上海书店出版社 2007 年版。

熊十力:《体用论》,中华书局 1994 年版。

方东美:《中国哲学精神及其发展》,中华书局 2012 年版。

牟宗三:《中国哲学十九讲》,上海古籍出版社 2005 年版。

牟宗三:《中国哲学的特质》,上海古籍出版社 2007 年版。

张岱年:《中国哲学大纲》,江苏教育出版社 2005 年版。

《中国佛教思想资料选编》,中华书局 1981—1983 年版。

《禅宗七经》,宗教文化出版社 1997 年版。

《佛教十三经》,中华书局 2010 年版。

《华严经》,上海古籍出版社 1991 年版。

《涅槃经》,宗教文化出版社 2011 年版。

普济:《五灯会元》,中华书局 1984 年版。

静筠二禅师:《祖堂集》,中华书局 2007 年版。

赜藏主:《古尊宿语录》,中华书局 1996 年版。

《禅宗六代祖师传灯法本》,中州古籍出版社 2009 年版。

《禅宗语录辑要》,上海古籍出版社 2011 年版。

慧皎:《高僧传》,中华书局 1992 年版。

张春波:《肇论校释》,中华书局 2010 年版。

韩廷杰:《成唯识论校释》,中华书局 1998 年版。

杨曾文:《神会和尚禅话录》,中华书局 1996 年版。

高振农:《大乘起信论校释》,中华书局 1992 年版。

大珠慧海禅师:《顿悟入道要门论》。

释道世:《法苑珠林》,中华书局 2003 年版。

《太虚文选》,上海古籍出版社 2007 年版。

赵朴初:《佛教常识答问》,北京出版社 2003 年版。

虚云:《禅修入门》,江苏文艺出版社 2009 年版。

圣严法师:《拈花微笑》,上海三联书店 2006 年版。

《国语》,上海古籍出版社 2008 年版。

司马迁:《史记》,中华书局 2009 年版。

班固:《汉书》,中华书局 2007 年版。

范晔:《后汉书》,中华书局 2007 年版。

陈寿:《三国志》,中华书局 2006 年版。

何俊编:《余英时学术思想文选》,上海古籍出版社 2010 年版。

《集大成,得智慧——钱学森谈教育》,上海交通大学出版社 2007 年版。

今道友信:《东方的美学》,三联书店 1991 年版。

曹顺庆:《东方文论选》,四川人民出版社 1996 年版。

黄宝生:《梵语诗学论著汇编》,昆仑出版社 2008 年版。

姚卫群:《古印度六派哲学经典》,商务印书馆 2003 年版。

《五十奥义书》,中国社会科学出版社 1984 年版。

《薄伽梵歌》,《徐梵澄文集》,上海三联书店、华东师范大学出版社 2006 年版。

铃木大拙:《禅风禅骨》,中国青年出版社 1989 年版。

铃木大拙:《禅与生活》,黄山书社 2010 年版。

克里希那穆提:《爱的觉醒》,深圳报业集团出版社 2006 年版。

克里希那穆提:《生命之书》,译林出版社 2011 年版。

《古兰经》,中国社会科学出版社 1996 年版。

罗素:《西方的智慧》,中央编译出版社 2010 年版。

阿德勒:《西方的智慧》,吉林文史出版社 1990 年版。

雅斯贝尔斯:《大哲学家》,社会科学文献出版社 2010 年版。

朱光潜:《西方美学史》,人民文学出版社 1979 年版。

鲍桑葵:《美学史》,商务印书馆 1985 年版。

吉尔伯特、库恩:《美学史》,上海译文出版社 1987 年版。

塔塔尔凯维奇:《西方六大美学观念史》,上海译文出版社 2006 年版。

北京大学哲学系:《西方哲学原著选读》,商务印书馆 1981 年版。

俞吾金:《二十世纪哲学经典文本》,复旦大学出版社 1979 年版。

江怡主编:《理性与启蒙——后现代经典文选》,东方出版社 2004 年版。

北京大学哲学系美学教研室:《西方美学家论美和美感》,商务印书馆 1980 年版。

马奇:《西方美学史资料选编》上,上海人民出版社 1987 年版。

蒋孔阳:《十九世纪西方美学名著选》,复旦大学出版社 1990 年版。

朱立元:《二十世纪西方美学经典文本》,复旦大学出版社 2000 年版。

伍蠡甫:《西方文艺理论名著选编》,北京大学出版社 1985—1987 年版。

朱立元:《二十世纪西方文论选》,高等教育出版社 2002 年版。

胡经之:《西方二十世纪文论选》,中国社会科学出版社 1989 年版。

杭州师范大学教育系:《当代西方资产阶级教育思想流派论著选》,人民教育出版社 1980 年版。

杨自伍:《教育:让人成为人——西方大思想家论人文与科学》,北京大学出版社 2010 年版。

《柏拉图全集》,人民出版社 2003 年版。

《亚里士多德全集》,中国人民大学出版社 1996 年版。

《新旧约全书》,中国基督教协会印发南京 1989 年版。

亚里士多德:《政治学》,商务印书馆 1965 年版。

《诗学·诗艺》,人民文学出版社 1962 年版。

康德:《判断力批判》,商务印书馆 1964 年版。

笛卡尔:《第一哲学沉思集》,商务印书馆 1986 年版。

笛卡尔:《谈谈方法》,商务印书馆 2000 年版。

黑格尔:《美学》,商务印书馆 1979—1981 年版。

黑格尔:《精神哲学》,人民出版社 2006 年版。

黑格尔:《精神现象学》上,商务印书馆 1979 年版。

黑格尔:《小逻辑》,商务印书馆 1980 年版。

黑格尔:《哲学史讲演录》,商务印书馆 1959 年版。

《叔本华论说文集》,商务印书馆 1999 年版。

《马克思恩格斯选集》,人民出版社 2012 年版。

《马克思恩格斯文集》,人民出版社 2009 年版。

尼采:《尼采遗稿选》,上海译文出版社 2005 年版。

尼采:《快乐的知识》,中央编译出版社 2005 年版。

帕斯卡尔:《思想录》,商务印书馆 1985 年版。

格赛尔:《罗丹艺术论》,中国社会科学出版社 2001 年版。

库萨的尼古拉:《论有学识的无知》,商务印书馆 1988 年版。

培根:《论学问》,《培根论说文集》,商务印书馆 1983 年版。

丹皮尔:《科学史》,商务印书馆 1975 年版。

弗洛伊德:《精神分析引论》,商务印书馆 1984 年版。

弗洛伊德:《精神分析引论新编》,商务印书馆 1987 年版。

尼采:《权力意志》,中央编译出版社 2000 年版。

维特根斯坦:《哲学研究》,商务印书馆 1996 年版。

《胡塞尔选集》,上海三联书店 1997 年版。

《海德格尔选集》,上海三联书店 1996 年版。

《拉康选集》,上海三联书店 2001 年版。

卢卡奇:《历史与阶级意识》,商务印书馆 1999 年版。

加达默尔:《真理与方法》,上海译文出版社 1999 年版。

阿多诺:《美学理论》,四川人民出版社 1998 年版。

马尔库塞:《爱欲与文明》,上海译文出版社 2005 年版。

弗朗索瓦·于连:《圣人无意》,商务印书馆 2004 年版。

郝大维、安乐哲:《通过孔子而思》,北京大学出版社 2005 年版。

施韦泽:《敬畏生命》,上海社会科学院出版社 2003 年版。

爱默生:《爱默生散文选》,百花文艺出版社 2005 年版。

理查德·舒斯特曼:《生活即审美:审美经验和生活艺术》,北京大学出版社 2007 年版。

尼采:《悲剧的诞生——尼采美学文选》,北岳文艺出版社 2004 年版。

《萨特文集》,人民文学出版社 2005 年版。

马利坦:《艺术与诗中的创造性直觉》,三联书店 1991 年版。

贡布里希:《艺术与幻觉》,浙江摄影出版社 1987 年版。

汤因比:《历史研究》,上海人民出版社 2005 年版。

达尔文:《物种起源》,商务印书馆 1995 年版。

W.I.B.贝弗里奇:《科学研究的艺术》,科学出版社 1979 年版。

《爱因斯坦文集》,商务印书馆 2009 年版。

布鲁诺·雅科米:《技术史》,北京大学出版社 2000 年版。

埃德加·莫兰:《复杂思想:自觉的科学》,北京大学出版社 2001 年版。

伊·普里戈金、伊·斯唐热:《从混沌到有序——人与自然的新对话》,上海译文出版社 2005 年版。

哈肯:《协同学——大自然构成的奥秘》,上海译文出版社 2005 年版。

莫提默·J.艾德勒、查尔斯·范多伦:《如何阅读一本书》,商务印书馆 2004 年版。

奥尔特加·加瑟特:《大学的使命》,浙江教育出版社 2001 年版。

雅斯贝尔斯:《大学之理念》,上海人民出版社 2007 年版。

索
引

关键词索引

B

般若智慧 214,220—222,299

悲剧 261,342

本体经验 57,195,311

本质主义美学 35—39,58

不二论思维方式和认知基础 18,52,
　90,91,94,95,97—100,109,194,
　216,219,246,297,305,348

不二论思维基础 3,27,59

不知之知 155,279

C

赤子之心 3,4,7,16,46,153,264,
　266,272,297,298,334,337

从心所欲不逾矩 4,7,15,335

存道在心 5

D

大爱无偏 73,334

大爱无私 34,73,334

大乘智慧美学 17,21,22,26,51,57—
　59,97,111,219,222—225,227—
　230,233,284

大美无言 14,36,275

大象无形 34,101

大音希声 34,101

大制不割 28,66,138,340

道法自然 93

道通为一 33,91,93,107,260,267

道隐无名 34,101

道由心悟 5,9,10,232

东方美学 1,2,28—30,32,51,56—
　58,78—80,82,83,93,106,110,115,

357

人名索引

著作索引

后

记

本人于 2012 年成功申报教育部规划基金项目《中国智慧美学的世界视域会通研究》,同年寒假完成《中国智慧美学论要》初稿,并于 2014 年寒假删订定稿,大概经过了三个年头。期间由人民出版社 2013 年出版阶段性成果《中国抒情美学论要》,中国社会科学出版社同年出版阶段性成果《智慧美学论纲》,在《文艺争鸣》等期刊发表了一系列学术论文,虽然这部拙作美其名曰《中国智慧美学论要》,其实关涉西方乃至印度等东方美学,以彰显世界视域会通研究的追求。平心而论,它只是体现了目前的认识水平。既然人不可能达到真理,只能一步步接近真理,何况没有绝对真理尤其终极真理,所以关于中国智慧美学的梳理和阐述充其量也只能是对发明原始本心的一种初步尝试而已。

这些年来,本人大体经历了从主义美学到形态美学再到智慧美学的脱胎换骨的变化,但有一种精神从未发生变化,这就是一直认为大学教育最重要的不是照本宣科,而是对相关课程主要问题有独立研究和独到见解,对学生思想和行为方式产生持久影响。这也许就是《学记》所谓"善教者使人继其志"的真正内涵。这些年来虽然有越来越多的学生考取了文艺学、美学乃至哲学研究生,但我不敢说是自己的影响,也不能肯定他们以后的道路是否与文艺学、美学有关，也不知道与文艺学、美学有关是否幸运。教育应当提供给学生作为乐趣享受的宝贵礼物，而不是布置给他们作为负担承受的艰巨任务。所以我每每变着法儿使自己讲课的内容尽可能通俗化、趣味化，有时连自己也担心有些俗不可耐，甚至怀疑是不是丧失了美学的根本精神，丧失了美学作为智慧的思辨性，但还是有学生听不懂，认为太艰深。按理说真理应该是朴素的，如果不能把深奥的智慧讲得通俗易懂，作为教师就是不十分成功的，但将智慧通俗化到庸俗化的程度，毕竟不是教学的理想。真是有些进退维谷，诚惶诚恐。不知我的讲课是否真正启发了学生的思维乃至智慧，但我确实得益于《学记》所谓"教学相长"的古训，从讲课的自我陶醉中获得了不少灵感，也更新了许多不成熟的思想，学生炯炯有神的眼睛确实是教师的莫大欣慰，因为它至少证明学生对所讲内容感兴趣，如果有朝一日取而代之是木然的神情，那将意味着什么？如果这也是一种执著之心，那确实应该有一点无所执著，以致顺其自然、无可无不可的通达智慧了。好在班级授课制虽然无法使教师选择学生，但作为专著却有着超越时空限制寻找最适合读者的优势。这也可能只是著作者的一种自我安慰。因为试图赢得不同时空读者不弃，同样是一种执著，甚至可能酿成使读者陷于受知识识解束缚的罪过。这又是著作者最尴尬的事情。

不管如何，这些年来确实得到了许多认识和不认识的同事乃至朋友的厚爱，承蒙他们不弃，才使我一而再再而三地产生了逼死自己同时也使其他人不得安宁的脱胎换骨之举。既然拙作所张扬的是圣人无心，那么各位读者也最好对拙作无所执著，说不定正是这种无所执著，才可能使各位真正臻达智慧境界，但这绝对不是我的功劳，而是读者自见原始本心的结果。也许只有这样的结果，才会使我的诚惶诚恐有所释解。

作　者

2012 年 1 月 18 日夜于知闲斋

2014 年 3 月 26 日删订

责任编辑：李之美
版式设计：顾杰珍

图书在版编目（CIP）数据

中国智慧美学论要/郭昭第 著. -北京：人民出版社，2015.2
ISBN 978－7－01－014092－6

Ⅰ.①中… Ⅱ.①郭… Ⅲ.①美学-研究-中国 Ⅳ.①B83-092

中国版本图书馆 CIP 数据核字（2014）第 245821 号

中国智慧美学论要

ZHONGGUO ZHIHUI MEIXUE LUNYAO

郭昭第 著

人民出版社 出版发行
（100706 北京市东城区隆福寺街 99 号）

北京中科印刷有限公司印刷 新华书店经销

2015 年 2 月第 1 版 2015 年 2 月北京第 1 次印刷
开本：710 毫米×1000 毫米 1/16 印张：23.75
字数：330 千字

ISBN 978－7－01－014092－6 定价：56.00 元

邮购地址 100706 北京市东城区隆福寺街 99 号
人民东方图书销售中心 电话（010）65250042 65289539